U0334272

机械设计——轴与轴承

赵振杰　著

中国水利水电出版社
www.waterpub.com.cn
·北京·

内 容 提 要

本书主要对轴、滑动轴承、滚动轴承的设计方法及应用进行讨论。力求做到内容详实、层次分明、简洁实用，便于读者对知识点的理解、掌握和运用。

全书共五章，包括机械零件设计概论、轴、滑动轴承、滚动轴承、常用轴承的规格与技术参数。

本书可作为机械类工程技术人员的参考书和自学用书。

图书在版编目（CIP）数据

机械设计 ：轴与轴承 / 赵振杰著. -- 北京 ：中国
水利水电出版社，2018.3（2022.10重印）
 ISBN 978-7-5170-6447-3

Ⅰ．①机… Ⅱ．①赵… Ⅲ．①轴承－零部件－机械设
计②轴－零部件－机械设计 Ⅳ．①TH133.3

中国版本图书馆CIP数据核字(2018)第095137号

策划编辑：杜 威　责任编辑：杨元泓　加工编辑：孙 丹　封面设计：李 佳

书　　名	机械设计——轴与轴承 JIXIE SHEJI——ZHOU YU ZHOUCHENG
作　　者	赵振杰 著
出版发行	中国水利水电出版社 （北京市海淀区玉渊潭南路 1 号 D 座　100038） 网址：www.waterpub.com.cn E-mail：mchannel@263.net（万水） 　　　　sales@mwr.gov.cn 电话：(010)68545888(营销中心)、82562819（万水）
经　　售	全国各地新华书店和相关出版物销售网点
排　　版	北京万水电子信息有限公司
印　　刷	三河市人民印务有限公司
规　　格	184mm×260mm　16 开本　19.75 印张　484 千字
版　　次	2018年4月第1版　2022年10月第2次印刷
印　　数	2001-3001册
定　　价	78.00 元

前　言

在当代，基础技术——机械设计与制造在国民经济和日常生活中起着越来越重要的作用，对动力传动构件的设计与制造要求越来越高。特别是轴承的应用，可以说是无处不在。

本书专注于机械传动中轴与轴承的设计，在编写时注意了加强基础理论与现代科学技术发展的关系，在内容方面努力做到削枝强干，同时适应科学技术发展和实际应用的需要。在计算中均采用国际标准化组织所推荐的设计计算方法。

在编写过程中主要考虑了以下几个方面：

（1）内容方面，力求详实。

（2）重点突出，加强了基本理论及其有关设计方法的应用。

（3）在结构层次方面，力求概念把握准确，叙述深入浅出，便于读者循序渐进地学习。

（4）在内容编排上注重"以设计为主线"的思想，图文并茂，讲解通俗易懂。

由于编者水平有限，书中难免有错误和不妥之处，恳请广大读者批评指正。

作　者
2018 年 1 月

目　　录

第一章　机械零件设计概论

1.1　机械零件设计概述

机器设计应满足的要求有性能好、成本低、效率高，在有效的寿命期内安全可靠，便于调整维修和操作方便等。

设计机械零件时，必须认真考虑上述要求。也就是说，所设计的机械零件既要工作可靠又要成本低廉。

机械零件由于某种原因不能正常工作时，称为失效。在不发生失效的条件下，零件所能安全工作的限度，称为工作能力。通常此限度是对具体载荷而言的，所以习惯上又称为承载能力。

零件失效的原因包括：过大的弹性变形；发生强烈的振动；断裂或塑性变形；连接的松弛；工作表面的过度磨损或损伤；带传动的打滑等。例如，轴的失效可能是由于疲劳断裂，也可能是由于过大的弹性变形。在前一种情况下，轴的承载能力决定于轴的持久强度；而在后一种情况下则取决于轴的刚度。显然，两者中的较小值决定了轴的承载能力。又如，轴与轴瓦相配合的部分称为轴颈,当轴颈与轴承部件的润滑可靠、密封良好时,通常不致发生明显的磨损;否则，轴瓦或轴颈就可能由于过度磨损而失效。此外，当轴的自振频率与周期性干扰力的频率相等或接近时，就会发生共振，这时振幅将急剧增大，这种现象称为失去振动稳定性。共振可在短期内使零件损坏，所以对于重要的特别是高速运转的轴，还应验算其振动稳定性。

机械零件虽然有多种可能的失效形式，但归纳起来最主要的有强度、振动稳定性、刚度、耐磨性和温度的影响等几个方面的问题。对于各种不同的失效形式，也各有相应的承载能力判定条件。如当刚度为主要问题时，按刚度条件判定，即变形量小于或等于许用变形量；当强度为主要问题时，按强度条件判定，即应力小于或等于许用应力。

设计机械零件时，常根据一个或几个可能发生的主要失效形式，运用相应的判定条件，确定零件的形状和主要尺寸。

机械零件的设计通常按下列步骤进行：首先，拟定零件的计算简图；其次，确定作用在零件上的载荷；再次，选择合适的材料；随后，根据零件可能出现的失效形式，选用相应的判定条件，确定零件的形状和主要尺寸。应当注意，零件尺寸的计算值一般可能不是最终采用的数值，设计者还要根据制造零件的标准和工艺要求、规格加以圆整；最后，绘制工作图并标注必要的技术条件。

以上所述为设计计算。在实际工作中，也常采用相反的方式——通过校核计算。这时先参照实物或图纸、经验数据,初步拟定零件的结构和尺寸，然后再用有关的判定条件进行验算。

还应注意，在一般机器中，只有一部分零件是通过计算确定其形状和尺寸的，大部分零件则仅根据工艺要求和结构要求进行设计。

通常，强度是机械零件承载能力的最基本要求。

1.2 机械零件的强度

在理想的平稳工作条件下，作用在零件上的载荷称为名义载荷。然而在机器运转时，零件还是会受到各种附加载荷；通常用引入载荷系数 K（有时也称工作情况系数 K_A）的方法来估计这些因素的影响。载荷系数与名义载荷的乘积，称为计算载荷。按照名义载荷用力学公式求得的应力，称为名义应力；按照计算载荷求得的应力，称为计算应力。

当机械零件按强度条件判定时，常用的方式是比较危险截面处的计算应力 σ、τ 是否小于零件材料的许应力 $[\sigma]$、$[\tau]$。即

$$\sigma \leqslant [\sigma]，或[\sigma] = \frac{\sigma_{lim}}{S} \tag{1-1a}$$

$$\tau \leqslant [\tau]，或[\tau] = \frac{\tau_{lim}}{S} \tag{1-1b}$$

式中：σ_{lim} 和 τ_{lim} 分别为极限正应力和极限剪应力；S 为安全系数。

材料的极限应力都是在简单应力状态下用实验的方法测出的。对于在简单应力状态下工作的零件，可直接按式（1-1）进行计算；对于在复杂应力状态下工作的零件，则应根据材料力学中的强度理论确定其强度条件。

许用应力是强度条件的判断依据，取决于零件材料的极限应力、应力的种类和安全系数等。为了方便，在以下论述中只用正应力 σ，若要研究切应力 τ 时，将 σ 更换为 τ 即可。

1.2.1 应力的种类

按照应力随时间变化的特性，可分为静应力和变应力。

不随时间变化的应力称为静应力，如图 1-1（a）所示。纯粹的静应力是没有的，但如果变化缓慢，就可以将其看作是静应力，如拧紧螺栓所引起的应力、锅炉的内压力所引起的应力等。

随时间变化的应力，称为变应力。具有周期性的变应力，称为循环变应力，如图 1-1（b）所示为其一般形式——任意非对称循环变应力，图中 T 为应力循环周期。由图 1-1（b）可知

平均应力

$$\sigma_m = \frac{\sigma_{max} + \sigma_{min}}{2} \tag{1-2a}$$

应力幅

$$\sigma_\sigma = \frac{\sigma_{max} - \sigma_{min}}{2} \tag{1-2b}$$

应力循环中的最小应力与最大应力之比，可用来表示变应力中应力变化的情况，通常称为变应力的循环特性 r，即

$$r = \frac{\sigma_{min}}{\sigma_{max}}$$

当 $\sigma_{min} = \sigma_{max}$ 时，循环特性 $r = -1$，称为对称循环变应力，如图 1-1（c）所示，$\sigma_\sigma = -\sigma_{min} = \sigma_{max}$，$\sigma_m = 0$。当 $\sigma_{max} \neq 0$，$\sigma_{min} = 0$，循环特性 $r = 0$，称为脉动循环变应力，如图 1-1（d）所示，其 $\sigma_\sigma = \sigma_m = \sigma_{max} / 2$。静应力可看作变应力的特例，$\sigma_{min} = \sigma_{max}$，循环特性 $r = +1$。

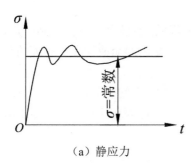

（a）静应力

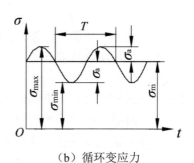

（b）循环变应力

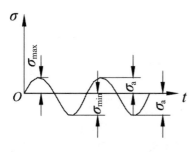

（c）对称循环变应力

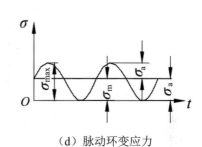

（d）脉动环变应力

图 1-1　静应力的类型

1.2.2　静应力下的许用应力

静应力下，零件材料有两种损坏形式：第一种是塑性变形，第二种是断裂。对于塑性材料，可按不发生塑性变形的条件进行计算。这时应取材料的屈服极限 σ_S 作为极限应力，许用应力为

$$[\sigma] = \frac{\sigma_S}{S} \tag{1-3}$$

对于用脆性材料制成的零件，应取强度极限 σ_B 作为极限应力，其许用应力为

$$[\sigma] = \frac{\sigma_B}{S} \tag{1-4}$$

对于组织均匀的脆性材料，如淬火后低温回火的高强度钢，还应考虑应力集中的影响。灰铸铁虽然属于脆性材料，但由于本身有夹渣、缩孔及石墨存在，其内部组织的不均匀性已远远大于外部应力集中的影响，故计算时可以不考虑应力集中。

1.2.3　变应力下的许用应力

变应力下，零件的损坏形式是疲劳断裂。疲劳断裂具有以下特征：

（1）疲劳断裂的最大应力远比静应力下材料的强度极限低，甚至比屈服极限低。

（2）不管是脆性材料还是塑性材料，其疲劳断口均表现为无明显塑性变形的脆性突然断裂。

（3）疲劳断裂是损伤的积累，它的初期现象是在零件表面形成很小的裂纹，这种微小裂纹随着应力循环次数的增加而逐渐扩展，直至余下的未断裂的部分不足以承受外载荷时，就会突然断裂。一般情况下，微小裂纹常起始于应力最大的断口周边。在断口上明显有两个区域：一个是在变应力重复作用下，裂纹两边相互摩擦形成的表面光滑区；另一个是最终发生脆性断

裂的粗粒状区。

疲劳断裂不同于一般静力断裂，它是损伤到一定程度后，也就是裂纹护展到一定程度后，才突然发生的断裂。所以疲劳断裂是与应力循环次数（即使用寿命或期限）有关的断裂。

1. 疲劳曲线

由材料力学的知识可知，表示应力 σ 与应力循环次数 N 之间的关系曲线称为疲劳曲线。如图 1-2 所示，曲线的纵坐标为断裂时的循环应力 σ，横坐标为环次数 N，从图中可以看出，应力 σ 越小，试件能经受的循环次数就越多。

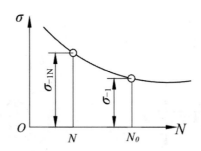

图 1-2　循环次数与时间的关系

从大多数黑色金属材料的疲劳试验可以得知，循环次数 N 超过某一数值 N_0 后，曲线趋向水平，即可以认为，在循环次数 N_0 后"无限次"循环时试件将不会断裂。N_0 称为循环基数；对应于 N_0 的应力称为材科的持久极限。通常用 σ_{-1} 表示材料在对称循环变应力下的弯曲持久极限。

疲劳曲线的左半部（$N<N_0$），可近似地用以下公式表示：

$$\sigma_{-1N}^m N = \sigma_{-1N}^m N_0 = C \tag{1-5}$$

式中：σ_{-1N}^m 为对应于循次数 N 的持久极限；C 为常数；m 为随应力状态而不同的指数，如弯曲时 $m=9$。

从式（1-5）可求得对应于循环次数 N 的持久极限：

$$\sigma_{-1N} = \sigma_{-1} \sqrt[m]{\frac{N_0}{N}} \tag{1-6}$$

2. 许用应力

变应力下，应当取材料的持久极限作为极限应力。同时还应考虑零件的沟槽、截面突变、切口、绝对尺寸和表面状态等影响，为此引入截面状系 β 应力集中系数起 K_σ 和尺寸数 ε_σ 等。

当应力是对称循环变化时，许用应力为

$$[\sigma_{-1}] = \frac{\beta \sigma_{-1} \varepsilon_\sigma}{SK_\sigma} \tag{1-7}$$

当应力是脉动循环变化时，许用应力为

$$[\sigma_0] = \frac{\beta \sigma_{-1} \varepsilon_\sigma}{SK_\sigma} \tag{1-8}$$

式中：σ_0 为材料的脉动循环持久极限；S 为安全系数；β、K_σ 及 ε_σ 的数值可在有关设计手册中查得。

以上所述为无限寿命下零件的许用应力。若零件在整个使用期限内，其循环总次数 N 小于循环基数 N_0 时，可根据式（1-6）求得对应于 N 的持久极限 σ_{-1N}。代入式（1-7）后，可得有限寿命下零件的许用应力。由于 σ_{-1} 小于 σ_{-1N}，因此可采用较大的许用应力，从而减小零件的体积和重量。

1.2.4　安全系数

安全系数或许用应力确定得正确与否，对零件尺寸的影响很大。如果安全系数定得过大，将使结构笨重；如果定得过小，又可能不够安全。

在各个不同的机械制造部门，通过长期生产实践，都制定有适合本部门的安全系数或许用应力的表格。这类表格虽然通用范围较窄，但具有简单、具体、可靠等优点。

如果没有专门的表格，可参考下述原则选择安全系数：

（1）静应力下，塑性材料以屈服极限为极限应力。由于塑性材料可以缓和过大的局部应力，故可取安全系数 $S=1.2\sim1.5$；对于塑性较差的材料（如 $\dfrac{\sigma_{\mathrm{S}}}{\sigma_{\mathrm{B}}}>0.6$ ）或铸件可取 $S=1.2\sim2.5$。

（2）静应力下，脆性材料以强度极限为极限应力，这时应取较大的安全系数。例如，对于高强度钢或灰铸铁可取 $S=3\sim4$。

（3）变应力下，以持久极限作为极限应力，可取 $S=1.3\sim1.7$；当材料不够均匀、计算不够精确时可取 $S=1.7\sim2.5$。

安全系数也可用部分系数法来确定，即用几个系数的乘积来表示总的安全系数：$S=S_1S_2S_3$，其中 S_1 考虑载荷及应力计算的准确性；S_2 考虑材料机械性能的均匀性；S_3 考虑零件的重要性。关于各项系数的具体取值，可参阅相关资料。

1.3　机械零件接触强度的概念

通常，零件受载时是在较大的体积内产生应力，这种应力状态下的零件强度称为整体强度。如果两个零件在受载前是点接触或线接触，受载后由于变形，其接触处为一小面积，通常此面积甚小而表层产生的局部应力却很大，这种应力称为接触应力。这时零件强度称为接触强度。如滚动轴承、齿轮与凸轮等机机械零件都是通过很小的接触面积传递载荷的，因此它们的承载能力不仅取决于整体强度，还取决于表面的接触强度。

机械零件表层的接触应力通常是随时间做周期性变化的，在载荷重复作用下，首先在表层内约20μm处产生初始疲劳裂纹，然后裂纹逐渐扩展，在这种情况下，润滑油被挤进裂纹中产生高压，使裂纹加快扩展，使表层金属呈小片状剥落下来，而在零件表面形成一些小坑，如图1-3所示，这种现象称为疲劳点蚀。发生疲劳点蚀后，减小了接触面积，损坏了零件的光滑表面，从而也降低了承载能力并引起噪声和振动。疲劳点蚀是滚动轴承、齿轮与凸轮等零件的主要失效形式。

由弹性力学的分析可知，当两个轴线平行的圆柱体相互接触并受压时，如图1-4所示，其接触面积为一狭长微小矩形，最大接触应力发生在接触区中线上，其值为

$$\sigma_{\mathrm{H}}=\sqrt{\dfrac{F_n}{\pi_{\mathrm{b}}}\dfrac{\dfrac{1}{\rho_1}\pm\dfrac{1}{\rho_2}}{\dfrac{1-\mu_1^2}{E_1}+\dfrac{1-\mu_2^2}{E_2}}} \tag{1-9}$$

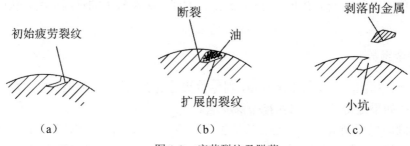

图 1-3　疲劳裂纹及脱落

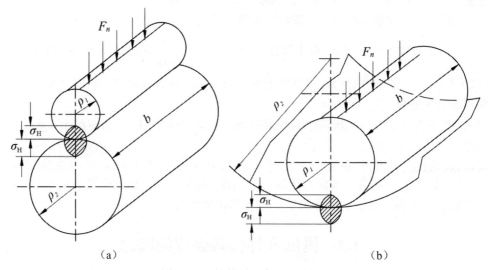

图 1-4　圆柱体受压变形示意图

对于钢或铸铁，可取泊松比 $\mu = 0.3$，将 $\mu_1 = \mu_2 = 0.3$ 代入上式，稍加整理后可得

$$\sigma_H = \sqrt{\frac{F_n E}{b\rho} \cdot \frac{1}{2\pi(1-\mu^2)}} = 0.418\sqrt{\frac{F_n E}{b\rho}} \qquad (1\text{-}10)$$

式（1-9）和式（1-10）称为赫兹公式。

式中：σ_H 为最大接触应力或赫兹应力；b 为接触长度；F_n 为作用在圆柱体上的载荷；ρ 为综合曲率半径，$\rho = \dfrac{\rho_1 \rho_2}{\rho_1 \pm \rho_2}$，正号用于外接触，如图 1-4（a）所示，负号用于内接触，如图 1-4（b）所示；E 为综合弹性模量，$E = \dfrac{2E_1 E_2}{E_1 + E_2}$，$E_1$ 和 E_2 分别为两圆柱体材料的弹性模量。

接触疲劳强度的判定条件为

$$\sigma_H \leqslant [\sigma_H] \qquad (1\text{-}11a)$$

而

$$\sigma_H = \frac{\sigma_{Hlim}}{S_H} \qquad (1\text{-}11b)$$

式中 σ_{Hlim} 为由实验测得的材料的接触持久极限。对于钢，其经验公式为 $\sigma_{Hlim} = 2.76\text{HB} -$

$70N/mm^2$。若两个相互接触零件的硬度不同时，常以较软零件的接触持久极限为准。由图 1-4 可以看出，接触应力具有上下对等、左右对称及稍偏离接触区中线即迅速降低等特点。由于接触应力是局部性的应力，且应力的增长与载荷 F_n 并不成线性关系，而要缓慢得多，见式（1-9）或式（1-10），故安全系数 S_H 可取为等于或稍大于 1。

1.4　机械制造中常用材料及其选择

机械制造中最常用的材料是铸铁和钢，其次是有色金属合金。非金属材料（如塑料、橡胶等）在机械制造中也具有其独特的使用价值。

1.4.1　金属材料

1. 铸铁

铸铁和钢都是铁碳合金，主要区别在于含碳量的不同。含碳量小于 2%的铁碳合金称为钢，含碳量大于 2%的称为铸铁。铸铁是脆性材料，不能进行碾压或锻造，它具有良好的液态流动性、适当的易熔性，因而可铸成形状复杂的零件。此外，它的减震性、耐磨性、切削性（指灰铸铁）均较好，且成本低廉，因此在机械制造中应用甚广。经常用的铸铁有可锻铸铁、球墨铸铁、灰铸铁、合金铸铁等。

2. 钢

与铸铁相比，钢具有更高的韧性、强度和塑性，并可用热处理法改善其机械性能和加工性能。钢制零件的毛坯可用焊接、冲压、锻造或铸造等方法取得，因此其应用极为广泛。

按照用途分类，钢可分为工具钢、结构钢和特殊钢。工具钢主要用于制造各种量具、刃具和模具；结构钢用于制造各种机械零件和工程结构的构件；特殊钢（如不锈钢、耐热钢、耐酸钢等）用于制造在特殊环境下工作的零件。按照化学成分，钢又可分为碳素钢和合金钢。碳素钢的性质主要取决于含碳量，含碳量越高，则钢的强度越高，但塑性越低。为了改善钢的性能，特意加入了一些合金元素的钢，称为合金钢。

碳素结构钢的含碳量一般不超过 0.7%。含碳量低于 0.25%的低碳钢，其强度极限和屈服极限较低，塑性较高，且具有良好的焊接性。适于用冲压、焊接等方法加工，常用来制作轴、螺钉、垫圈、螺母、气门导杆和焊接构件等。含碳量在 0.1%～0.2%的低碳钢还用以制作渗碳的零件，如齿轮、链轮、活塞销等。通过渗淬火可使零件表面硬度高而耐磨，心部韧性强而耐冲击。当要求具有更高强度和耐冲击性能时，可采用低碳合金钢。含碳量在 0.3%～0.5%的中碳钢，综合机械性能较好，既有较高的强度又有一定的塑性和韧性，常用作受力较大的键、螺母、齿轮、螺栓和轴等零件。含碳量在 0.65%～0.7%的高碳钢，具有高的强度和弹性，多用来制作普通的钢丝绳、螺旋弹簧或板弹簧等。

3. 合金结构钢

钢中添加合金元素的作用在于改善钢的性能，如锰能提高钢的耐磨性、强度和韧性；镍能提高强度而不降低钢的韧性；铬能提高硬度、高温强度、耐腐蚀性和提高高碳钢的耐磨性；钼的作用类似于锰，其影响更大些；钒能提高韧性及强度；硅可提高弹性极限和耐磨性，但降低了韧性。合金元素对钢的影响是很复杂的，特别是为了改善钢的性能需要而加入几种合金元素时。应当注意，合金钢的性能不仅取决于化学成分，而且在更大程度上取决于适当的热处理。

4. 铸钢

铸钢的液态流动性比铸铁差，所以用普通砂型铸造时，壁厚常不小于 10mm。铸钢件的收缩率比铸铁件大，故铸钢件的圆角和不同壁厚的过渡部分均应比铸铁件大些。

选择钢材时，应在满足使用要求的条件下，尽量采用价格便宜、供应充分的碳素钢，必须采用合金钢时也应积极选用我国资源丰富的硅、锰、硼、钒类合金钢。例如，我国新颁布的齿轮减速器规范中，已采用 35SiMnTi 和 ZG35SiMn 等代替原用的 35Cr、40CrNi 等材料。

5. 铜合金

铜合金有黄铜和青铜之分。青铜可分为含锡青铜和不含锡青铜两类，它们的减摩性和抗腐蚀性较好，也可碾压和铸造。黄铜是铜和锌的合金，并含有少量的锰、铝、镍等，它具有很好的塑性及流动性，故可进行碾压和铸造。此外，还有轴承合金（或称巴氏合金），主要用于制作滑动轴承的轴承衬。

1.4.2 非金属材料

1. 橡胶

橡胶富于弹性，能吸收较多的冲击能量，常用作联轴器或减震器的弹性单元、带传动的胶带等。硬橡胶可用于制造用水润滑的轴承衬。

2. 塑料

塑料的比重小，易于制成形状复杂的零件，而且各种不同塑料具有不同的特点，如耐蚀性、绝缘性，绝热性、减摩性、摩擦系数大等，所以近年来在机械制造中的应用日益广泛。以木屑、石棉纤纤维等做填充物，用热固性树脂压结而成的塑料称为结合塑料，可用来制作仪表支架、手柄等受力不大的零件。以薄模板、布、石棉等层状填充物为基础，用热固树脂压结而成的塑料称为层压塑料，可用来制作摩擦片、轴承衬和无声齿轮等。

此外，在机械制造中也常用到其他非金属村料，如纸板、棉、木材、皮革、丝等。

设计机械零件时，选择合适的材料是一项复杂的技术经济问题。设计者应根据零件的用途、工作条件，以及材料的物理、化学、机械和工艺性能及经济因素等进行全面考虑。这就要求设计者在材料和工艺等方面具有广泛的知识和实践经验。

各种材料的化学成分和机械性能可在有关的国家标准、部颁标准和机械零件手册中查得。

表 1-1 列举了一些常用材料的相对价格，供设计时参考。

表 1-1 常用材料的相对价格

材料	种类、规格	相对价格
热轧圆钢	普通碳素钢 Q235A（$\phi30\sim\phi50$）	1
	优质碳素钢（$\phi30\sim\phi50$）	1.5～1.8
	合金结构钢（$\phi30\sim\phi50$）	1.7～2.5
	滚动轴承钢（$\phi30\sim\phi50$）	3
	合金工具钢（$\phi30\sim\phi50$）	3～20
	4Cr9Si2 耐热钢（$\phi30\sim\phi50$）	5
铸件	灰铸铁铸件	0.85
	碳素钢铸件	1.7
	铜合金、铝合金铸件	8～10

为了材料供应和生产管理上的方便，应尽量减少材料的品种。通常，厂矿、企业都对所用材料的品种、牌号加以限制，并制定有适用于本地区、本单位的材料目录，供设计时选用。

1.5 机械零件的工艺性及标准化

1.5.1 工艺性

设计机械零件时，不仅应使其满足使用要求，即具备所要求的工作能力，还应满足生产要求；否则可能制造不出来，或虽能制造，但费工费料，很不经济。

在具体生产条件下，如所设计的机械零件便于加工而加工费用又很低，则这样的零件就称为具有良好的工艺性。有关艺性的基本要求如下：

（1）毛坯选择合理。机械制造中毛坯制备的方法有直接利用型材、铸造、锻造、冲压和焊接等。毛坯的选择与具体的生产技术条件有关，一般取决于生产批量、材料性能和加工可能性等。

（2）结构简单合理。设计零件的结构形状时，最好采用最简单的表面，如圆柱面、平面及其组合，同时还应当尽量使加工表面数目最少和加工面积最小。

（3）规定适当的制造精度及表面光洁度。零件的加工费用随着精度的提高而增加，尤其是在精度较高的情况下，这种增加极为显著。因此，在没有充分根据时，不应当追求高的精度。同理，零件的表面光洁度也应当根据配合表面的实际需要，作出适当的规定。

欲设计出工艺性最好的零件，设计者必须善于向工艺技术人员和工人学习。

1.5.2 标准化

定出一些强制性的标准，使产品的品种、规格（如尺寸）和质量都必须与这些标准相符合，就称为标准化。

标准化具有重大意义：在制造上可以实行专业化大批量生产，既能提高产品质量又能降低成本；在设计方面，可减轻设计工作量；在管理和维修方面，可减少库存量和便于更换损坏的零件。

我国在总结及吸取国内外先进技术的基础上，逐步制定了大量的产品标准。就机械零部件的范围而言，已制定联接件有如键、螺钉、铆钉、润滑件、传动件、密封件、轴承联轴器等。

第二章 轴

2.1 概述

轴是机器中的重要零件之一，常用以支承旋转零件（如齿轮、带轮等）和传递运动及动力。

2.1.1 轴的分类

按承载情况不同，轴可分为以下几类。

1. 心轴

只承受弯矩的轴称为心轴，如滑轮的轴和铁道车辆的轴都是心轴，如图 2-1 和图 2-2 所示。图 2-1 中滑轮的轴承受弯矩。因为滑轮转动时轴是不转动的，所以轴上由弯矩产生的弯曲应力是不变的。图 2-2 中火车轮的轴承受弯矩，因铁道车辆的轴固镶于轮上，当轮转动时，轴随轮转动，所以轴上由弯矩产生的弯曲应力是周期性对称循环变化的。

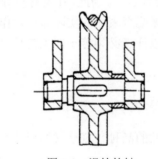

图 2-1　滑轮的轴

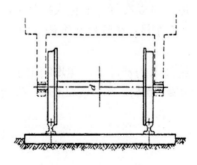

图 2-2　火车轮的轴

2. 转轴

工作时既承受弯矩又承受扭矩的轴称为转轴，如图 2-3 所示减速器中的阶梯轴就是转轴。齿轮的圆周力使轴承受扭矩和弯矩，齿轮的径向力使轴承受弯矩，斜齿轮的轴向力使轴承受弯矩和压力（或拉力）。

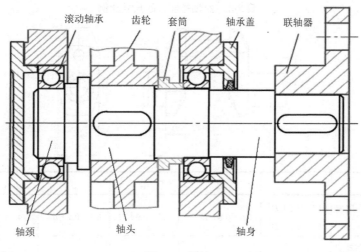

图 2-3　转轴

3. 传动轴

主要用来承受扭矩的轴，主要受转矩，不受弯矩或弯矩较小，称为传动轴，如汽车的传动轴，如图 2-4 所示。汽车发动机产生的扭矩通过传动轴传至后轮，驱动汽车行驶。

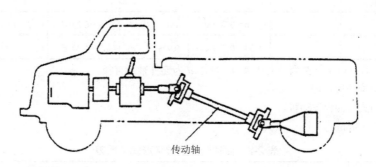

图 2-4　传动轴

4. 曲轴

用于旋转运动与往复直线运动的转换，如活塞式发动机、冲床、剪床等，如图 2-5 所示。

图 2-5　曲轴

曲轴各部分的尺寸比例及曲轴主要破坏形式和原因见表 2-1 和表 2-2。

表 2-1　曲轴各部分的尺寸比例

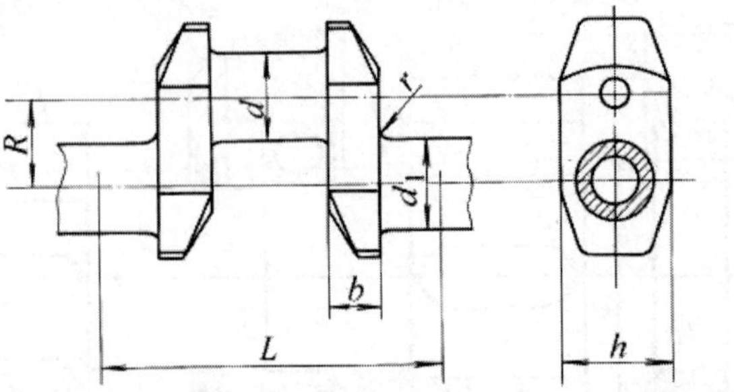

	适用机器	L	d	d_1	b	h	r
发动机	船用和内燃机车用发动机	$(1.1\sim1.5)D$[①] $(1.3\sim1.6)D$[②]	$(0.6\sim0.8)D$	$(0.6\sim0.9)D$	$(0.3\sim0.5)d$	$(1.45\sim2.0)d$	$(0.006\sim0.1)d$
	汽车、拖拉机和移动式增压发动机	$(1.1\sim1.4)D$	$(0.6\sim0.85)D$	$(0.7\sim1.0)D$	$(0.2\sim0.35)d$	$(1.45\sim2.0)d$	$(0.008\sim0.1)d$
	柴油机、煤气机、低速固定式和船用发动机	$(1.5\sim1.7)D$[①] $(1.7\sim1.8)D$[②]	$(0.56\sim0.75)D$	$(0.6\sim0.8)D$	$(0.45\sim0.55)d$	$(1.3\sim1.6)d$	$(0.055\sim0.07)d$
	四冲程化油器式和罐装煤气式发动机	$(1.1\sim1.5)D$	$(0.5\sim0.65)D$	$(0.6\sim0.75)D$	$(0.15\sim0.35)d$	—	$(0.06\sim0.09)d$[③]
压缩机			$(0.46\sim0.56)\sqrt{F}$	$(1.0\sim1.1)d$	$(0.6\sim0.7)d$	$(1.2\sim1.6)d$	$(0.05\sim0.06)d$
往复泵			$(0.54\sim0.72)\sqrt{F}$	$(0.9\sim1.1)d$	$(0.5\sim0.7)d$	$(1.4\sim1.8)d$	$(0.05\sim0.1)d$

注：D 为汽缸内径（mm）；F 为最大活塞力（N）；d 为连杆轴颈直径。

①对四冲程发动机。

②对单作用式二冲程发动机。

③不小于 2～3mm。

表 2-2　曲轴的主要破坏形式及原因

破坏形式及图示	特征	主要原因
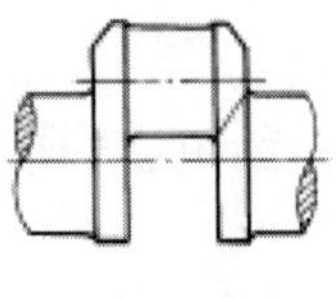	裂纹由圆角处产生，向曲柄臂发展，导致曲柄臂断裂。这是最常见的曲轴破坏形式，任何曲轴都可能发生，常发生在曲轴全长 2/3 的部位	1. 圆角半径过小； 2. 圆角加工不良； 3. 曲柄臂太薄； 4. 主轴承不均匀磨损，产生过大的附加弯曲应力； 5. 材质不良
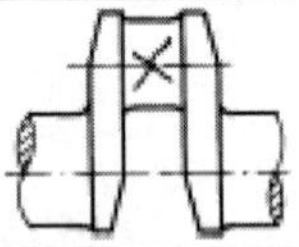	裂纹起源于油孔，沿与轴线成45°方向发展	1. 过大的扭转振动； 2. 油孔过渡圆角太小； 3. 油孔边缘加工不良
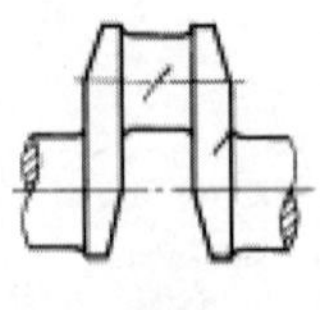	裂纹起源于过渡圆角或油孔，且只沿一个方向发展，裂纹与轴线成45°	1. 由于不对称循环转矩引起最大应力，导致疲劳破坏； 2. 圆角加工不良及热加工工艺不完善，造成材料组织不均匀； 3. 油孔边缘加工不良； 4. 连杆轴颈太细

续表

破坏形式及图示	特征	主要原因
	裂纹沿过渡圆角周向同时发生，断口呈径向锯齿形	1. 过渡圆角太小，引起过大的应力集中； 2. 材料有缺陷
腐蚀疲劳破坏	裂纹由圆角蚀点处产生	润滑油中含有腐蚀性物质

5. 软轴

工作时可自由改变轴线的形态和工作机与驱动机之间的距离，具有缓冲、吸振性能，但只能传递转矩。常用于混凝土震捣器、清理与清淤设备等，如图2-6所示。

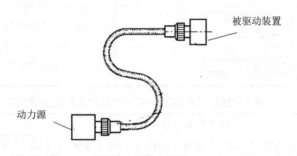

图2-6 挠性钢丝软轴

软轴的结构型式与性能见表2-3至表2-5。

表2-3 常用的软管结构

结构简图	说明
	由弹簧钢带卷成，外面依次包上耐油橡胶帆布（5）、棉纱（6）、钢丝编织层（7）和耐磨橡胶。强度、挠性、耐磨性和密封性较好
	在上一种软管内面衬以弹簧钢带卷成的衬簧（3），外面包以橡胶保护层（4）。耐磨性和密封性较好
	由镀锌低碳钢带（1）卷成，钢带镶口内填以石棉绳（2）或棉纱绳。结构简单，质量轻，外径小；但强度和耐磨性较差
	由两层成型钢带卷成。挠性好，密封性较差。多用于控制型

注：1－成型钢带，2－密封，3－衬簧，4－橡胶层，5－耐油橡胶帆布，6－棉纱编织层，7－钢丝编织层。

表 2-4　常用的软轴接头结构型式

联接方式	结构简图	说明
固定式		用紧定螺钉连接，装拆方便
		用外螺纹连接，简单可靠，装拆较费时
		用内螺纹连接，特点同外螺纹连接
滑动式		用鸭舌形插头联接，制造容易，装拆方便
		用键连接，能传递较大转矩
		用方形插头连接，制造容易

表 2-5　钢丝软轴在额定转速 n_0 时能传递的最大转矩 T

直径/mm	工作中的弯曲半径/mm										额定转速 n_0/(r/min)	最高转速 n_{max}/(r/min)
	∞	1000	750	600	450	350	250	200	150	120		
	T_0/（N·m）											
6	1.5	1.4	1.3	1.2	1.0	0.8	0.6	0.5	0.4	0.3	3200	13000
8	2.4	2.2	2.0	1.8	1.6	1.4	1.2	0.9	0.6	—	2500	10000
10	4	3.6	3.3	3.0	2.6	2.3	1.9	1.5	—	—	2100	8000
13	7	6	5.2	4.6	4.0	3.4	2.8	—	—	—	1750	6000

除此之外，轴还可按轴直径的几何形状不同，分为光轴和阶梯轴。光轴指全轴各处直径相同的轴。阶梯轴指各段直径不同的轴。阶梯轴便于轴上零件的装拆定位与紧固，在机器上广泛应用。有时为了减轻重量或满足使用上的要求，将轴造成空心的，称为空心轴。如汽车的传动轴常是空心轴；有些车床的主轴是空心轴，以便加工很长的工件时，使工件通过轴的空腔。非空心的轴称为实心轴。

2.1.2　轴的材料选择

应根据轴的工作情况和对轴的强度、耐磨性、工艺性、热处理等要求选择适合的轴材料，还应考虑国家资源及供应情况，力求经济合理。

轴常用的材料有碳素钢、合金钢和球墨铸铁。

1. 碳素钢

对比较重要的轴或传递载荷较大的轴，宜选用优质碳素钢 30～50 号为轴材料，其中 45 号钢应用最广泛。这类材料的强度、塑性、韧性等都比较好，一般经正火或调质处理以提高其机械性能。

对不重要的轴或传递载荷较小的轴，可选用普通碳素钢为轴材料，如 Q235。

2. 合金钢

合金钢具有较高的机械强度，可淬性也较好，常用于制造有特殊要求的轴，如矿山井下设备中传递动力很大而重量和尺寸受限制的轴；精密机床要求高耐磨性的主轴；在酸、碱介质中工作要求有防腐性的轴等。比较常用的中碳合金钢有40Cr、35SiMn、40MnB等。低碳合金钢20Cr、20CrMnTi经渗碳淬火后，表面耐磨性和心部韧性都比较好，适于制造要求耐磨和承受冲击载荷的轴。但合金钢价格较贵，对应力集中敏感性较高，尽可能少用。

当轴的刚度不够时，用合金钢代替碳素钢是无济于事的。因在一般温度下，两者的弹性模量几乎相同，而弹性模量是材料刚性的指标。

3. 球墨铸铁

球墨铸铁价廉、强度高，耐磨性、吸振性和切削加工性能都较好，对应力集中的敏感性也较低。用球墨铸铁作为轴材料，因轴的毛坯可以铸造成型，所以特别适于制造形状复杂的轴，如曲轴、凸轮轴等。

轴的常用材料及其机械性能列于表2-6中。

表2-6　轴的常用材料及其主要机性能

材料牌号	热处理	毛坯直径/mm	硬度（HBS）	抗拉强度 σ_b/MPa	屈服点 σ_s/MPa	弯曲疲劳极限 σ_{-1}/MPa	扭转疲劳极限 τ_{-1}/MPa	备注
Q235		>16~40		418	225	174	100	用于不重要或受力较小的轴
Q275		>16~40		550	265	220	127	
20	正火	25	≤156	420	250	180	100	用于载荷不大、要求韧性好的轴
	正火回火	≤100	103~156	400	220	165	95	
		>100~300		380	200	155	90	
		>300~500		370	190	150	85	
		>500~700		360	180	145	80	
35	正火	25	≤187	540	320	230	130	应用比较广泛
	正火回火	≤100	149~187	520	270	210	120	
		>100~300		500	260	205	115	
		>300~500	143~187	480	240	190	110	
		>500~750		460	230	185	105	
	调质	≤100	156~207	560	300	230	130	
		>100~300		540	280	220	125	
45	正火	25	≤241	610	360	260	150	
	正火回火	≤100	170~217	600	300	240	140	
		>100~300		580	290	235	135	
		>300~500	162~217	560	280	225	130	
		>500~750	156~217	540	270	215	125	
	调质	≤200	217~255	650	360	270	155	

续表

材料牌号	热处理	毛坯直径/mm	硬度（HBS）	抗拉强度 σ_b/MPa	屈服点 σ_s/MPa	弯曲疲劳极限 σ_{-1}/MPa	扭转疲劳极限 τ_{-1}/MPa	备注
40Cr	调质	25		1000	800	485	280	用于载荷较大，而无大冲击的重要轴
		≤100	241～286	750	550	350	200	
		>100～300	229～269	700	500	320	185	
		>300～500		650	450	295	170	
		>500～800	217～255	600	350	255	145	
37SiMn2MoV	调质	25		1000	850	495	285	用于高强度、大尺寸及重载荷的轴。35SiMn、42SiMn、40MnB 的性能与之相近
		≤200	269～302	880	700	425	245	
		>200～400	241～286	830	650	395	230	
		>400～600	241～269	780	600	370	215	
1Cr13	调质	≤60	187～217	600	420	275	155	用于腐蚀条件下工作的轴（如螺旋桨轴等）
2Cr13	调质	≤100	197～248	660	450	295	170	
1Cr18Ni9Ti	淬火	≤60	≤192	550	220	205	120	用于高、低温及强腐蚀条件下工作的轴
		>60～100		540	200	195	115	
		>100～200		500	200	185	105	
38CrMoAlA	调质	30	229	1000	850	495	285	用于要求高耐磨性、高强度且变形很小的轴
20Cr	渗碳淬火回火	15	表面56～62（HRC）	850	550	375	215	用于要求强度和韧性均较高的轴（如某些齿轮轴、蜗杆等）
		30		650	400	280	160	
		≤60		650	400	280	160	
20CrMnTi	渗碳淬火回火	15	表面56～62（HRC）	1100	850	525	300	
QT450-10			160～210	450	310	160	140	用于结构形状复杂的凸轮轴及曲轴等
QT500-7			170～230	500	320	180	155	
QT600-3			190～270	600	370	215	185	
QT700-2			225～305	700	420	250	215	
QT800-2			245～335	800	480	285	245	
QT900-2			280～360	900	600	320	275	

2.1.3 设计轴时应考虑的主要问题

设计轴时，除一般应考虑对轴的疲劳强度和刚度要求外，轴上零件应装拆容易、定位可靠；轴应加工方便、成本低廉。对于高速或承受周期性变载荷的轴，还要考虑其振动稳定性。

2.2 轴的结构设计

如图 2-7 所示为一减速器的典型阶梯轴。阶梯轴不仅能满足强度和刚度上的要求,而且轴上零件装拆容易、定位可靠。

进行轴的结构设计时可作如下考虑。

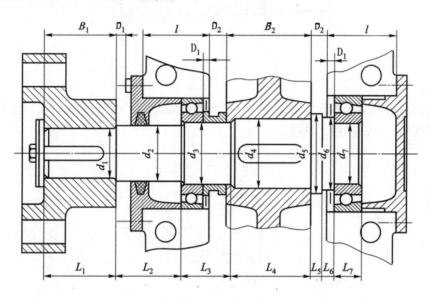

图 2-7 阶梯轴的结构

2.2.1 轴上零件的轴向定位与紧固

1. 轴肩或轴环

用轴肩或轴环定位方便可靠,能承受较大的轴向载荷,应用较多,如图 2-7 所示。但应注意由于轴截面变化而引起的应力集中,以及为了便于零件紧靠定位面,轴上圆角半径 r 应小于零件的倒角 C,如图 2-8 所示。

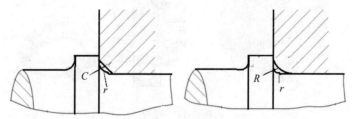

r 应小于零件上的外圆半径 R 或倒角 C

$h=R[C+(0.52)]\text{mm}$

图 2-8 轴上 r 弧与圆角半径 R 或 C 的关系

2. 套筒

在轴的中部,当两个零件间距离较小时,常用套筒作相对固定,如图 2-9 所示。这样可以简化轴的结构，但增加了一些重量，且不宜用于高速轴。

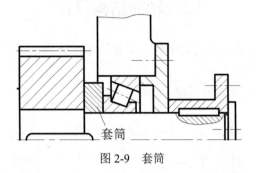

图 2-9　套筒

3. 锥面

利用锥面配合，轴上零件装拆方便，且可兼做轴向固定，如图 2-10 所示。锥面常与挡圈及螺母一起使用，但只能用于轴端。

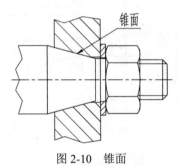

图 2-10　锥面

4. 螺母

用螺母做轴向紧固时，定位可靠，装拆方便，可承受较大的轴向力，如图 2-11 所示。由于切制螺纹使轴的疲劳强度下降，为了不过分削弱轴的强度并保证工作可靠，一般用细牙螺纹并加防松装置，常用于轴的中部和端部。

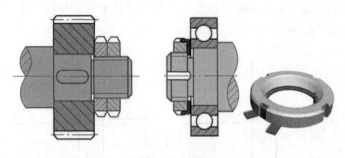

图 2-11　螺母

5. 压板和螺钉

这种轴向紧固方法仅用于轴端，可承受剧烈振动和冲击，工作可靠，用于轴端零件的固定，应用颇广，如图 2-12 所示。

6. 紧定螺钉

可承受很小的轴向力，适用于轴向力很小、转速低的场合，如图 2-13 所示。还可兼做圆周方向紧固之用。

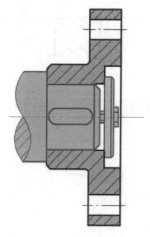

图 2-12　压板和螺钉

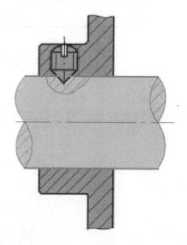

图 2-13　紧定螺钉

7. 弹性挡圈

弹性挡圈分为轴用弹性挡圈和孔用弹性挡圈两种。这种轴向紧固方法结构简单，但只能承受不大的轴向力。常用于固定滚动轴承等的轴向定位，如图 2-14 所示为轴用弹性挡圈。

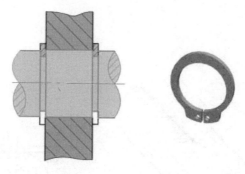

图 2-14　轴用弹性挡圈

用套筒、螺母和压板做轴向紧固时，装零件的轴段长度应略小于零件轮毂的宽度，以便使零件的端面与定位面靠紧，防止零件串动。

2.2.2　轴上零件的周向紧固

键、花键等常作为轴上零件的周向紧固用。

1. 导键和滑键

导键和滑键都用于动联接，即轴与轮毂间有相对轴向移动的联接。

导键适用于轴向移动距离不大的场合，如机床变速箱中的滑移齿轮，如图 2-15 所示。

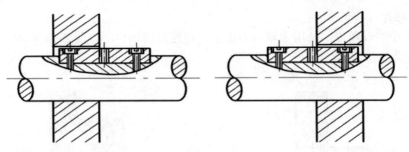

图 2-15   导键

滑键用于轴上零件在轴上移动距离较大的场合，以免使用长导键，如图 2-16 所示。

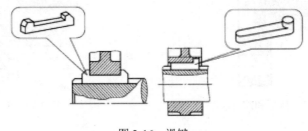

图 2-16   滑键

2．平键联接

对于平键联接，通常只须进行挤压强度或耐磨性能计算，在重要场合下才进行键的抗剪强度计算，如图 2-17 所示。

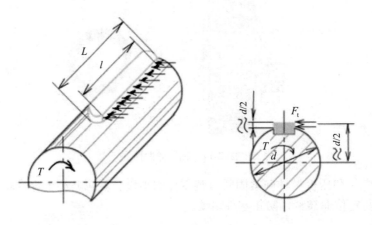

图 2-17   平键联接

3．半圆键

应用于锥形轴端与轮毂的联接，但其轴上的键槽过深，对轴的削弱较大，适用于轻载荷联接，如图 2-18 所示。

4．楔键

常见的楔键有普通楔键和钩头楔键两种，如图 2-19 所示。用于要求不高、载荷平稳、低速的场合。

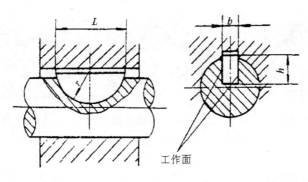

图 2-18　半圆键

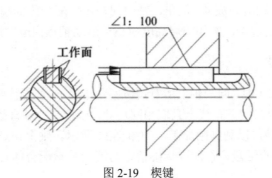

图 2-19　楔键

5. 切向键

两键配合面各有 1:100 斜度，成对组装，组合后上下表面为工作面。应用于只承受单向转矩的场合；若承受双向转矩，则应相隔布置两对切向键，如图 2-20 所示。

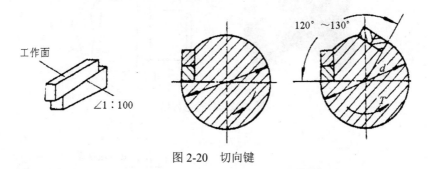

图 2-20　切向键

6. 花键联接

花键联接的种类按齿廓形状分为矩形花键、渐开线花键和三角形花键，如图 2-21 所示。花键联接常用于传递的扭矩比较大的场合。

设计花键时，通常先选择花键联接的类型和定心方式，再根据标准确定尺寸，然后进行强度校核。花键连接的主要失效形式为齿面压溃或磨损，因此只需按工作面上的挤压应力（对于动联接常用压强）进行强度校核。

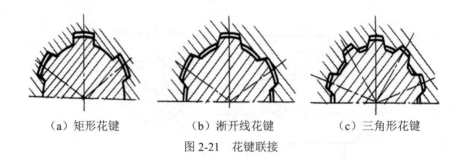

| （a）矩形花键 | （b）渐开线花键 | （c）三角形花键 |

图 2-21　花键联接

2.2.3　轴上零件的安装

为了使零件顺利地装到轴上，安装时零件经过各段轴的直径应小于零件的孔径。图 2-7 中，d_5 大于 d_1、d_2、d_3、d_4，轴端做成 45°倒角，轴中间与零件配合段的端部做成 $\alpha=10°\sim15°$ 的导向锥面。定位轴肩高度要适当，例如轴肩高度应小于滚动轴承内圈的厚度，以便于拆卸轴承。

2.2.4　轴的制造工艺

为了制造方便、节省工时，同一轴上所有过渡圆角半径 r，若无特殊要求，应取相同数值。同时，所有键槽应尽可能在同一直线上且取相同尺寸，尽量减少轴直径的变化。轴上磨削表面在过渡处应有砂轮越程槽，以利磨削加工，如图 2-22 所示。轴上切螺纹处应有退刀槽，如图 2-23 所示。与零件配合的轴段直径应取标准值，与滚动轴承配合的轴颈直径应按滚动轴承的内孔直径选取。

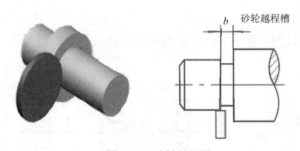

图 2-22　砂轮越程槽

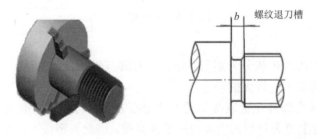

图 2-23　螺纹退刀槽

2.2.5　提高轴疲劳强度的措施

多数轴是因疲劳而破坏，而集中应力对疲劳强度影响极大。因此，在进行轴的结构设计时，应力求降低集中应力。

凡轴径变化处要平缓过渡，过渡圆角半径尽量大些。当与轴配合的零件的圆角半径或倒角很小时，轴上可采用减载槽、过渡肩环或凹切圆角来加大轴的圆角半径 r，以减小集中应力，如图 2-24 所示。

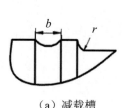 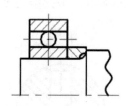 

（a）减载槽　　　　　　　　（b）过渡肩环　　　　　　　（c）凹切圆角

图 2-24　减小应力集中、提高疲劳强度的措施

轴上过盈配合处有较大的集中应力，如图 2-25 所示为过盈联接的应力分布。为了减小集中应力，可用以下结构：轴上具备卸载槽，如图 2-26 所示，使压力分布较平缓，必要时对御载槽作滚压处理；使配合直径大于非配合直径，如图 2-27 所示，并以较大圆弧过渡；轮毂具备卸载槽，如图 2-28 所示，目的也是使压力分布较平缓。

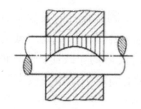 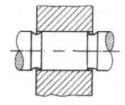

图 2-25　过盈联接的应力分布　　　　　　图 2-26　轴上具备卸载槽

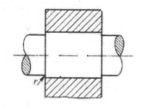 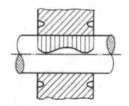

图 2-27　增大轴颈　　　　　　　　图 2-28　轮毂具备卸载槽

用盘铣刀加工的键槽比用端铣刀加工的键槽集中应力小些，如图 2-29 所示。

轴上开横孔时，应将孔端倒角，如图 2-30 所示，并尽量提高孔的表面光洁度，或用滚珠碾压棱边。

(a) 圆盘铣刀加工键槽

(b) 端铣刀加工键槽

图 2-29　圆盘铣刀与端铣刀加工键槽

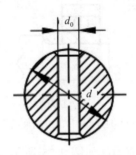

图 2-30　轴上横孔倒角

2.3　轴的强度计算

对于一般传递动力的轴，满足强度条件是最基本的要求，因此设计时首先进行强度计算。

由于轴系部件的结构比较复杂，应先简化成力学模型，然后进行计算。截荷在零件上分布的长度相对于轴的长度来说是较小的，故一般以集中载荷代替均布载荷。轴与轴上零件的自重通常可忽略不计。轴上支承反力作用点的位置可按图 2-31 确定，都作为铰支座处理。

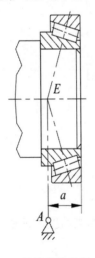

a 见滚动轴承表

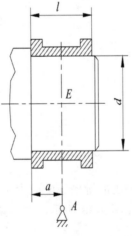

$l/d<1$，$a=0.51$；$l/d<1.5\sim2$，$a=(0.5\sim0.25)l$；
$l/d\geqslant2$，$a=(0.5\sim0.25)l$；调心轴承 $a=0.51$

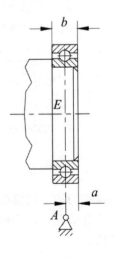

$a=b/2$

图 2-31　轴的简化支点位置

轴的计算方法有多种，应根据轴的受载情况和设计要求采用相应的计算方法。

2.3.1 按扭矩粗算轴直径

对兼受弯矩和扭矩的轴，粗算轴直径时，只根据扭矩进行计算，用降低许用扭转应力的方法来考虑弯矩对轴强度的影响更简便，常用于初步计算轴的直径。

由材料力学得知轴受扭矩时的强度条件为

$$\tau_T = \frac{T}{W_J} \times 10^3 \leqslant [\tau_T] \quad （MPa）$$

对实心圆轴，抗扭截而模量 $W_J = 0.2d^3$（mm^3），又扭矩 $T = 9550\dfrac{P}{n}$（$N \cdot m$），代入上式，则

$$\tau_T = \frac{9550P \times 10^3}{0.2d^3 n} \leqslant [\tau_T] \quad （MPa）$$

即

$$d \geqslant \sqrt[3]{\frac{P}{n}} \sqrt[3]{\frac{9550P \times 10^3}{0.2[\tau_T]}} = A\sqrt[3]{\frac{P}{n}} \quad （mm） \tag{2-1}$$

式中：d 为轴的截面直径，mm；P 为轴传递的功率，kW；n 为轴的转速，r/min。A 为决定材料许用扭转应力 $[\tau_T]$ 的系数，$A = \sqrt[3]{\dfrac{9550P \times 10^3}{0.2[\tau_T]}}$，见表 2-7。

表 2-7　几种常用轴材料的许用扭转应力 A 及 τ_T 值

轴的材料	Q235A	45	40Cr、35SiMn、42SiMn、38SiMnMo	1Cr18NiTi
$[\tau_T]$/MPa	12	20~40	40~52	15~25
A	158	135~106	106~97	147~124

注：1. 表中 $[\tau_T]$ 已考虑了弯矩对轴的影响。

2. 截面上有一个键槽，d 值增大 5%；有两个键槽，d 值增大 10%。

3. 关于 A 的取法：估计弯矩较小，材料强度较高，或轴刚度要求不严时，A 取偏小值，反之取偏大值；轴上无轴向载荷，A 取偏小值，反之取偏大值；对输出轴端，A 取偏小值，对输入轴端及中间轴，A 取偏大值；用 35SiMn 钢时，A 取偏大值。

2.3.2 按弯矩、扭矩合成计算轴直径

对于转轴，当轴上零件和轴承位置已知，同时轴上所受载荷的大小、方向和位置已定时，按照弯、扭合成强度计算轴直径比较合理。根据材料力学，按弯、扭合成计算轴的一般步骤如下：

（1）作轴的空间受力简图。将轴上作用力分解为水平面分力和垂直面分力，并求出水平面和垂直面的反力。

（2）作水平面的弯矩图（M_h）和垂直面的弯矩图（M_v）。

（3）作合成弯矩图（$M_c = \sqrt{M_h^2 + M_v^2}$）。

（4）作扭矩图（T）。

（5）作当量弯矩图（$M_c = \sqrt{M_h^2 + (\alpha T)^2}$）。

α 是将扭矩折算为等效弯矩的折算系数，其值视扭矩变化情况而定：

对于对称循坏变化的扭矩，取 $\alpha = \dfrac{[\sigma_b]_{-1}}{[\sigma_b]_{-0}} = 1$；

对于脉动循环变化的扭矩，取 $\alpha = \dfrac{[\sigma_b]_{-1}}{[\sigma_b]}$，对钢轴可取 $\dfrac{[\sigma_b]_{-1}}{[\sigma_b]} = 0.6$；

对于不变的扭矩，取 $\alpha = \dfrac{[\sigma_b]_{-1}}{[\sigma_b]_{-0}}$，对钢轴可取 $\dfrac{[\sigma_b]_{-1}}{[\sigma_b]_{-0}} = 0.3$。

这里 $[\sigma_b]_{-1}$、$[\sigma_b]_{-0}$、$[\sigma_b]$ 分别为材料在对称循环、脉动循环和静应力下的许用弯曲应力。

（6）按当量弯矩 M_e 由弯曲强度条件计算轴的直径 d，即

$$d \geqslant \sqrt[3]{\dfrac{M_e \times 10^3}{0.1[\sigma_b]_{-1}}} \quad (\text{mm}) \tag{2-2}$$

这里，M_e 的单位为 N·m；$[\sigma_b]_{-1}$ 单位为 MPa。

许用应力 $[\sigma_b]_{-1}$ 的值与轴的结构尺寸和其他一些参数有关。在进行轴计算时，因轴的具体尺寸未定，所以 $[\sigma_b]_{-1}$ 不能确定。这时，对于碳素钢和合金钢的轴，一般可取 $[\sigma_b]_{-1} \approx \sigma_b$。这里 σ_b 为材料的抗拉强度极限，其值见表 2-6。

在同一轴上各截面所受的载荷是不同的，设计计算时应选择有代表性的若干截面计算其值径。对于有一个键槽的截面，其径应按计算所得数值增大 5%，两个键槽的截面增大 10%。

对只承受弯矩的轴，即心轴，仍可用式（2-2）计算轴径，但因扭矩 $T=0$，故 $M_c = M_e$，这时若载荷稳定，而轴是转动的，则应取 $[\sigma_b]_{-1}$ 为许用应力；若轴是不转动的，则应取 σ_b 为许用应力，而

$$\sigma_b = \dfrac{\sigma_S}{S}$$

式中：σ_s 为材料的抗拉服极限（MPa），见表 2-6；S 为安全系数，其值如表 2-8 所示。

表 2-8　安全系数（S）取值

σ_s / σ_b	≤0.6，高塑性钢	>0.6，低塑性钢	脆性材料
S	1.2～1.6	1.5～2.2	1.6～2.5

2.3.3　轴的安全系数校核计算

轴的安全系数校核计算包括两方面：疲劳强度安全系数和静强度安全系数校核。疲劳强度安全系数校核是经过初步计算和结构设计之后，根据轴的实际尺寸、承受的弯矩、转矩图，考虑应力集中、表面状态、尺寸影响等因素及轴材料的疲劳极限，计算轴的危险截面处的疲劳安全系数是否满足。

静强度安全系数校核是根据轴材料的屈服强度和轴上作用的最大瞬时载荷（包括动载荷和冲击载荷），计算轴危险截面处的静强度安全系数。

危险截面的位置应是计算弯矩较大、截面积较小、应力集中较严重的截面，也就是实际应力较大的截面。

1. 轴的疲劳强度安全系数校核

疲劳强度校核判断根据为 $S \geqslant [S]$。当该式不能满足时，应改进轴的结构以降低应力集中。亦可采用热处理、表面强化处理等工艺措施，以及加大轴径、改用较好材料等方法解决。

轴的疲劳强度是根据长期作用在轴上的最大变载荷进行校核计算的。

对重要的轴，应进行安全系数校核计算，其目的在于检验轴的实际工作能力及结构设计的合理性。

2. 疲劳强度安全系数校核计算

对于兼受弯矩和扭矩的转轴，无论在稳定载荷还是变载荷作用下，其截面上的应力都为变应力。因此，对轴上危险截面应进行疲劳强度的安全系数 S 的校核计算。危险截面安全系数 S 的校核计算公式为

$$S = \frac{S_\sigma \cdot S_\tau}{\sqrt{S_\sigma^2 + S_\tau^2}} \geqslant [S]$$

$$S_\sigma = \frac{\sigma_{-1}}{\dfrac{K_\sigma}{\beta_{\varepsilon\sigma}}\sigma_a + \psi_\sigma \sigma_m} \tag{2-3a}$$

$$S_\tau = \frac{\tau_{-1}}{\dfrac{K_\tau}{\beta_{\varepsilon\tau}}\tau_a + \psi_\tau \tau_m} \tag{2-3b}$$

式中：$[S]$ 为许用疲劳强度安全系数，见表 2-9 所示；S_σ、S_τ 分别为只考虑弯矩和只考虑扭矩的安全系数；σ_{-1}、τ_{-1} 分别为材料在对称循坏应力下的弯曲疲劳极跟和剪切疲劳极限（MPa），见表 2-6；K_τ、K_σ 分别为弯曲和扭转时轴的有效应力集中系数，见表 2-10 至表 2-12。

表 2-9　轴的许用安全系激 $[S]$ 及 $[S_S]$

许用疲劳强度安全系数 $[S]$		许用静强度安系数 $[S_S]$	
载荷可精确计算确 材质均匀	1.3～1.5	尖峰载荷作用时间短，其数值可精确计算：	
		高塑性钢（$\sigma_S / \sigma_B \leqslant 0.6$）	1.2～1.4
载荷计算不够精确 材质不够均匀	1.5～1.8	中等塑性钢（$\sigma_S / \sigma_B = 0.6～0.8$）	1.4～1.8
		低塑性钢	1.8～2
载荷计算精确性低 材质均匀性很差	1.8～2.5	铸造轴及脆性材料制成的轴	2～3
		尖峰载荷很难准确计算的轴	3～4

ε_τ、ε_σ 分别为弯曲和扭转时的绝对尺寸影响系数，见表 2-13；β —表面质量系数，见表 2-14 至表 2-16，一般用表 2-14，轴表面强化处理后用表 2-15，有腐蚀情况时用表 2-16。

ψ_τ、ψ_σ 分别为弯曲和扭转时平均应力折算为应力幅的等效系数，见表 2-17。

σ_m、σ_σ 分别为弯曲应力的应力幅和平均应力（MPa），见表 2-18。

τ_m、τ_σ 分别为扭转应力的应力幅和平均应力（MPa），见表 2-18。

表 2-10　螺纹、键、花键、横孔处及配合的边缘处的有效应力集中系数 K_σ 与 K_τ

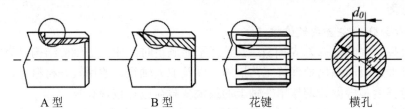

σ_b / MPa	螺纹 $K_\tau=1$	键槽			花键			横孔			配合					
		K_σ	K_τ	K_τ		K_τ		K_σ		K_τ	H7/r6		H7/k6		H7/h6	
	K_σ	A型	B型	A、B型	K_σ	矩形	渐开线型	$\frac{d_0}{d}=$ 0.05~0.15	$\frac{d_0}{d}=$ 0.15~0.25	$\frac{d_0}{d}=$ 0.05~0.25	K_σ	K_τ	K_σ	K_τ	K_σ	K_τ
400	1.45	1.51	1.30	1.20	1.35	2.10	1.90	1.90	1.70	1.70	2.05	1.55	1.55	1.25	1.33	1.41
500	1.78	1.64	1.38	1.37	1.45	2.25	1.95	1.95	1.75	1.75	2.30	1.69	1.72	1.36	1.49	1.23
600	1.96	1.76	1.46	1.54	1.55	2.35	2.00	2.00	1.80	1.80	2.52	1.82	1.89	1.46	1.64	1.3
700	2.20	1.89	1.54	1.71	1.60	2.45	2.05	2.05	1.85	1.80	2.73	1.96	2.05	1.56	1.77	1.40
800	2.32	2.01	1.62	1.88	1.65	2.55	2.10	2.10	1.90	1.85	2.96	2.09	2.22	1.65	1.92	1.49
900	2.47	2.14	1.69	2.05	1.70	2.65	2.15	2.15	1.95	1.90	3.18	2.22	2.39	1.76	2.08	1.57
1000	2.61	2.62	1.77	2.22	1.72	2.75	2.20	2.20	2.00	1.95	3.41	2.36	2.56	1.86	2.22	1.66
1200	2.90	2.50	1.92	2.39	1.75	2.80	2.30	2.30	2.10	2.00	3.87	2.62	2.90	2.05	2.5	1.83

表 2-11　圆角处的有效应力集中系数 K_σ 与 K_τ

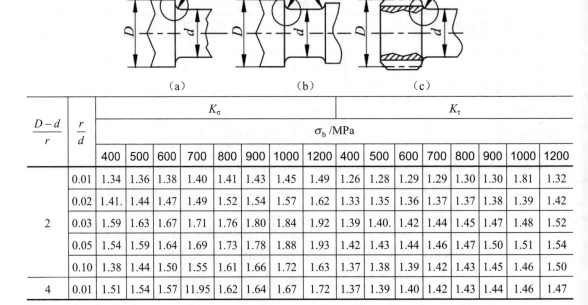

$\frac{D-d}{r}$	$\frac{r}{d}$	K_σ								K_τ							
		σ_b /MPa															
		400	500	600	700	800	900	1000	1200	400	500	600	700	800	900	1000	1200
2	0.01	1.34	1.36	1.38	1.40	1.41	1.43	1.45	1.49	1.26	1.28	1.29	1.29	1.30	1.30	1.81	1.32
	0.02	1.41.	1.44	1.47	1.49	1.52	1.54	1.57	1.62	1.33	1.35	1.36	1.37	1.37	1.38	1.39	1.42
	0.03	1.59	1.63	1.67	1.71	1.76	1.80	1.84	1.92	1.39	1.40.	1.42	1.44	1.45	1.47	1.48	1.52
	0.05	1.54	1.59	1.64	1.69	1.73	1.78	1.88	1.93	1.42	1.43	1.44	1.46	1.47	1.50	1.51	1.54
	0.10	1.38	1.44	1.50	1.55	1.61	1.66	1.72	1.63	1.37	1.38	1.39	1.42	1.43	1.45	1.46	1.50
4	0.01	1.51	1.54	1.57	11.95	1.62	1.64	1.67	1.72	1.37	1.39	1.40	1.42	1.43	1.44	1.46	1.47

续表

$\dfrac{D-d}{r}$	$\dfrac{r}{d}$	K_σ								K_τ							
		σ_b /MPa															
		400	500	600	700	800	900	1000	1200	400	500	600	700	800	900	1000	1200
4	0.02	1.76	1.81	1.86	1.91	1.96	2.01	2.06	2.16	1.53	1.55	1.58	1.59	1.61	1.62	1.65	1.68
	0.03	1.76	11.82	1.88	1.94	1.99	2.05	2.11	2.23	1.50	1.54	1.57	1.59	1.61	1.64	1.66	1.7
	0.05	170	1.76	1.82	1.88	1.95	2.01	2.07	2.19	1.50	1.52	1.57	1.59	1.62	1.65	1.68	1.74
6	0.01	1.86	1.90	1.94	1.99	2.03	2.08	2.12	2.21	1.54	1.57	1.59	1.61	1.64	1.66	1.68	1.73
	0.02	1.90	1.96	2.02	2.08	2.13	2.19	2.25	2.37	1.59	1.62	1.66	1.69	1.72	1.75	1.79	1.86
	0.03	1.89	1.93	2.03	2.10	2.16	2.23	2.30	2.44	1.61	1.65	1.68	1.72	1.74	1.77	1.81	1.88
10	0.01	2.07	2.12	2.17	2.32	2.28	2.34	2.39	2.50	2.21	2.18	2.24	2.30	2.37	2.42	2348	2.60
	0.02	2.09	2.16	2.23	2.30	2.38	2.45	2.52	2.66	2.03	2.08	2.12	2.17	2.22	2.26	2.31	2.40

表 2-12　环槽处的有效应力集中系数 K_σ 与 K_τ

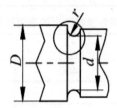

系数	$\dfrac{D-d}{r}$	$\dfrac{r}{d}$	σ_b /MPa							
			400	500	600	700	800	900	1000	1200
K_σ		0.01	1.88	1.93	1.98	2.04	2.09	2.15	2.20	2.31
		0.02	1.79	1.84	1.89	1.95	2.00	2.06	2.11	2.22
		0.03	1.72	1.77	1.82	1.87	1.92	1.97	2.02	2.12
		0.05	1.61	1.66	1.71	1.77	1.82	1.88	1.93	2.04
		0.10	1.44	1.48	1.52	1.55	1.59	1.62	1.66	1.73
		0.01	2.09	2.15	2,21	2.27	2.37	2.39	2.45	2.57
		0.02	1.99	2.05	2.11	2.17	2.23	2.28	2.35	2.49
		0.03	1.91	1.97	2.03	2.08	214	2.19	2.25	2.36
		0.05	1.79	1.85	1.91	1.97	2.03	2.09	2.15	2.27
		0.01	2.29	2.36	2.43	2.50	2.55	2.03	2.70	2.84
		0.02	2.18	2.25	2.32	2.38	2.45	2.51	2.58	2.71
		0.03	2.10	2.16	2.22	2.28	2.35	2.41	2.47	2.59
		0.01	2.38	2.47	2.56	2.61	2.73	2.81	2.90	3.07
		0.02	2.28	2.35	2.42	2.49	2.56	2.63	2.70	2.84

续表

系数	$\dfrac{D-d}{r}$	$\dfrac{r}{d}$	σ_b /MPa							
			400	500	600	700	800	900	1000	1200
K_σ	任何比值	0.01	1.60	1.70	1.80	1.90	2.00	2.10	2.20	2.40
		0.02	1.51	1.60	1.69	1.77	1.86	1.94	2.03	2.20
		0.03	1.44	1.52	1.60	1.67	1.75	1.82	1.90	2.05
		0.05	1.34	1.40	1.46	1.52	1.57	1.63	1.69	1.81
		0.10	1.17	1.20	1.23	1.26	1.28	1.31	1.34	1.40

表 2-13　绝对尺寸影响系数 ε_σ、ε_τ

直径 d/mm		>20～30	>30～40	>40～50	>50～60	>60～70	>70～80	>80～100	>100～120	>120～150	>150～500
ε_σ	碳钢	0.91	0.88	0.84	0.81	0.78	0.75	0.73	0.70	0.68	0.60
	合金钢	0.83	0.77	0.73	0.70	0.68	0.66	0.64	0.62	0.60	0.54
ε_τ	各种钢	0.89	0.81	0.78	0.76	0.74	0.73	0.72	0.70	0.68	0.60

表 2-14　不同表面粗糙度的表面质量系数 β

加工方法	轴表面粗糙度/μm	σ_b /MPa		
		400	800	1200
磨削	Ra0.4～0.2	1	1	1
车削	Ra3.2～0.8	0.95	0.90	0.80
粗车	Ra25～6.3	0.85	0.80	0.65
未加工的表面		0.75	0.65	0.45

表 2-15　各种强化处理的表面质量系数 β

强化方法	心部强度 σ_b /MPa	β		
		光轴	低应力集中的轴 $K_\sigma \leqslant 1.5$	高应力集中的轴 $K_\sigma \geqslant 1.8～2$
滚子滚压	600～1500	1.1～1.3	1.3～1.5	1.6～2.0
氮化	900～1200	1.1～1.25	1.5～1.7	1.7～2.1
喷丸硬化	600～1500	1.1～1.25	1.5～1.7	1.7～.1
渗碳	400～600	1.8～2.0	3	3.5
	700～800	1.4～1.5	2.5	2.7
	1000～1200	1.2～1.3	2	2.3
高频淬火	600～800	1.5～1.7	1.6～1.7	2.4～2.8
	800～1000	1.3～1.5	—	—

注：1. 滚子滚压是根据 16～30mm 的试件求得的数据。

2. 喷丸硬化是数根据 8～40mm 的试件求得的数据。喷丸速度高时用大值；速度低时用小值。

3. 氮化层厚度为 0.04d 时用小值；在 0.04d 时用大值。

4. 高频淬火是根据直径为 10～20mm，淬火层厚度为 0.05～0.20mm 的试件试验求得的数据；对大尺寸的试件强化系数的值会有某些降低。

表 2-16 各种腐蚀情况的表面质量系数 β

工作条件	抗拉强度 σ_b /MPa										
	400	500	600	700	800	900	1000	1100	1200	1300	1400
淡水中,有应力集中	0.7	0.63	0.56	0.52	0.46	0.43	0.40	0.38	0.36	035	0.33
淡水中,无应力集中;海水中,有应力集中	0.58	0.50	0.44	0.37	0.33	0.28	0.25	0.23	0.21	0.20	0.19
海水中,无应力集中	0.37	0.30	0.26	0.23	0.21	0.18	0.16	0.14	0.13	0.21	0.12

表 2-17 钢的 ψ_σ 及 ψ_τ 值

应力种类	系数	表面状态				
		抛光	磨光	车削	热轧	锻造
弯曲	ψ_σ	0.50	0.43	0.34	0.215	0.14
拉压	ψ_σ	0.41	0.36	0.30	0.18	0.10
扭转	ψ_τ	0.33	0.29	0.21	0.11	

表 2-18 应力幅及平均应力计算公式 (σ_m、σ_a、τ_m、τ_a)

循环特性	应力名称	弯曲应力	转应力
对称循环	应力幅	$\sigma_a = \sigma_{max} = \dfrac{M}{W}$	$\tau_a = \tau_{max} = \dfrac{T}{W_P}$
	平均应力	$\sigma_m = 0$	$\tau_m = 0$
脉动循环	应力幅	$\sigma_a = \dfrac{\sigma_{max}}{2} = \dfrac{M}{2W}$	$\tau_a = \dfrac{\tau_{max}}{2} = \dfrac{T}{2W_P}$
	平均应力	$\sigma_m = \sigma_a$	$\tau_m = \tau_a$
说明	M、T—轴危险截面上的弯矩和转矩(N·mm);W、W_P—轴危险截面的抗弯和抗转的截面系数(mm²),见表 2-19 至表 2-21		

一般传递动力的轴的弯曲应力是对称循坏变化的,其值为

$$\sigma_a = \frac{M}{W_I} \times 10^3, \quad \sigma_M = \frac{F_A}{A}$$

式中:M 是轴截面上的弯矩(N·m);W_I 是轴截面的抗弯截面模量(mm³);F_a 是轴向力(N);A 是轴的截面面积(mm²)。

轴的扭转应力分两种情况:对单向转动的轴,若载荷稳定,理论上扭转应力是静应力,但考虑到传动过程中载荷的不均匀性,可视为脉动循环变,则

$$\tau_a = \tau_m = \frac{T}{2W_J} \times 10^3$$

对正转、反转的轴，扭转应力为对称循环变化，则

$$\tau_a = \frac{T}{2W_J} \times 10^3, \quad \tau_m = 0$$

式中：T 为轴上截面的扭矩（N·m）；W_J 为轴截面的抗扭截面模量（mm^3）。

3. 静强度安全系数校核计算

为防止轴在短期尖峰载荷作用下产生塑性变形，应进行静强度的安全系数校核计算，其计算式为

$$S_S = \frac{S_{S\sigma} S_{S\tau}}{\sqrt{S_{\sigma_S}^2 + S_{\sigma_\tau}^2}} \geqslant [S_S]$$

$$S_{S\sigma} = \frac{\sigma_s}{\sigma_{max}} = \frac{\sigma_s}{\dfrac{M_{max}}{W_P}} \tag{2-4a}$$

$$S_{S\tau} = \frac{\tau_s}{\tau_{max}} = \frac{\tau_s}{\dfrac{T_{max}}{W_P}} \tag{2-4b}$$

式中：$[S_S]$ 为许用静强度安全系数，见表 2-9；$S_{S\tau}$、$S_{S\sigma}$ 分别为只考虑弯矩和只考虑扭矩的静安全系数；σ_s、τ_s 分别为材料的抗拉和剪切屈服极限（MPa）；τ_{max}、σ_{max} 分别为尖峰载荷时轴的最大弯曲应力和扭转应力（MPa）；M_{max}、T_{max} 为轴危险截面上的最大弯矩和最大转矩（N·mm）；W、W_P 为轴危险截面的抗弯和抗扭的截面系数（mm^3），见表 2-19 至表 2-21。

表 2-19　轴抗弯和抗扭截面系数计算公式

截面形状	W	W_P
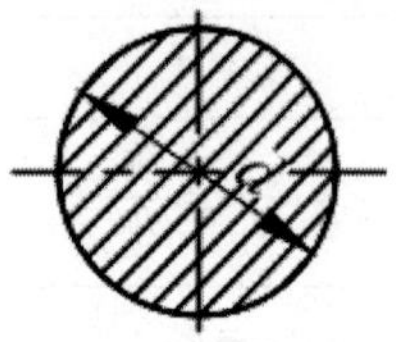	$\dfrac{\pi d^3}{32} \approx 0.1 d^3$	$\dfrac{\pi d^3}{16} \approx 0.2 d^3$
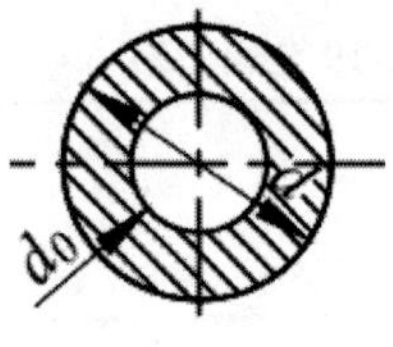	$\dfrac{\pi d^3}{32}(1-v^4) \approx 0.1 d^3 (1-v^4)(v=\dfrac{d_0}{d})$	$\dfrac{\pi d^3}{32}(1-v^4) \approx 0.2 d^3 (1-v^4)$
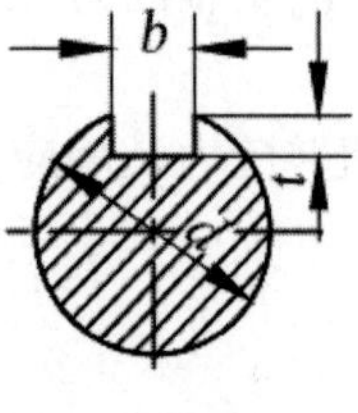	$\dfrac{\pi d^3}{32} - \dfrac{bt(d-t)^2}{2d}$	$\dfrac{\pi d^3}{32} - \dfrac{bt(d-t)^2}{2d}$

续表

截面形状	W	W_P
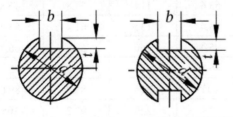	$\dfrac{\pi d^3}{32} - \dfrac{bt(d-t)^2}{d}$	$\dfrac{\pi d^3}{16} - \dfrac{bt(d-t)^2}{d}$
	$\dfrac{\pi d^3}{32}\left(1 - 1.54\dfrac{d_0}{d}\right)$	$\dfrac{\pi d^3}{16}\left(1 - \dfrac{d_0}{d}\right)$
	$\dfrac{\pi d^4 + b z_n (D-d)(D-d)^2}{32D}$ （z_n 为花键齿数）	$\dfrac{\pi d^4 + b z_n (D-d)(D-d)^2}{16D}$ （z_n 为花键齿数）
	$\dfrac{\pi d^3}{32} \approx 0.1 d^3$	$\dfrac{\pi d^3}{16} \approx 0.2 d^3$

表 2-20　标准键槽处轴的截面系数及截面积

d/mm	键截面尺寸 $b \times h$/(mm·mm)	单键			双键		
		W/cm³	W_P/cm³	F/cm³	W/cm³	W_P/cm³	F/cm³
18		0.450	1.02	2.34	0.327	0.90	2.13
19	6×6	0.541	1.21	2.6.	0.408	1.08	2.41
20		0.643	1.43	2.93	0.500	1.29	2.72

d/mm	键截面尺寸 b×h/(mm·mm)	单键			双键		
		W/cm^3	W_P/cm^3	F/cm^3	W/cm^3	W_P/cm^3	F/cm^3
21	6×6	0.756	1.67	3.25	0.603	1.51	3.04
22		0.882	1.93	3.59	0.719	1.76	3.48
24	8×7	1.09	2.45	4.20	0.824	2.18	3.88
25		1.25	2.97	4.59	0.970	2.50	4.27
26		1.43	3.15	4.99	1.13	2.86	4.67
28		1.83	3.97	5.84	1.50	3.65	5.52
30		2.29	4.94	6.75	1.93	4.58	6.43
32	10×8	2.65	5.86	7.54	2.08	5.30	7.04
34		3.24	7.10	8.58	2.62	6.48	8.08
35		3.57	7.78	9.1	2.92	7.13	8.62
38		4.67	10.1	10.8	3.95	9.34	10.3
40	12×8	5.36	11.6	12.0	4.54	10.7	11.4
42		6.30	13.6	13.3	5.32	12.6	12.7
45	14×9	7.61	13.6	15.1	6.28	15.2	14.4
48		9.41	20.3	17.3	7.96	18.8	16.6
20		10.7	23.0	18.9	9.22	21.5	18.1
52	16×10	11.9	25.7	20.3	9.90	23.7	19.3
55		14.2	30.6	22.8	12.1	28.5	21.8
58		16.9	30.1	25.5	14.7	33.8	24.5
60	18×11	18.3	39.5	27.0	15.3	36.5	25.8
65		23.7	50.7	31.9	20.4	47.4	30.7
70	20×12	29.5	63.2	37.0	25.3	59.0	35.5
75		36.9	78.3	42.7	32.3	73.7	41.2
80	22×14	44.0	94.3	48.3	37.8	88.1	46.3
85		53.6	114	54.8	46.8	107	52.8
90	25×14	63.4	135	61.4	55.2	127	59.1
95		75.4	160	68.6	66.7	151	66.4
100	28×16	86.8	185	75.7	75.5	174	72.9
105		102	215	83.8	89.6	203	81.0
110		118	249	92.2	105	236	89.4
115	32×18	133	282	100	116	266	96.8
120		152	322	110	135	304	106
130		197	412	129	177	393	126
140	36×20	244	514	150	219	488	145
150		304	635	172	276	608	168

续表

d/mm	键截面尺寸 $b{\times}h{/}$（mm·mm）	单键			双键		
		W/cm³	W_P/cm³	F/cm³	W/cm³	W_P/cm³	F/cm³
160	40×22	367	769	196	322	734	191
170		445	927	222	407	889	217
180		522	1094	248	470	1043	241
190	45×25	619	1291	277	565	1238	270
200		728	1513	307	670	1455	301

注：本表数据适用于GB/T1095—1979平键槽。

表 2-21　矩形花键轴的截面系数及截面积（$W_P{=}2W$）

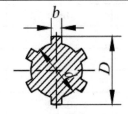 

公称尺寸 $z_h{-}D{\times}d{\times}b{/}$（mm·mm·mm）	按 D 定心		按 d 定心	
	W/cm³	F/cm³	W/cm³	F/cm³
轻系列				
4-15×12×4	0.18	1.28	0.208	1.37
4-18×15×5	0.358	1.96	0.389	2.06
4-20×17×6	0.529	2.53	0.564	2.63
4-22×19×8	0.773	3.22	0.810	3.31
6-26×23×6	1.28	4.52	1.36	4.69
6-30×26×6	1.79	5.70	1.96	6.03
6-32×28×7	2.29	6.69	2.47	6.99
8-36×32×6	3.34	8.57	3.63	9.00
8-40×36×7	4.79	10.8	5.13	11.3
8-46×42×8	7.53	14.6	7.98	15.1
8-50×46×9	9.94	17.5	10.4	18.0
8-58×52×10	14.4	22.6	15.5	23.6
8-62×56×10	17.5	25.8	18.9	27.0
8-68×62×12	24.3	31.9	25.8	33.0
10-78×72×12	38.0	43.0	403	44.3
10-88×82×12	54.5	54.6	57.8	56.4
10-98×92×14	77.7	68.9	81.4	70.6

公称尺寸	按 D 定心		按 d 定心	
$z_h-D\times d\times b/$（mm·mm·mm）	W/cm^3	F/cm^3	W/cm^3	F/cm^3
10-108×102×16	106	84.6	110	86.5
10-120×112×18	142	103	149	105
10-140×125×20	202	131	218	137
10-160×145×22	305	173	331	181
10-180×160×24	413	213	453	225
10-200×180×30	608	273	650	284
10-2220×200×30	799	329	864	344
10-240×260×35	1080	401	1150	415
10-260×240×35	1360	468	1460	487
中系列				
6-16×13×3.5	0.253	1054	0.278	1.64
6-20×16×4	0.462	2.31	0.516	2.49
6-22×18×5	0.681	2.97	0.741	3.14
6-25×21×5	0.976	3.81	1.08	4.06
6-28×23×6	1.37	4.75	1.50	5.05
6-32×26×6	1.86	5.88	2.11	6.39
6-3×28×7	2.41	6.95	2.66	7.41
8-38×32×6	3.47	8.85	3.87	9.48
8-42×36×7	4.94	11.1	5.44	11.8
8-48×42×8	7.66	14.9	8.39	15.7
8-54×46×9	10.4	18.3	11.4	19.5
8-60×52×10	14.7	23.0	16.1	24.4
8-65×53×10	17.8	26.	19.9	28.2
8-72×62×12	25.1	33.0	27.6	35.0
10-82×72×12	39.6	44.4	43.0	46.7
10-92×82×12	54.9	55.4	60.5	58.8
10-102×92×14	78.5	70.1	85.1	73.4
10-112×102×16	108	86.4	115	89.7
10-125×112×18	145	105	156	110
重系列				
10-26×21×3	0.968	3.78	1.13	4.21
10-29×23×4	1.48	4.96	1.64	5.35
10-32×26×4	1.92	5.95	2.19	6.51
10-35×28×4	2.32	6.77	2.17	7.55

公称尺寸 z_h–$D \times d \times b l$（mm·mm·mm）	按 D 定心		按 d 定心	
	W/cm^3	F/cm^3	W/cm^3	F/cm^3
10-40×32×5	3.70	9.15	4.19	10.0
10-45×36×5	4.86	11.1	5.71	12.4
10-52×42×6	7.76	15.1	9.06	16.8
10-56×46×7	10.4	18.4	11.9	20.1
16-60×52×5	14.1	22.5	16.1	24.4
16-65×56×5	17.2	25.8	19.9	28.2
16-72×62×6	24.2	32.2	27.6	35.0
16-82×72×7	37.5	43.0	42.3	46.3
20-92×82×6	53.2	54.5	60.5	58.8
20-102×92×7	76.7	69.2	851	73.4
补充系列				
6-35×30×10	3.27	8.36	3.40	8.56
6-38×3×310	4.10	9.76	4.30	10.0
6-40×35×10	4.77	10.8	5.00	11.1
6-42×36×10	5.20	11.5	5.55	11.9
6-4×40×10	7.10	14.0	7.39	14.9
6-48×42×12	8.28	15.6	8.64	16.0
6-50×45×12	9.61	17.2	10.0	17.7
6-55×50×14	13.2	21.2	13.7	21.7
6-60×54×14	16.4	24.6	17.3	25.4
6-65×58×16	20.9	28.9	21.9	29.7
6-70×62×16	25.1	32.8	26.7	34.0
6-75×65×16	28.7	36.1	31.2	37.9
6-80×70×20	37.9	43.1	40.0	44.4
6-90×80×20	53.2	5432	56.7	56.2
10-30×26×4	1.81	5.72	2.01	6.11
10-32×28×5	2.40	6.84	2.58	7.15
10-35×30×5	2.92	7.83	3.21	8.31
10-38×33×6	4.00	9.61	4.30	10.0
10-40×35×6	4.63	10.6	5.00	11.1
10-42×36×6	5.06	11.3	5.55	11.9
10-45×40×7	6.85	13.8	7.34	14.3
16-38×33×3.5	3.80	9.32	4.22	9.95
16-50×43×5	8.91	16.3	9.74	17.3

轴的设计计算步骤有很多种，如何进行设计须视具体情况而定。例如，可以按式（2-1）先粗算轴直径，然后进行轴的结构设计，最后作安全系数校核；也可以按式（2-2）计算轴若干截面的直径，然后进行轴的结构设计，最后作安全系数校核。要求较低的轴，亦可不作安全系数校核。

2.4 轴的刚度

轴在载荷作用下将产生弹性变形，如轴的刚度不足，过大的变形将影响机器工作性能。此外，轴的振动也常与刚度有密切关系。

轴的刚度有扭转刚度和弯曲刚度。

2.4.1 轴的扭转刚度

轴因受扭矩的作用而产生扭转变形。如图 2-32 所示，原来轴上直线 $\overline{ab}$ 与轴心线 $\overline{OO}$ 平行，但受扭矩 T 作用后，$\overline{ab}$ 变成 ab' 螺旋线。从端面上看，$\angle bOb'$ 称为扭转角 φ。

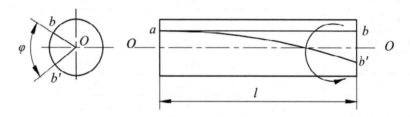

图 2-32 轴的扭转变形

装齿轮的轴扭转刚度不足，将使沿齿宽载荷分布不均匀；金属切削机床主轴的扭转度不足，将降低工件的加工精度；内燃机凸轮轴转刚度不足，将影响气阀的正确启闭时间。这些都是轴扭转刚度不足影响机器工作性能的例子。

根据材料力学，阶梯轴的扭转角可用下式计算：

$$\psi = \frac{57}{G}\sum_{i=1}^{n}\frac{T_{i}l_{i}}{j_{i}} \times 10^{3} \leqslant [\varphi] \tag{2-5}$$

式中：φ 为轴的总扭转角（°）；T_i 为第 i 轴段传递的扭矩（N·m）；l_i 为第 i 轴段的长度（mm）；J_i 为第 i 轴段截面的极惯性矩（mm⁴）；G 为材料的剪切弹性模量（MPa）。

轴的允许扭转角 $[\varphi]$ 见表 2-22。

表 2-22 轴的允许扭转角 $[\varphi]$

传动要求	$[\varphi]$（°/m）
精密传动	0.25～0.5
一般传动	0.5～1
对扭转刚度要求不高的传动	>1

2.4.2　轴的弯曲刚度

轴因受弯矩的作用而产生弯曲变形。如图 2-33 所示，轴的轴心线 $\overline{OO}$ 在未受力前为直线，受 F 力后变成曲线。此曲线中的任一点与 $\overline{OO}$ 之间的距离，称为轴在该截面的挠度 y。曲线上任一点的切线与 $\overline{OO}$ 之间的夹角称为转角 θ。图中 θ_1 和 θ_2 各为轴在轴承处的偏转角。

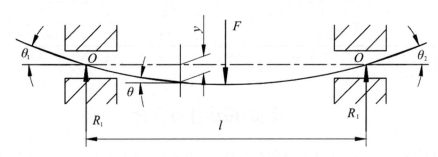

图 2-33　轴的弯曲变形

轴的弯曲刚度不足也会影响机器的工作性能。例如：轴上装轮处的挠度过大，将使齿上载荷集中，导致啮合情况恶化；电机轴挠度过大，将改变转子与定子之间的气隙，影响电机性能；轴上装滑动轴处的偏转角过大，将使压力沿转承长度分布不均匀，甚至发生边缘接触，使轴承过度发热，磨损剧增；轴上装滚动轴承处的偏转角过大，将引起轴承内、外圈相互倾斜，因而影响滚动体与内、外圈滚道的正确接触，甚至卡住，降低轴承寿命，对于滚子轴承尤为敏感。

根据材料力学，阶梯轴的弯曲变形量的计算方法有多种。当只需作近似计算时，可用当量直径法，即把阶梯轴转化成直径为 d_v 的光轴（全轴直径相等），然后进行挠度 y 与偏转角 θ 的计算。

d_v 的计算式为

$$d_v = \sqrt[4]{l^3 l_b^4} \sqrt{\frac{1}{\sum_{i=0}^{n}\left(\frac{\lambda_i}{\delta_i^4}\right)}} \quad (\text{mm})$$

这里

$$\lambda_i = \frac{l_i}{l}$$

$$\delta_i = \frac{d_i}{l}$$

式中：l 为轴上两支点间距离（mm）；l_b 轴上受弯矩作用部分的长度（mm）；d_i 为轴上第 i 段的直径（mm）；l_i 为轴上第 i 段的长度（mm）。

对于阶梯轴上装有过盈配合零件的轴段，应取零件轮毂的直径作为该轴段直径进行计算。

光轴的挠度 y 和偏转角 θ 的计算，可用料力学中的计算方法。

轴的允许挠度[y]和允许偏转角[θ]的值见表 2-23。

表 2-23 轴的允许挠度[y]和允许偏转角[θ]

轴的使用场合	[y]/mm	轴的部位	[θ]/rad
一般用途的轴	≤（0.0003~0.0005）l	滑动轴承处	≤0.001
刚度要求较高的轴	≤0.0002l	向心球轴承处	≤0.005
安装齿轮的轴	≤（0.01~0.05）m_n	向心球面球轴承处	≤0.05
安装蜗轮的轴	≤（0.02~0.05）m_i	圆柱滚子轴承出	≤0.0025
蜗杆轴	≤（0.01~0.02）m_i	圆锥滚子轴承处	≤0.0016
电机轴	≤0.1Δ	安装齿轮处	≤（0.01~0.02）

注：Δ为电机定子与转子间的气隙（mm）；m_n为齿轮法面模数（mm）；l为支承间跨距（mm）；m_i为蜗轮、蜗杆端面模数（mm）。

2.5 轴的振动计算简介

大多数机器的轴虽不受周期性外载荷作用，但由于轴上零件材质不均，制造、安装误差等使回转零件质心偏移，因而回转时产生离心力，使轴受到周期性载荷作用。因此，对于高速轴和受周期性外载荷的轴，除进行强度和刚度计算外，还需进行振动计算。

轴与轴上零件及安装基础组成一个弹性系统。当轴受到一次扰动时，例如有初变形，所产生的振动称为自由振动。自由振动常因系统本身和外部的阻尼而自行消失。轴系在周期性载荷作用下所产生的振动，称为强迫振动。

当强迫振动的频率与轴系自由振动的频率相等时，轴系就发生"共振"现象。共振时机器强烈振动，轴的变形增大，影响机器的正常工作，甚至导致被破坏。发生共振时轴的转速称为临界转速。应使轴的工作转速远离临界转速，避免共振。

轴的振动有纵向振动、横向振动和扭转振动三类。在一般机械中，以横向振动最为常见。下面仅以简单的轴为例，说明轴作横向振动时，临界转速的计算。

如图 2-34 所示，一根轴由两端支承，正中装有一个圆盘。设阻尼的影响与轴的自重忽略不计，圆盘重量为 W（N），其质心 a 相对于轴线有一偏心距 e（mm）。

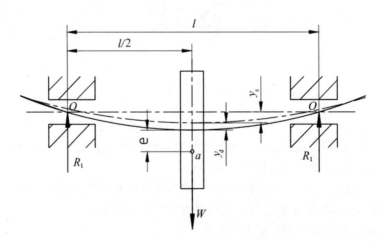

图 2-34 双支点单圆盘轴的横向振动

当轴静止时，在圆盘重力作用下，轴的静挠度为 y_s；当轴转动时，由于圆盘不平衡，在轴上引起的离心力使轴进一步弯曲变形，其变形量为 y_d（mm），y_d 称为动挠度。

当圆盘质心 a 离开轴静挠度曲线的距离为 y_{d+e} 时，圆盘产生的离心力为

$$F_C = \frac{m\omega^2(y_d + e)}{10^3} \quad (N)$$

式中：m 为圆盘的质量，$m = \dfrac{W}{g}$（kg）；重力加速度 $g = 9.81$；ω 为轴角速度（rad/s）。

又按胡克定律，轴的作用力 F 与弯曲变形量 y_d 成正比，即

$$F = Ky_d \quad (N)$$

式中：K 为轴的刚度，即使轴产生单位变形所需的力（N/mm），它与轴的材斜、载荷位置、尺寸及两端支承情况有关。

从圆盘受力的平衡条件

$$F = F_C$$

得

$$Ky_d = \frac{m\omega^2(e + y_d)}{10^3}$$

即

$$y_d = \frac{me\omega^2}{k \times 10^3 - m\omega^2}$$

或

$$y_d = \frac{e\omega^2}{\dfrac{k}{m} \times 10^3 - \omega^2} \tag{2-6}$$

由上式可知，在 $\omega < \sqrt{\dfrac{k}{m} \times 10^3}$，当 ω 由零逐渐增大，上式右边分子随之增大，而分母随之减小，即 y_d 值随 ω 的增大而增大，振幅 y_d 为一有限的正值。

当 $\omega < \sqrt{\dfrac{k}{m} \times 10^3}$ 时，上式的分母为零，y_d 趋于无限大，即为共振情况，此时轴的角速度 ω 即为临界角速度，用 ω_c 表示，故

$$\frac{k}{m} \times 10^3 - \omega = 0$$

即

$$\omega_c = \sqrt{\frac{k}{m} \times 10^3} = \sqrt{\frac{k}{\frac{W}{g}} \times 10^3} \left(\frac{rad}{s}\right) \tag{2-7}$$

或临界转速

$$n_c = \frac{30}{\pi}\omega_c = \sqrt{\frac{k}{\frac{W}{g}} \times 10^3} \approx 946\sqrt{\frac{k}{W}} \tag{2-8}$$

根据材料力学，k 值取法如下：

两端铰支

$$k = \frac{48EI}{l^3} \quad (\text{N/mm})$$

两端固定

$$k = \frac{192EI}{l^3} \quad (\text{N/mm})$$

式中：E 为轴材料的弹性模量，对于钢 $E = 210 \times 10^3$（MPa）；I 为轴的截面惯性矩（mm^4）；l 为轴的跨距（mm）。

从式（2-6）可知，轴的动挠度 y_d 与偏心距 e 成正比，为了减小振动，应尽量使轴系平衡。从式（2-8）可知，临界转速 n_c 与偏心距 e 无关，而只与轴的刚度 k 及同圆盘重量 W 有关。因此当其他条件不变时，选择适当的转轴尺寸可以改变轴的临界转速，使轴的工作转速远离临界转速，而不发生共振。

若把轴的转速继续升高，迅速越过临界转速危险区。当 $\omega > \sqrt{\frac{k}{m} \times 10^3}$ 时，y_d 为负值，即 y_d 与 e 的方向相反，而且当 ω 趋于无限大时，$y_d = -e$，这时圆盘质心在轴的静挠度曲线上，称为轴的自动定心，轴重新得到稳定。

轴可以根据工作转速大于或小于临界转速分成两类：第一类是工作转速 n 低于一阶临界转速 n_{cI} 的轴，称为刚性轴。对刚性轴，通常使 $n < 0.8 n_{cI}$ 第二类是工作转速 n 超过一阶临界转速 n_{cII} 的轴：称为挠性轴。对挠性轴，通常使 $1.4 n_{cI} < n < 0.7 n_{cII}$ 对于汽轮机、离心机等的轴，因转速很高，若采用刚性轴，其轴径必然需要很大，为了获得较轻结构，常用挠性轴。

2.6 轴的设计

2.6.1 中间轴的设计

1. 中间轴轴 2（图 2.35）上的运动参数

功率 $P_2 = 10.46\text{kW}$。

转矩 $T_2 = 411.86\text{N} \cdot \text{mm}$。

转速 $n_2 = 242.6\text{r/min}$。

2. 初步确定轴的最小直径

采用齿轮轴故选取轴材料 40Cr，调质处理。

$$d_{\min} = A_0 \sqrt[3]{\frac{P_2}{n_2}} = 112 \times \sqrt[3]{\frac{10.47}{242.5}}\text{mm} = 39.29\text{mm}$$

3. 轴的结构设计

（1）方案如图 2-35 所示。

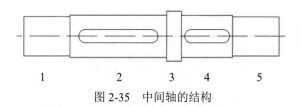

图 2-35 中间轴的结构

（2）根据轴向定位的要求确定轴的各段直径和长度轴承承受径向力，选用深沟球轴承。参照工作要求并根据 $d_2 = 50\text{mm}$ ，初选深沟球轴承 6010，其 $d \times D \times B = 50\text{mm} \times 80\text{mm} \times 16\text{mm}$ 。

$d_1 = 40\text{mm}$ ，$l_1 = 28\text{mm}$ 。

$d_2 = 50\text{mm}$ ，$l_2 = 75\text{mm}$ 。

$d_3 = 55\text{mm}$ ，$l_3 = 9\text{mm}$ 。

$d_4 = 48\text{mm}$ ，$l_4 = 42\text{mm}$ 。

$d_5 = 40\text{mm}$ ，$l_5 = 30\text{mm}$ 。

（3）轴上零件的周向定位。

小齿轮与轴的周向定位均采用平键连接。$d_2 = 50\text{mm}$ ，配合选用平键 $9\text{mm} \times 14\text{mm} \times 63\text{mm} \dfrac{\text{H7}}{\text{r6}}$ 。

大齿轮与轴的周向定位均采用平键连接，$d_4 = 48\text{mm}$ ，配合选用平键 $14\text{mm} \times 9\text{mm} \times 30\text{mm} \dfrac{\text{H7}}{\text{r6}}$ 。

（4）确定轴上的圆角和倒角尺寸。

轴端倒角皆为 $1 \times 45°$ ，圆角半径为 1mm。

4．中间轴的弯矩和扭矩

求轴上载荷：首先根据轴的结构图作出轴的计算简图。在确定轴承的支点位置时，应查取 a 值，对于深沟球轴承 6010 轴承，由设计手册中查得 $a=20$ 。根据轴的计算简图作出轴的扭矩图和弯矩图。

（1）确定力点、支反力并求轴上作用力。

（2）求作用在齿轮上的力。

高速级大齿轮的分度圆直径为 $d_2 = 280\text{mm}$ ，低速级小齿轮的分度圆直径为 $d_3 = 104\text{mm}$ 。

$$F_{t1} = \frac{2T_2}{d_2} = \frac{2 \times 107210}{280}\text{N} = 765.78\text{N}$$

$$F_{r1} = F_{t1}\tan\alpha = 765.78 \times \tan 20°\text{N} = 278.24\text{N}$$

$$F_{t2} = \frac{2T_2}{d_3} = \frac{2 \times 107210}{104}\text{N} = 2061.74\text{N}$$

$$F_{r2} = F_{t2}\tan\alpha = 2061.73 \times \tan 20°\text{N} = 750.401\text{N}$$

2.6.2 高速轴的设计

1．高速轴的运动参数

功率 $P_1 = 10.89\text{kW}$ 。

转矩 $T_1 = 107215\text{N}\cdot\text{mm}$ 。

转速 $n_1 = 970\text{r/min}$ 。

2. 作用在齿轮上的力

高速级大齿轮的分度圆直径为 $d_2 = 416\text{mm}$。

$$F_t = \frac{2T_1}{d_2} = \frac{2 \times 107215}{416}\text{N} = 515.46\text{N}$$

$$F_r = F_t \tan\alpha = 515.43 \times \tan 20° \text{N} = 187.61\text{N}$$

3. 初步确定轴的最小直径

$$d_{\min} = A_0 \sqrt[3]{\frac{P_1}{n_1}} = 112 \times \sqrt[3]{\frac{10.99}{970}}\text{mm} = 25.08\text{mm}$$

输出轴的最小直径是安装联轴器处的直径。

由于设计为齿轮轴，选取轴的材料为 40Cr 钢，调质处理。

为使所选的直径 d_1 与联轴器的孔径相适应，故需同时选取联轴器型号。

联轴器计算转矩 $T_{ca} = T_1 K_A$。

考虑到转矩变化很小，取 $K_A = 1.3$。

$$T_{ca} = K_A T_1 = 1.3 \times 107210\text{N} \cdot \text{mm} = 139372\text{N} \cdot \text{mm}$$

转矩 T_{ca} 应小于联轴器公称转矩，选用 GY4 联轴 J1 型联轴器，其 $T_{ca} = 224000\text{N} \cdot \text{mm}$，半联轴器孔径 $d_1 = 28\text{mm}$，故取 $d_1 = 28\text{mm}$，半联轴器长度 $L = 44\text{mm}$，半联轴器与轴配合的毂孔长度 $L_1 = 30\text{mm}$。

4. 轴的结构设计

（1）拟定方案如图 2-36 所示。

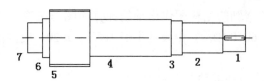

图 2-36　高速轴的结构

（2）根据轴向定位的要求确定轴的各段直径和长度。

轴承承受径向力，选用深沟球轴承。

参照工作要求并根据 $d_3 = 35\text{mm}$，初选深沟球轴承 6005，其 $d \times D \times B = 40\text{mm} \times 68\text{mm} \times 15\text{mm}$，$l_3 = 15\text{mm}$。

（3）小齿轮的分度圆直径为 70mm，其齿根圆直径（70−2.5×2=65mm）到键槽底部的距离为 4mm，故 1 轴上的齿轮必须和轴做成一体，为齿轮轴，故 $d_5 = 70\text{mm}$ 为齿顶圆直径，$d_3 = d_7 = 35\text{mm}$，各轴径段长度由箱体内部结构和联轴器轴孔长度确定。则轴的各段直径和长度：

$d_1 = 28\text{mm}$，$l_1 = 30\text{mm}$。

$d_2 = 32\text{mm}$，$l_2 = 50\text{mm}$。

$d_3 = 35\text{mm}$，$l_3 = 15\text{mm}$。

$d_4 = 38\text{mm}$，$l_4 = 100\text{mm}$。

$d_5 = 70\text{mm}$，$l_5 = 49\text{mm}$。

$d_6 = 40\text{mm}$，$l_6 = 9\text{mm}$。

$d_7 = 35\text{mm}$ ， $l_7 = 18\text{mm}$ 。

（4）轴上零件的周向定位齿轮、半联轴器与轴的周向定位采用平键联接。按 l_1 和 d_1 查得 $b \times h = 8\text{mm} \times 7\text{mm}$ ，长为 24mm，配合选用 $\dfrac{\text{H7}}{\text{r6}}$ 。

（5）确定轴上的圆角和倒角尺寸。

轴端倒角皆为 $1 \times 45°$ ，圆角半径为 1mm。

2.6.3 低速轴的设计

1. 低速轴的运动参数
功率 $P_3 = 10.045\text{kW}$ 。
转矩 $T_3 = 1582190\text{N} \cdot \text{mm}$ 。
转速 $n_3 = 60.626\text{r/min}$ 。

2. 初步确定轴的最小直径

$$d_{\min} = A_0 \sqrt[3]{\frac{P_3}{n_3}} = 112 \times \sqrt[3]{\frac{10.0405}{1582.19}}\text{mm} = 20.74\text{mm}$$

输出轴的最小直径是安装联轴器处的直径。

选取轴的材料为 40Cr 钢，调质处理。

为使所选轴的直径 d_1 与联轴器的孔径相适应，故需同时选取联轴器型号。

联轴器计算转矩 $T_{\text{ca}} = K_A T_3$ 。

考虑到转矩变化很小，取 $K_A = 1.3$ 。

$$T_{\text{ca}} = K_A T_3 = 1.3 \times 1582190\text{N} \cdot \text{mm} = 2056847\text{N} \cdot \text{mm}$$

转矩 T_{ca} 应小于联轴器公称转矩，选用 GY4 型凸缘型联轴器，其 T_{ca}=2224000N·m，半联轴器孔径 $d_1 = 28\text{mm}$ ，故取 $d_1 = 28\text{mm}$ ，半联轴器长度 $L = 62\text{mm}$ ，半联轴器与轴配合的毂孔长度 $L_1 = 40\text{mm}$ 。

3. 轴的结构设计
（1）拟定方案如图 2-37 所示。

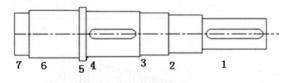

图 2-37 低速轴的结构

（2）根据轴向定位的要求确定轴的各段直径和长度。

1）为了满足半联轴器的轴向定位要求，1 轴段右端需制出一轴肩，故取 2 段的直径 $d_2 = 32\text{mm}$ ，左端用轴端挡圈定位，按轴端直径取密封圈直径 d=32mm。半联轴器与轴配合的毂孔长度为 40mm，为了保证轴端挡圈只压在半联轴器上而不压在轴的端面上，故取 1 段的长度应比配合长度略短一些，取 $l_1 = 38\text{mm}$ 。

2）初步选择滚动轴承。因轴承承受径向力的作用，故选用深沟球轴承，参照工作要求并根据 $d_2 = 32\text{mm}$ ，由轴承产品目录初步选取 0 尺寸系列，标准精度等级的深沟球轴承 6007，

则 $d \times D \times B = 35\text{mm} \times 62\text{mm} \times 14\text{mm}$，故 $d_3 = d_7 = 35\text{mm}$；而 $l_7 = 14\text{mm}$。

各轴径段长度由箱体内部结构和联轴器轴孔长度确定，则轴的各段直径和长度：

$d_1 = 40\text{mm}$，$l_1 = 82\text{mm}$。

$d_2 = 32\text{mm}$，$l_2 = 24\text{mm}$。

$d_3 = 35\text{mm}$，$l_3 = 17\text{mm}$。

$d_4 = 40\text{mm}$，$l_4 = 50\text{mm}$。

$d_5 = 50\text{mm}$，$l_5 = 9\text{mm}$。

$d_6 = 42\text{mm}$，$l_6 = 45\text{mm}$。

$d_7 = 35\text{mm}$，$l_7 = 14\text{mm}$。

（3）轴上零件的周向定位。

齿轮、半联轴器与轴的周向定位采用平键联接。

按 d_1 和 l_1 查得平键 $b \times h \times L = 8\text{mm} \times 7\text{mm} \times 30\text{mm}$，配合为 H7/r6。平键 $b \times h \times L = 12\text{mm} \times 8\text{mm} \times 40\text{mm}$，配合为 H7/r6。

（4）确定轴上圆角和倒角尺寸。

轴端倒角皆为 $2 \times 45°$，圆角半径为 1mm。

作出轴的弯矩图和扭矩图，如图 2-38 所示。

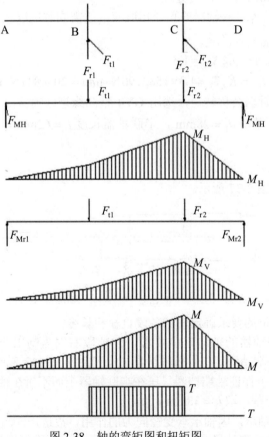

图 2-38　轴的弯矩图和扭矩图

从轴的结构图及弯矩图和扭矩图可以看出危险截面。

现将计算出危险截面处的力矩值列于表 2-24。

表 2-24　危险截面处的力矩值

载荷	水平面 H	垂直面 V
支反力 F	$F_{NH1} = 1137.90N$ $F_{NH2} = 1689.02N$	$F_{NV1} = 413.96N$ $F_{NV2} = 614.68N$
弯矩 M	$M_H = 86140.02N \cdot mm$	$M_V = 31348.68N \cdot mm$
总弯矩	$M = \sqrt{M_H^2 + M_V^2} = 91667.02N \cdot mm$	
扭矩 T	$T_2 = 204230N \cdot mm$	

4. 校核中间轴的强度

按弯扭合成应力校核轴的强度进行校核时，通常只校核轴上承受最大弯矩和扭矩的截面的强度。根据上表中的数值，并取 $\alpha = 0.6$，轴的计算应力

$$W = \frac{\pi d^3}{32} - \frac{bt(b-t)^2}{2d} = 4189mm^3$$

$$\sigma_{ca} = \frac{\sqrt{M^2 + (\alpha T_2)^2}}{W} = 53.44MPa$$

选定轴的材料为 45 号钢，调质处理，$[\sigma_{-1}] = 60MPa$。因此 $\sigma_{ca} < [\sigma_{-1}]$，故安全。

第三章　滑动轴承

3.1　概述

轴承是机器中用来支承轴的一种重要零件。轴套装在轴承的部分称为轴颈。在运转中，轴颈与轴承之间产生相对滑动摩擦的，称为滑动轴承，当轴承的元件在运转中产生相对滚动摩擦的称为滚动轴承。

3.1.1　滑动轴承的种类

滑动轴承根据在工作过程中的摩擦状态分为两类：液体摩擦轴承和非液体摩擦轴承。

1. 液体摩擦轴承

如图 3-1（a）所示，轴颈与轴承的工作表面被一层润滑油膜完全隔开，从而消除了金属表面之间的摩擦和磨损，在这种状况下工作的轴承，称为液体摩擦轴承。这种轴承的工作阻力是润滑油膜的内部摩擦，摩擦系数很低，约为 0.001～0.01。液体摩擦轴承又根据油膜形成方法的不同分为以下两种：

（1）动压轴承。

在充分供油条件下，利用轴颈和轴承两工作表面之间的一定相对滑动速度，把润滑油带入摩擦表面之间，建立起压力油膜的轴承称为动压轴承。

（2）静压轴承。

用油泵把压力油输入到轴承与轴颈两工作表面之间，从而形成油膜的轴承，称为静压轴承，可以保证轴承在低速工作时处于液体摩擦状态。

2. 非液体摩擦轴承

如图 3-1（b）所示，当轴颈与轴承两工作表面之间的相对滑动速度过低、供油不足，或由于其他原因而不能形成足够厚的油膜时，滑动轴承不能实现液体摩擦润滑。但是金属表面的分子和润滑油的分子之间有一种相互的吸引力,可以把极薄的润滑油吸附在金属表面上而形成边界润滑油膜。在这种状况下工作的轴承称为非液体摩擦轴承。这种边界润滑油膜很薄，一般小于 1μm，很难把凹凸不平的金属表面完全隔开，工作时，表面上的凸峰必然互相接触，因而磨损较大。这种轴承的摩系数约为 0.01～0.1。

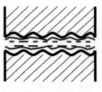　　　　　　　　　　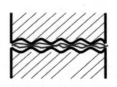

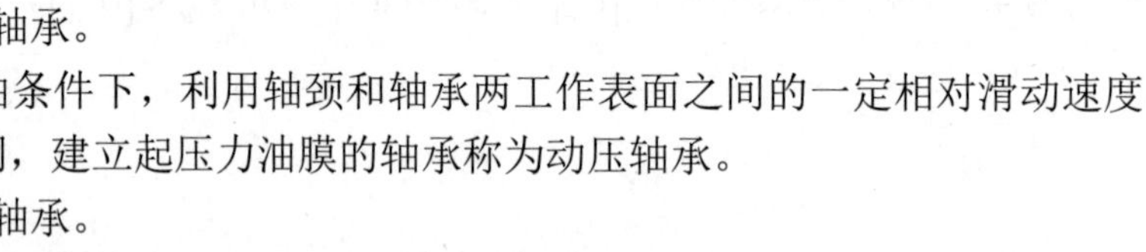

（a）液体摩擦轴承　　　　　　　　　　（b）非液体摩擦轴承

图 3-1　根据摩擦状态分类

滑动轴承也可根据它们所能承受载荷方向的不同分类，如图 3-2 所示。用来承受轴向载荷 F_a 的称为推力轴承，用来承受径向载荷 F_r 的称为径向轴承，用来同时承受径向和轴向载荷的称为径向推力轴承。

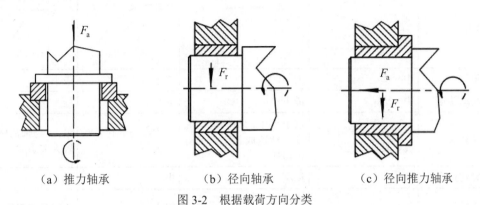

(a) 推力轴承　　　　　　(b) 径向轴承　　　　　　(c) 径向推力轴承

图 3-2　根据载荷方向分类

3.1.2　滑动轴承的特点和性能

与滚动轴承比较，滑动轴承具有下列主要优点。

1. 寿命长、适于高速

在设计正确、润滑良好、实现了液体摩擦的条件下，滑动轴承可以长期工作。因此，汽轮机、大型电机等多用液体摩擦滑动轴承。对于要求转速很高的轴，如高速磨头主轴，每分钟转速达 10 万转，由于滚动轴承的寿命过短，所以多用气体润滑的滑动轴承。

2. 耐冲击、能吸振、承载能力大

由于轴颈和轴承工作表面之间是面接触，而且有一层能起缓冲作用、吸收振动的油膜，所以在冲床、轧钢机械及往复式机械中多用滑动轴承。也由于工作表面之间是面接触，特别在形成液体摩擦的情况下，滑动轴承具有较高的承载能力。因此，在重型机械中也多用滑动轴承。

3. 回转精度高、运转平稳而无噪音

由于滑动轴承所包含的零件比滚动轴承少，在制造和装配上容易实现精度方面的要求，所以液体摩擦滑动轴承的回转精度可以比滚动轴承高。滚动轴承运转时噪声较大，而滑动轴承运转时却平稳而无噪声。目前在磨床主轴和其他精密机床的主轴上多用滑动轴承。

4. 结构简单、装拆方便、成本低廉

常用的非液体摩擦滑动轴承结构简单、制造容易、成本较低，因而广泛应用于要求不高的场合。装拆方便也是滑动轴承的一个优点，例如在多缸内燃机曲轴上多使用对开式滑动轴承，以利装拆。

滑动轴承也有一些缺点。非液体摩擦轴承摩擦损失大、磨损严重。液体摩擦轴承的摩擦损失虽与滚动轴承差不多，但当起动、停车、转速和载荷经常变化时，也难于保持液体摩擦，且设计、制造、润滑维护要求较高。

不同滑动轴承性能如表 3-1 所示。

表 3-1 不同摩擦（润滑）状态滑动轴承的性能

轴承性能		动压轴承	静压轴承	含油轴承	干摩擦轴承
承载特性					
运转性能	阻尼	中～大	大	较小	最小
	起动转矩	中～大	最小	大	最大
	功耗	小至大，与润滑剂黏度、转速成正比	最小至中，与润滑剂黏度、转速成正比，另有泵功耗	较大，与载荷有较大关系	最大，与轴瓦材料有较大关系
	旋转精度	高	最高	中	低
	运转噪声	很小	轴承本身很小，但泵还有噪声	很小	稳定载荷下较小
	运转寿命	有限寿命，决定于起动次数	无限寿命	有限寿命，决定于轴瓦材料的耐磨性	
环境适应性能	高温	温度限制决定于润滑剂的抗氧化能力或轴瓦材料		温度限制决定于润滑剂的抗氧化能力	温度限制决定于轴瓦材料
	低温	温度限制决定于起动转矩			温度限制决定于轴瓦材料
	真空	一般，但要用特殊润滑剂			最好
	潮湿	好		一般，注意密封	一般，轴颈和轴瓦材料必须耐腐蚀
	尘埃	一般，注意润滑系统密封和润滑剂过滤	好，注意润滑系统密封和润滑剂过滤	一般，注意密封	好，密封更好
	辐射	受润滑剂限制			好
运动适应性能	频繁起动	差	好		
	频繁改向	差	好	一般	很好
	摆动	不可以	可以		
制造维护性能	对制造和装配误差的敏感性	差	中	好	
	标准化程度	较差	最差	好	较好
	润滑	循环润滑，润滑剂用量多，润滑装置复杂	循环润滑，润滑剂用量最多，润滑装置复杂	简单，用油量少	无须润滑
	维护	经常检查，定期清洗润滑系统和更换润滑油		定时补充润滑油	无须维护
成本		制造成本高，运转成本决定于润滑系统		较低	最低

3.2　滑动轴承的结构型式

3.2.1　径向滑动轴承的结构型式

径向滑动轴承有整体式、对开式、调心式和调隙式等。

1. 整体式径向滑动轴承

这种轴承分有轴套和无轴套两种。图 3-3 是有轴套整体式径向滑动轴承的典型结构。轴套压装在轴承座中，轴承座的顶部设有装油杯的螺纹孔。这种轴承构造简单、制造方便、成本低廉。但轴必须从轴承端部装入，因此装配不方便，而且整体式轴承磨损后的径向隙不能调整，所以多用于低速、轻载或间歇工作的机械上，如手动机械、农业机械等。

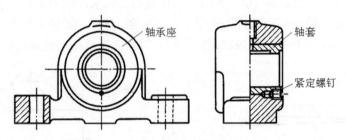

图 3-3　有轴套整体式径向滑动轴承

整体式径向滑动轴已标准化。

2. 对开式径向滑动轴承

对开式径向滑动轴承通常由轴承座、轴承盖、剖分轴瓦和螺栓等组成。根据载荷方向的不同，这种轴承又分为正滑动轴承和斜开式滑动轴承，如图 3-4 和图 3-5 所示。前者沿水平面剖分，后者沿与水平面成 45° 的平面剖分。轴承剖分处有子口，装配时便于对中，当轴承受到横向力时，还能防止轴承盖与轴承座的相对移动，避免螺栓受横向载荷。轴承盖顶部有螺纹孔用以安装油杯。这种轴承安装方便，并且轴瓦磨损后可以减小剖分面处的垫片厚度来调节径向同隙，调节后应修刮轴瓦内孔。

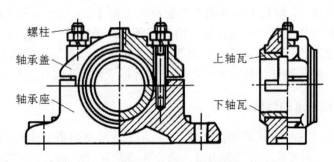

图 3-4　对开式正滑动轴承

对开式滑动轴承的载荷方向应在剖分面垂线左右 35° 范围内。

轴承座和轴承盖一般用灰铸铁制造，只有在载荷很大或有冲击时才用铸钢制造。

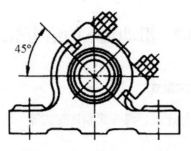

图 3-5 对开式斜滑动轴承

3. 调心式径向滑动轴承

因安装误差或轴的弯曲变形较大时,轴承两端会产生边缘接触,载荷集中,如图 3-6 所示,因而剧烈发热和磨损。轴承宽度越大,这种情况越严重。所以通常限制轴颈长度 L 与轴颈直径 d 的比,即 L/d=0.5～.15。当 L/d>1.5 时,常用调心式轴承,如图 3-7 所示。调心式轴承又称自位轴承。这种轴承的轴与轴承体之间用了球面配合。球面中心位于轴颈轴线上。轴瓦能随轴的弯曲变形在任意方向转动以适应轴颈的偏斜,可避免轴承端部的载荷集中和严重磨损。

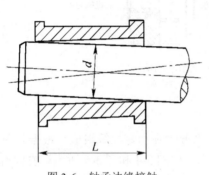

图 3-6 轴承边缘接触

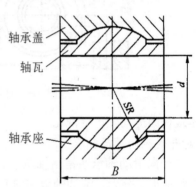

图 3-7 调心式滑动轴承

4. 调隙式径向滑动轴承

滑动轴承由于轴颈和轴瓦表面不可避免的磨损,径向间隙会逐渐增大,从而影响了机械的正常工作和运转精度。为了调节间隙,可以用可调隙式径向滑动轴承。

如图 3-8 所示的轴承,轴瓦 1 与轴颈 2 的配合表面为柱面,而轴瓦外表面与轴承体 4 的配合面为圆锥面。轴瓦圆周上开有一条轴向狭缝和三条槽。当松开螺母 5,拧紧螺母 3 时,轴 1 由锥形大端移向小端,轴瓦就会被压变形而改变内孔的大小,从而达到调节径向间隙的目的。开槽的目的在于减小轴瓦刚性,使其易于变形。这种轴承常用于机床主轴上。

3.2.2 推力滑动轴承的结构型式

推力滑动轴承有立式和卧式两种。如图 3-9 所示为立式平面推力轴系,由铸铁或铸钢制的轴承座 2、青铜或其他材料制的止推轴瓦 1、防止止推轴瓦转动的销钉 5 等组成。止推轴瓦的上表面开有放射状油槽,以利润滑油分布;下表面则与轴承座以球形表面配合,起自动调心作用,使摩擦面压力均匀分布。径向轴瓦 3 用来承受径向载荷。如图 3-10 所示为卧式多环推力轴承,轴上有多个止推环,能承受较大的双向轴向载荷。

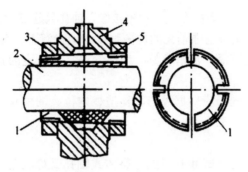

1—轴瓦；2—轴颈；3—螺母；4—轴承体；5—螺母

图 3-8　调隙式径向滑动轴承

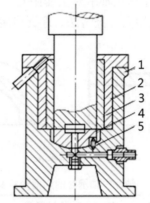

1—止推轴瓦；2—轴承座；3—径向轴瓦；4—轴颈；5—销针

图 3-9　立式平面推力轴承

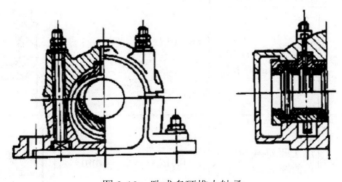

图 3-10　卧式多环推力轴承

3.3　轴瓦的结构和材料

3.3.1　轴瓦结构

轴瓦是滑动轴承中的重要元件。由于它与轴颈直接接触，其材料选用是否适当、结构是否合理对滑动轴承的性能有很大影响。在轴瓦的基体内表面上常浇铸或轧制一层轴承合金，这层轴承合金称为轴承衬。这时轴承衬直接和轴颈接触，轴瓦只起支承作用。具有轴承衬的轴瓦既可节约贵重的轴承合金，又可增强轴瓦的机械强度。但也有不具有轴承衬的轴瓦。

　　轴瓦在轴承体中应固定可靠、润滑良好、散热容易、有一定的强度和刚度，并且装拆容易、调整方便。

　　根据轴承工作条件的不同，应根据外形、构造、定位、油槽和配合等情况采取不同型式的轴瓦。

　　1. 轴瓦的型式和构造

　　常用的轴瓦有整体式、对开式和开口式。整体式轴瓦又称轴套。对开式轴瓦有厚轴瓦和薄轴瓦两种。厚轴瓦的壁较厚，如图 3-11 所示，其壁厚与外径比值大于 0.05。厚轴瓦用铸造方法制造，轴瓦内表面可附有轴承衬，轴承衬的厚度一般由十分之几毫米到 6mm，直径越大，轴承衬应越厚，如表 3-2 所示。为了增加轴承衬在轴瓦上的贴附性，可以在轴瓦上制出一些沟槽。欲使衬料贴附得更紧密，可采用离心浇铸法。厚瓦应用较广。

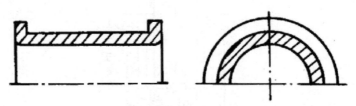

图 3-11　厚轴瓦

表 3-2　轴瓦中轴承衬的沟槽形状及厚度

轴瓦材料	轴承衬材料	使用场合	轴承衬厚度 s/mm	沟槽形状
钢	轴承合金或铝青铜	用于高负荷、高速及有冲击载荷的轴承	$s=0.01d$	
铸铁	轴承合金	用于振动及冲击载荷下工作的轴承		
铸铁	轴承合金	用于平稳载荷下工作的轴承	$s=0.01d+(1\sim2)$（mm）	
青铜	轴承合金	用于高负荷、高速的重要轴承	$s=0.01d+(0.05\sim1)$（mm）	

注：d—轴径直径（mm）。

薄壁轴瓦的壁较薄，如图 3-12 所示，其壁厚与外径比值小于 0.04。由于它能用双金属板连续轧制等新工艺进行大量生产，所以质量稳定、成本低廉。但薄轴瓦刚性小，装配时又不再修刮轴瓦内孔，故轴瓦受力变形后的形状完全取决于轴承座的形状，因此，轴瓦、轴承座均需精密加工。薄轴瓦在汽车发动机、柴油机上广泛应用。

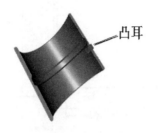

图 3-12　薄轴瓦

薄壁轴瓦的壁厚 b 可取为

$$b=（0.025\sim0.06）d（mm）$$

式中：d 为轴颈直径（mm）。

整体式轴瓦的技术参数见表 3-3 至表 3-12。开口式轴瓦的技术参数见表 3-13 至表 3-18。

表 3-3　带挡边铜合金整体轴套尺寸公差

内径 d	外径 D/mm		轴承座直径	挡边直径 D₁	宽度 B
	≤120	>120			
H8	s6	r6	H7	d11	h12

2. 轴瓦定位

为了防止轴瓦在轴承座中沿圆周方向及轴向移动，厚轴瓦可用销钉，如图 3-13 所示，薄轴瓦可用凸耳来定位。

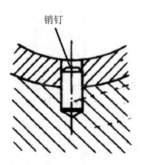

图 3-13　销钉定位

3. 轴瓦与轴承座的配合

为了提高轴瓦刚度、散热性能，并保证轴瓦与轴承座之间的同心性，轴瓦和轴承座应配合紧密，一般采用带有较小过盈量的配合。

常用轴承座见表 3-19 至表 3-22。

表 3-4　铜合金带挡边整体轴套的尺寸

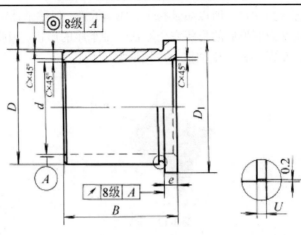

d	D	D_1	e	C	U	B
6	12	14				6,8,10
8	14	18		0.3		6,8,10,12
10	16	20			1	6,8,10,12,16
12	18	22				8,10,12,16,20
14	20	25	3			10,12,16,20,25
16	22	28				12,16,20,25
18	24	30				12,16,20,25,30
20	26	32		0.5	1.5	16,20,25,30,35
22	28	34				16,20,25,30,35
25	32	38				20,25,30,35,40
28	36	42	4			20,25,30,35,40,45
30	38	44				20,25,30,35,40,45
32	40	46				20,25,30,35,40,45
35	45	50				25,30,35,40,45,50
38	48	54			2	25,30,35,40,45,50,55,60
40	50	58				25,30,35,40,45,50,55,60
42	52	60	5	0.8		25,30,35,40,45,50,55,60,65
45	55	63				30,35,40,45,50,55,60,65
48	58	66				35,40,45,50,55,60,65
50	60	68				35,40,45,50,55,60,65
55	65	73				35,40,45,50,55,60,65,70

d	D	D_1	e	C	U	B
60	75	83		0.8		0,45,50,55，60,65,70,75,80
65	80	88			2	45,50,55,60,65,70,75,80
70	85	95				45,50,55,60,65,70,75,80,90
75	90	100	7.5			50,55,60,65,70,75,80,90
80	95	105				55,60,65,70,75,80,90,100
85	100	110				55,60,65,70,75,80,90,100
90	110	120		1.0		55,60,65,70,75,80,90,100,120
95	115	125			3	60,65,70,75,80,90,100,120
100	120	130				75,80,90,100,120
105	125	135				75,80,90,100,120
110	130	140	10			80,90,100,120
120	140	150				100,120,150
130	150	160				100,120,150
140	160	170				100,120,150,180
150	170	180				120,150,180
160	185	200	12.5	2.0	4	120,150,180
170	195	210				120,150,180,200
180	210	220	15			150,180,200,250
190	220	230				150,180,200,250
200	230	240				180,200,250

表 3-5　铜合金整体轴套尺寸公差

内径 d	外径 D/mm		轴承座孔直径	宽度 B
	≤120	>120		
H8	s6	r6	H7	h12

表 3-6　铜合金整体轴套厚壁系列的尺寸

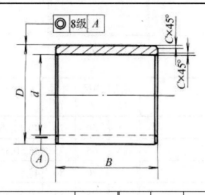

内径 d	外径 D	宽度 B	倒角 C	内径 d	外径 D	宽度 B	倒角 C
6	12	6,8,10		60	75	40,45,50,55,60,65,70,75,80	0.8
8	14	6,8,10,12	0.3	65	80	45,50,55,60,65,70,75,80	
10	16	6,8,10,12		70	85	45,50,55,60,65,70,75,80,90	
12	18	8,10,12,16,20		75	90	50,55,60,65,70,75,80,90	
14	20	10,12,16,20,25		80	95	55,60,65,70,75,80,90,100	
16	22	12,16,20,25		85	100	55,60,65,70,75,80,90,100	
18	24	12,16,20,25,30		90	110	55,60,65,70,75,80,90,100,120	1.0
20	26	16,20,25,30,35	0.5	95	115	60,65,70,75,80,90,100,120	
22	28	16,20,25,30,35		100	120	75,80,90,100,120	
25	32	20,25,30,35,40		105	125	75,80,90,100,120	
28	36	20,25,30,35,40,45		110	130	80,90,100,120	
30	38	20,25,30,35,40,45		120	140	100,120,150	
32	40	20,25,30,35,40,45		130	150	100,120,150	
35	45	25,30,35,40,45,50		140	160	100,120,150,180	
38	48	25,30,35,40,45,50,55	0.8	150	170	120,150,180	
40	50	25,30,35,40,45,50,55,60		160	185	120,150,180	
42	52	25,30,35,40,45,50,55,60,65		170	195	120,150,180,200	2.0
45	55	30,35,40,45,50,55,60,65		180	210	150,180,200,250	
48	58	35,40,45,50,55,60,65		190	220	150,180,200,250	
50	60	35,40,45,50,55,60,65		200	230	180,200,250	
55	65	35,40,45,50,55,60,65,70					

表 3-7　铜合金整体轴套薄壁系列的尺寸

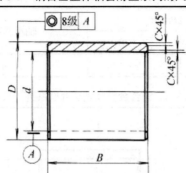

内径 d	外径 D	宽度 B	倒角 C	内径 d	外径 D	宽度 B	倒角 C
6	10	6,8,10	0.3	60	70	40,45,50,55,60,65,70,75,80	0.8
8	12	6,8,10,12		65	75	45,50,55,60,65,70,75,80	1.0
10	14	6,8,10,12,16		70	80	45,50,55,60,65,70,75,80,90	
12	16	8,10,12,16,20	0.5	75	85	50,55,60,65,70,75,80,90	
14	18	8,10,12,16,20,25		80	90	55,60,65,70,75,80,90,100	
16	20	12,16,20,25		85	95	55,60,65,70,75,80,90,100	
18	22	12,16,20,25,30		90	105	55,60,65,70,75,80,90,100,120	
20	24	16,20,25,30,35		95	110	60,65,70,75,80,90,100,120	
22	26	16,20,25,30,35		100	115	75,80,90,100,120	
25	30	16,20,25,30,35,40		105	120	75,80,90,100,120	
28	34	20,25,30,35,40,45		110	125	80,90,100,120	
30	36	20,25,30,35,40,45		120	135	100,120,150	
32	38	20,25,30,35,40,45	0.8	130	145	100,120,150	2.0
35	42	25,30,35,40,45,50		140	155	100,120,150,180	
38	45	20,30,35,40,45,50,55		150	165	120,150,180	
40	48	25,30,35,40,45,50,55,60		160	180	120,150,180	
42	50	25,30,35,40,45,50,55,60,65		170	190	120,150,180,200	
45	53	30,35,40,45,50,55,60,65		180	200	150,180,200,250	
48	56	35,40,45,50,55,60,65		190	210	150,180,200,250	
50	58	35,40,45,50,55,60,65		200	220	180,200,250	
55	63	35,40,45,50,55,60,65,70					

表 3-8　粉末冶金筒形轴套尺寸公差

精度等级	内径 d	外径 D	宽度 B	外径对内径同轴度
7	G7	r7	h13	9 级
8	E8	s8	h14	10 级
9	C9	t9[①]	h15	10 级

表 3-9　粉末冶金带挡边筒形轴套尺寸

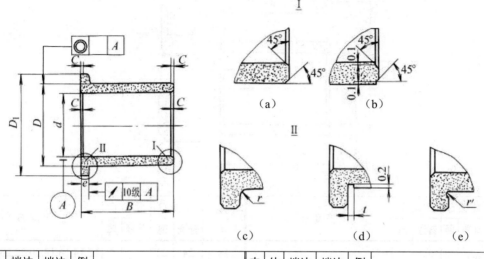

(a) (b)

(c) (d) (e)

内径 d	外径 D	挡边外径 D₁	挡边厚度 e	倒角 C	宽度 B	内径 d	外径 D	挡边外径 D₁	挡边厚度 e	倒角 C	宽度 B
1	3	5	1	0.2	1,2	20	26	32	3		16,18,20,22,25,28,30,32,35
1.5	4	6			1,2,3	22	28	34			16,18,20,22,25,28,30,32,35
2	5	8			2,3,4	25	32	38	3.5	0.4	20,22,25,28,30,32,35,40
2.5	6	9	1.5		2,3,4	28	36	44			20,22,25,28,30,32,35,40
3	6	9			3,4,5,6	30	38	46	4		22,25,28,30,32,35,40,45
4	8	12		0.3	3,4,5,6	32	40	48			22,25,28,30,32,35,40,45
5	9	13			4,5,6,8,10	35	45	55		0.6	25,28,30,32,35,40,45,50
6	10	14	2		4,5,6,8,10,12	38	48	58			25,28,30,32,35,40,45,50,55
7	11	15			5,6,8,10,12,14	40	50	60			30,32,35,40,45,50,55,60
8	12	16			6,8,10,12,14,16	42	52	62			30,32,35,40,45,50,55,60
9	14	19			6,8,10,12,14,16,18	45	55	65	5		35,40,45,50,55,60,65
10	16	22			8,10,12,14,16,18,20	48	58	68			35,40,45,50,55,60,65,70
12	18	24	2.5	0.4	8,10,12,14,16,18,20	50	60	70		0.7	35,40,45,50,55,60,65,70
14	20	26			10,12,14,16,18,20,22	55	65	75			40,45,50,55,60,65,70,75
16	22	28			12,14,16,18,20,22,25,28	60	70	80	6		40,45,50,55,60,65,70,75,80
18	24	30			12,14,16,18,20,22,25,28,30						

表 3-10　粉末冶金筒形轴套尺寸

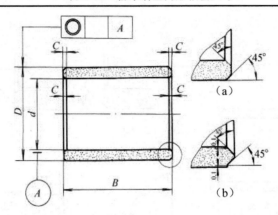

内径	外径 D		倒角 C		宽度 B	内径	外径 D		倒角 C		宽度 B
d	普通	薄	普通	薄		d	普通	薄	普通	薄	
0.8	3		0.2		1,2	18	24	22			12,14,16,18,20,22,25,28,30
1	3				1,2	20	26	24			16,18,20,22,25,28,30,32,35
1.5	4				1,2,3	22	28	26	0.4	0.3	16,18,20,22,25,28,30,32,35
2	5				2,3,4	25	32	30			20,22,25,28,30,32,35,40
2.5	6				2,3,4	28	36	34			20,22,25,28,30,32,35,40
3	6	5	0.2		3,4,5	30	38	36[①]			22,25,28,30,32,35,40,45
4	8	7			3,4,5	32	40	38			22,25,28,30,32,35,40,45
5	9	8			4,5,6,8,10	35	45	42	0.6	0.4	25,28,30,32,35,40,45,50
6	10	9	0.3		4,5,6,8,10,12	38	48	45			25,28,30,32,35,40,45,50,55
7	11	10			5,6,8,10,12,14	40	50	48			30,32,35,40,45,50,55,60
8	12	11	0.3		6,8,10,12,14,16	42	52	50			30,32,35,40,45,50,55,60
9	14	12			6,8,10,12,14,16,18	45	55	53			35,40,45,50,55,60,65
10	16	14			8,10,12,14,16,18,20	48	58	56			35,40,45,50,55,60,65,70
12	18	16	0.4		8,10,12,14,16,18,20	50	60	58	0.7		35,40,45,50,55,60,65,70
14	20	18			10,12,14,16,18,20,22	55	65	63		0.6	40,45,50,55,60,65,70,75
16	22	20			12,14,16,18,20,22,25,28	60	70	68			40,45,50,55,60,65,70,75,80

表 3-11　粉末冶金球形轴套尺寸公差

精度等级	内径 d	球径 D	宽度 B
7	H7	h11	h13
8	H8	h12	h14

表 3-12 粉末冶金球形轴套尺寸

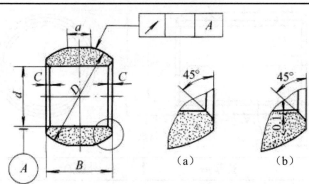

内径 d	球径 D	宽度 B	不完全 球面宽 度 a_{max}	倒角 C	内径 d	球径 D	宽度 B	不完全 球面宽 度 a_{max}	倒角 C	内径 d	球径 D	宽度 B	不完全 球面宽 度 a_{max}	倒角 C
1	3	2	0.7	0.3	5	12	9	3.5	0.6	12	22	15	4.5	0.8
1.5	4.5	3	1		6	14	10	4		14	24	17	6	
2	5	3	1.2		7	16	11	4	0.7	15	27	20	6	
2.5	6	4	1.5		8	16	11	4.5		16	28	20	6	
3	8	6	2	0.4	9	18	12	4.5		18	30	20	7	
4	10	8	3		10	22	14	4.5	0.8	20	36	25	8	

表 3-13 卷制轴套轴套表面粗糙度 Ra   单位：μm

精度级	外表面	内表面	其他
P 级	≤1.6	≤6.3	≤12.5
G 级	≤1.6	≤0.8	≤12.5

表 3-14 卷制轴套的尺寸公差

普通级			
外径公差	内径公差	壁厚公差	
IT7	H8	0.75	±0.035
		1,1.5,2,2.5	±0.050
		3,3.5,4	±0.065
高级			
外径	外径公差	内径公差	同轴度公差
≤50	IT7	≤0.025	≤0.025
>50~80		≤0.035	≤0.030
>80~120		≤0.050	≤0.040
>120~150		≤0.070	≤0.050

表 3-15 卷制轴套的外径与壁厚

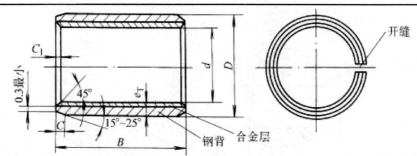

外径 D	壁厚 e_T	外径 D	壁厚 e_T
6	0.75,1.0	41	1.5,2.0
7	0.75,1.0	42	1.5,2.0
8	0.75,1.0	(44)	1.5,2.0
9	0.75,1.0	45	1.5,2.0,2.5
10	0.75,1.0	48	1.5,2.0,2.5
11	0.75,1.0	50	1.5,2.0,2.5
12	0.75,1.0	53	1.5,2.0,2.5
13	0.75,1.0	(55)	2.0,2.5,3.0
14	0.75,1.0	56	2.0,2.5,3.0
15	1.0,1.5	(57)	2.0,2.5,3.0
16	1.0,1.5	60	2.0,2.5,3.0
17	1.0,1.5	(63)	2.0,2.5,3.0
18	1.0,1.5	(65)	2.0,2.5,3.0
19	1.0,1.5	67	2.0,2.5,3.0
20	1.0,1.5	(70)	2.0,2.5,3.0
21	1.0,1.5	71	2.0,2.5,3.0
22	1.0,1.5	75	2.0,2.5,3.0
(23)	1.0,1.5	80	2.0,2.5,3.0
24	1.0,1.5	85	2.5,3.0,3.5
25	1.0,1.5	90	2.5,3.0,3.5
26	1.0,1.5	95	2.5,3.0,3.5
(27)	1.5,2.0	100	2.5,3.0,3.5
28	1.5,2.0	105	2.5,3.0,3.5
30	1.5,2.0	110	2.5,3.0,3.5
32	1.5,2.0	(115)	2.5,3.0,3.5

续表

外径 D	壁厚 e_T	外径 D	壁厚 e_T
34	1.5,2.0	120	2.5,3.0,3.5
36	1.5,2.0	125	2.5,3.0,3.5
38	1.5,2.0	130	3.0,3.5,4.0
(39)	1.5,2.0	140	3.0,3.5,4.0
40	1.5,2.0	150	3.0,3.5,4.0

表 3-16　卷制轴套的宽度

外径 D	宽度 B
6～7	5,10
8～10	10,15
11～15	10,15,20
16～20	15,20,25
21～25	15,20,25,30
26～34	20,25,30,40
36～48	25,30,40,50
50～57	25,40,60
60～67	30,50,70
70～80	40,60,80
85～150	50,70,100

表 3-17　覆有减摩塑料层的双金属轴套尺寸

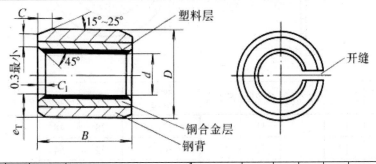

壁厚 e_T	1.0	1.5	2.0	2.5	宽度 B	壁厚 e_T	1.0	1.5	2.0	2.5	宽度 B
外径 D	内径 d					外径 D	内径 d				
6	4				4,6,8	34			30		12,15,20,25,30,40
7	5				4,5,6,8	36			32		20,30
8	6				6,8,10	39			35		12,20,25,30,40,50

续表

壁厚 e_T 外径 D	1.0 内径 d	1.5	2.0	2.5	宽度 B	壁厚 e_T 外径 D	1.0 内径 d	1.5	2.0	2.5	宽度 B
9	7				10,12	42				38	30,40
10	8				6,8,10,12	44				40	12,20,25,30,40,50
12	10				6,8,10,12,15	50				45	20,25,30,40,50
14	12				6,8,10,12,15,20	55				50	20,30,40,60
16	14				10,12,15,20	60				55	30,40,60
17	15				10,12,15,20,25	65				60	30,40,60
18	16				10,12,15,20,25	70				65	30,40,60
20	18				10,12,15,20,25	75				70	40,60,80
23		20			10,12,15,20,25,30	80				75	30,40,60,80
25		22			10,12,15,20,25	85				80	40,60,80
27		24			15,20,25,30	90				85	40,60,80
28		25			10,12,15,20,25,30	95				90	40,60,90
32			28		20,30	105				100	50,95

表 3-18 整圆止推垫圈主要尺寸和公差

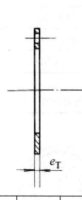
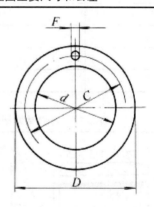

轴套 外径	$d_{\ 0}^{+0.25}$	$D_{-0.25}^{+0}$	$e_T{}_{-0.05}^{+0}$	$C_{-0.15}^{+0.15}$	$F_{-0.10}^{+0.40}$	轴套 外径	$d_{\ 0}^{+0.25}$	$D_{-0.25}^{+0}$	$e_T{}_{-0.05}^{+0}$	$C_{-0.15}^{+0.15}$	$F_{-0.10}^{+0.40}$
6	6	16		11		(27),28	28	48		39	
7	7	17		12		30,32	32	54		43	
8	8	18	1.0	13		34,36	36	60	1.5	48	
9	9	19		14	1.5	38,(39),40	40	64		52	4.0
10	10	22		16		42,(44),45	45	70		57.5	
11,12	12	24		18		48,50	50	76		63	
13,14	14	26		20		53,(55)	55	80		67.5	

续表

轴套外径	$d^{+0.25}_{0}$	$D^{+0}_{-0.25}$	$e_T{}^{+0}_{-0.05}$	$C^{+0.15}_{-0.15}$	$F^{+0.40}_{-0.10}$	轴套外径	$d^{+0.25}_{0}$	$D^{+0}_{-0.25}$	$e_T{}^{+0}_{-0.05}$	$C^{+0.15}_{-0.15}$	$F^{+0.40}_{-0.10}$
15,16	16	30		23	2.0	56,(57),60	60	90	2.0	75	
17,18	18	32	1.5	25		63,(65)	65	100		83.5	5.0
19,20	20	36		28		67,(70)	70	105		88	
21,22	22	38		30	3.0	71,75	75	110		92.5	
(23),24	24	42		33		80	80	120		100	
25,26	26	44		35							

注：括号内为非优选值。

表 3-19 对开式二螺柱正滑动轴承座尺寸

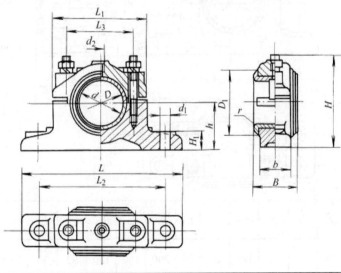

型号	D (D_4)	D	D_1	B	b	$H\approx$	h	h_1	L	L_1	L_2	L_3	d_1	d_3	r	质量/kg
H2030	30	38	48	34	22	70	35	15	140	85	115	60	10		1.5	0.8
H2035	35	45	55	45	28	87	42	18	165	110	135	75	12	M10×1	2	1.2
H2040	40	50	60	50	35	90	45	20	170	110	140	80	14.5			1.8
H2045	45	55	65	55	40	100	50		175		145	85				2.3
H2050	50	60	70	60		105		25	200	120	160	90	18.5			2.9
H2060	60	70	80	70	50	125	60		240	140	190	100	24			4.6
H2070	70	85	95	80	60	140	70	30	260	160	210	120			2.5	7.0
H2080	80	95	110	95	70	160	80	35	290	180	240	140				10.5
H2090	90	105	120	105	80	170	85		300	190	250	150		M14×1.5		12.5
H2100	100	115	130	115	90	185	90	40	340	210	280	160			3	17.5
H2110	110	125	140	125	100	190	95		350	220	290	170				19.5

续表

型号	D (D_4)	D	D_1	B	b	$H\approx$	h	h_1	L	L_1	L_2	L_3	d_1	d_3	r	质量/kg
H2120	120	135	150	140	110	205	105	45	370	240	310	190				25.0
H2140	140	160	175	160	120	230	120	50	390	260	330	210			4	33.5
H2160	160	180	200	180	140	250	130		410	280	350	230				45.5

表 3-20　对开式四螺柱正滑动轴承座尺寸

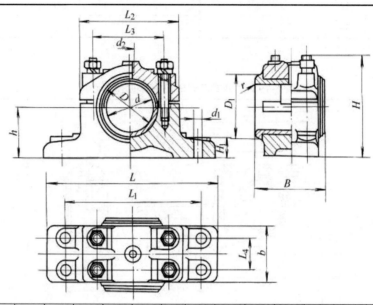

型号	D (D_4)	D	D_1	B	b	$H\approx$	h	h_1	L	L_1	L_2	L_3	L_4	d_1	d_2	r	质量/kg
H4050	50	60	70	75	60	105	50	25	200	160	120	90	30	14.5	M10×1	2.5	4.2
H4060	60	70	80	90	75	125	60		240	190	140	100	40	18.5			6.5
H4070	70	85	95	105	90	135	70	30	260	210	160	120	45				9.5
H4080	80	95	110	120	100	160	80	35	290	240	180	140	55				14.5
H4090	90	105	120	135	115	165	85		300	250	190	150	70	24			18.0
H4100	100	115	130	150	130	175	90	40	340	280	210	160	80			3	23.0
H4110	110	125	140	165	140	185	95		350	290	220	170	85				30.0
H4120	120	135	150	180	155	200	105		370	310	240	190	90		M14×1.5		41.5
H4140	140	160	175	210	170	230	120	45	390	330	260	210	100	28			51.0
H4160	160	180	200	240	200	250	130	50	410	350	280	230	120			4	59.5
H4180	180	200	220	270	220	260	140		460	400	320	260	140	35			73.0
H4200	200	230	250	300	245	295	160	55	520	440	360	300	160	42		5	98.0
H4220	220	250	270	320	285	360	170	60	550	470	390	330	18				125.0

表 3-21　整体有衬正滑动轴承座尺寸

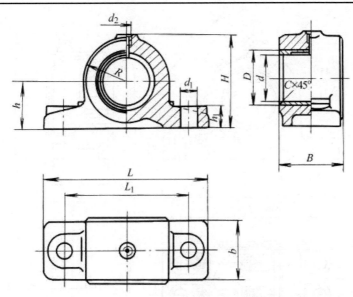

型号	D (D_4)	D	R	B	b	L	L_1	$H\approx$	h	h_1	d_1	d_2	C	质量/kg
HZ020	20	28	26	30	25	105	80	50	30	14	12	M10×1	1.5	0.6
HZ025	25	32	30	40	35	125	95	60	35	16	14.5			0.9
HZ030	30	38		50	40	150	110	70		20	18.5			1.7
HZ035	35	45	38	55	45	160	120	84	42					1.9
HZ040	40	50	40	60	50	165	125	88	45				2	2.4
HZ045	45	55	45	70	60	185	140	90	50	25	24			3.6
HZ050	50	60		75	65	205	160	100						3.8
HZ060	60	70	55	80	70	225	170	120	60					6.5
HZ070	70	85	65	100	80	245	190	140	70	30	28		2.5	9.0
HZ080	80	95	70			255	200	155	80					10.0
HZ090	90	105	75	120	90	285	220	165	85			M14×1.5		13.2
HZ100	100	115	85			305	240	180	90	40	35			15.5
HZ110	110	125	90	140	100	315	250	190	95				3	21.0
HZ120	120	135	100	150	110	370	290	210	105	45	42			27.0
HZ140	140	160	115	170	130	400	320	240	120					38.0

表 3-22 对开式四螺柱斜滑动轴承座尺寸

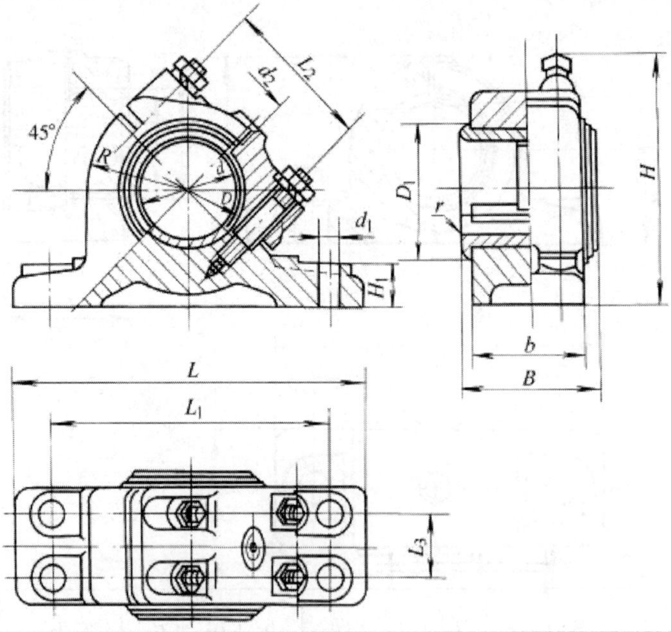

型号	d (D_4)	D	D_1	B	b	$H \approx$	h	h_1	L	L_1	L_2	L_3	R	r	d_1	d_3	质量/ kg
HX050	50	60	70	75	60	140	65	25	200	160	90	30	60			M10 ×1	5.1
HX060	60	70	80	90	75	160	75		240	190	100	40	70	2.5	14.5		8.1
HX070	70	85	95	105	90	185	90	30	260	210	120	45	80				12.5
HX080	80	95	110	120	100	215	100	35	290	240	140	55	90				17.5
HX090	90	105	120	135	115	225	105		300	250	150	70	95		18.5		21.0
HX100	100	115	130	150	130	250	115	40	340	280	160	80	105	3			29.5
HX110	110	125	140	165	140	260	120		350	290	170	85	110				32.5
HX120	120	135	150	180	155	275	130		370	310	190	90	120		28	M14 ×1.5	40.5
HX140	140	160	175	210	170	300	140	45	390	330	210	100	130				53.5
HX160	160	180	200	240	200	335	150	50	410	350	230	120	140	4	35		76.5
HX180	180	200	220	270	220	375	170		460	400	260	140	160				94.0
HX200	200	230	250	300	245	425	190	55	520	440	300	160	180	5	42		120.0
HX220	220	250	270	320	265	440	205	60	550	470	330	180	195				140.0

4. 油孔、油槽及油室

为了把润滑油导入轴承并分布到整个摩擦而利润滑，一般在轴瓦上开设油孔和油槽，如图 3-14 所示。

开设油槽应遵循下述原则：

（1）对液体摩擦轴承，油槽不应开在压力区内，否则会破坏润滑油膜的连续性、降低轴承的承载能力。图 3-15 中的虚线所示为压力区内无油槽时的油膜压力分布情况；实线所示为在压力区开设油槽后，油膜压力分布情况。

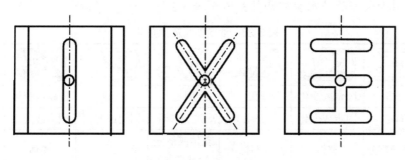

图 3-14　油孔和油槽

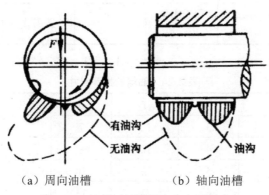

（a）周向油槽　　　　（b）轴向油槽

图 3-15　油槽对油膜压力分布的影响

（2）对于轴向油槽，其长度一般应稍短于轴瓦的长度，以免油过多地从两端流失，降低润滑效果和承载能力。

（3）对于周向油槽，当轴承水平放置时，最好开半周，不要延伸到承载区，如必须开全周，应开在靠近轴承的端部。

对一些重型机器的轴承，为了保证稳定供油和进一步增大油的流量来改善轴承散热条件，还可开设油室来代替油槽。油室可开在轴承的整个非承载区，如图 3-16（a）所示。当载荷方向变化或轴颈经常正、反向转动时，也可在轴瓦两侧开油室，如图 3-16（b）所示。

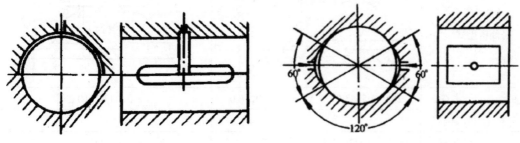

（a）非承载区开油室　　　　　　　　（b）轴瓦两侧开设油室

图 3-16　油室

（4）垂直安置的轴承，可采用全周油槽且应开在轴承的上端。

油槽的结构型式及尺寸等见表 3-23 至表 3-25。

轴瓦的尺寸及公差等技术参数见表 3-26 至表 3-31。

表 3-23　油槽型式及其应用

油槽型式	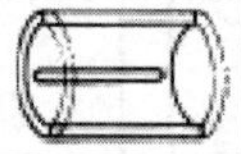	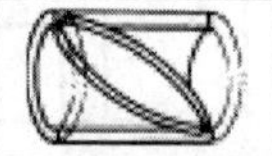	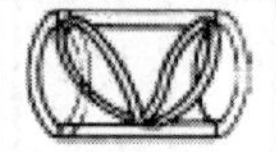	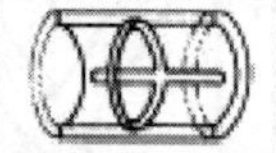			
载荷方向	固定	固定或变化	固定	固定	固定	固定或变化	固定或变化
旋转方向	固定	固定或变化	变化	固定或变化	固定或变化	固定或变化	固定或变化
轴瓦结构	整体或剖分	整体	整体	整体或剖分（经轴供油）	整体或剖分	整体	整体
润滑剂	油	油	油	油	油	脂	脂
备注	通用式	用于移动轴瓦	用于小型电动机		通用式		

表 3-24　油槽的推荐尺寸

轴径 d/mm	r	f	u	R	t	e
<60	3	1.5	7			
>60~80	4	1.5	8			
>80~90	5	2	10			
>90~110	6	2	13			
>110~140	7	2.5	16	3r	0.5r	2r
>140~180	8	2.5	20			
>180~260	10	2.5	30			
>260~380	12	3	40			
>380~500	16	4	50			

表 3-25　油槽型式、尺寸与极限偏差

油槽型式		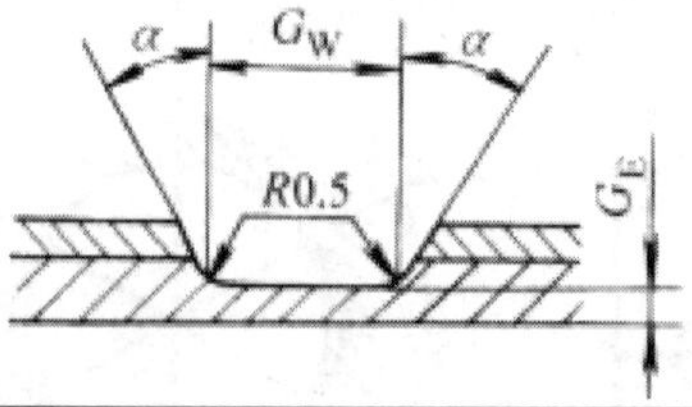	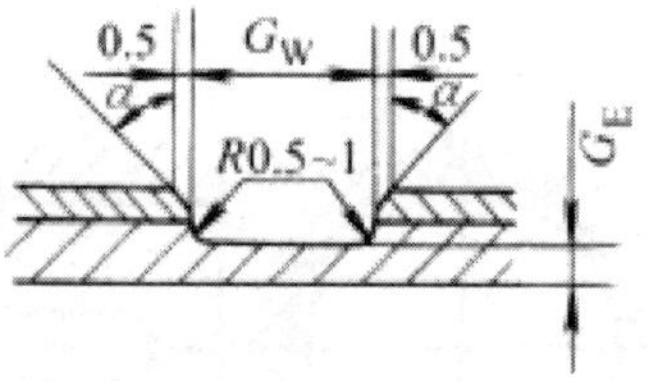
油槽宽度	尺寸 G_W	2.0，2.5，3.0，3.5，4.0，5.0，6.0	8.0，9.0，10.0 等
	极限偏差	±0.25	
槽底壁厚	尺寸 G_E	（1/2~1/3）δ_T；≥0.7	≥1.2
	极限偏差	+0.2	+0.35

表 3-26　薄壁轴瓦的外径 D_L、壁厚 δ_T 和壁厚公差

壁厚 δ_T													
1.25	1.50	1.75	2.0	2.5	3.0	3.5	4.0	4.5	5.0	6.0	8.0	10.0	12.0
外径 D_L													
20,21,22,24,25,26,28,30			（0.008/0.013）										
	32,34,36,38												
		40,42,45,48,50,53,56,60,63			（0.012/0.017；40,42,45 在上一档，80,85 在下一档）								
			67,71,75,80,85										
				90～120 间隔 5	（0.013/0.018；120 在下一档）								
				125,130～160 间隔 10			（0.0018/0.025）						
					170～200 间隔 10								
						210,220,240,250,260							
				（0.025/0.035）		280～340 间隔 20							
							360,380,400						
						（0.030/0.040）			420,450,480,500				

表 3-27　薄壁翻边轴瓦的外径 D_L、止推边外径 D_1 和壁厚 δ_T

壁厚 δ_T	2.0	外径 D_L	40,42,45,48,50,53,56,60,63	67,71,75,80,85		125,130$D_1=D_L+24$ 其他 $D_1=D_L+30$
	2.5					
	3.0				90,95,100,105,110,120	$D_1=D_L+30$
	3.5		$D_1=D_L+12$ 63 为下一档	$D_1=D_L+16$ 85 为下一档	125,130,140,150,160	$D_1=D_L+40$
	4.0					170,180,190,200
	5.0				85～100$D_1=$ D_L+20	
	6.0				105～120$D_1=$ D_L+24	210,220,240,250

表 3-28　薄壁翻边轴瓦壁厚公差

外径 D_L	大于	—	75	110	200
	至	75	110	200	250
壁厚公差	双层金属轴瓦	0.008	0.010	0.015	0.020
	带镀覆层的三层金属轴瓦	0.012	0.015	0.022	0.030

表 3-29 薄壁翻边轴瓦定位唇与定位槽的尺寸与极限偏差

外径 D_L		定位唇宽度 A	定位唇长度 L	定位唇高度 N_D	H 的极限偏差	定位槽宽度 E	定位槽长度 N_Z	定位槽深度 G
大于	至							
—	45	2.20～2.35	3.0～4.0	0.8～1.1		3.06～2.94	5.5～4.5	1.75～1.50
45	65	3.20～3.35	5.0～6.0	1.0～1.3	$+0.15$ 0	4.06～3.94	8.5～7.0	2.15～1.75
65	85	4.20～4.35	5.0～6.0	1.2～1.5		5.07～4.93	10.0～8.0	2.60～2.00
85	120	5.20～5.35	6.0～7.0	1.4～1.7		6.07～5.93	12.0～9.0	3.00～2.25
120	200	6.20～6.35	8.5～10.0	1.5～2.0	$+0.2$ 0	8.08～7.92	15.5～12.0	4.00～3.00
200	250	7.20～7.35	11.5～13.0	2.0～2.5		10.08～9.92	20.0～15.0	4.70～3.50

表 3-30 定位唇与定位槽的标准尺寸与极限偏差

图示	外径 D_L		尺寸与极限偏差					
	大于	至	定位唇宽度 A	定位唇长度 L	定位唇高度 N_D	定位槽宽度 E	定位槽长度 N_Z	定位槽深度 G
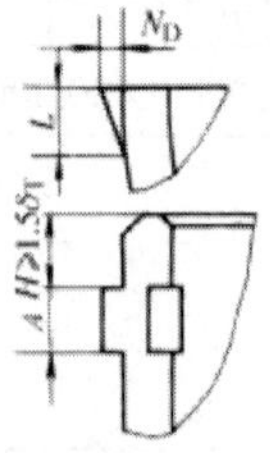 (a) 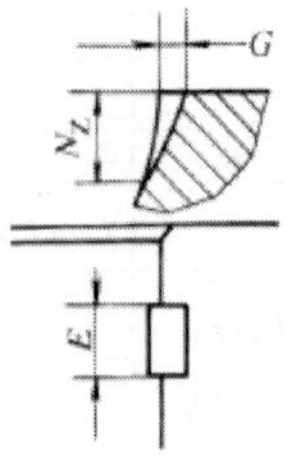	—	38	$2.8^{+0.1}_{0}$	$3.0^{+1.2}_{0}$	$1.0^{+0.3}_{0}$	$2.9^{+0.12}_{0}$	$4.6^{+1.0}_{0}$	$1.5^{+0.35}_{0}$
	38	45	$3.8^{+0.1}_{0}$	$4.0^{+1.2}_{0}$	$1.1^{+0.3}_{0}$	$3.9^{+0.12}_{0}$	$7.0^{+1.5}_{0}$	$1.7^{+0.4}_{0}$
	45	75	$4.8^{+0.1}_{0}$	$5.0^{+1.2}_{0}$	$1.3^{+0.3}_{0}$	$4.9^{+0.14}_{0}$	8.0^{+2}_{0}	$2.1^{+0.55}_{0}$
	75	110	$5.8^{+0.1}_{0}$	$7.0^{+1.2}_{0}$	$1.5^{+0.4}_{0}$	$5.9^{+0.14}_{0}$	9.0^{+3}_{0}	$2.5^{+0.8}_{0}$
(b)	110	200	$7.8^{+0.1}_{0}$	$9.0^{+1.5}_{0}$	$1.8^{+0.5}_{0}$	$7.9^{+0.15}_{0}$	$12.0^{+3.5}_{0}$	$3^{+1.0}_{0}$
	200	340	$9.8^{+0.1}_{0}$	$13.0^{+1.5}_{0}$	$2.2^{+0.5}_{0}$	$9.9^{+0.15}_{0}$	15.6^{+5}_{0}	$3.5^{+1.3}_{0}$
	340	500	$14.8^{+0.12}_{0}$	16.0^{+2}_{0}	$3.5^{+0.6}_{0}$	$15^{+0.2}_{0}$	20^{+6}_{0}	$5^{+0.16}_{0}$

表 3-31 瓦口削薄尺寸与极限偏差

外径 D_L	大于	—	45	75	110	200	300	400
	至	45	75	110	200	300	400	500
尺寸与极限偏差	瓦口削薄量 P_D	$0.032^{+0.02}_{0}$	$0.038^{+0.025}_{0}$	$0.042^{+0.030}_{0}$	$0.055^{+0.040}_{0}$	$0.065^{+0.050}_{0}$	$0.075^{+0.050}_{0}$	$0.096^{+0.060}_{0}$
	削薄高度 H_D 的极限偏差	0 -2.0	0 -3.0	0 -4.0	0 -5.0	0 -5.0	0 -6.0	0 -8.0

3.3.2　轴瓦材料

对轴瓦（包括轴承衬）材料的基本要求是由轴承的失效形式决定的。一般情况下，轴承的主要失效形式是磨损和胶合（亦称烧瓦），胶合破坏是由于油膜破裂导致金属直接触，在局部的高温、高压下金属表面被溶焊在一起随即又被撕裂所导致的。此外，常见的破坏形式还有疲劳剥伤、刮伤、腐蚀等。

综上所述，要求轴瓦或轴承衬材料具备下列性能：

（1）有足够的疲劳强度，以防止在变载荷作用下产生疲劳裂纹和剥伤；有足够的抗压强度，以防止产生过度的塑性变形。

（2）有良好的抗胶合性能，以防烧瓦。

（3）有良好的适应性，其中首先要求轴承材料具有良好的跑合性，以便尽快消除由于表面不平和轴的挠曲所引起的不良影响；其次要求轴承材料具有良好的嵌藏性，能够埋藏润滑油中的异物，避免产生胶合或刮伤轴颈。

（4）有良好的减摩性和耐磨性，前者使轴承材料具有低的摩擦系数，后者使轴承材料磨损轻微。

（5）有良好的导热性，使摩擦热迅速扩散以避免轴承的温升过大和产生胶合。

此外，耐腐蚀性、工艺性、轴承衬与轴瓦的结合性以及轴承材料与润滑油的亲和能力等也是轴承材料所应具备的性能。

应当指出，上述有些性能要求是相互矛盾的，一方面很难找到一种轴承材料具备上述所有性能；另一方面也不要求所有轴承必须具备上述所有性能，而应根据具体情况提出合理的要求，恰当地择轴承材料。

常用的轴瓦材料、特性以及技术参数如表 3-32 至表 3-48 所示。

表 3-32　常用轴瓦材料及特性

材料名称	特性
铸造青铜	强度高，承载能力大，高温中性能好，耐磨性高，但跑合性、埋藏性、抗胶合性能都较差
铸造黄铜	减摩性能、强度都不如青铜，单价低廉，仅用于轻载低速轴承
铝合金	低锡铝合金耐疲劳性、耐腐蚀性好。高锡铝合金抗胶合性、嵌藏性较好，但强度较低
轴承合金（又称巴氏合金或白合金）	跑合性、嵌藏性、减摩性、抗胶合性能都好，易于浇注，但强度低、价贵，常用作承衬材料
灰铁	游离石墨起润滑作用，但性脆、跑合性差。耐磨铸铁由于石墨细小而均匀，耐磨性较好
粉末冶金	有自润性，跑合性也较好，但韧性较小。青铜—石墨粉末冶金轴瓦化学稳定性好，用于高速。 铁—石墨粉末冶金轴瓦容易胶合、生锈，但价格低廉、使用较广
塑料	耐磨性和粘附润滑油的性能好，摩擦系数小，价廉；但导热性差，易变形
木材	跑和性好，抗腐蚀能力较强，导热性差，可在含泥沙水中工作

表 3-33　轴瓦材料的物理性能

轴瓦材料	抗拉强度 σ_b/MPa	弹性模量 E/GPa	密度 ρ/kg·m^{-3}	热导率 λ/（W/m·℃）	线胀系数 α/（10^{-6}/℃）
锡基轴承合金	80～90	48～57	7300～7380	33.5～38.5	23.1
铅基轴承合金	60～80	29	9300～10200	20.9～25.1	24.0～28.0
铜基轴承合金	150～680	75～120	7600～9000	27～71	16～19
铝基轴承合金	100～250	71	2650～2900	184～210	23.0～24.0
耐磨铸铁	200～350	—	—	—	—
铁基粉末冶金	200～400	80～100	5700～6700	41.9～125.6	11～12
铜基粉末冶金	150～200	60～70	6200～7800	41.9～58.6	16～18
酚醛层压材	150～250	7.0	1300～1600	0.38	80/25
聚酰胺（尼龙）	73.6～175	2.8	1030～1700	0.04～0.26	80～170
均聚甲醛	80.6～82.0	3.1	1420～1540	0.23	14～58
聚苯硫醚	127～183	—	1340	0.29	54
聚酰亚胺	124～276	—	1430～1650	0.33～2.22	23～63
聚醚醚酮		1.0	1320～1470	—	9～15
聚四氟乙烯	4.9～22.6	0.4～1.1	2180～3920	0.26～0.33	116/14
炭石墨	40～200	4～28	1500～2400	11～126	1.4～20.0
木材	8	12	680	0.19	5
橡胶	—	—	1200	0.16	77

表 3-34　轴瓦常用金属材料及其基本性能

材料牌号		许用载荷 p_p/MPa	许用速度 v_p/（m/s）	(p_v) p/（MPa·m/s）	最高工作温度 θ_{max}/℃	硬度 HBS	摩擦相容性	顺应性	耐蚀性	抗疲劳性	一般用途
整体轴瓦材料											
铜基合金	CuSn8Pb2					60					制作不重要的轴承，需充分润滑
	CuSn7Pb7Zn3					65					
	CuSn10P	15			280	90	中	劣	良	优	适宜有冲击载荷的轴承
	CuSn12Pb2					80					
	CuPb5Sn5Zn5	8	3	15		65					一般用途的轴承
	CuSn8P					160					用于重载、高速、冲击载荷轴承
	CuZn31Si1					160					
	CuZn37Mn2Al2Si	10	1	10	200	150	中	劣	优	优	用于润滑条件不良的轴承
	CuAl9Fe4Ni4	15	4	12	280	160	劣	劣	良	良	适宜制作在海洋环境中工作的轴承

续表

材料牌号	许用载荷 p_p/MPa	许用速度 v_p/(m/s)	(pv) p/(MPa·m/s)	最高工作温度 θ_{max}/℃	硬度HBS	摩擦相容性	顺应性	耐蚀性	抗疲劳性	一般用途
铝基合金 AlSn6CuNi				200	40	中	中	优	优	用于高速、中到重载轴承，如柴油机、压气机、制冷机轴承
整体轴瓦与衬层通用材料										
CuPb9Sn5					60	中	差	良	良	一般用作汽轮机、发动机、机床、汽车转向器和差速器轴承
CuPb10Sn10					70					
CuPb15Sn8				280	65					中载、中到高速的冷轧机轴承
CuPb20Sn5					55	中	差	差	良	汽车变速箱、内燃机摇臂轴轴套
CuAl10Fe5Ni5					140	劣	劣	良	良	适宜制作在海洋境中工作的轴承
CuAl10Fe3	20	5	15		110					
轴瓦衬层材料										
SnSb12Pb10Cu4					29	优	优	优	劣	用于高速、重载下工作的重要轴承。循环载荷下易疲劳。价高
SnSb12Cu6Cd1					34					
SnSb11Cu6	25	80	20		27					
SnSb8Cu4					24					
SnSb4Cu4					20					
PbSb16Sn16Cu2	15	12	20	150	30	优	优	中	劣	用于中速、中载，不承受显著冲击载荷的轴承
PbSb15Sn5Cu3Cd2	5	8	5		32					
PbSb15Sn5					20					
PbSb10Sn6	12				18					适用于载荷较小的内燃机主轴和连杆轴承、凸轮轴套
PbSb15SnAs					20					
PbSb15Sn10	20	15	15		24					
PbSn10Cu2										用作薄壁轴瓦的镀层，电镀到轴瓦表面上
PbSn10										
PbIn7										
CuPb30	25	12	30		25	良	良	劣	中	用于重载、高速、冲击载荷轴承
CuPb10Sn10[①]				280	70	中	差	良	良	一般用作汽轮机、发动机、机床、汽车转向器和差速器轴承
CuPb17Sn5					95					适用于重载内燃机轴承

铝基合金、铜基合金、锡基合金、铅基合金、铜基合金（左侧分类列）

续表

材料牌号	许用载荷 p_p/MPa	许用速度 v_p/(m/s)	(p_v) p/(MPa·m/s)	最高工作温度 θ_{max}/℃	硬度 HBS	摩擦相容性	顺应性	耐蚀性	抗疲劳性	一般用途
CuPb24Sn4					80	良	良	良	良	适用于高速、重载轴承
CuPb24Sn					70					常用于内燃轴承
基合金 AlSn20Cu	35	14		170	40	良	良	良	中	用于高速、中到重载轴承，如柴油机、压气机、制冷机轴承
AlSn6Cu					45	中	中	优	优	
AlSi4Cd					40					常用于内燃机主轴和连杆轴承
AlCd3CuNi					55					
AlSi11Cu					60					
耐磨铸铁 锑铸铁					220	劣	劣	优	优	低速、不重要的轴承
锑铜铸铁					220					
铬铜铸铁	9				250					
锡铸铁	9									

表 3-35　典型材料匹配及其运转性能

匹配材料		起停次数	抗咬粘性
旋转零件	非旋转零件		
3 号合金	渗氮钢	2000	—
碳化钨	硅青铜	2000	—
3 号合金[①]	3 号合金	5000	—
碳化钨	碳化钨	5000	好
氧化铝	氧化铝	5000	好
氧化铝	碳化钨[②]	10000	好
碳化硼	碳化硼	100000	很好
硬质合金	硬质合金	4000	—
氧化铝	氧化铍	10000	—
Lucalox 陶瓷	Lucalox 陶瓷	10000	—

表 3-36　轴瓦用粉末冶金材料及其基本性能

轴瓦材料		牌号	含油率/%	表观硬度（HBS）	许用载荷 p_p/MPa				
					线速度 v/(m/s)				
					~0.10	>0.10~0.25	>0.25~0.50	>0.50~1.00	>1.00~1.50
铁基	铁	FZ1160	≥18	30~70	15.30	15.92	7.34	7.50	5.17
		FZ1165	≥12	40~80					

轴瓦材料		牌号	含油率/%	表观硬度(HBS)	许用载荷 p_p/MPa 线速度 v/(m/s)				
					~0.10	>0.10~0.25	>0.25~0.50	>0.50~1.00	>1.00~1.50
铁基	铁碳	FZ1260	≥18	50~100					
		FZ1265	≥12	60~110					
	铁碳铜	FZ1360	≥18	60~110					
		FZ1365	≥12	70~120					
	铁铜	FZ1460	≥18	50~100					
		FZ1465	≥12	60~100					
铜基	铜锡铅锌	FZ2170	≥18	20~50	8.20	12.20	7.36	6.53	4.81
		FZ2175	≥12	30~60					
	铜锡	FZ2265	≥18	25~55					
		FZ2270	≥12	35~65					
	铜锡铅	FZ2365	≥18	20~50					

注：含油率为体积分数。

表 3-37　轴瓦用塑料的基本性能

轴瓦材料			硬度 HBS	摩擦因数	许用载荷 p_p/MPa	最高工作温度 θ_{max}/℃	说明
热固性塑料	酚醛层压石棉布材	填充石墨或 MoS_2	30~45	0.10~0.40	35	150~170	强度高、耐磨、耐酸和弱碱，抗振性好
	酚醛层压布材		30~35			85	
热塑性塑料	聚酰胺（尼龙）	单层轴瓦（套）	7.8~17.2	0.10~0.43	10	85~120	耐油、耐磨、耐冲击与疲劳。噪声很低。但易吸湿，蠕变性大。增强后性能改善
		金属衬背轴瓦减摩层	—	0.17~0.43		120	
		填充 MoS_2		0.20~0.42	14	90~100	
		填充石墨				120~158	
	聚醚醚酮	单层轴瓦（套）	100~118	—		—	耐磨、耐热、耐冲击与疲劳，成型加工性好。增强后强度高
		金属衬背轴瓦减摩层		0.10~0.15	140	260	
		填充固体润滑剂		0.11	—	—	
		填充纤维					
	均聚甲醛	单层轴瓦（套）	11.4	0.25~0.35		104	耐磨、极耐疲劳
		金属衬背轴瓦减摩层				—	
		填充 PTFE		—		91	
	聚苯硫醚	无填充物	—	0.34		200	不耐冲击
		填充石墨		0.26			

轴瓦材料			硬度 HBS	摩擦因数	许用载荷 p_p/MPa	最高工作温度 θ_{max}/℃	说明
热塑性塑料	聚酰亚胺	无填充物	92～102	0.29			长期耐热性好，适于高温工作
		填充石墨	68～94	0.03～0.25			
	聚对苯二甲酸丁二酯		132～151	0.30～0.33		150	性能稍差，价格低
氟塑料	聚四氟乙烯	无填充物		0.05～0.20	2	250	能耐任何化学制剂的侵蚀。但价格高，承载能力低，刚度和尺寸稳定性差。增强后，耐磨性成百倍的提高，热导率、抗压强度、压缩弹性模量均有增加
		酚醛层压材衬背	—	0.10～0.40	35	150	
		填充玻璃纤维	5.6～6.9	0.20～0.24	7	250	
		填充锡青铜粉	8.1	0.18～0.20			
		填充石墨	5.1～5.3	0.16			
		填充碳纤维	5.8	0.19			
		填充锡青铜粉、玻璃纤维和石墨	—	—			
		填充玻璃纤维和石墨	5.2～5.9	0.15～0.17			
		填充聚苯	6.4	0.11			
	浸渍聚四氟乙烯棉织物衬层		—	0.05～0.25	700	120	
	浸渍聚四氟乙烯玻璃丝织物衬层					150	

表 3-38　常用含油轴承轴瓦材料的物理、力学特性

轴瓦材料			牌号	含油密度 ρ/g·cm^{-3}	油体积分数/%	线胀系数 α/(10^{-6}/℃)	热导率 λ/(W/m·K)	弹性模量 E/GPa	径向抗压强度 σ/MPa	表观硬度 HBS
粉末冶金	铁基	铁	FZ1160	5.7～6.2	≥18	11～12	41.9～125.6	80～100	>196	30～70
			FZ1165	>6.2～6.6	≥12				>245	40～80
		铁—碳	FZ1260	5.7～6.2	≥18				>245	50～100
			FZ1265	>6.2～6.6	≥12				>294	60～110
		铁—碳—铜	FZ1360	5.7～6.2	≥18				>343	60～110
			FZ1365	>6.2～6.6	≥12				>392	70～120
		铁—铜	FZ1460	5.8～6.3	≥18				>294	50～100
			FZ1465	>6.3～6.7	≥12				>343	60～110

续表

轴瓦材料		牌号	含油密度 ρ/g·cm^{-3}	油体积分数/%	线胀系数 α/ (10^{-6}/℃)	热导率 λ/ (W/m·K)	弹性模量 E/GPa	径向抗压强度 σ/MPa	表观硬度 HBS
粉末冶金	铜基	铜—锡 FZ2170	6.6~7.2	≥18	16~18	41.9~58.6	60~70	>147	20~50
		锌—铅 FZ2175	>7.2~7.8	≥12				>196	30~60
		铜—锡 FZ2265	6.2~6.8	≥18				>147	25~55
		铜—锡 FZ2270	>6.8~7.4	≥12				>196	35~65
	铜—锡—铅	铜—锡—铅 FZ2365	6.3~6.9	≥18				>147	20~50

表 3-39　增强聚四氟乙烯的摩擦学性能

性能			充填材料					
			15%玻璃纤维	25%玻璃纤维	15%石墨	60%青铜	20%玻璃纤维, 5%石墨	15%玻璃纤维, 5%MoS$_2$
极限 p_v/ (MPa·m/s)	v/ (m/s)	0.05	0.34	0.34	0.34	0.52	0.38	0.38
		0.5	0.43	0.45	0.59	0.64	0.52	0.48
		5.0	0.52	0.55	0.96	1.02	0.76	0.60
磨损率 K_t/μm·h^{-1}			1.2	0.7	2.6	0.5	1.1	0.7
磨损系数 K_μ/ (m^2·N^{-1}·10^{-6})			3.11	1.93	6.59	1.17	2.89	1.74
静摩擦因数[①]			0.10~0.13			0.08~0.10		
动摩擦因数	v/ m·s^{-1}	0.05	0.20~0.22	0.17~0.21	0.12~0.16	0.08~0.10	0.12~0.15	0.12~0.13
		0.5	0.27~0.40	0.26~0.29	0.20~0.26		0.24~0.50	0.32~0.35
		5.0	0.37~0.50	0.30~0.45	0.30~0.31		0.24~0.37	0.19~0.24

表 3-40　增强聚四氟乙烯的力学性能

性能	充填材料					
	15%玻璃纤维	25%玻璃纤维	15%石墨	60%青铜	20%玻璃纤维, 5%石墨	15%玻璃纤维, 5%MoS$_2$
抗压强度 σ_{bc}/MPa	19.3~24.8	14.4~18.6	14.7~18.6	12.4~13.7	11.0~15.8	15.1~22.1
抗弯强度 σ_{bb}/MPa	3.9	4.2	5.9	7.8	5.4	8.3
伸长率/%	3.2~3.3	2.3~2.7	1.3~2.4	0.8~0.9	2.2	2.8
抗压强度 σ_b/MPa (1%变形)	6.9	8.2	7.5	7.7	6.9	7.8
弹性模量/MPa	6.8	8.1	6.6	7.6	6.6	7.6

表 3-41　轴瓦用陶瓷及其基本性能

陶瓷材料	密度 $\rho/g\cdot cm^{-3}$	抗弯强度 σ_{bb}/MPa	弹性模量 E/GPa	硬度 HV	热导率 $\lambda/$（W·/m·℃）	线胀系数 $\alpha/$（10^{-6}/℃）	最高工作温度 $\theta_{max}/℃$
SiC	3.1	785	390	2600	79.5	3.9	1400～1500
Si_3N_4	3.2	785	295	1400	16.7	3.0	1100～1400
Al_2O_3	3.83～3.93	295～440	375	90～95[①]	19.3	7.90～8.26	1700～1750

表 3-42　轴瓦用炭石墨材料及其物理、力学性能

轴瓦材料	线胀系数 $\alpha/$（10^{-6}/K）	热导率 $\lambda/$（W/m·K）	硬度 HS	压缩弹性模量 E/GPa	摩擦因数 μ	最大静载荷 p/MPa	最高工作温度 $\theta_{max}/℃$
炭石墨	1.50～1.56	11	40～65	9.6	0.15～0.35	2	350～450
电化石墨	1.55～1.80	55	30～55	4～8		1.4	500
混入铜粉的石墨	—	23	—	15.8	0.15～0.32	4	350
混入铜粉和铅粉的石墨							
混入锡锑合金粉的石墨	2.36～2.40	15	55～60	7		3	200
浸渍热固性树脂的石墨	1.6～1.8	40	50～70	11.7	0.13～0.49	2	300
浸渍金属和 MoS_2 的石墨	—	126	—	28	0.10～0.15	70	350～500

表 3-43　聚缩醛轴承的极限 P_v 值

轴瓦材料			DerlinAF	Derlin500	Duracon PE20
极限 $p_v/$（MPa·m/s）	$v/m\cdot s^{-1}$	0.05	0.26	0.17	—
		0.20	0.23	0.13	—
		0.50	0.19	0.10	0.36
		1.0	—	—	0.42
		2.0	0.14	0.08	—
摩擦因数					0.23～0.24

表 3-44　聚合物填充料的种类作用

填充料的种类	作用
固体润滑剂、润滑油、金属皂	改善润滑性能
棉布、玻璃纤维、玻璃丝网	提高机械强度
碳黑、颜料	提高耐气候性
陶瓷、滑石	提高尺寸稳定性

填充料的种类	作用
石棉	提高耐热性
金属纤维、金属粉末、金属薄片	提高传热性

表 3-45 无润滑轴承轴瓦材料的环境适应性

轴瓦材料	环境特征							
	高温	低温	辐射	真空	潮气	油	磨粒	酸碱
增强热固性塑料	见轴瓦用塑料的基本性能	好	部分尚好	大多数可用	通常差	通常好	有的差，有的尚好	部分好
增强热塑性塑料		通常好	通常差	但不能有石墨	要特别注意			尚好或好
增强氟塑料		很好	很差	作填充剂	配合间隙			很好
碳石墨	见轴瓦用碳石墨材料及其物理、力学性能	很好	好，但不能填充塑料	极差	尚好	好	不好	好（强酸除外）
陶瓷	见轴瓦用陶瓷及其基本性能	好		好			好	很好

表 3-46 气体静压轴承常用材料及其性能

材料名称	密度 ρ/ (g/cm^3)	弹性模量 E/GPa	线胀系数 α/ (10^{-6}/℃)	热导率 λ/（W/m·K）	海水中的电极电压[1] V/V	最高使用温度 θ_{max}/℃	备注
铝合金	2.63～2.82	69.0～73.4	23～24	87.9	-0.9～-0.6		硬质阳极化轴套
硬黄铜	8.47	103	20	72.8	-0.30		
铅青铜	8.94～9.27	—	18	—	-0.20		
磷青铜	8.86	110	17～20	50.2	-0.20		
退火铜	8.91	117	20	236	-0.20		
灰铸铁	7.20	89.6	—	32.6	-0.70		
退火镍	8.89	207	—	52.7	-0.15		
镁合金	1.74～1.85	44.1	22～26	47.7～92.9	-1.60		
软钢	7.83	207	12～14	30.1	-0.75		
不锈钢	7.70	210	11～14	15.1	-0.35		本体材料
钛合金	4.43	103～124	8.0～8.9	4.27～10.0	-0.09～+0.06		
氧化铝陶瓷	3.74	322	6.3	13.6	—	200～300	表面喷涂
氮化硅	2.21～2.49	152	2.6	6.02	—	200～300	
碳化钨	15.20	552～690	1.1	—	—	150	表面喷涂
尼龙	1.11	2.83	45～80	0.151	—	500～550	
环氧树脂	1.11	2.76	50	2.51	—	1400	

[1]相对于饱和甘汞电极。

表 3-47 轴瓦用聚合物及其物理、力学性能

轴瓦（衬套、衬）材料		表观密度 ρ/(g/cm³)	线胀系数 α/(10⁻⁶/K)	热导率 λ/(W/m·K)	硬度 HBS	抗压强度 σ_{bc}/MPa	压缩弹性模量 E/GPa	摩擦因数 μ	最大静载荷 p/MPa	最高工作温度 θ/°C	说明
增强热固性塑料	石棉布基酚醛树脂层压料（含石墨或MoS₂）	1.6	80/25	0.38	30~45	—	7.0	0.10~0.40	35	150~170	强度高，坚硬，抗振性和耐磨性好。能耐酸和弱碱，但在高温下使用时会产生腐蚀性气体
	棉布基酚醛树脂层压料（含石墨或MoS₂）	1.3~1.4			30~35	150~250				85	耐疲劳性和耐磨性较好，无噪声。损耗率大
	布基酚醛树脂层压料（有PTFE织物表面层）	—			—	—				150	耐疲劳性优异，摩擦因数低，自润湿性好，但成本大
热塑性塑料	聚酰胺（尼龙）单层轴瓦金属衬背的减摩层	1.03~1.15	140~170 / 99	0.04~0.16 / 0.24	7.8~17.2	73.6~98.1	2.8	0.10~0.43 / 0.17~0.43	10	85~120 / 120	耐冲击性、耐疲劳性和耐磨性好、耐油、耐磨湿，但易吸湿
	均聚甲醛 单层轴瓦金属衬背的减摩层	1.42~1.54	58	0.23	11.4	82	3.1	0.25~0.35	—	104	耐疲劳性优异，摩擦因数低，自润滑性好，磨损率低于一般工程塑料
	聚对苯二甲酸丁二酯	1.32~1.55	20~90	—	132~151	95~119	—	0.30~0.33	—	150	性能比聚甲醛和尼龙精良，但成本较低
	聚苯硫醚	1.34	54	0.29	—	183	—	0.34	—	200	耐冲击性差，可在高温下工作
	聚酰亚胺	1.43	45~52	0.33~0.37	92~102	276	—	0.29	—	—	长期耐热性好，适宜高温工作
	聚醚醚酮 单层轴瓦金属衬背的减摩层	1.32	—	—	—	—	1.0	0.10~0.15	140	260	耐热性、耐药品性、耐冲击性、耐疲劳性、耐磨性和成型性高
增强热塑性塑料	填充 MoS₂、填充石墨（聚酰胺）	1.6~1.7	80	0.26	—	86.2~175	—	0.20~0.42	—	90~100 / 120~158	加入石墨和二硫化钼可提高力学性能和耐磨性
	填充固体润滑剂填充石纤维（聚醚醚酮）	1.43~1.47 / 1.40~1.44	9~15	—	100~118	—	2.8	0.20~0.42	14	260	自润滑性和耐磨性优，强度高
	填充15%PTFE均聚甲醛	—	14	—	—	80.6	—	0.107	—	91	
	填充石墨聚苯硫醚	1.51~1.65	23~63	0.35~2.22	68~94	124~221	—	0.26	—	—	
	填充玻璃纤维聚酰亚胺							0.03~0.25			
聚四氟乙烯塑料	聚四氟乙烯（PTFE）	2.18	103~128	0.26	5.6~6.9	4.9~5.8	0.4	0.05~0.20	2	250	摩擦因数低，自润滑性能好。适用温度范围宽，但成本高，承载能力低，刚度低。能耐任何化学药品的侵蚀。用玻璃纤维、石墨等材料填充后，则耐磨性可成倍提高，热导率高，抗压强度、压缩弹性模量均有增加
	填充玻璃纤维	2.26	13~14		8.1	16.0~16.6	0.9、1.0	0.20~0.24			
	填充锡青铜粉	3.92	13			20.9		0.18~0.2	7	250	
	填充石墨		14	0.33	5.1~5.3	14.7~15.3	1.1	0.16			
	填充碳纤维	2.07	17		5.8	20.3		0.19			
	填充锡青铜粉、玻璃纤维和石墨		14								
	填充玻璃纤维和石墨	2.22~2.24	12~13		5.2~5.9	16.3~18.1	1.0	0.15~0.17			
	填充石墨末		12								
聚四氟乙烯织物	PTFE-棉织物衬层	—	12	0.24			4.8	0.05~0.25	700	120	
	PTFE-玻璃纤维织物衬层									250	

表 3-48　气体动压轴承常用材料及其性能

材料名称	主要成分	形式	孔隙率/%	主要性能						
				弹性模量 E/GPa	密度 ρ/（g/cm³）	线胀系数 α/（10^{-6}/℃）	摩擦因数 μ	热导率 λ/（W/m·K）	硬度 HV	熔点 θ/℃
氧化铍	BeO	C，E		373	3.0	3.8	0.6	4.78	2300	—
碳化硼	B₄C	B	0.5	446	2.5	5.8	0.09~0.2	23.2	3000	2400
氮化硅	Si₃N₃	B		235	3.2	1.8	0.1~0.2	—	2000	
铬	Cr	D		—	7.5	6.3	0.4~0.7	—	1200	
耐高温玻璃	MgO+Al₂O₃+SiO₂+TiO₂	A		118	2.9	9.54	0.8	—	700	
碳化钨	WC+Co	B		721	4.9	8.64	0.5~0.8	—	1250	
氧化铬	Cr₂O₃	C		—	—	5.3	0.4	—	1200	
Larbelox 陶瓷	98%Al₂O₃+2%W	A		397	4.15	4.0	—	—	95	
Lucalox 陶瓷	99.9%Al₂O₃	A		383	3.98	4.0	0.2~0.5	92.6	85	
氧化铝	Al₂O₃	A，F		378	4.0	4.0	0.5~0.7	92.6	3000	2050
铁—碳化钛	TiC+Fe	B		303	6.6	7.2	0.4~0.7	303	—	
硬质合金	TiC+Fe+Cr+Mo	B	0.4	—	6.4	8.1	—	—	70	
合金工具钢	Cr₁₂MoV			—	7.8	10.9	—	—	60	

注：A —— 固溶体；B —— 热压烧结；C —— 喷涂；D —— 电镀；E —— 阳极氧化；F —— 真空沉积。

3.4　滑动轴承的润滑

3.4.1　滑动轴承润滑剂的选择

润滑剂对滑动轴承的工作性能与寿命影响极大，在设计时，应注意选择合适的润滑剂，以确保轴承有良好的工作性能和耐久的寿命。

润滑剂的主要作用是降低摩擦、磨损，此外还有冷却、防锈等作用。

润滑剂有液体的、半液体的、固体的和气体的四种。液体的润滑油和半液体的润滑脂是最常用的润滑剂，在某些机器上有时也采用石墨、二硫化钼等固体润滑剂。利用空气等作为润滑剂的气体轴承只用在高速、高温以及原子能工业等特殊场合下。

润滑油有矿物润滑油和合成润滑油之分。在轴承中使用的润滑油绝大多数是从石油中提炼出来的矿物油，它的主要成分是碳氢化合物。合成润滑油是通过化学合成方法制成的具有特定分子结构的新型润滑剂。它是随着航空、宇航、原子能工业等尖端科学技术发展而迅速发展起来的。它能满足矿物油所不能满足的特殊要求，主要用于高温（150℃以上）、低温（凝固点一般在-40℃以下）、高速、重载或真空条件下的润滑。合成润滑剂生产成本高，不用于一般机器。

常用的润滑剂为润滑脂和润滑油，其中以润滑油应用最广。

对于要求不高、难于经常供油或摆动工作的非液体摩擦滑动轴承，可采用润滑脂润滑轴承。润滑脂是用矿物油与各种不同稠化剂（钙、钠、铝等金属皂）混合而成。其主要物理性能是稠度（针入度）和滴点。选择润滑剂时，一般根据轴承的比压、滑动速度及工作温度确定其针入度和滴点。轴承比压高、滑动速度低，应选用针入度较小的润滑脂，润滑脂的滴点应高于轴承工作温度 15～20℃，温度高时应选用耐热的钠基脂或锂基脂。在潮湿的环境下，应选用耐水的钙基脂，避免选用钠基脂。钠基脂遇水后易形成乳状液而流水。

润滑脂又称黄油，有钙基、钠基等种类。润滑脂由氢氧化钙、氢氧化钠等与动物油混合后加热，使动物油碱化成为金属皂，然后加入矿物油而成。钙基润滑脂耐水性好，钠基润滑脂耐热性好，多用于要求避免油污、不易密封以及低速、重载或间歇、摇摆运动的机器上。

润滑脂的选择可参见表 3-49。

表 3-49　滑动轴承润滑脂的选择

轴颈圆周速度 v_m/s	平均压力 p/MPa	最高工作温度/℃	适用润滑脂
≤1	<1	75	3 号钙基脂（ZG-3）
0.5～5	1～6.5	55	2 号钙基脂（ZG-2）
≤0.5	>6.5	75	3 号钙基脂（ZG-3）
0.5～5	<6.5	120	2 号钠基脂（ZN-2）
≤0.5	>6.5	110	1 号钙－钠基脂（ZGN-3）
0.5～5	1～6.5	-20～120	2 号锂基脂（ZL-3）
≤0.5	>6.5	60	2 号压延基脂（ZJ-3）

注：润滑油代号意义，HQ 为气缸油；HJ 为轧钢机油；HG 为气缸油；N 为工业用润滑油。
　　滴点和针入度是润滑脂的重要性能指标。

3.4.2　润滑油的主要性能

润滑油的物理和化学性能指标较多，尤以粘度和油性最重要。滑动轴承润滑油的选择，通常根据轴承的滑动速度、工作温度及比压，确定润滑油的粘度和油性。高速的轴承，应选用较小粘度的润滑油，以减小摩擦、降低温升；比压大的轴承，应选用粘度较大的润滑油，以免被挤出。启动频繁的轴承，应选用油性较好的润滑油。

1. 粘度

粘度是润滑油最重要的物理性能指标，是设计液体润滑轴承时选择润滑油的主要依据。粘度体现了液体摩擦状态下润滑油内部摩擦阻力的大小。油的粘度越大，轴承的工作阻力越大，其承载能力也越大。

如图 3-17 所示为两块平行平板，中间被一层不可压缩的润滑油分隔。下方的板 B 固定不动，上方的板 A 在力 F 的拖动下以速度 v 沿 x 方向运动。

假定润滑油做层流运动，则粘附在板 A 上的油层以同样的速度 v 沿 x 方向运动，往下越接近板 B，油层流动速度越低，与板 B 粘附在一起的油层速度为零。间隙中各油层的速度不同，它与各油层到板 B 的距离成反比。相邻两油层的速度变化率（速度梯度）R 为

$$R = \frac{\mathrm{d}u}{\mathrm{d}y}$$

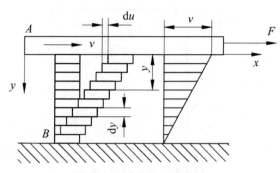

图 3-17　液体的流动情况

由于板 A 上的作用力为 F，因此各油层之间存在着剪应力 τ，而

$$\tau = \frac{F}{a}$$

式中 a 为移动板与润滑油的接触面积。

根据牛顿流体流动定律，大多数液体的剪应力 τ 与速度梯度 $\dfrac{\mathrm{d}u}{\mathrm{d}y}$ 成正比，即

$$\tau = -\eta \frac{\mathrm{d}u}{\mathrm{d}y}$$

式中：η 为比例常数，称为粘度；负号表示 τ 与速度增量方向相反。

润滑油粘度有以下三种表示方法：

（1）动力粘度 η 设有长、宽、高各为 1m 的油液，如图 3-18 所示，若使上、下两平行平面发生 1m/s 的相对滑动速度所需的力为 1N，则这种油液具有一个单位的动力粘度。动力粘度的计算式为：

$$\eta = \frac{Fh}{au}$$

式中：F 为力（N）；h 为层距离（m）；a 为油层面积（m^2）；u 为油层流速（m/s）。

动力粘度 η 的单位为 Pa·s。

（2）运动粘度 γ。

液体的动力粘度 η 和它的密度 ρ 之比称为运动粘度，用 γ 表示，即

$$\gamma = \frac{\eta}{\rho} \quad (\mathrm{m^2/s})$$

式中：η 为液体的动力粘度（Pa·s）；ρ 为液体的密度（kg/m^3）。

γ 的单位（cm^2/s）称为"斯"，以 St 表示。用斯作单位太大，计算中常用斯的百分之一（即厘斯，cSt）作为运动粘度的单位。在温度 t 时的运动粘度用 γ_t 表示。我国石油产品是用运动粘度标定的。例如：20 号、30 号机械油分别指在温度为 50℃时测定的运动粘度平均值为 20 厘斯、30 厘斯，依此类推。

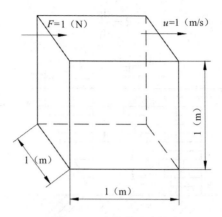

图 3-18 液体的动力粘度

运动粘度之间的换算关系为

$$1m^2/s = 10^4St = 10^6cSt$$

（3）相对粘度 $°E$。

用各种润滑油和水作比较来测定的润滑油粘度，称为相对粘度。我国习惯用恩格尔粘度，即把 $200cm^3$ 的润滑油装进恩格尔粘度计里，在温度 $t°C$ 下，润滑油通过粘度计底部直径为 2.8mm 的细管全部流尽的时间（s）与在 20℃下同体积的蒸馏水通过同一细管流尽的时间（s）之比，即为该润滑油在温度 $t°C$ 时的恩格尔粘度，用 $°E_t$ 表示。恩格尔粘度常在 20℃、50℃和 100℃下测定，分别以 $°E_{20}$、$°E_{50}$ 和 $°E_{100}$ 表示。

运动粘度γ与恩格尔粘度 $°E$ 的近似换算关系为

$$\gamma = \left(7.31 \, °E_t - \frac{6.31}{°E_t}\right)10^{-6} \quad (m^2/s)$$

动力粘度η与恩格尔粘度 $°E$ 的近似算关系为：

$$\eta = \left(6.56 \, °E_t - \frac{5.67}{°E_t}\right)10^{-3} \quad (Pa \cdot s)$$

润油的粘度除随温度的升高而降低外，还随压力大小变化。但当压力不高时，由压力引起的变化可忽略不计。

2. 油性

所谓油性是指润滑油在金属表面上的吸附能力，它的大小与润滑油中脂肪酸（具有极性团的物质）的含量有关。一般动、植物油含有较多的脂防酸，因而其油性较好。矿物油的主要组成部分是饱和的碳氢化合物，油性较差。但因动、植物油易氧化变质，且其他用途较多，故工业上仍以使用矿物油为主，添加适量的动、植物油可以提高油性。

油性的大小还和摩擦表面金属材料的种类有关，如轴承合金比青铜好，青铜又比黄铜好。

润滑油的具体选用可参见表 3-50。

表 3-50　滑动轴承润滑油的选择（工作温度 10℃～60℃）

轴颈圆周速度 v/（m/s）	轻载 p<3MPa		中载 p=3～7.5MPa		重载 p>7.5～30MPa	
	运动粘度 v_{40}cSt	适用油牌号	运动粘度 v_{40}cSt	适用油牌号	运动粘度 v_{40}cSt	适用油牌号
>9	13.5～16.5	N15				
	9.0～11.0	N10				
	61.2～2.48	N7				
5～9	28.8～35.2	N32				
	19.8～24.2	N22				
	13.5～16.5	N15				
2.5～5.0	41.4～50.8	N46				
	28.8～35.2	N32				
1.0～2.5	61.2～74.8	HQ-6	6.0～8.0（100℃）	HQ-6 HQ-6D		
	41.4～50.8	N68	135～165	N100		
		N64	61.2～74.8	N68		
0.3～1.0	61.2～74.8	HQ-6	10～12（100℃）	HQ-10	135～165	N150
					90～110	N100
	41.4～50.8	N68	90.0～110	N100	14～16	HQ-15
		N64			10～12	HQ-10
0.1～0.3	90～110	HQ-10	14～16（100℃）	HQ-15	32～44	HG-38
	61.2～74.8	N100	135～165	N150	26～30	HJ3-28
		N68	90.0～110	N100		
<0.1	135～165	N150	14～16（100℃）	HQ-15	49～55	HG-52
	90.0～110	N100	135～165	N150	32～44	HG-38
	61.2～74.8	N68			26～30	HJ3-28

3.4.3　润滑油的添加剂

随着机械运转性能的不断提高，对润滑油的要求也越来越高。一般的润滑油不能适应多方面的要求，常加入添加剂以改善其润滑性能。

润滑油中加入猪油、油酸等添加剂后，能提高其油性；加入硫化油、氮化石蜡等极压添加剂后，能提高在不利的工作条件下的润滑油性能。为防止润滑油与空气氧化生成胶质和沥青质，常加入抗氧化添加剂。为防止氧和水分侵蚀被润滑的金属表面，使用磺酸盐等防锈添加剂。为防止由于润滑油被搅动后产生气泡，则应添加甲基硅油等消泡剂。此外，为使润滑油的粘度在较大的温度范围内保持不变，常加入粘度指数改进剂等。

3.4.4　润滑方法和润滑装置

为了获得良好的润滑效果，除应正确选择润滑剂外，还应选用适当的润滑方法和相应的润滑装置。设计时可参考表 3-51 来确定采用哪种润滑方式。

表 3-51　滑动轴承润滑方式选择

系数 K	≤2	2～16	16～32	>32
润滑剂	润滑脂	润滑油		
润滑方式	油杯手工定时润滑	针阀油杯滴油	飞溅、油杯润滑，压力循环润滑	压力循环润滑
供油量		$Q \geqslant \dfrac{\pi(D^2-d^2)l\rho g}{4}$ L/min		低速机械 $Q \approx$（0.003～0.006）DIL/min 高速机械 $Q \approx$（0.06～0.015）DIL/min

注：系数 $K = \sqrt{pv^3}$；p —— 轴承比压，MPa；$\rho = 9 \times 10^{-4}$ kg/cm³；g —— 重力加速度，$g=9.8$m/s²；v —— 轴颈圆周速度，m/s；D —— 轴承直径，cm；d —— 轴颈直径，cm；l —— 轴承宽度，cm。

从润滑油的供应方式来看，有两种润滑方法：间歇润滑和连续润滑。间歇润滑用于小型、低速或做间歇运动的机器部件。一般用手工向轴承的油孔或注油杯注入润滑油，如图 3-19 和图 3-20 所示。

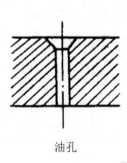

油孔

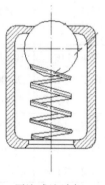

压注式注油杯

图 3-19　油孔及压注式注油杯

比较重要的轴承应当采用以下连续润滑方法。

1. 滴油润滑

如图 3-21 所示是针阀式油杯。扳起手柄，针阀杆被提起，润滑油则经油孔自动滴到轴颈上。不需要供油时，将手柄横放，针阀即堵住油孔。螺母可调节油孔的大小，以控制供油量。滴油润滑多用于要求供油可靠的轴承。

2. 油芯润滑

油芯润滑油杯如图 3-22 所示，利用油芯的毛细管作用吸取润滑油滴到轴颈上。油芯润滑适用于不需要丰富润滑的轴承。

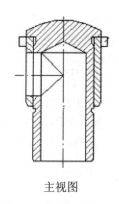

主视图

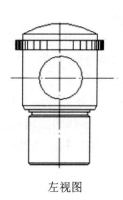

左视图

图 3-20　旋套式注油杯

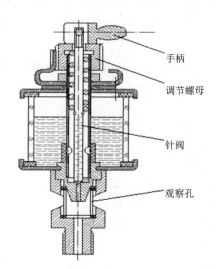

手柄

调节螺母

针阀

观察孔

图 3-21　针阀式油杯

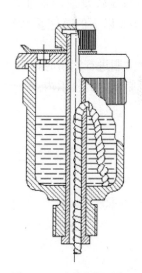

图 3-22　油芯润滑油杯

3. 油环润滑

如图 3-23 所示，在轴颈上套一油环，油环下部浸在油池中，当轴颈旋转时，靠摩擦力带动油环旋转，并把润滑油带到轴颈上。油环润滑适用于转速为 50～300r/min 水平放置的轴颈。

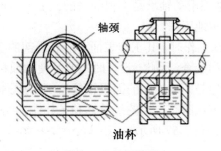

轴颈

油杯

图 3-23　油环润滑

4. 浸油润滑

将轴颈浸在油池中，不需要另加润滑装置。浸油润滑因润滑油量充分故散热良好，但摩擦阻力稍大，对密封要求较高。

5. 飞溅润滑

利用齿轮、曲轴等转动零件，将润滑油由油池拨溅到轴承中进行润滑。采用飞溅润滑时，浸在油池中的零件的圆周速度应在 5～13m/s 范围内，速度过大将产生大量泡沫及油雾，使润滑油迅速氧化变质。飞溅润滑装置简单，工作可靠，常用在齿轮箱和内燃机曲轴箱中润滑轴承。

6. 压力循环润滑

利用油泵供应压力油进行强制润滑。一台油泵可对多个轴承供油，工作可靠。但是压力循环润滑系统较复杂，供油要消耗一定功率。压力循环润滑适用于圆周速度为 50m/s、比压为 40MPa 以下的高速重载轴承，常用于内燃机、空气压缩机、汽轮机、机床中重要轴承的润滑。

利用润滑脂进行润滑时，广泛采用黄油杯，如图 3-24 所示。润滑脂装在杯体中，旋拧杯盖可将润滑脂压送到轴承内。

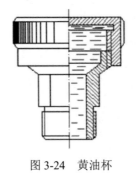

图 3-24　黄油杯

3.5　非液体摩擦滑动轴承的计算

在液体摩擦状态下工作的滑动轴承是最理想的轴承。但对于速度低、载荷大、有冲击或间歇工作的部件，使用液体摩擦滑动轴承是不很经济的。另一方面，只要设计合理、维护得当，非液体摩擦滑动轴承也能顺利地工作。

非液体摩擦滑动轴承，在工作时，其工作表面可能有局部的金属接触，摩擦和磨损较大，严重时可引起轴承过度发热和胶合。因此，设计时主要是使轴颈和轴承之间保持一定的润滑油膜，以减少轴承磨损和发热。但是影响油膜的因素很复杂，目前还不能用简单的计算公式表达，所以采用简化计算法。这种方法具有一定的经验性和条件性。

滑动轴承设计技术参数如表 3-52 所示。

表 3-52　滑动轴承设计技术参数

机器名称	轴承形式	许用压力[①] p_p/MPa	许用速度 v_p/（m/s）	许用 pv 值 $(pv)_p$/（MPa·m/s）	适宜黏度 η/Pa·s	$(\eta n/p)$ min/10^{-9}	相对间隙 ψ	宽径比 B/D
轧钢机	主轴承	5～30	0.5～30	50～80	0.05	23	0.0015	0.8～1.5
二冲程柴油机	主轴承 连杆轴承 活塞销轴承	5～9 7～10 9～13	1～5 1～5 —	10～15 15～20 —	0.02～0.065	58 28 23	0.001 <0.001 <0.001	0.6～0.75 0.5～1.0 1.5～2.0
减速器	各轴轴承	0.5～4.0	1.5～6.0	3～20	0.03～0.05	83	0.001	1～3
发电机、电动机、离心压缩机	转子轴承	1～3	—	2～3	0.025	416	0.0013	0.8～1.5
冲压机、剪床	主轴承 曲柄轴承	2855			0.1		0.001	1～2
铁路车辆	货车轴承 客车轴承	3～5 3～4	1～3	10～15	0.1	116	0.001	1.4～2.0
金属切削机床	主轴承	0.5～5.0	—	1～5	0.04	2.5	<0.001	1～3
传动装置	轻载轴承 重载轴承	0.15～0.30 0.5～1.0	—	1～2	0.025～0.06	230 66	0.001	1～2
汽轮机	主轴承	1～3	5～60	85	0.002～0.016	250	0.001	0.8～1.25
活塞式压缩机和泵	主轴承 连杆轴承 活塞销轴承	2～10 4～10 7～13	—	2～3 3～4 5	0.03～0.08	66 46 23	0.001 <0.001 <0.001	0.8～2.0 0.9～2.0 1.5～2.0
汽车发动机	主轴承 连杆轴承 活塞销轴承	6～15 6～20 18～40	6～8 6～8 —	>50 >80 —	0.007～0.008	33 23 16	0.001 0.001 <0.001	0.35～0.7 0.5～0.8 0.8～1.0
航空发动机	主轴承 连杆轴承（排形） 连杆轴承（星型） 活塞销轴承	12～22 13～20 20～26 50～85	8～10 8～10 8～10 —	>80 >100 >100 >100	0.007～0.008	36 23 23 18	0.001 0.001 0.001 <0.001	0.4～0.6 0.7～1.0 0.7～1.0 0.8～0.9
精纺机	锭子轴承	0.01～0.02	—	—	0.002	25000	0.005	—
四冲程柴油机	主轴承 连杆轴承 活塞销轴承	6～13 12～15 15～20	1～5	15～20 20～30 —	0.02～0.065	47 23 12	0.001 <0.001 <0.001	0.45～0.9 0.5～0.8 1～2

3.5.1　径向滑动轴承的计算

在设计径向滑动轴承时，首先根据使用要求及工作条件，确定轴承类型和结构。通常，轴颈直径 d、转速 n 和轴承载荷已知，轴承长度 L 可按长径比 L/d=0.8～1.5 选定，然后按下述方法进行计算，并按前述相关表格选取轴瓦材料。

1. 计算比压 p

限制比压的目的是防止在载荷作用下润滑油被完全挤出，应保证一定的润滑面不致造成过度的磨损，所以应使轴承比压满足

$$p = \frac{F_r}{dL} \leqslant [p]（\text{MPa}）$$

式中：F_r 为作用在轴承上的径向载荷（N）；d、L 分别为轴颈的直径和轴承长度（mm）；

[p]—许用比压，见表 3-53（MPa）。

2. 计算 pv 值

v 是轴颈表面圆周速度（m/s），pv 表征轴承的摩擦功率。pv 值越大，摩擦产生的热越多，轴承温升越高，温度升高时润滑油的粘度下降，轴承可能产生胶合，因此要限制 pv 值，即

$$pv = \frac{F_r}{dL} \cdot \frac{\pi dn}{60 \times 1000} = \frac{F_r n}{19100L} \leqslant [pv] \quad（MPa）$$

式中：n 为轴颈转速（rpm）；[pv] 为 pv 的许用值，见表 3-53。

在选定轴瓦材料并经验算之后，还应确定轴承配合以获得合适的间隙。

表 3-53　常用轴承材料的性能及用途

材料	牌号	[p]/MPa	[v]/(m/s)	[pv]/(MPa·m/s)	HBS		最高工作温度℃	特性及用途举例
					金属模	砂模		
灰铸铁	HT150	4	0.5		143～255			用于不受冲击的轻载荷轴承
	HT200	2	1					
	HT250	1	2					
耐磨铸铁	耐磨铸铁-1（KT-1）	10/0.1	0.3/3	2.5/0.3	180～229		150	镍合金灰口铁，用于与经热处理（淬火或正火）轴相配合的轴承
	耐磨铸铁-2（KT-2）	6	1	5	160～190			钛铜合金灰口铁，用于与不淬火的轴相配合的轴承
	耐磨铸铁-1（QT-1）	1.5/20	10/1	12/20	210～260			球墨铸铁，用于与经热处理的轴相配合的轴承
	耐磨铸铁-2（QT-2）	1/12	5/1	3/12	167-197			球墨铸铁，用于与不经淬火的轴相配合的轴承
铸造青铜	ZCuSn$_{10}$Pb$_1$	15	10	15	90～120	80～100	280	磷锡青铜，用于重载、中速高温及冲击条件下工作的轴承
	ZCuSn$_6$Zn6Pb$_6$	8	3	12	65～75	60		锡锌青铜，用于重载、中速高温及冲击条件下工作的轴承，如减速器、起重机的轴承及机床的一般主轴承
	ZCuAl$_{10}$Fe$_3$	30	8	12	120～140	110		铝铁青铜，用于受冲击载荷处，轴承度可至300℃，轴颈需淬火
	ZCuPb$_{30}$	25（平稳）/15（冲击）	12/8	30/60	25		250～280	铅青铜，浇注在钢轴瓦上作轴衬，可受很大的冲击或荷，也适用于精密机床主轴承
铸造黄铜	ZCuZn$_{16}$Si$_4$	12	2	10	100	90	200	硅铅黄铜，用于冲击及平稳截荷的轴，如起重机、机车、掘土机、玻碎机的轴承
	ZCuZn$_{38}$Mn$_2$Pb2	10	1	10	100	90		硅铅黄铜的轴瓦用途同上
	ZCuZn$_{25}$A$_{16}$Fe$_3$Mn$_3$	10	1	10	100	160		硅铅黄铜的轴瓦用途同上
铸锌铝合金	ZZNAl$_{10}$-5	20	3	10	100	80	80	用于1000s以下的减速器，各种轧钢机轧鞋轴，工作灌度低于80℃
铸锡基轴承合金	ZChSnSb$_{11}$-6	25（平稳）/20（冲击）	80/60	20/16	13（100℃时）/30（17℃时）		150	用做轴承衬，用于重载、高速温度低于110℃的重要轴承，如汽轮机、大于750kW 的电动机、内燃机、高转速的机床主轴的轴承等
铸铅基轴承合金	ZChPbSb$_{16}$-16-2	15	12	10	13（100℃时）/30（17℃时）		130～170	用于不刷变的重载、高速的轴承，如车床、发电机、压缩机、轧钢机等的轴承，温度低于120℃

续表

材料	牌号	$[p]$/ MPa	$[v]$/ (m/s)	$[pv]$/ (MPa·m/s)	HBS 金属模	HBS 砂模	最高工作 温度℃	特性及用途举例
	ZChPbSb₁₅-5	20	15	15	20			用于冲击载荷 $pv<10MPa·m/s$ 或稳定载荷 $pv<20MPa·m/s$ 下工作的轴承。如汽轮机，中等功率的电动机、拖拉机、发动机、空压机的轴承
粉末冶金	铁基	$\dfrac{69}{21}$	2	1.0				具有成本低、含油量较多、耐磨性好的特点，适用于低速机械
	铜基	$\dfrac{55}{14}$	6	1.8			80	孔隙度大的多用于高速轻载，孔隙度小的多用于摆动或往复运动情况，如长期不补充润滑剂需降低 $[pv]$ 值，高温或连续工作情况，应不断补充润滑剂
	铝基	$\dfrac{28}{14}$	6	1.8				是近期发展的粉末冶金轴瓦材料。具有重量轻、摩擦系数低、温升小、寿命长的优点
	酚醛树脂	39～41	12～13	0.18～0.5			110～120	由织物、石棉等为填料与酚醛树脂压制而成。抗咬合性好、强度高、抗震性好。能耐水、酸、碱，导热性差，重载时需要水或油充分润滑。易膨胀，轴承间隙易取大些
	尼龙	7～14	3～5	0.11 (0.5m/s) 0.09 (0.5m/s) <0.09 (0.5m/s)			105～110	最常用的非金属轴承。摩擦系数低、耐磨性好、无噪音。金属瓦上覆以尼龙薄层，能承受中等载荷，加入石墨、二氧化钼等填料可提高刚性和耐磨性。加入耐热成分，可提高工作温度
	碳石墨抗磨材料	4	13	0.5（干） 5.25（润滑）			440～170	有自润滑性，高温稳定性好，耐化学药品侵蚀，常用于要求清洁工作的机器中。长期工作 $[pv]$ 值应适当降低
	橡胶	0.34	5	0.53			65	常用于有水、泥浆的设备中。橡胶能隔震，降低噪音，减少动载荷，补偿误差。但导热性差，需要冷却。用丁二烯－丙烯共聚物等合成橡胶能耐油、耐水，一般常用水作润滑与冷却剂

3.5.2　推力滑动轴承的计算

推力滑动轴承的计算方法和径向滑动轴承相同。

1. 计算比压 p

$$p = \frac{F_a}{z\frac{\pi}{4}(d^2 - d_0^2)K} \leqslant [p] \text{（MPa）}$$

式中：F_a 为作用在轴承上的轴向载荷（N）；d、d_0 为分别为止推面的外圆直径和内圆直径（mm），如图3-25所示；z 为推力环数目；K 为考虑油槽使止推面面积减小的系数，通常取 $K=0.9\sim0.95$；$[p]$ 为许用比压（MPa），见表3-53，对多环推力轴承，考虑到轴向载荷在各个推力环上分布不均匀，$[p]$值应降低50%。

2. 计算 pv_m 值

$$pv_m \leqslant [pv_m] \quad (\text{MPa·m/s})$$

而

$$v_m = \frac{\pi d_m n}{60 \times 10000} \quad (\text{m/s})$$

式中：v_m 为环形推力面的平均线速（m/s）；d_m 为环形推力面的平均直径（mm），$d_m = \dfrac{d + d_0}{2}$；

$[pv_m]$ 为 pv_m 许用值，由于按平均线速计算，所以 $[pv_m]$ 应降低，对于钢轴颈配金属轴瓦，可取 $[pv_m]=2\sim4$（MPa·m/s）。

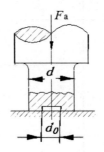

图 3-25　推力轴颈

第四章　滚动轴承

滚动轴承是机器中广泛使用的重要零件，具有摩擦小、起动快、效率高等特点。同时，滚动轴承已标准化，并由专门工厂进行大量生产，品种和系列尺寸很多，选用和更换都很方便。

4.1　滚动轴承的结构、类型和代号

4.1.1　动轴承的结构及类型

滚动轴承一般由内圈、外圈、滚动体及保持架四个部分组成，图 4-1 是深沟球轴承，图 4-2 是圆柱滚子轴承，内圈和外圈统称套圈。内圈的外面和外圈的内面都有滚道，滚动体可沿滚道滚动。图 4-3 是保持架，其作用是将滚动体均匀地分隔开，避免滚动体在运动中互相摩擦。

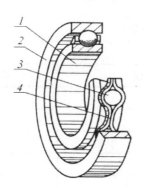
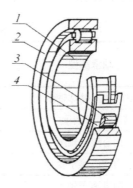

1—内圈；2—外圈；3—滚动体；4—保持架

图 4-1　深沟球轴承　　　　　　　　　　图 4-2　圆柱滚子轴承

图 4-3　保持架

滚动轴承的类型很多。按照承受负荷的方向，滚动轴承可分为以下三种：

（1）向心轴承。向心轴承主要承受径向负荷，某些类型的向心轴（如向心球轴承）也能承受一定的轴向负荷。

（2）向心推力轴承。向心推力轴承能同时承受径向负荷和轴向负荷。

（3）推力轴承和推力向心轴承。推力轴承仅能承受轴向负荷，推力向心轴承则在承受轴向载荷的同时也能承受一定的径向载荷。

按照滚动体的形状，如图 4-4 所示，滚动轴承可分为球轴承和滚子轴承两大类。其中滚子轴承根据滚子的不同形状，又可分为短圆柱滚子轴承、球面滚子轴承、圆锥滚子轴承和滚针轴承等。

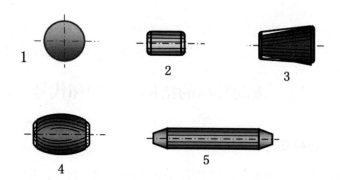

1—球轴承；2—圆柱滚子轴承；3—圆锥滚子轴承；4—球面滚子轴承；5—滚针轴承

图 4-4　滚动体的形状

在我国滚动轴承标准中，将滚动轴承分为十二大类，如表 4-1 所示。

表 4-1　滚动轴承的类型代号

轴承类型	代号	
	新标准	旧标准
双列角接触球轴承	0	6
调心球轴承	1	1
调心滚子轴承	2	3
推力调心滚子轴承	2	9
圆锥滚子轴承	3	7
双列深沟球轴承	4	0
推力球轴承	5	8
深沟球轴承	6	0
角接触球轴承	7	6
推力圆柱滚子轴承	8	9
圆柱滚子轴承	N	2
外球面球轴承	U	0
四点接触球轴承	QJ	6

常用的滚动轴承类型、结构及代号如表 4-2 所示。列或多列用字母 NN 表示。

表 4-2　常用轴承的类型、结构及代号

轴承类型	结构简图	新标准			旧标准				
		类型代号	尺寸系列代号	轴承代号	结构代号	宽度系列代号	直径系列代号	类型代号	轴承代号
深沟球轴承 GB/T276		6	17	61700	00	1	7		1000700
		6	37	63700	00	3	7		3000700
		6	18	61800	00	1	8		1000800
		6	19	61900	00	1	9		1000900
		16	(0) 0	16000	00	7	1	0	7000100
		6	(1) 0	6000	00	0	1		100
		6	(0) 2	6200	00	0	2		200
		6	(0) 3	6300	00	0	3		300
		6	(0) 4	6400	00	0	4		400
双列深沟球轴承		4	(2) 2	4200	81	0	5	0	810500
		4	(2) 3	4300		0	6		810600
有装球缺口的有保持架深沟球轴承		(6)	(0) 2	200	37	0	2	0	370200
		(6)	(0) 3	300	37	0	3	0	370300
角接触球轴承 GB/T292		7	19	71900	03	1	9		1036900
		7	(1) 0	7000	03	0	1		3466100
		7	(0) 2	7200	04	0	2	6	3466200
		7	(0) 3	7300	06	0	3		3466300
		7	(0) 4	7400		0	4		3466400
分离型角接触球轴承 GB/T292		S7		S70000	00			6	6000
内圈分离型角接触球轴承		SN7		SN70000	10			6	106000
锁口在内圈上的角接触球轴承 GB/T293		B7		B7000C	13			6	136000
				B7000AC	14			6	146000
				B7000B	16			6	166000

续表

轴承类型	结构简图	新标准			旧标准				
		类型代号	尺寸系列代号	轴承代号	结构代号	宽度系列代号	直径系列代号	类型代号	轴承代号
四点接触球轴承 GB/T294		QJ	(0) 2	QJ200	17	0	2	6	176200
		QJ	(0) 3	QJ300	17	0	3		176300
双半内圈三点接触球轴承		QJS		QJS0000	27			6	276000
双列角接触球轴承 GB/T296		(0)	32	3200	05	3	2	6	3056200
		(0)	33	3300	05	3	3		3056300
调心球轴承 GB/T281		1	(0) 2	1200	00	0	2	1	1200
		(1)	22	2200	00	0	5		1500
		1	(0) 3	1300	00	0	3		1300
		(1)	23	2300	00	0	6		1600
调心滚子轴承 GB/T288		2	13	21300C	05	0	3	3	53300
		2	22	22200C	05	0	5		53500
		2	23	22300C	05	0	6		53600
		2	30	23000C	05	3	1		3053100
		2	31	23100C	05	3	7		3053700
		2	32	23200C	05	3	2		3053200
		2	40	24000C	05	4	1		4053100
		2	41	24100C	05	4	7		4053700
推力调心滚子轴承 GB/T5859		2	92	29200	03	9	2	9	9039200
		2	93	29300	03	9	3		9039300
		2	94	29400	03	9	4		9039400
圆锥滚子轴承 GB/T297		3	02	30200	00	0	2	7	7200
		3	03	30300	00	0	3		7300
		3	13	31300	02	0	3		27300
		3	20	32000	00	2	1		2007100
		3	22	32200	00	0	5		7500
		3	23	32300	00	0	6		7600
		3	29	32900	00	2	9		2007900
		3	30	33000	00	3	1		3007100
		3	31	33100	00	3	7		3007700
		3	32	33200	00	3	2		3007200

轴承类型	结构简图	新标准			旧标准				
		类型代号	尺寸系列代号	轴承代号	结构代号	宽度系列代号	直径系列代号	类型代号	轴承代号
双内圈双列圆锥滚子轴承 GB/T299		35		350000	09			7	97000
四列圆锥滚子轴承 GB/T300		38		380000	07			7	77000
推力球轴承 GB/T301		5	11	51100	00	0	1	8	8100
		5	12	51200	00	0	2		8200
		5	13	51300	00	0	3		8300
		5	14	51400	00	0	4		8400
双向推力球轴承 GB/T301		5	22	52200	03	0	2	8	38200
		5	23	52300	03	0	3		38300
		5	24	52400	03	0	4		38400
外调心推力球轴承		5	32	53200	02	0	2	8	28200
		5	33	53300	02	0	3		28300
		5	34	53400	02	0	4		28400
双向外调心推力球轴承		5	42	54200	05	0	2	8	58200
		5	43	54300	05	0	3		58300
		5	44	54400	05	0	4		58400
推力圆柱滚子轴承 GB/T4663		8	11	81100	00	0	1	9	9100
		8	12	81200	00	0	2		9200
推力圆锥滚子轴承		9		90000	01			9	19000
内圈无挡边圆柱滚子轴承 GB/T283		NU	10	NU1000	03	0	1	2	32100
		NU	(0) 2	NU200	03	0	2		32200
		NU	22	NU2200	03	0	5		32500
		NU	(0) 3	NU300	03	0	3		32300
		NU	23	NU2300	03	0	6		32600
		NU	(0) 4	NU400	03	0	4		32400

续表

轴承类型	结构简图	新标准			旧标准				
		类型代号	尺寸系列代号	轴承代号	结构代号	宽度系列代号	直径系列代号	类型代号	轴承代号
内圈单挡边圆柱滚子轴承 GB/T283		NJ	（0）2	NJ200	04	0	2	2	42200
		NJ	22	NJ2200	04	0	5		42500
		NJ	（0）3	NJ300	04	0	3		42300
		NJ	23	NJ2300	04	0	6		42600
		NJ	（0）4	NJ400	04	0	4		42400
内圈单挡边并带平挡圈圆柱滚子轴承 GB/T283		NUP	（0）2	NUP200	09	0	2	2	92200
		NUP	22	NUP2200	09	0	5		92500
		NUP	（0）3	NUP300	09	0	3		92300
		NUP	23	NUP2300	09	0	6		92600
外圈无挡边圆柱滚子轴承 GB/T283		N	10	N1000	00	0	1	2	2100
		N	（0）2	N200	00	0	2		2200
		N	22	N2200	00	0	5		2500
		N	（0）3	N300	00	0	3		2300
		N	23	N2300	00	0	6		2600
		N	（0）4	N400	00	0	4		2400
外圈单挡边圆柱滚子轴承 GB/T283		NF	（0）2	NF200	01	0	2	2	12200
		NF	（0）3	NF300	01	0	3		12300
		NF	23	NF2300	01	0	6		12600
双列圆柱滚子轴承 GB/T285		NN	30	NN3000	28	3	1	2	3282100
内圈无挡边双列圆柱滚子轴承 GB/T285		NNU	49	NNU4900	48	4	9	2	4482900
带顶丝外球面球轴承 GB/T3882		UC	2	UC200	09	0	5	0	90500
		UC	3	UC300	09	0	6	0	90600
带偏心套外球面球轴承 GB/T3882		UEL	2	UEL200	39	0	5		390500
		UEL	3	UEL300	39	0	6	0	390600
圆锥孔外球面球轴承 GB/T3882		UK	2	UK200	19	0	5		190500
		UK	3	UK300	19	0	6	0	190600

续表

轴承类型	结构简图	新标准			旧标准				
		类型代号	尺寸系列代号	轴承代号	结构代号	宽度系列代号	直径系列代号	类型代号	轴承代号
双向推力角接触球轴承 JB/T6362	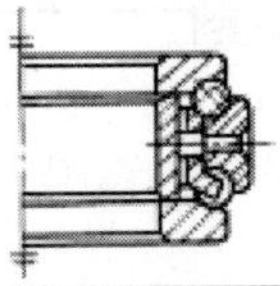	23	44	234400	26	2	1	8	2268100
		23	47	234700	26	2	1	8	2268100K
		23	49	234900					—

4.1.2 滚动轴承的特性

常见滚动轴承的特性如表 4-3 所示。

表 4-3 常见滚动轴承的特性

类型	名称	特性	
		一般特性	其他
深沟球轴承	深沟球轴承	1. 额定动载荷比为 1； 2. 能承受一定的双向轴向载荷； 3. 轴向位移限制在轴向游隙范围内； 4. 极限转速高	
	外圈有止动槽的深沟球轴承		轴向紧固简单，支承结构的轴向尺寸小
	一面带防尘盖的深沟球轴承		防尘性好
	两面带防尘盖的深沟球轴承		防尘性好润滑简单
	一面带密封圈的深沟球轴承		密封性好
	两面带密封圈的深沟球轴承		密封性好润滑方便
	带顶丝的外球面深沟球轴承		自动调心内圈较宽，便于装拆
调心球轴承	圆柱孔调心球轴承	1. 额定动载荷比为 0.6～0.9； 2. 能承受少量双向轴向载荷，不宜承受纯轴向载荷； 3. 轴向位移限制在轴向游隙范围内； 4. 极限转速度	调心性好
	圆锥孔调心球轴承		调心性好，安装时可微量调整径向及轴向游隙
	装在紧定套上的调心球轴承		
角接触球轴承	分离型（磁电机）角接触球轴承	1. 额定动载荷比为 0.5～0.8； 2. 能承受一定的单向轴向载荷； 3. 能限制一个方向的轴向位移； 4. 极限转速高； 5. 成对使用	可分别安装内、外圈
	角接触球轴承	1. 额定动载荷比为 1～1.4； 2. 能承受单向轴向载荷，轴向载荷能力随接触角 α 的增大而增大； 3. 能限制一个方向的轴向位移； 4. 极限转速高； 5. 成对使用	高速性好
	锁口在内圈上的角接触球轴承		
	双半内圈（四点接触）球轴承	1. 额定动载荷比为 1.4～1.8； 2. 能承受双向轴向载荷； 3. 轴向位移限制在轴向游隙范围内； 4. 极限转速高	结构紧凑，承载能力大
	双半内圈（三点接触）球轴承		

类型	名称	特性	
		一般特性	其他
角接触球轴承	成对安装角接触球轴承（背对背）	1. 额定动载荷比为 1.6～2.3； 2. 能承受双向轴向载荷，承受轴向载荷的能力随接触角 α 的增大而增大； 3. 通过预紧可限制轴向位移、增加轴承刚性； 4. 极限转速中	抗弯刚性大
	成对安装角接触球轴承（面对面）		
	成对安装角接触球轴承（串联）	1. 额定动载荷比为 1.6～2.3； 2. 能承受较大的单向轴向载荷，承受能力随接触角 α 的增大而增大； 3. 限制在一个方向的轴向位移	
	双列角接触球轴承	1. 额定动载荷比为 1.6～2.1； 2. 能承受双向轴向载荷； 3. 轴向位移限制在轴向游隙范围内； 4. 极限转速中	
圆柱滚子轴承	外圈无挡边圆柱滚子轴承	1. 额定动载荷比为 1.5～3； 2. 不能承受轴向载荷； 3. 不能限制轴向位移； 4. 极限转速高	可分别安装内、外圈，刚性好
	内圈无挡边圆柱滚子轴承		
	外圈单挡边圆柱滚子轴承	1. 额定动载荷比为 1.5～3； 2. 能承受少量单向轴向载荷； 3. 能限制一个方向的轴向位移； 4. 极限转速高	可分别安装内、外圈，刚性好
	内圈单挡边圆柱滚子轴承		
	内圈单挡边带斜挡圈圆柱滚子轴承	1. 额定动载荷比为 1.5～3； 2. 能承受少量双向轴向载荷； 3. 轴向位移限制在轴向游隙范围内； 4. 极限转速高	
	内圈单挡边带平挡圈圆柱滚子轴承		
	外圈无挡边并带双锁圈圆柱滚子轴承	1. 额定动载荷比为 1.6～3.5； 2. 无轴向承载能力； 3. 不能限制轴向位移； 4. 极限转速低； 5. 刚性好	无保持架，滚子数多，承载能力大
	无外圈圆柱滚子轴承	1. 额定动载荷比为 1.6～3； 2. 不能承受轴向载荷； 3. 不能限制轴向位移； 4. 极限转速高； 5. 刚性好	径向尺寸小
	无内圈圆柱滚子轴承		
	圆柱孔双列圆柱滚子轴承	1. 额定动载荷比为 2.6～5.2； 2. 不能承受轴向载荷； 3. 不能限制轴向位移； 4. 极限转速高； 5. 刚性好； 6. 承载能力大	
	圆锥孔（1:12）双列圆柱滚子轴承		可微量调整径向游隙
	内圈无挡边双列圆柱滚子轴承		

续表

类型	名称	特性	
		一般特性	其他
调心滚子轴承	调心滚子轴承	1. 额定动载荷比为 1.8～4;	
	圆锥孔（1:12）调心滚子轴承	2. 能承受少量双向轴向载荷;	可微量调整径向、轴向游隙
	圆锥孔（1:30）调心滚子轴承	3. 轴向位移限制在轴向游隙范围内;	
	装在紧定套上的调心滚子轴承	4. 极限转速低;	可微量调整径向、轴向游隙,适用于无轴肩的轴
		5. 调心性好	
滚针轴承	有保持架滚针轴承	1. 不能承受轴向载荷;	
	无内圈有保持架滚针轴承	3. 不能限制轴向位移;	
	双列有保持架滚针轴承	4. 极限转速低;	
	双列无内圈有保持架滚针轴承	5. 径向尺寸小	
	只有冲压外圈有保持架滚针轴承（封口的）		
	只有冲压外圈有保持架滚针轴承		
	只有冲压外圈的滚针轴承		
	只有冲压外圈的滚针轴承（封口的）		
圆锥滚子轴承	圆锥滚子轴承	1. 额定动载荷比为 1.1～2.5;	
	凸缘外圈圆锥滚子轴承	2. 能承受较大的单向轴向载荷,轴向载荷能力随接触角 α 的增大而增大;	可调整径向、轴向游隙
		3. 能承受以径向载荷为主的联合载荷;	
		4. 极限转速中	
	双列圆锥滚子轴承	1. 额定动载荷比为 2.6～4.3;	
		2. 能承受大的双向轴向载荷;	
		3. 轴向位移限制在轴向游隙范围内;	改变隔圈厚度,可调整径向、轴向游隙
		4. 极限转速低	
	四列圆锥滚子轴承	1. 额定动载荷比为 4.5～7.4;	
		2. 能承受较大的轴向载荷;	
		3. 轴向位移限制在轴向游隙范围内;	
		4. 极限转速低	
推力球轴承	推力球轴承	1. 额定动载荷比为 1;	
		2. 只能承受单向轴向载荷;	
		3. 限制单向轴向位移;	
		4. 极限转速低	
	双向推力球轴承	1. 额定动载荷比为 1;	
		2. 能承受双向轴向载荷;	
		3. 限制双向轴向位移;	
		4. 极限转速低	
	双向推力角接触球轴承	1. 能承受双向轴向载荷;	
		2. 限制轴向位移在轴向游隙范围内	

续表

类型	名称	特性	
		一般特性	其他
推力滚子轴承	推力圆柱滚子轴承	1. 额定动载荷比为1.7～1.9； 2. 能承受较大的单向轴向载荷； 3. 限制单向轴向位移； 4. 极限转速低	
	推力圆锥滚子轴承	1. 额定动载荷比为2.0～2.1； 2. 能承受较大的单向轴向载荷； 3. 限制单向轴向位移； 4. 极限转速低	
	推力调心滚子轴承	1. 额定动载荷比为1.7～2.2； 2. 能承受较大的单向轴向载荷； 3. 限制单向轴向位移； 4. 可承受以轴向载荷为主的径向、轴向联合载荷； 5. 极限转速中等	

4.1.3 滚动轴承的游隙

如图4-5所示，滚动轴承内、外圈与滚动体之间存在一定的间隙。因而，一个套圈可以相对于另一个套圈有一定的移动量，此移动量的最大值称为轴承的游隙。

轴承的游隙有径向游隙和轴向游隙之分。径向游隙指一个套圈相对于另一个套圈沿径向的最大移动量；轴向游隙指一个套圈相对于另一个套圈沿轴向的最大移动量。如图4-6所示为轴承的轴向游隙。

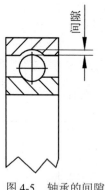

图4-5　轴承的间隙

图4-6　轴承的轴向游隙

轴承在安装前处于自由状态下的游隙，称为原始游隙。在轴承标推中，对向心轴承的原始径向游隙作了具体规定。如表4-4所示为滚动轴承的游隙代号。

有些类型的轴承（如向心推力轴承和推力轴承）由于其结构上的特点，游隙是在安装时通过调整套圈的相对位置确定的。因此，使用这些轴承时，要注意在安装中正确调整轴承的游隙。

表 4-4　滚动轴承的游隙代号

代号		含义	示例	
新标准	旧标准		新标准	旧标准
/C1	1	游隙符合标准规定的 1 组	NN3006/C1，径向游隙为 1 组的双列圆柱滚子轴承	1G3282106
/C2	2	游隙符合标准规定的 2 组	6210/C2，径向游隙为 2 组的深沟球轴承	2G210
—	—	游隙符合标准规定的 0 组	6210，径向游隙为 0 组的深沟球轴承	210
/C3	3	游隙符合标准规定的 3 组	6210/C3，径向游隙为 3 组的深沟球轴承	3G210
/C4	4	游隙符合标准规定的 4 组	NN3006K/C4，径向游隙为 4 组的圆锥孔双列圆柱滚子轴承	4G3182106
/C5	5	游隙符合标准规定的 5 组	NNU4920K/C5，径向游隙为 5 组的圆锥孔内圈无挡边的双列圆柱滚子轴承	5G4382920
/CN	—	0 组游隙		—
/C9	U	轴承游隙不同于现标准	6205-2RS/C9 两面带密封圈的深沟球面三角形轴承，轴承游隙不同于现标准	180205U

表 4-5 至表 4-11 是不同轴承的游隙。

表 4-5　深沟球轴承的径向游隙　　　　　　　　　　　　　单位：μm

公称内径 d/mm		0 组		2 组		3 组		4 组		5 组	
超过	到	min	max	min	max	min	max	min	max	min	max
2.5	6	2	13	0	7	8	23	—	—	—	—
6	10	2	13	0	7	8	23	14	29	20	37
10	18	3	18	0	9	11	25	18	33	25	45
18	24	5	20	0	10	13	28	20	36	28	48
24	30	5	20	1	11	13	28	23	41	30	53
30	40	6	20	1	11	15	33	28	46	40	64
40	50	6	23	1	11	18	36	30	51	45	73
50	65	8	28	1	15	23	43	38	61	55	90
65	80	10	30	1	15	25	51	46	71	65	105
80	100	12	36	1	18	30	58	53	84	75	120
100	120	15	41	2	20	36	66	61	97	90	140
120	140	18	48	2	23	41	81	71	114	105	160
140	160	18	53	2	23	46	91	81	130	120	180
160	180	20	61	2	25	53	102	91	147	135	200
180	200	25	71	2	30	63	117	107	163	150	230
200	225	25	85	2	35	75	140	125	195	175	265

公称内径 d/mm		0 组		2 组		3 组		4 组		5 组	
超过	到	min	max	min	max	min	max	min	max	min	max
225	250	30	95	2	40	85	160	145	225	205	300
250	280	35	105	2	45	90	170	155	245	225	340
280	315	40	115	2	55	100	190	175	270	245	370
315	355	45	125	3	60	110	210	195	300	275	410
355	400	55	145	3	70	130	240	225	340	315	460
400	450	60	170	3	80	150	270	250	380	350	510
450	500	70	190	3	90	170	300	280	420	390	570
500	560	80	210	10	100	190	330	310	470	440	630
560	630	90	230	10	110	210	360	340	520	490	690
630	710	110	260	20	130	240	400	380	570	540	760
710	800	120	290	20	140	270	450	430	630	600	840
800	900	140	320	20	160	300	500	480	700	670	940
900	1000	150	350	20	170	330	550	530	770	740	1040
1000	1120	160	380	20	180	360	600	580	850	820	1150
1120	1250	170	410	20	190	390	650	630	920	890	1260

表 4-6　圆柱孔圆柱滚子轴承的径向游隙　　　　　　　　　　单位：μm

公称内径 d/mm		2 组		0 组		3 组		4 组		5 组	
超过	到	min	max	min	max	min	max	min	max	min	max
	10	0	25	20	45	35	60	50	75	—	—
10	24	0	25	20	45	35	60	50	75	65	90
24	30	0	25	20	45	35	60	50	75	70	95
30	40	5	30	25	50	45	70	60	85	80	105
40	50	5	35	30	60	50	80	70	100	95	125
50	65	10	40	40	70	60	90	80	110	110	140
65	80	10	45	40	75	65	100	90	125	130	165
80	100	15	50	50	85	75	110	105	140	155	190
100	120	15	55	50	90	85	125	125	165	180	220
120	140	15	60	60	105	100	145	145	190	200	245
140	160	20	70	70	120	115	165	165	215	225	275
160	180	25	75	75	125	120	170	170	220	250	300
180	200	35	90	90	145	140	195	195	250	275	330
200	225	45	105	105	165	160	220	220	280	305	365
225	250	45	110	110	175	170	235	235	300	330	395

续表

公称内径 d/mm		2 组		0 组		3 组		4 组		5 组	
超过	到	min	max	min	max	min	max	min	max	min	max
250	280	55	125	125	195	190	260	260	330	370	440
280	315	55	130	130	205	200	275	275	350	410	485
315	355	65	145	145	225	225	305	305	385	455	535
355	400	100	190	190	280	280	370	370	460	510	600
400	450	110	210	210	310	310	410	410	510	565	665
450	500	110	220	220	330	330	440	440	550	625	735

表 4-7 推荐的双列圆柱滚子轴承径向游隙   单位：µm

公称内径 d/mm		圆锥孔双列圆柱滚子轴承				圆柱孔双列圆柱滚子轴承					
		1 组		2 组		1 组		2 组		3 组	
超过	到	min	max	min	max	min	max	min	max	min	max
	24	10	20	20	30	5	15	10	20	20	30
24	30	15	25	25	35	5	15	10	25	25	35
30	40	15	25	25	40	5	15	12	25	25	40
40	50	17	30	30	45	5	18	15	30	30	45
50	65	20	35	35	50	5	20	15	35	35	50
65	80	25	40	40	60	10	25	20	40	40	60
80	100	35	55	45	70	10	30	25	45	45	70
100	120	40	60	50	80	10	30	25	50	50	80
120	140	45	70	60	90	10	35	30	60	60	90
140	160	50	75	65	100	10	35	35	65	65	100
160	180	55	85	75	110	10	40	35	75	75	110
180	200	60	90	80	120	15	45	40	80	80	120
200	225	60	95	90	135	15	50	45	90	90	135
225	250	65	100	100	150	15	50	50	100	100	150
250	280	75	110	110	165	20	55	55	110	110	165
280	315	80	120	120	180	20	60	60	120	120	180
315	355	90	135	135	200	20	65	65	135	135	200
355	400	100	150	150	225	25	75	75	150	150	225
400	450	110	170	170	255	25	85	85	170	170	255
450	500	120	190	190	285	25	95	95	190	190	285

表 4-8　圆柱孔调心球轴承的径向游隙　　　　　　　　　　　　　　单位：μm

公称内径 d/mm		2 组		0 组		3 组		4 组		5 组	
超过	到	min	max	min	max	min	max	min	max	min	max
2.5	6	1	8	5	15	10	20	15	25	21	33
6	10	2	9	6	17	12	25	19	33	27	42
10	14	2	10	6	19	13	26	21	35	30	48
14	18	3	12	8	21	15	28	23	37	32	50
18	24	4	14	10	23	17	30	25	39	34	52
24	30	5	16	11	24	19	35	29	46	40	58
30	40	6	18	13	29	23	40	34	53	46	66
40	50	6	19	14	31	25	44	37	57	50	71
50	65	7	21	16	36	30	50	45	69	62	88
65	80	8	24	18	40	35	60	54	83	76	108
80	100	9	27	22	48	42	70	64	96	89	124
100	120	10	31	25	56	50	83	75	114	105	145
120	140	10	38	30	68	60	100	90	135	125	175
140	160	15	44	35	80	70	120	110	161	150	210

表 4-9　圆柱孔调心滚子轴承的径向游隙　　　　　　　　　　　　　　单位：μm

公称内径 d/mm		2 组		0 组		3 组		4 组		5 组	
超过	到	min	max	min	max	min	max	min	max	min	max
14	18	10	20	20	35	35	45	45	60	60	75
18	24	10	20	20	35	35	45	45	60	60	75
24	30	15	25	25	40	40	55	55	75	75	95
30	40	15	30	30	45	45	60	60	80	80	100
40	50	20	35	35	55	55	75	75	100	100	125
50	65	20	40	40	65	65	90	90	120	120	150
65	80	30	50	50	80	80	110	110	145	145	180
80	100	35	60	60	100	100	135	135	180	180	225
100	120	40	75	75	120	120	160	160	210	210	260
120	140	50	95	95	145	145	190	190	240	240	300
140	160	60	110	110	170	170	220	220	280	280	350
160	180	65	120	120	180	180	240	240	310	310	390
180	200	70	130	130	200	200	260	260	340	340	430
200	225	80	140	140	220	220	290	290	380	380	470
225	250	90	150	150	240	240	320	320	420	420	520
250	280	100	170	170	260	260	350	350	460	460	570

续表

公称内径 d/mm		2组		0组		3组		4组		5组	
超过	到	min	max	min	max	min	max	min	max	min	max
280	315	110	190	190	280	280	370	370	500	500	630
315	355	120	200	200	310	310	410	410	550	550	690
355	400	130	220	220	340	340	450	450	600	600	750
400	450	140	240	240	370	370	500	500	660	660	820
450	500	140	260	260	410	410	550	550	720	720	900
500	560	150	280	280	440	440	600	600	780	780	1000
560	630	170	310	310	480	480	650	650	850	850	1100
630	710	190	350	350	530	530	700	700	920	920	1190
710	800	210	390	390	580	580	770	770	1010	1010	1300
800	900	230	430	430	650	650	860	860	1120	1120	1440
900	1000	260	480	480	710	710	930	930	1220	1220	1570

表 4-10　圆锥孔调心球轴承的径向游隙　　　　单位：μm

公称内径 d/mm		2组		0组		3组		4组		5组	
超过	到	min	max	min	max	min	max	min	max	min	max
18	24	7	17	13	26	20	33	28	42	37	55
24	30	9	20	15	28	23	39	33	50	44	62
30	40	12	24	19	35	29	46	40	59	52	72
40	50	14	27	22	39	33	52	45	65	58	79
50	65	18	32	27	47	41	61	56	80	73	99
65	80	23	39	35	57	50	75	69	98	91	123
80	100	29	47	42	68	62	90	84	116	109	144
100	120	35	56	50	81	75	108	100	139	130	170
120	140	40	68	60	98	90	130	120	165	155	205
140	160	45	74	65	110	100	150	140	191	180	240

表 4-11　圆锥孔调心滚子轴承的径向游隙　　　　单位：μm

公称内径 d/mm		2组		0组		3组		4组		5组	
超过	到	min	max	min	max	min	max	min	max	min	max
18	24	15	25	25	35	35	45	45	60	60	75
24	30	20	30	30	40	40	55	55	75	75	95
30	40	25	35	35	50	50	65	65	85	85	105
40	50	30	45	45	60	60	80	80	100	100	130

续表

公称内径 d/mm		2组		0组		3组		4组		5组	
超过	到	min	max	min	max	min	max	min	max	min	max
50	65	40	55	55	75	75	95	95	120	120	160
65	80	50	70	70	95	95	120	120	150	150	200
80	100	55	80	80	110	110	140	140	180	180	230
100	120	65	100	100	135	135	170	170	220	220	280
120	140	80	120	120	160	160	200	200	260	260	330
140	160	90	130	130	180	180	230	230	300	300	380
160	180	100	140	140	200	200	260	260	340	340	430
180	200	110	160	160	220	220	290	290	370	370	470
200	225	120	180	180	250	250	320	320	410	410	520
225	250	140	200	200	270	270	350	350	450	450	570
250	280	150	220	220	300	300	390	390	490	490	620
280	315	170	240	240	330	330	430	430	540	540	680
315	355	190	270	270	360	360	470	470	590	590	740
355	400	210	300	300	400	400	520	520	650	650	820
400	450	230	330	330	440	440	570	570	720	720	910
450	500	260	370	370	490	490	630	630	790	790	1000
500	560	290	410	410	540	540	680	680	870	870	1100
560	630	320	460	460	600	600	760	760	980	980	1230
630	710	350	510	510	670	670	850	850	1090	1090	1360
710	800	390	570	570	750	750	960	960	1220	1220	1500
800	900	440	640	640	840	840	1070	1070	1370	1370	1690
900	1000	490	710	710	930	930	1190	1190	1520	1520	1860

4.1.4 滚动轴承的接触角

滚动轴承的接触角是指滚动体法向负荷向量与轴承径向平面间的夹角。

向心球轴承在未承受载荷或只承受径向载荷时，其接触角等于零。在轴向载荷作用下，接触角将增大，如图 4-7 所示。向心圆柱滚子轴承的接触角总是等于零。

向心推力球轴承未受载荷时的接触角为 α，如图 4-7（b）所示，在承受轴向载荷后，其接触角 α 将增大。圆锥滚子轴承的接触角 α 可以认为是不变化的，它是滚子对轴承外圈的法向反力与轴承径向平面的夹角，如图 4-7（e）所示。

向心推力轴承的接触角越大，其轴向负荷能力越大。为了满足不同需要，向心推力球轴承有 $\alpha=12°$、$\alpha=26°$ 和 $\alpha=36°$ 三种型式，圆锥滚子轴承有普通锥角 $\alpha=11°\sim16°$ 和大锥角 $\alpha=25°\sim29°$ 两种型式。

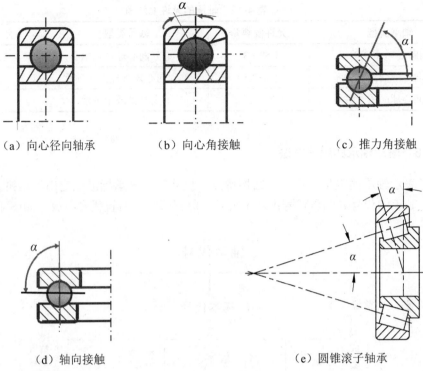

（a）向心径向轴承　　（b）向心角接触　　（c）推力角接触

（d）轴向接触　　　　　（e）圆锥滚子轴承

图 4-7　轴承的接触角

4.1.5　滚动轴承的调心性能

由于加工、安装误差和轴的变形，轴承安装后和受载时，其内、外套圈会发生相对角偏斜，如图 4-8 所示。各类轴承适应角偏斜，保持正常工作的性能，称为轴承的调心性能。调心性能好的轴承常称为"调心轴承"或"自位轴承"。向心球面球轴承、向心球面滚子轴承、推力向心球面滚子轴承等，都是调心性能很好的轴承。

如图 4-9 所示是在同一根轴上安装两个轴承的调心示意图。

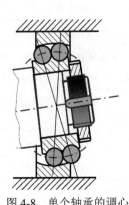

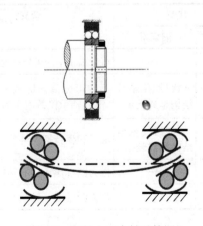

图 4-8　单个轴承的调心　　　　图 4-9　同轴上两个轴承的调心

部分滚动轴承的允许偏斜角如表 4-12 所示。

表 4-12　轴承的允许偏斜角

轴承类型	允许偏斜角	轴承类型	允许偏斜角
双列向心球面球轴承	1.5°～3°	单列向心球球轴承	2′～10′
双列向心球面滚子轴承	1°～2.5°	单列向心短圆柱滚子轴承	≤2′
推力向心球面滚子轴承	2°～3°	单列圆锥滚子轴承	≤2′

4.1.6　滚动轴承的编号方法

为了表示轴承的类型、系列、结构特点、尺寸等，轴承标准规定用汉语拼音字母和一组数字作为轴承的代号。轴承代号由基本代号、前置代号、后置代号组成，如图 4-10 所示。

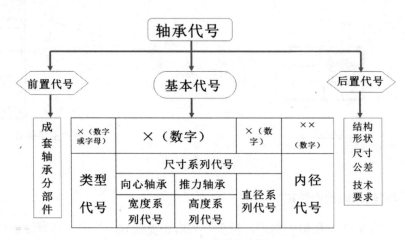

图 4-10　轴承代号的组成

轴承各部分代号的含义如表 4-13 至表 4-26 所示。

表 4-13　轴承前置代号的含义

代号		含义	示例	
新标准	旧标准		新标准	旧标准
L	—	可分离轴承的可分离内圈或外圈	LNU207，表示 NU207 轴承内圈	—
R	无代号，用轴承结构型式表示	不带可分离内圈或外圈的轴承（滚针轴承仅适用于 NA 型）	RNU207，表示无内圈的 NU207 轴承；RNA6904，表示无内圈的 NA6904 轴承	292207 6354904
K	无代号，用轴承结构型式表示	滚子和保持架组件	K81107，表示 81107 轴承的滚子与保持架组件	309707
WS	—	推力圆柱滚子轴承轴圈	WS81107，表示 81107 轴承轴圈	—
GS	—	推力圆柱滚子轴承座圈	GS81107，表示 81107 轴承座圈	—

表 4-14 滚动轴承的尺寸系列代号

直径系列代号	向心轴承								推力轴承			
	宽度系列代号								高度系列代号			
	8	0	1	2	3	4	5	6	7	9	1	2
	尺寸系列代号											
7	—	—	17	—	37	—	—	—	—	—	—	—
8	—	08	18	28	38	48	58	68	—	—	—	—
9	—	09	19	29	39	49	59	69	—	—	—	—
0	—	00	10	20	30	40	50	60	70	90	10	—
1	—	01	11	21	31	41	51	61	71	91	11	—
2	82	02	12	22	32	42	52	62	72	92	12	22
3	83	03	13	23	33	—	—	—	73	93	13	23
4	—	04	—	24	—	—	—	—	74	94	14	24
5	—	—	—	—	—	—	—	—	—	95		

表 4-15 向心轴承直径系列和宽度系列的新、旧代号对照

直径系列		宽度系列	
新标准	旧标准	新标准	旧标准
7	超特轻 7	1	正常 1
		3	特宽 3
8	超轻 8	0	窄 7
		1	正常 1
		2	宽 2
		3	特宽 3
		4	特宽 4
		5	特宽 5
		6	特宽 6
9	超轻 9	0	窄 7
		1	正常 1
		2	宽 2
		3	特宽 3
		4	特宽 4
		5	特宽 5
		6	特宽 6
0	特轻 1	0	窄 7
		1	正常 0
		2	宽 2
		3	特宽 3
		4	特宽 4
		5	特宽 5
		6	特宽 6

续表

直径系列		宽度系列	
新标准	旧标准	新标准	旧标准
1	特轻 7	0	窄 7
		1	正常 1
		2	宽 2
		3	特宽 3
		4	特宽 4
2	轻 2	8	特窄 8
	5	0	窄 0
		1	正常 1
		2	宽 0
		3	特宽 3
		4	特宽 4
3	中 3	8	特窄 8
	6	0	窄 0
		1	正常 1
		2	宽 0
		3	特宽 3
4	重 4	0	窄 0
		2	宽 2

表 4-16　推力轴承直径系列和高度系列的新、旧代号对照

直径系列		高度系列	
新标准	旧标准	新标准	旧标准
0	超轻 9	7	特低 7
		9	低 9
		1	正常 1
1	特轻 1	7	特低 7
		9	低 9
		1	正常 1
2	轻 2	7	特低 7
		9	低 9
		1	正常 0
		2	正常 0
3	中 3	7	特低 7
		9	低 9
		1	正常 0
		2	正常 0
4	重 4	7	特低 7
		9	低 9
		1	正常 0
		2	正常 0
5	特重 5	9	低 9

表 4-17　滚动轴承的内径代号

轴承公称内径/mm		内径代号	示例
0.6 到 10（非整数）		用公称内径毫米数直接表示，在其与尺寸系列代号之间用"/"分开	深沟球轴承 618/2.5 d=2.5mm
1 到 9（整数）		用公称内径毫米数直接表示，对深沟球轴承及角接触球轴承 7、8、9 直径系列，内径与尺寸系列代号之间用"/"分开	深沟球轴承 625 618/5 d=5mm
10 到 17	10	00	深沟球轴承 6200 d=10mm
	12	01	
	15	02	
	17	03	
20 到 480（22、28、32 除外）		公称内径除以 5 的商数，商数为个位数，需在商数左边加"0"，如 08	调心滚子轴承 23208 d=40mm
大于或等于 500 以及 22、28、32		用公称内径毫米数直接表示，但在与尺寸系列之间用"/"分开	调心滚子轴承 230/500 d=500mm 深沟球轴承 62/22 d=22mm

表 4-18　带附件轴承代号

所带附件名称	带附件轴承代号[①]	示例	
		新标准	旧标准
紧定套	轴承代号+紧定套代号	22208K+H308	253507
退卸套	轴承代号+退卸套代号	22208K+AH308	353507
内圈	适用于无内圈的滚针轴承，滚针组合轴承轴承代号+IR	NKX30+IR	NKX30+IR
斜挡圈	适用于圆柱滚子轴承轴承代号+斜挡圈代号	NJ210+HJ210	62210

①适用于带附件轴承的包装及图纸、设计文件、手册的标记，不适用于轴承标志。

表 4-19　内部结构代号及含义

代号		含义	示例	
新标准	旧标准		新标准	旧标准
A	无代号，用轴承结构型式表示	1. 表示内部结构改变 2. 表示标准设计，其含义因不同类型、结构而异	626A，外圈无挡边的深沟球轴承	400026
B			7210B，公称接触角 α=40°的角接触球轴承 32310B，接触角加大的圆锥滚子轴承	66210 —
C			7210C，公称接触角 α=15°的角接触球轴承 23122C，C 型调心滚子轴承	36210 3053722
E			NU207E，加强型内圈无挡边圆柱滚子轴承	32207E
AC		角接触球轴承公称接触角 α=25°	7210AC，公称接触角 α=25°的角接触球轴承	46210
D		剖分式轴承	K50×55×20D	KS505520
ZW		滚针保持架组件双列	K20×25×40ZW，双列滚针保持架组件	KK202540

表 4-20　保持架结构、材料改变的代号及含义

类别	代号		含义
	新标准	旧标准	
保持架材料	F	W	钢、球墨铸铁或粉末冶金实体保持架
	F1	W1	碳钢
	F2	W	石墨钢
	F3	W2	球墨铸铁
	F4	W3	粉末冶金
	Q	Q	青铜实体保持架
	Q1	Q	铝铁锰青铜
	Q2	Q1	硅铁锌青铜
	Q3	Q2	硅镍青铜
	Q4	—	铝青铜
	M	H	黄铜实体保持架
	L	L	轻合金实体保持架
	L1	L	LY11CZ
	L2	L1	LY12CZ
	T	J	酚醛层布管实体保持架
	TH	—	玻璃纤维增强酚醛树脂保持架（筐形）
	TN	A	工程塑料模注保持架
	TN1	A	尼龙
	TN2	A1	聚砜
	TN3	A2	聚酰亚胺
	TN4	A3	聚碳酸酯
	TN5	A4	聚甲醛
	J	F	钢板冲压保持架
	Y	F	铜板冲压保持架
	SZ	D	保持架由弹簧丝或弹簧制造
保持架结构型式及表面处理	H	—	自锁兜孔保持架
	W	—	焊接保持架
	R	—	铆接保持架（用于大型轴承）
	E	—	磷化处理保持架
	D	—	碳氮共渗保持架
	D1	—	渗碳保持架
	D2	—	渗氮保持架
	C	Y	有镀层的保持架（C1—镀银）

续表

类别	代号		含义
	新标准	旧标准	
A	—		外圈引导
B	—		内圈引导
P	—		由内圈或外圈引导的拉孔或冲孔的窗形保持架
S	—		引导面有润滑槽
V	①		满装滚动体（无保持架）

注：1. 本表摘自 JB/T2974—1993。

2. 标记示例：JA——钢板冲压保持架，外圈引导；FE——经磷化处理的钢制实体保持架。

①用轴承结构型式表示。

表 4-21　密封、防尘与外部形状变化代号及含义

代号		含义	示例	
新标准	旧标准		新标准	旧标准
K	无代号，用轴承结构型式表示	圆锥孔轴承锥度 1:12（外球面球轴承除外）	1210K，有圆锥孔调心球轴承	111210
			23220K，有圆锥孔调心滚正轴承	3153220
K30		圆锥孔轴承锥度 1:30	24122K30，有圆锥孔（1:30）调心滚子轴承	4453722
R		轴承外圈有止动挡边（凸缘外圈）（不适用于内径小于 10mm 的深沟球轴承）	30307R，凸缘外圈圆锥滚子轴承	67307
N		轴承外圈上有止动槽	6210N，外圈上有止动槽的深沟球轴承	50210
NR		轴承外圈上有止动槽，并带止动环	6210NR，外圈上有止动槽并带止动环的深沟球轴承	—
-RS		轴承一面带骨架式橡胶密封圈（接触式）	6210-RS，一面带密封圈（接触式）的深沟球轴承	160210
-2RS		轴承两面带骨架式橡胶密封圈（接触式）	6210-2RS，两面带密封圈（接触式）的深沟球轴承	180210
-RZ		轴承一面带骨架式橡胶密封圈（非接触式）	6210-RZ，一面带密封圈（非接触式）的深沟球轴承	160210K
-2RZ		轴承两面带骨架式橡胶密封圈（非接触式）	6210-2RZ，两面带密封圈（非接触式）的深沟球轴承	180210K
-Z		轴承一面带防尘盖	6210-Z，一面带防尘盖的深沟球轴承	60210
-2Z		轴承两面带防尘盖	6210-2Z，两面带防尘盖的深沟球轴承	80210
-RSZ		轴承一面带骨架式橡胶密封圈（接触式）、一面带防尘盖	6210-RSZ，一面带密封圈（接触式），另一面带防尘盖的深沟球轴承	—
-RZZ		轴承一面带骨架式橡胶密封圈（非接触式）、一面带防尘盖	6210-RZZ，一面带密封圈（非接触式），另一面带防尘盖的深沟球轴承	—

续表

代号		含义	示例	
新标准	旧标准		新标准	旧标准
-ZN		轴承一面带防尘盖，另一面外圈有止动槽	6210-ZN，一面带防尘盖，另一面外圈有止动槽的深沟球轴承	150210
-2ZN		轴承两面带防尘盖，外圈有止动槽	6210-2ZN，两面带防尘盖，外圈有止动槽的深沟球轴承	250210
-ZNR		轴承一面带防尘盖，另一面外圈有止动槽并带止动环	6210-ZNR，一面带防尘盖，另一面外圈有止动槽，并带止动环的深沟球轴承	—
-ZNB		轴承一面带防尘盖，同一面外圈有止动槽	6210-ZNB，防尘盖和止动槽在同一面上的深沟球轴承	—
U		有调心座圈的外调心推力球轴承	53210U，有调心座圈的外调心推力球轴承	18210
D		双列角接触球轴承，双内圈，接触角 $\alpha=45°$	3307D 双内圈双列角接触球轴承，接触角 $\alpha=45°$，$d=35mm$	—
		双列圆锥滚子轴承，无内隔圈，端面不修磨	352930D 双列圆锥滚子轴承，无内隔圈、端面不修磨	2057930
D1		双列圆锥滚子轴承，无内隔圈，端面修磨	352930D1 双列圆锥滚子轴承、无内隔圈、端面修磨	2037930
X	P	滚轮滚针轴承外圈表面为圆柱面	NATR30X 外圈表面为圆柱形的平挡圈滚针轴承	NATD30P
			NATV30X 外圈表面为圆柱形的平挡圈满装轮滚针轴承	NATD30VP

表 4-22 公差等级代号

代号		含义	示例	
新标准	旧标准		新标准	旧标准
/P0	G	公差等级符合标准规定的 0 级	6203 公差等级为 0 级的深沟球轴承	203
/P6	E	公差等级符合标准规定的 6 级	6203/P6 公差等级为 6 级的深沟球轴承	E203
/P6x	Ex	公差等级符合标准规定的 6x 级	30210/P6x 公差等级为 6x 级的圆锥滚子轴承	Ex7210
/P5	D	公差等级符合标准规定的 5 级	6203/P5 公差等级为 5 级的深沟球轴承	D203
/P4	C	公差等级符合标准规定的 4 级	6203/P4 公差等级为 4 级的深沟球轴承	C203
/P2	B	公差等级符合标准规定的 2 级	6203/P2 公差等级为 2 级的深沟球轴承	B203
/SP	—	尺寸精度相当于 P5 级，旋转精度相当于 P4 级	234420/SP 尺寸精度相当 P5 级，旋转精度相当于 P4 级的双向推力角触球轴承	—
/UP	—	尺寸精度相当于 P4 级，旋转精度高于 P4 级	234730/UP 尺寸精度相当于 P4 级，旋转精度高于 P4 级的双向推力角接触球轴承	—

表 4-23 游隙代号

代号		含义	示例		
新标准	旧标准		新标准		旧标准
/C1	1	游隙符合标准规定的 1 组	NN3006/C1，径向游隙为 1 组的双列圆柱滚子轴承		1G3282106
/C2	2	游隙符合标准规定的 2 组	6210/C2，径向游隙为 2 组的深沟球轴承		2G210
—	—	游隙符合标准规定的 0 组	6210，径向游隙为 0 组的深沟球轴承		210
/C3	3	游隙符合标准规定的 3 组	6210/C3，径向游隙为 3 组的深沟球轴承		3G210
/C4	4	游隙符合标准规定的 4 组	NN3006K/C4，径向游隙为 4 组的圆锥孔双列圆柱滚子轴承		4G3182106
/C5	5	游隙符合标准规定的 5 组	NNU4920K/C5，径向游隙为 5 组的圆锥孔内圈无挡边的双列圆柱滚子轴承		5G4382920
/CN[1]	—	0 组游隙[2]	—		—
/C9[1]	U	轴承游隙不同于现标准	6205-2RS/C9 两面带密封圈的深沟球面三角形轴承，轴承游隙不同于现标准		180205U

注：公差等级代号与游隙代号需同时表示时，可进行简化，取公差级代号加上游隙组号（0 组不表示）组合表示。例如：/P63 表示轴承公差等级 P6 级，径向游隙 3 组。

①摘自 JB/T2974—1993。

②/CN 与字母 H、M 或 L 组合，表示游隙范围减半，或与 P 组合，表示游隙范围偏移。如/CNH0 组游隙减半，位于上半部；/CNM0 组游隙减半，位于中部；/CML0 组游隙减半，位于下半部；/CNP 游隙范围位于 0 组的上半部及 C3 级的下半部。

表 4-24 轴承的配置代号

代号		含义	示例		
新标准	旧标准		新标准		旧标准
/DB	无代号，用轴承结构型式表示	成对背对背安装	7210C/DB，背对背成对安装的角接触球轴承		236210
/DF		成对面对面安装	7210C/DF，面对面成对安装的角接触球轴承		336210
/DT		成对串联安装	7210C/DT，串联成对安装的角接触球轴承		436210
/TBT		串联和背对背排列组装的三套轴承	7210C/TBT，两套串联和一套背对背排列组装的角接触球轴承		—
/TFT		串联和面对面排列组装的三套轴承	7210C/TFT，两套串联和一套面对面排列组装的角接触球轴承		—
/TT		串联排列组装的三套轴承	7210C/TT，三套串联组装的角接触球轴承		—

表 4-25 滚针轴承的基本代号

轴承类型		简图	新标准			旧标准		
			类型代号	配合安装特征尺寸表示	轴承基本代号	类型代号	配合安装特征尺寸表示	轴承基本代号
滚针和保持架组件	滚针和保持架组件 GB/T5846	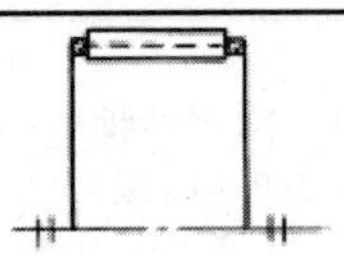	K	$F_w \times E_w \times B_c$	$KF_w \times E_w \times B_c$ 示例：K8×12×10	K	$F_w E_w B_c$	$KF_w E_w B_c$ 示例：K081210

续表

轴承类型	简图	新标准			旧标准			
		类型代号	配合安装特征尺寸表示	轴承基本代号	类型代号	配合安装特征尺寸表示		轴承基本代号
推力滚针和保持架组件 GB/T4605		AXK	$D_{c1}D_c$	AXK$D_{c1}D_c$ 示例: AXK2030	889	用尺寸系列代号、内径代号表示		示例: 889106
滚针轴承 GB/T5801		NA	用尺寸系列代号、内径代号表示	NA4800 NA4900 NA6900	宽度系列代号	结构代号	类型代号	直径系列代号	4544800 4544900 6254900
			尺寸系列代号	48 49 69	4 4 6	54 54 25	4 4 4	8 9 9	
滚针轴承 — 穿孔型冲压外圈滚针轴承 GB/T290		HK	F_wB	HKF_wB 示例: HK0408	HK	F_wDB		HKF_wDB 示例: HK040808
封口型冲压外圈滚针轴承 GB/T290		BK	F_wB	BKF_wB 示例: BK0408	BK	F_wDB		BKF_wDB 示例: BK040808
滚轮滚针轴承 — 平挡圈滚轮滚针轴承（轻系列、重系列） GB/T6445		NATR NATR	d dD	NATRd NATRdD		NATDd NATDdD		
平挡圈滚轮满装滚针轴承（轻系列、重系列） GB/T6445		NATV NATV	d dD	NATVd NATVdD		NATDdV NATDdDV		
带螺栓轴滚轮滚针轴承（轻系列、重系列） GB/T6445		KR KR	D Dd_1	KRD KRDd_1		NAKDD NAKDDd_1		
带螺栓轴滚轮满装滚针轴承（轻系列、重系列） GB/T6445		KRV KRV	D Dd_1	KRVD KRVDd_1		NAKDDV NAKDDd_1V		

注：表中 F_w——无内圈滚针轴承滚针总体内径（滚针保持架组件内径）；E_w——滚针保持架组件外径；B——轴承公称宽度；B_c——滚针保持架组件宽度；D_{c2}——推力滚针保持架组件内径；D_c——推力滚针保持架组件外径；d——轴承内径；D——轴承外径；d_1——带螺栓轴滚轮滚针轴承螺栓公称直径。

表 4-26　其他特性代号

代号		含义	示例	
新标准	旧标准		新标准	旧标准
/Z	Z	轴承的振动加速度级极值组别	6204/Z1，深沟球轴承，达到规定的振动加速度级	204Z1
/Z1	Z1	振动加速度级极值符合标准规定的 Z1 组		
/Z2	Z2	振动加速度级极值符合标准规定的 Z2 组		

代号		含义	示例	
新标准	旧标准		新标准	旧标准
/Z3	Z3	振动加速度级极值符合标准规定的 Z3 组		
/V	Z	轴承的振动速度级极值组别		
/V1	ZV1	振动速度级极值符合标准规定的 V1 组	6306/V1，深沟球轴承，达到规定的振动速度级	306ZV1
/V2	ZV2	振动速度级极值符合标准规定的 V2 组		
/V3	ZV3	振动速度级极值符合标准规定的 V3 组		
/ZC	—	轴承噪声级极值有规定，附加数字表示极值不同	—	—
/T	M	对启动力矩有要求的轴承，后接数字表示启动力矩	—	—
/RT	M	对转动力矩有要求的轴承，后接数字表示转动力矩	—	—
/S0	T 或 T1	轴承套圈经过高温回火处理，工作温度可达 150℃	N210/S0，圆柱滚子轴承，工作温度可达 150℃	2210T 或 T1
/S1	T2	轴承套圈经过高温回火处理，工作温度可达 200℃	NUP212/S1，圆柱滚子轴承，工作温度可达 200℃	92212T2
/S2	T3	轴承套圈经过高温回火处理，工作温度可达 250℃	NU214/S2，圆柱滚子轴承，工作温度可达 250℃	32214T3
/S3	T4	轴承套圈经过高温回火处理，工作温度可达 300℃	NU308/S3，圆柱滚子轴承，工作温度可达 300℃	32308T4
/S4	T5	轴承套圈经过高温回火处理，工作温度可达 350℃	NU214/S4，圆柱滚子轴承，工作温度可达 350℃	32214T5
/AS	—	外圈有油孔，附加数字表示油孔数（滚针轴承）	HK2020/ASl，冲压外圈滚针轴承 HK2020，外圈有一个润滑孔	—
/IS	—	内圈有油孔，附加数字表示油孔数（滚针轴承）在 AS、IS 后加"R"分别表示内圈或外圈上有润滑油孔和沟槽	NK17/12TN/ASR，滚针轴承（轻系列），外圈有一个润滑油孔和油槽	
/W20	—	轴承外圈上有三个润滑油孔	—	—
/W26	—	轴承内圈上有六个润滑油孔	—	
/W33	—	轴承外圈上有润滑油槽和三个润滑油孔	23120CC/W33，CC 型调心滚子轴承，外圈上有润滑油槽和三个润滑油孔	—
/W33X	—	轴承外圈上有润滑油槽和六个润滑油孔	—	—
/W513	—	W26+W33	—	—
/W518	—	W20+W26	—	—
/HT	R	轴承内充特殊高温润滑脂。当轴承内润滑脂的装脂量和标准值不同时，附加字母表示：A——润滑脂装填量少于标准值	—	—

续表

代号		含义	示例	
新标准	旧标准		新标准	旧标准
/HT	R	B——润滑脂装填量多于标准值 C——润滑脂装填量多于 B（充满）		
/LT	R	轴承内充特殊低温润滑脂。附加字母的含义同 HT	—	—
/MT	R	轴承内充特殊中温润滑脂。附加字母的含义同 HT	—	—
/LHT	R	轴承内装填特殊高、低温润滑脂。附加字母的含义同 HT	—	—
/Y	Y	Y 和另一字母（如 YA、YB）或再加数字组合用来识别无法用现有后置代号表达的非成系列的改变： YA——结构改变（综合表达） YA1——轴承外圈外表面与标准设计有差异 YA2——轴承内圈内孔与标准设计有差异 YA3——轴承套圈端面与标准设计有差异 YA4——轴承套圈滚道与标准设计有差异 YA5——轴承滚动体与标准设计有差异 YB——技术条件改变（综合表示） YB1——轴承套圈表面有镀层 YB2——轴承尺寸和公差要求改变 YB3——轴承套圈表面粗糙度要求改变 YB4——热处理要求（如硬度）改变	—	—

4.2 滚动轴承中滚动体的负荷

4.2.1 轴承承受轴向负荷

不论向心轴承、向心推力轴承还是推力轴承，在不偏心的轴向负荷作用下，若忽略轴承的制造误差影响，可以认为轴承中各滚动体所承受的负荷是相等的。

4.2.2 向心轴承承受径向负荷

如图 4-11 所示，向心轴承在径向负荷 F_r 作用下，由于弹性变形，内圈将随轴一起沿 F_r 的作用方向下降 S。轴承中上半周各滚动体不承受负荷；下半周各滚动体则分别承受大小不等的负荷，其数值与滚动体所处的位置有关。下半周称负荷区。各滚动体的负荷分布如图 4-11 所示，处于最低位置的滚动体的变形量最大，所承受的负荷也最大，其值可按下式计算：

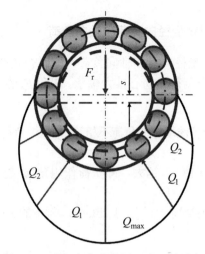

图 4-11　在径向负荷作用下向心轴承中

对于球轴承：

$$Q_{\max} = \frac{5F_r}{z} \qquad (4\text{-}1a)$$

对于滚子轴承：

$$Q_{\max} = \frac{4.6F_r}{z} \qquad (4\text{-}2b)$$

式中：z 为滚动体的数目。

4.2.3　向心推力轴承承受径向负荷

如图 4-12 所示，向心推力轴承由于存在接触角 α，在承受径向负荷 F_r 时，轴承中要产生一个使套圈互相分离的轴向力 S。这个内部轴向力等于轴承负荷区内各滚动体产生的轴向分力 $Q_i \sin\alpha$ 之和。当轴承为半周滚动体承受负荷时，内部轴向力 S 按下式计算：

$$S = 1.25 F_r \tan\alpha$$

为了使轴中产生的轴向力 S 得到平衡，向心推力轴承一般成对对称安装使用，这时两轴承产生的内部轴向力可以互相抵消。

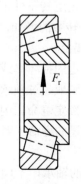

图 4-12　向心推力轴承承受径向负荷

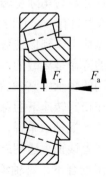

图 4-13　向心推力轴承承受联合负荷

4.2.4　向心推力轴承同时承受径向负荷和轴向负荷

实际工作的轴承需同时承受径向负和轴向负荷，即联合负荷。

如图 4-13 所示为承受联合负荷的向心推力轴承。F_r 和 F_a 的合成负荷 F 与轴承径向平面间的夹角 β 称为负荷作用角。

在联合负荷作用下，轴承中各滚动体的负荷不相等，轴承中负荷分布情况与负荷比值 $\dfrac{F_a}{F_r}$ 有关，亦即与负荷作用角 β 有关。比值 $\dfrac{F_a}{F_r}$ 越大，即负荷作用角 β 越大，则轴承的负荷区越大。当 $\dfrac{F_a}{F_r} = 1.25\tan\alpha$，轴承的负荷区为半周；当 $\dfrac{F_a}{F_r} > 1.25\tan\alpha$，轴承的负荷区大于半周；当 $\dfrac{F_a}{F_r} < 1.25\tan\alpha$，轴承的负荷区小于半周。

4.3　滚动轴承的额定负荷和寿命

4.3.1　滚动轴承的失效形式

轴承有多种失效形式。但对于设计合理、制造良好、安装和维护正常的轴承，最常见的失效形式是疲劳剥落（点蚀）和塑性变形。此外，轴承还可能因套圈断裂、保持架损坏而报废，也可能因密封不好、润滑不良而使滚动表面严重损伤和早期磨损；还会因化学腐蚀（锈蚀）而损坏。

4.3.2　滚动轴承的寿命和可靠性

轴承的寿命是指一个轴承中任一滚动体或滚道出现疲劳剥落点以前的总转数，或在一定转速下的工作小时数。

大量试验结果表明，滚动轴承的疲劳寿命是相当离散的。即使是一批规格完全相同的轴承，在完全相同的条件下运转，它们的寿命差异也很大，最长寿命和最短寿命可能相差几倍甚至几十倍。

对一批相同类型和相同尺寸的轴承，在同样的运转条件下进行疲劳试验，可得到轴承发生疲劳损坏的百分数与实际总转数 L（寿命）之间的关系。在一定运转条件下，对应于某一总转数，一批轴承中只有一定百分比的轴承能可靠地工作。随着总转数的增加，轴承的损坏率将增加，而能可靠地工作到该转数（寿命）的轴承的比例则相应减少。

由于轴承的寿命是离散的，因而在计算轴承寿命时，应与一定的损坏率或可靠性相联系。

在一批相同的轴承中，90%的轴承在发生疲劳点蚀前能够达到或超过轴承能够达到或超过的总转数（或在一定转速下的总工作小时数），称为该批轴承的额定寿命。因此，所谓轴承的额定寿命，对于一批轴承来说，是指 90%的轴承能够达到或超过的寿命；对于一个具体的轴承来说，则意味者该轴承达到或超过额寿命的可靠性为90%。

在各种使用场合下，对轴承的可靠性要求不尽相同。同样的轴承，不同的可靠性要求，对轴承的寿命（或相同寿命下的负荷能力）规定是不同的。对一般机械，以可靠性为 90%时的寿命（即额定寿命）作为轴承的寿命指标。

轴承的可常性与寿命的关系可用下式表示：

$$\log \frac{1}{R} = 0.0457 \left(\frac{L_R}{L} \right)^a \qquad (4-2)$$

式中：R—轴承的可性；L_R—可缩性为 R 时轴承的寿命；L—轴的额定寿命；a—轴承寿命离散指数，a 值的大小表示轴承寿命离散的程度，对球轴承，$a = \frac{10}{9}$，对滚子轴承，$a = \frac{9}{8}$。

当已知轴承的额定寿命时，利用式（4-2）即可确定该轴承在任意可靠性时的寿命。

4.3.3 滚动轴承寿命计算公式及额定动负荷

轴承寿命除与可靠性有关外，实际上还必然与负荷大小有关。大量的试验研究表明，轴承的疲劳寿命与其负荷之间存在如下关系：

$$L_1 P_1^{\varepsilon} = L_1 P_2^{\varepsilon} = L_1 P_3^{\varepsilon} = 常数$$

式中：L_1, L_2, L_3 为若干组相同的轴承在不同的负荷 P_1, P_2, P_3 作用下的寿命；ε 为指数。

为便于计算，将额定寿命恰为 10^4 转时的负荷规定为轴承的额定动负荷，用 C 表示。C 值可作为衡量轴承负荷能力的指标。因而，由上式可得

$$L = \left(\frac{C}{P} \right)^{\varepsilon} \times 10^6 \quad （转）$$

若规定轴承寿命的单位为 10^6 转，上式可改写为

$$L = \left(\frac{C}{P} \right)^{\varepsilon} (10^6) \quad （转） \qquad (4-3)$$

式中：C—轴承的额定动负荷（N），各种轴承在极限转速以下、工作温度低于 100℃时的 C 值，可查阅相关著作；L—轴承的额定寿命（10^6 转）；P—轴承工作时的当量动负荷（N）；ε—寿命指数，对球轴承 $\varepsilon = 3$，对滚子轴承，$\varepsilon = \frac{10}{3}$。

4.3.4 滚动轴承的当量动负荷

滚动轴承的额定动负荷 C 是在一定条件下确定的。对于向心轴承和向心推力轴承，C 是纯径向负荷(F_r)；对于推力轴承，C 是纯轴向负荷(F_a)。当轴承在联合负荷作用下，按式（4-3）计算时，必须把实际作用于轴承的负荷换算为与确定额定动负荷条件相同的负荷。这种由换算得到的假定负荷，称为当量动负荷。在当量动负荷作用下，轴承的寿命与实际负荷作用下的寿命相同。

通过大量的试验和理论分析，研究了联合负荷（F_r、F_a 同时作用）对轴承寿命的影响，并建立了各类轴承的当量动负荷的计算公式。现以向心球轴承为例，介绍当量动负荷的计算方法。

如图 4-14 所示为向心球轴承的当量动负荷 P 与实际负荷 F_r、F_a 之间的关系。这里以 F_r/P 和 $(F_a/P) \, \mathrm{ctan}\alpha$ 为坐标，α 为轴承的接触角。曲线上每一点都代表了一组具有某比值 $\dfrac{F_a}{F_r}$ 的联

合负荷。例如 E 点，其坐标为 $\frac{F_a}{P}=l_1$，$\frac{F_a}{P}c\tan\alpha=l_2$。由横坐标与纵坐标的比值 $\frac{F_a c\tan\alpha}{F_r}=\frac{l_2}{l_1}$ 可知 E 点所代表的联合负荷的比值为

$$\frac{F_a}{F_r}=\frac{l_2}{l_1}\tan\alpha \tag{4-4}$$

曲线上各点所代表的各组联合负荷对轴承有着相同的疲劳破坏作用，即轴承在这些不同的联合负荷作用下有相同的寿命。

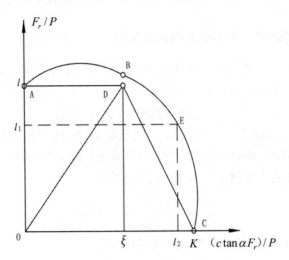

图 4-14　向心球轴承的当量动负荷曲线

当 $F_a=0$ 时，$\frac{F_a}{P}c\tan\alpha>0$，轴承承受纯径向负荷作用，A 点（其纵坐标 $\frac{F_a}{P}=1$）即代表这种情况。此时，当量动负荷 $P=F_r$。

当 $F_a>0$ 时，$\frac{F_a}{P}c\tan\alpha>0$，这时轴承的负荷能力是变化的。在曲线 AB 段范围内，随着 F_a 的增加，径向负荷 F_r 亦有所增加。这是因为轴向负荷改变了轴承内部的负荷分布，使轴承负荷区扩大，故其负荷能力有所提高。但当轴向负荷增加到一定程度后，若继续增加，轴承所能承受的径向负荷 F_r 将显著下降，曲线 BC 段即表示这一情况。这是因为过大的轴向负荷使得滚动体和套圈的负荷增加了，故轴承的径向负荷能力必然降低。曲线上的 C 点代表轴承承受纯轴向负荷的情况。C 点的坐标为 k，故其当量动负荷 $P=\frac{F_a}{P}c\tan\alpha$。

利用上述曲线方程式可以确定当量动负荷与实际负荷 F_r、F_a 之间的关系。但是，该曲线的方程式较复杂，不便用于实际计算，可作适当简化。如图 4-14 所示，曲线 ABC 可近似地由水平线 $\overline{AD}$ 和斜线 $\overline{DC}$ 代替，误差不大，且偏于安全。D 点是转折点，它所代表的联合负荷的比值 $\frac{F_a}{F_r}$ 不难由该点的坐标（$\frac{F_r}{P}=1$；$\frac{F_a}{P}c\tan\alpha=\xi$）确定，即由式（4-4）可知

$$\frac{F_a}{F_r} = \frac{\xi}{1}\tan\alpha = \xi\tan\alpha = e \tag{4-5}$$

当作用于轴承上的实际负荷比值 $\frac{F_a}{F_r} < e$ 时，可按水平线段 $\overline{AD}$ 来确定当量动负荷与实际负荷的关系。$\overline{AD}$ 的方程式为

$$P = F_r \tag{4-6}$$

当 $\frac{F_a}{F_r} < e$ 时，则按斜线 $\overline{DC}$ 来确定当量动负荷与实际负荷的关系。$\overline{DC}$ 的方程式可借助 D 点和 C 点的坐标来建立，即

$$\frac{\frac{F_r}{P} - 1}{\frac{F_a}{P}c\tan\alpha\xi} = \frac{-1}{k - \xi}$$

由此得

$$P = XF_r + YF_a \tag{4-7}$$

式中：X 称为径向系数；Y 称为轴向系数，其值分别为

$$X = 1 - \frac{\xi}{k} \tag{4-8a}$$

$$Y = \frac{1}{k}c\tan\alpha = \frac{1}{k\tan\alpha} \tag{4-8a}$$

对于向心球轴承，$\xi = 1.1$，$k = 2.5$，并因 $\xi\tan\alpha = e$，则

$$X = 0.56 \tag{4-9a}$$

$$y = \frac{1}{2.5\tan\alpha} = \frac{1 - X}{e} = \frac{0.44}{e} \tag{4-9b}$$

将 e 作为判断参数，则可以统一用式（4-7）来确定当量动负荷。此时，系数 X、Y 按下列方法确定：

当 $\frac{F_a}{F_r} \leqslant e$ 时，$X = 1$，$Y = 0$；

当 $\frac{F_a}{F_r} > 0$ 时，X、Y 值按式（4-9）确定。

4.3.5 滚动轴承的静负荷能力和额定静负荷

轴承在工作中除了会发生疲劳破坏之外，还会因塑性变形而在接触表面上形成凹坑。如果凹坑较大，则轴承转动时将产生较大的振动和噪声，影响轴承平稳运转。因此，轴承的静负荷能力决定于正常运转时的允许塑性变形量。

经验证明，若在承受最大负荷的滚动体和套圈滚道的接触处，滚动体和套圈滚道的塑性变形量之和小于滚动体直径的万分之一，对轴承的正常运转无显著影响。因此，使轴承产生上述塑性变形量的负荷，称为轴承的额定静负荷。额定静负荷以 C_0 表示，其值见相关轴承参数表。

为保证轴承在工作时不发生过大的塑性变形，应满足

$$C_0 \geqslant P_0 S_0 \tag{4-10}$$

式中：C_0 为轴承的额定静负荷（N）；P_0—轴承的当量静负荷（N），由式（4-11）确定；S_0—

静安全系数，如表 4-27 所示。

滚动轴承的额定静负荷是在一定的条件下确定的。因而按式（4-10）计算时，应将作用在轴承上的实际负荷换算成当量静负荷 P_0。

表 4-27　静安全系数 S_0

使用要求或负荷性质	S_0
对旋转精度和平稳性的要求较高，或受强大的冲击负荷	1.2～2.5
一般情况	0.8～1.2
对旋转精度和平稳性的要求较低，没有冲击和振动	0.5～0.8

当量静负荷是一个假定负荷。在当量静负荷的作用下，滚动轴承的塑性变形量与实际负荷作用下的塑性变形量相同。当量静负荷 P_0 按下式确定：

$$P_0 = X_0 F_r + Y_0 F_a \tag{4-11a}$$
$$P_0 \geqslant F_r \tag{4-11b}$$

式中：F_r、F_a—轴承的实际径向负荷和轴向负荷（N）；X_0—静径向系数，如表 4-28 所示；Y_0—静轴向系数，如表 4-28 所示。

表 4-28　静径向系数 X_0 和静轴向系数 Y_0

轴承类型		X_0	Y_0
单列向心球轴承		0.6	0.5
单列向心推力球轴承	36000 型	0.5	0.48
	46000 型		0.37
	66000 型		0.28
双列向心球面球轴承		1	$0.44\cot\alpha$
双列向心球面滚子轴承		1	$0.44\cot\alpha$
圆锥滚子轴承		0.5	$0.22\cot\alpha$
推力向心球面滚子轴承		$2.3\tan\alpha$	1

4.4　滚动轴承的选择

滚动轴承的选择包括轴承类型选择、轴承精度等级选择和轴承尺寸选择。

4.4.1　滚动轴承类型的选择

轴承类型选择得适当与否，直接影响轴承寿命甚至机器的工作性能。选择轴承类型时应当分析比较各类轴承的特性，并参照同类机器中的轴承使用经验。在选择轴承类型时，首先要考虑负荷的大小、方向及轴的转速。轴承的使用性能如表 4-29 所示。

一般来说，球轴承价廉，在负荷较小时，应优先选用。

滚子轴承的负荷能力比球轴承大，而且较能承受冲击负荷，因此在重负荷或受有振动、冲击负荷时，应考虑选用滚子轴承。但要注意滚子轴承对角偏斜比较触感。

表4-29 常见轴承的使用性能

轴承类型		轴承代号	径向载荷	轴向载荷	可分离	调心性	提高公差等级	高速性	平稳运转	圆锥孔	单、双面密封	高刚性	低摩擦	固定支承	游动支承
														适用性	
深沟球轴承		61700、63700、61800、61900、16000、6000、6200、6300、6400	好	一般	不适合	有限	一般	一般	很好	不适合	很好	一般	很好	好	一般
双列深沟球轴承		4200、4300	好	一般	不适合	不适合	一般	一般	一般	不适合	一般	一般	一般	好	一般
有装球缺口的有保持架深沟球轴承		200、300	好	一般	有限	不适合	有限	有限	有限	不适合	不适合	一般	好	一般	有限
角接触球轴承		71900、7000、7200、7300、7400	好	好	不适合	有限	一般	好	好	不适合	不适合	好	好	很好	一般
分离型角接触球轴承		S70000	好	好	有限	不适合	一般	一般	好	不适合	不适合	一般	好	一般	不适合
四点接触球轴承		QJ200、QJ300	有限	好	不适合	不适合	有限	一般	有限	不适合	不适合	一般	一般	好	不适合
调心球轴承		1200、2200、1300、2300	好	有限	不适合	很好	好	好	有限	很好	很好	有限	好	不适合	一般
圆柱滚子轴承	NU	NU1000、NU200、NU2200、NU300、NU2300、NU400	很好	有限	很好	有限	好	很好	一般	一般	不适合	好	好	一般	很好
	N	N1000、N200、N2200、N300、N2300、N400	好	有限	很好	有限	好	很好	一般	一般	不适合	好	好	不适合	很好
	NJ	NJ200、NJ2200、NJ300、NJ2300、NJ400	很好	一般	很好	有限	好	好	有限	不适合	不适合	好	好	好	一般
	NUP	NUP200、NUP2200、NUP300、NUP2300	很好	一般	很好	有限	一般	好	有限	不适合	不适合	好	好	很好	有限
	NNU、NN	NNU4900、NN3000	很好	不适合	很好	不适合	很好	很好	一般	很好	不适合	很好	好	一般	很好
	NF	NF200、NF300、NF2300	很好	一般	很好	不适合	不适合	好	有限	不适合	一般	很好	不适合	好	一般
圆锥滚子轴承		30200、30300、31300、32000、32200、32300、32900、33000、33100、33200	很好	一般	很好	有限	好	一般	有限	不适合	不适合	好	好	很好	有限
双列圆锥圆柱滚子轴承		350000、370000	不适合	好	很好	有限	好	一般	有限	有限	不适合	好	一般	很好	有限
四列圆锥圆柱滚子轴承		380000	不适合	好	很好	有限	一般	一般	有限	有限	不适合	很好	一般	很好	有限
调心滚子轴承		21300C、22200C、22300C、23000C、23100C、23200C、24000C、24100C	很好	好	不适合	很好	不适合	一般	一般	很好	很好	好	一般	好	不适合
单列调心滚子轴承		20200、20300、20400	很好	一般	不适合	很好	不适合	一般	有限	很好	不适合	好	一般	很好	一般
推力球轴承		51100、51200、51300、51400	不适合	很好	很好	一般	好	一般	有限	不适合	不适合	好	一般	好	不适合
双向推力球轴承		52200、52300、52400	不适合	很好	很好	一般	好	有限	不适合	不适合	不适合	好	一般	好	不适合
推力角接触球轴承		560000	有限	好	很好	有限	好	好	有限	不适合	不适合	好	一般	很好	不适合
双向推力角接触球轴承		234400、234700、234900	不适合	很好	很好	不适合	不适合	很好	有限	不适合	不适合	很好	不适合	很好	不适合
推力圆柱滚子轴承		81100、81200	不适合	很好	很好	不适合	一般	不适合	不适合	不适合	不适合	好	不适合	好	不适合
双向圆柱圆柱滚子轴承		82200、82300	不适合	很好	很好	不适合	一般	不适合	不适合	不适合	不适合	好	不适合	好	不适合
双列或多列推力圆柱滚子轴承		89300、87400、89400	不适合	很好	很好	不适合	一般	有限	不适合	不适合	不适合	好	有限	好	不适合
推力调心滚子轴承		29200、29300、29400	有限	很好	很好	很好	一般	有限	好	很好	不适合	好	有限	好	不适合

当主要承受径向负荷时,应选用向心轴承。当承受轴向负荷而转速不高时,可选用推力轴承。

如转速较高,可选用向心推力球轴承。当同时承受径向负荷和轴向负荷时若轴向负荷较小,可选用向心球轴承或接触角不大的向心推力球轴承;若轴向负荷较大而转速不高,可选用推力轴承和向心轴承的组合方式,分别承受轴向负荷和径向负荷。当轴向负荷较大且转速较高时,则应选用接触角较大的向心推力轴承。

各类轴承适用的转速范围是不相同的,在机械设计手册中列出了各类轴承的极限转速。一般应使轴承在低于极限转速下运转。

向心球轴承、向心推力球轴承和向心短圆柱滚子轴承的极限转速较高,适用于较高转速场合。推力轴承的转速较低,只能用于较低转速场合。

其次,在选择轴承类型时还需考虑安装尺寸限制、装拆要求,以及轴承的调心性能和刚度。一般球轴承外形尺寸较大,滚子轴承尺寸较小,滚针轴承的径向尺寸最小,而轴向尺寸较大。此外,不同系列的轴承,其外形尺寸也不相同。

对于需要经常装拆或装拆困难的场合,可选用内、外圈分离的轴承,如圆柱滚子轴承、圆锥滚子轴承等。有些轴承内孔加工成锥孔或带有紧定套,装拆很方便。

当轴承座孔同心度偏差较大,或两支承间距离较大而轴的刚度又较小时,应选用调心性能好的轴承。

当需要增大支承刚度时,可选用圆柱滚子轴承或圆锥滚子轴承。因为此类轴承在承受负荷时,其滚动体和滚道的接触面积较大,弹性变形小,故其刚度比球轴承大。

此外,选择轴承类型时还应根据需要决定是否采用带止动槽、带密封圈或防尘盖的轴承等,还应考虑轴承的价格和供应情况。

4.4.2 滚动轴承精度等级的选择

轴承的精度等级应根据对支承的旋转精度要求来选择,通常可按经验类比来确定。

表 4-30 至表 4-34 为不同公差等级轴承的制造精度及应用范围。

表 4-30 滚动轴承公差等级

轴承类型	公差等级				
	→				
向心轴承	0	6	5	4	2
圆锥滚子轴承	0	6x	5	4	—
推力轴承	0	6	5	4	—

表 4-31 各公差等级轴承的应用

公差等级	应用示例
0	在旋转精度大于 10m 的一般轴承系中,应用十分广泛。如普通机床的变速机构、进给机构,汽车、拖拉机的变速机构,普通电机、小泵及农业机械等一般通用机械的旋转机构
6、5	在旋转精度 5～10mm 或转速较高的精密轴承系中,应用很广泛。如普通车床主轴所用的轴承(前支承采用 5 级,后支承采用 6 级),较精密的仪器、仪表及精密的仪器、仪表和精密机械的旋转机构

公差等级	应用示例
4、2	在旋转精度小于 5mm 或转速要求很高的超精密轴承系中广泛应用，如精密坐标镗床、精密齿轮磨床的主轴系统，精密仪器、仪表以及高速摄影机等精密机械的轴系统

表 4-32　轴承的制造精度

轴承类型	轴承结构型式		系列代号	精度级别①		
				6	5	4
深沟球轴承	单列		61800,61900,16000,6000,6200,6300	△	△	△
			6400	△	△	—
	单列带防尘盖		所有系列	△	—	—
调心球轴承	双列		内径小于和等于 80mm 的轴承	△	△	—
			内径大于 80mm 的轴承	△	—	—
圆柱滚子轴承	单列		N1000,N200,N2200,N300,N2300	△	△	△
			N400	△	△	—
			NU1000,NU200,NU2200,NU300,NU2300	△	△	△
			NU400,NJ200,NJ2200,NJ300,NJ2300,NJ400	△	△	—
	双列		NN3000,NN4900	△	△	△
圆锥滚子轴承	单列		32100,30200,30300,32300	△	△	△
推力球轴承	单向		所有系列	△	△	△
角接触球轴承	单列	分离型（6000 型）	所有系列	△	△	△
		不可分离型	7000C,7000AC,7200C,7200AC	△	△	△
			7300C,7300AC,7300B,7400AC,7400B	△	△	—
		锁口在内圈上	B7100C,B7100AC,B7200C,B7200AC	△	△	△
			B7300C,B7300AC	△	△	—
		四点接触	QJ1900,QJ100,QJ1700,QJ200	△	△	△
	成对双联		接触角 15°和 25°，尺寸系列 00、01 的轴承	△	△	△
			尺寸系列 30、40 的轴承	△	△	—
	双列		所有系列	△	—	—

注：①有"△"表示目前已生产

表 4-33　金属切削机床主轴轴承常用类型及其公差等级应用示例

轴承类型	公差等级	应用示例
深沟球轴承 角接触球轴承	4、2 5 6	高精度磨床、丝锥磨床、螺纹磨床、齿轮磨床、插齿刀磨床 精密镗床、内圆磨床、齿轮加工机床 普通车床、铣床

轴承类型	公差等级	应用示例
双列圆柱滚子轴承	4	精密丝杠车床、高精度车床、高精度外圆磨床
	5	精密车床、精密铣床、镗床、普通外圆磨床、多轴车床、转塔车床
	6	普通车床、自动车床、铣床、立式车床
圆柱滚子轴承	6	精密车床及铣床后轴承
圆锥滚子轴承	4、2	齿轮磨床、坐标镗床
	5	精密车床、精密铣床、镗床、精密转塔车床、滚齿机床
	6	普通车床、普通铣床
推力角接触球轴承	5	各种精密机床
推力球轴承	6	一般精密机床

表 4-34　滚动轴承的公差等级对照

向心轴承				圆锥滚子轴承				推力轴承			
中国		ISO	SKF	中国		ISO	SKF	中国		ISO	SKF
新	旧			新	旧			新	旧		
0	G	普通	P0	0	G	普通	P0	0	G	普通	P0
6	E	6级	P6	6x	Ex	6x	P6x	6	E	6	P6
5	D	5级	P5	5	D	5	P5	5	D	5	P5
4	C	4级	P4	4	C	4	P4	4	C	4	P4
2	B	2级	P2	—				—			

采用高精度轴承时，轴和轴承座孔的加工精度应与轴承精度相适应，并应具有足够的刚性。

轴承的精度越高，其价格越贵。没有特殊要求的情况下，不应选用高精度等级的轴承。

4.4.3　滚动轴承尺寸的选择

1. 按额定动负荷选择轴承

一般轴承多因疲劳点蚀而损坏。因此，通常根据寿命计算来选择轴承尺寸。

（1）滚动轴承寿命计算。

轴承寿命可按基本公式（4-3）进行计算。该式是以 10^6 转为寿命单位计算的，但在实际计算中常用工作小时数来表示轴承寿命。因此，式（4-3）可改写为

$$L_{\mathrm{h}} = \frac{10^6}{60n}\left(\frac{C}{P}\right)^{\varepsilon} \quad (\mathrm{h}) \tag{4-12}$$

式中：L_{h} 为以小时数表示的额定寿命（h）；n 为轴承转速（r/min）。

其余符号的意义和单位与式（4-3）相同。

为了方便计算，并因 $10^6 (\mathrm{r}) 33\frac{1}{3}(\mathrm{r/min}) \times 500 \times 600\mathrm{min}$ ，故上式可写成

$$C = \frac{\sqrt[\varepsilon]{\dfrac{L_h}{500}}}{\sqrt[\varepsilon]{\dfrac{33\dfrac{1}{3}}{n}}} P$$

或

$$C = \frac{f_h}{f_n} P \quad (\text{N}) \tag{4-13}$$

式中：f_n 为速度系数；$f_n\sqrt[\varepsilon]{\dfrac{33\dfrac{1}{3}}{n}}$，$f_n$ 与 n 的对应关系见表 4-35；f_h 为寿命系数，$f_h = \sqrt[\varepsilon]{\dfrac{L_h}{500}}$；$f_h$ 与 L_h 的对应关系见表 4-36 和表 4-37。

其余符号的意义和单位同式（4-12）。

不同机器中轴承的使用寿命要求是不同的。一般可取轴承的使用寿命等于机器的大修期限，以便拆换轴承。规定轴承使用寿命过长，往往会使轴承尺寸过大，造成结构上的不合理。轴承使用寿命过短又会造成更换轴承过于频繁，影响机器的正常使用。在设计中，轴承的使用寿命通常可以参照同类机器的使用经验拟定。表 4-38 中为某些机械的轴承使用寿命的推荐用值，可供参考。

表 4-35　球轴承、滚子轴承的速度系数 f_n

n/ (r/min)	f_n 球轴承	f_n 滚子轴承	n/ (r/min)	f_n 球轴承	f_n 滚子轴承	n/ (r/min)	f_n 球轴承	f_n 滚子轴承	n/ (r/min)	f_n 球轴承	f_n 滚子轴承
10	1.494	1.435	100	0.693	0.719	800	0.347	0.385	6000	0.177	0.211
11	1.447	1.395	105	0.682	0.709	820	0.344	0.383	6200	0.175	0.209
12	1.406	1.359	110	0.672	0.699	840	0.341	0.380	6400	0.173	0.207
13	1.369	1.326	115	0.662	0.690	860	0.338	0.377	6600	0.172	0.205
14	1.335	1.297	120	0.652	0.681	880	0.336	0.375	6800	0.170	0.203
15	1.305	1.271	125	0.644	0.673	900	0.333	0.372	7000	0.168	0.201
16	1.277	1.246	130	0.635	0.665	920	0.331	0.370	7200	0.167	0.199
17	1.252	1.224	135	0.627	0.657	940	0.329	0.367	7400	0.165	0.198
18	1.228	1.203	140	0.620	0.650	960	0.326	0.366	7600	0.164	0.196
19	1.206	1.184	145	0.613	0.643	980	0.324	0.363	7800	0.162	0.195
20	1.186	1.166	150	0.606	0.637	1000	0.322	0.360	8000	0.161	0.193
21	1.166	1.149	155	0.599	0.631	1050	0.317	0.355	8200	0.160	0.192
22	1.149	1.133	160	0.953	0.625	1100	0.312	0.350	8400	0.158	0.190
23	1.132	1.118	165	0.587	0.619	1150	0.307	0.346	8600	0.157	0.189
24	1.116	1.104	170	0.581	0.613	1200	0.303	0.341	8800	0.156	0.188
25	1.110	1.090	175	0.575	0.608	1250	0.299	0.337	9000	0.155	0.187

续表

n/ (r/min)	f_n		n/ (r/min)	f_n		n/ (r/min)	f_n		n/ (r/min)	f_n	
	球轴承	滚子 轴承		球轴承	滚子 轴承		球轴承	滚子 轴承		球轴承	滚子 轴承
26	1.086	1.077	180	0.570	0.603	1300	0.295	0.333	9200	0.154	0.185
27	1.073	1.065	185	0.565	0.598	1350	0.291	0.329	9400	0.153	0.184
28	1.060	1.054	190	0.560	0.593	1400	0.288	0.326	9600	0.152	0.183
29	1.048	1.043	195	0.555	0.589	1450	0.284	0.322	9800	0.150	0.182
30	1.036	1.032	200	0.550	0.584	1500	0.281	0.319	10000	0.140	0.181
31	1.024	1.022	210	0.541	0.576	1550	0.278	0.316	10500	0.147	0.178
32	1.014	1.012	220	0.533	0.568	1600	0.275	0.313	11000	0.145	0.176
33	1.003	1.003	230	0.525	0.560	1650	0.272	0.310	11500	0.143	0.173
34	0.993	0.994	240	0.518	0.553	1700	0.270	0.307	12000	0.141	0.171
35	0.984	0.985	250	0.511	0.546	1750	0.267	0.305	12500	0.139	0.169
36	0.975	0.977	260	0.504	0.540	1800	0.265	0.302	13000	0.137	0.167
37	0.966	0.969	270	0.498	0.534	1850	0.262	0.300	13500	0.135	0.165
38	0.957	0.961	280	0.492	0.528	1900	0.260	0.297	14000	0.134	0.163
39	0.949	0.954	290	0.486	0.523	1950	0.258	0.295	14500	0.132	0.162
40	0.941	0.947	300	0.481	0.517	2000	0.255	0.293	15000	0.131	0.160
41	0.933	0.940	310	0.476	0.512	2100	0.251	0.289	15500	0.129	0.158
42	0.926	0.933	320	0.471	0.507	2200	0.247	0.285	16000	0.128	0.157
43	0.919	0.927	320	0.466	0.503	2300	0.244	0.281	16500	0.126	0.155
44	0.912	0.920	340	0.461	0.498	2400	0.240	0.277	17000	0.125	0.154
45	0.905	0.914	350	0.457	0.494	2500	0.237	0.274	17500	0.124	0.153
46	0.898	0.908	360	0.452	0.490	2600	0.234	0.271	18000	0.123	0.151
47	0.892	0.902	370	0.448	0.486	2700	0.231	0.268	18500	0.122	0.150
48	0.886	0.896	380	0.444	0.482	2800	0.228	0.265	19000	0.121	0.149
49	0.880	0.891	390	0.441	0.478	2900	0.226	0.262	19500	0.120	0.148
50	0.874	0.885	400	0.437	0.475	3000	0.223	0.259	20000	0.119	0.147
52	0.862	0.875	410	0.433	0.471	3100	0.221	0.257	21000	0.117	0.146
54	0.851	0.865	420	0.430	0.467	3200	0.218	0.254	22000	0.115	0.143
56	0.841	0.856	430	0.426	0.464	3300	0.216	0.252	23000	0.113	0.141
58	0.831	0.847	440	0.423	0.461	3400	0.214	0.250	24000	0.112	0.139
60	0.822	0.838	450	0.420	0.458	3500	0.212	0.248	25000	0.110	0.137
62	0.813	0.830	460	0.417	0.455	3600	0.210	0.246	26000	0.109	0.136
64	0.805	0.822	470	0.414	0.452	3700	0.208	0.243	27000	0.107	0.134
66	0.797	0.815	480	0.411	0.449	3800	0.206	0.242	28000	0.106	0.133
68	0.788	0.807	490	0.408	0.447	3900	0.205	0.240	29000	0.105	0.131
70	0.781	0.800	500	0.405	0.444	4000	0.203	0.238	30000	0.104	0.130

续表

n/(r/min)	f_n 球轴承	f_n 滚子轴承	n/(r/min)	f_n 球轴承	f_n 滚子轴承	n/(r/min)	f_n 球轴承	f_n 滚子轴承	n/(r/min)	f_n 球轴承	f_n 滚子轴承
72	0.774	0.794	520	0.400	0.439	4100	0.201	0.236			
74	0.767	0.787	540	0.395	0.434	4200	0.199	0.234			
76	0.760	0.781	560	0.390	0.429	4300	0.198	0.233			
78	0.753	0.775	580	0.386	0.424	4400	0.196	0.231			
80	0.747	0.769	600	0.382	0.420	4500	0.195	0.230			
82	0.741	0.763	620	0.377	0.416	4600	0.193	0.228			
84	0.735	0.758	640	0.737	0.412	4700	0.192	0.227			
86	0.729	0.753	660	0.370	0.408	4800	0.191	0.225			
88	0.724	0.747	680	0.366	0.405	4900	0.190	0.224			
90	0.718	0.742	700	0.363	0.401	5000	0.188	0.222			
92	0.713	0.737	720	0.539	0.398	5200	0.186	0.220			
94	0.708	0.733	740	0.356	0.395	5400	0.183	0.217			
96	0.703	0.728	760	0.353	0.391	5600	0.181	0.215			
98	0.698	0.724	780	0.350	0.388	5800	0.179	0.213			

表 4-36 球轴承的寿命系数 f_h

L_h	f_h	L_h	f_h	L_h	f_h	L_h	f_h	L_h	f_h
100	0.585	500	1.000	2500	1.710	10000	2.71	50000	4.64
105	0.595	520	1.015	2600	1.730	10500	2.76	55000	4.80
110	0.604	540	1.025	2700	1.755	11000	2.80	60000	4.94
115	0.613	560	1.040	2800	1.755	11500	2.85	65000	5.07
120	0.622	580	1.050	2900	1.795	12000	2.89	70000	5.19
125	0.631	600	1.065	3000	1.815	12500	2.93	75000	5.30
130	0.639	620	1.075	3100	1.835	13000	2.96	80000	5.43
135	0.647	640	1.085	3200	1.855	13500	3.00	85000	5.55
140	0.654	660	1.100	3300	1.875	14000	3.04	90000	5.65
145	0.662	680	1.110	3400	1.895	14500	3.07	100000	5.85
150	0.670	700	1.120	3500	1.910	15000	3.11		
155	0.677	720	1.130	3600	1.930	15500	3.14		
160	0.684	740	1.140	3700	1.950	16000	3.18		
165	0.691	760	1.150	3800	1.965	16500	3.21		
170	0.698	780	1.160	3900	1.985	17000	3.24		
175	0.705	800	1.170	4000	2.00	17500	3.27		
180	0.712	820	1.180	4100	2.02	18000	3.30		
185	0.718	840	1.190	4200	2.03	18500	3.33		
190	0.724	860	1.200	4300	2.05	19000	3.36		
195	0.731	880	1.205	4400	2.07	19500	3.39		

L_h	f_h	L_h	f_h	L_h	f_h	L_h	f_h	L_h	f_h
200	0.737	900	1.215	4500	2.08	20000	3.42		
210	0.749	920	1.225	4600	2.10	21000	3.48		
220	0.761	940	1.235	4700	2.11	22000	3.53		
230	0.772	960	1.245	4800	2.13	23000	3.58		
240.	0.783	980	1.250	4900	2.14	24000	3..63		
250	0.794	1000	1.260	5000	2.15	25000	3.68		
260	0.804	1050	1.280	5200	2.18	26000	3.73		
270	0.814	1100	1.300	5400	2.21	27000	3.78		
280	0.824	1150	1.320	5600	2.24	28000	3.82		
290	0.834	1200	1.340	5800	2.27	29000	3.87		
300	0.843	1250	1.360	6000	2.29	30000	3.91		
310	0.852	1300	1.375	6200	2.32	31000	3.96		
320	0.861	1350	1.395	6400	2.34	32000	4.00		
330	0.870	1400	1.410	6600	2.37	33000	4.04		
340	0.879	1450	1.425	6800	2.39	34000	4.08		
350	0.888	1500	1.445	7000	2.41	35000	4.12		
360	0.896	1550	1.460	7200	2.43	36000	4.16		
370	0.905	1600	1.475	7400	2.46	37000	4.20		
380	0.913	1650	1.490	7600	2.48	38000	4.24		
390	0.921	1700	1.505	7800	2.50	39000	4.27		
400	0.928	1750	1.520	8000	2.52	40000	4.31		
410	0.936	1800	1.535	8200	2.54	41000	4.35		
420	0.944	1850	1.545	8400	2.56	42000	4.38		
430	0.951	1900	1.560	8600	2.58	43000	4.42		
440	0.959	1950	1.575	8800	2.60	44000	4.45		
450	0.966	2000	1.590	9000	2.62	45000	4.48		
460	0.973	2100	1.615	9200	2.64	46000	4.51		
470	0.980	2200	1.640	9400	2.66	47000	4.55		
480	0.987	2300	1.665	9600	2.68	48000	4.58		
490	0.994	2400	1.690	9800	2.70	49000	4.61		

表 4-37　滚子轴承的寿命系数 f_h

L_h	f_h	L_h	f_h	L_h	f_h	L_h	f_h	L_h	f_h
100	0.617	450	0.969	1750	1.455	7000	2.21	30000	3.42
105	0.626	460	0.975	1800	1.470	7200	2.23	31000	3.45
110	0.635	470	0.982	1850	1.480	7400	2.24	32000	3.48
115	0.643	480	0.988	1900	1.490	7600	2.26	33000	3.51
120	0.652	490	0.994	1950	1.505	7800	2.28	34000	3.55
125	0.660	500	1.000	2000	1.515	8000	2.30	35000	3.58
130	0.668	520	1.010	2100	1.540	8200	2.31	36000	3.61
135	0.675	540	1.025	2200	1.560	8400	2.33	37000	3.64
140	0.683	560	1.035	2300	1.580	8600	2.35	38000	3.67
145	0.690	580	1.045	2400	1.600	8800	2.36	39000	3.70

续表

L_h	f_h	L_h	f_h	L_h	f_h	L_h	f_h	L_h	f_h
150	0.697	600	1.055	2500	1.620	9000	2.38	40000	3.72
155	0.704	620	1.065	2600	1.640	9200	2.40	41000	3.75
160	0.710	640	1.075	2700	1.660	9400	2.41	42000	3.78
165	0.717	660	1.085	2800	1.675	9600	2.43	43000	3.80
170	0.723	680	1.095	2900	1.695	9800	2.44	44000	3.83
175	0.730	700	1.105	3000	1.710	10000	2.46	45000	3.86
180	0.736	720	1.115	3100	1.730	10500	2.49	46000	3.88
185	0.742	740	1.125	3200	1.745	11000	2.53	47000	3.91
190	0.748	760	1.135	3300	1.760	11500	2.56	48000	3.93
195	0.754	780	1.145	3400	1.775	12000	2.59	49000	3.96
200	0.760	800	1.150	3500	1.795	12500	2.63	50000	3.98
210	0.771	820	1.160	3600	1.810	13000	2.66	55000	4.10
220	0.782	840	1.170	3700	1.825	13500	2.69	60000	4.20
230	0.792	860	1.180	3800	1.840	14000	2.72	65000	4.30
240	0.802	880	1.185	3900	1.850	14500	2.75	70000	4.40
250	0.812	900	1.190	4000	1.865	15000	2.77	75000	4.50
260	0.822	920	1.200	4100	1.880	15500	2.80	80000	4.58
270	0.831	940	1.210	4200	1.895	16000	2.83	85000	4.66
280	0.840	960	1.215	4300	1.905	16500	2.85	90000	4.75
290	0.849	980	1.225	4400	1.920	17000	2.88	100000	4.90
300	0.858	1000	1.230	4500	1.935	17500	2.91		
310	0.866	1050	1.250	4600	1.945	18000	2.93		
320	0.875	1100	1.270	4700	1.960	18500	2.95		
330	0.883	1150	1.285	4800	1.970	19000	2.98		
340	0.891	1200	1.300	4900	1.985	19500	3.00		
350	0.898	1250	1.315	5000	2.00	20000	3.02		
360	0.906	1300	1.330	5200	2.02	21000	3.07		
370	0.914	1350	1.345	5400	2.04	22000	3.11		
380	0.921	1400	1.360	5600	2.06	23000	3.15		
390	0.928	1450	1.375	5800	2.09	24000	3.19		
400	0.935	1500	1.390	6000	2.11	25000	3.23		
410	0.942	1550	1.405	6200	2.13	26000	3.27		
420	0.949	1600	1.420	6400	2.15	27000	3.13		
430	0.956	1650	1.430	6600	2.17	28000	3.35		
440	0.962	1700	1.445	6800	2.19	29000	3.38		

表 4-38　轴承使用寿命的推荐值 L_h

使用条件	使用寿命 L_h/h
闸门启闭装置等不经常使用的设备	500
不经常使用的仪器	300~3000
航空发动机	500~2000

续表

使用条件	使用寿命 L_h/h
短期或间断使用的机械，中断使用不致引起严重后果，如手动机械、农业机械、装配吊车、自动送料装置	3000～8000
间断使用的机械，中断使用将引起严重后果，如发电站辅助设备、流水作业的传动装置、带式运输机、车间起重机	8000～12000
每天 8 小时工作的机械，但经常不是满载荷使用，如电机、一般齿轮装置、压碎机、起重机和一般机械	10000～25000
每天 8 小时工作，满载荷使用，如机床、木材加工机械、工程机械、印刷机械、分离机、离心机	20000～30000
24 小时连续工作的机械，如压缩机、泵、电机、轧机齿轮装置、纺织机械	40000～50000
24 小时连续工作的机械，中断使用将引起严重后果，如纤维机械、造纸机械、电站主要设备、给排水设备、矿用泵、矿用通风机	≈100000

在按式（4-13）进行轴承寿命计算时，还应考虑下述因素对轴承负荷能力的影响：

1）许多机器在工作中有振动和冲击，使轴承实际承受的负荷增大。但实际负荷很难精确求得，故引入负荷系数 f_F，按前述方法计算得到的当量动负荷予以增大。

2）机械设计手册中列出的额定动负荷 C_{or} 值适用于在100℃以下工作的轴承。在高温工作时，应选用高温轴承。高温轴承经过了特殊热处理，避免了一般轴承在高温时因钢材晶体结构变化而丧失尺寸稳定性的缺点。但高温轴承的额定动负荷值有所下降，故引入温度系数 f_T，将机械设计手册中所列的 C_{or} 值予以降低。

引入负荷系数 f_F 和温度系数 f_T 后，式（4-13）可写成

$$C = \frac{f_F f_h}{f_n f_T} P \text{ （N）} \tag{4-14}$$

负荷系数 f_F 可参照表 4-39 确定，温度系数 f_T 见表 4-40。

（2）向心推力轴承的轴向负荷。

为了计算轴承的当量动负荷，需确定作用在轴承上的径向负 F_r 和轴向负荷 F_a。对于向心轴承，其负荷可以根据轴上零件所受的作用力，按力学方法确定。对于向心推力轴承，由于在承受径向负荷时要产生附加的内部轴向力 S，因而在确定向心推力轴承的轴向负荷时，必须把 S 考虑进去。

表 4-39　负荷系数 f_F

负荷类型	f_F	举例
无冲击或轻微冲击	1.0～1.2	电机、汽轮机、通风机、水泵
中等冲击和振动	1.2～1.8	汽车、机床、传动装置、起重机、内燃机、冶金设备、减速机
强大冲击和振动	1.8～3.0	破碎机、轧钢机、石油钻机、振动筛

表 4-40　温度系数 f_T

轴承工作温度℃	≤100	125	150	175	200	225	250	300
f_T	1	0.95	0.9	0.85	0.8	0.75	0.70	0.60

如图 4-15 所示为成对使用的向心推力轴承的两种安装方式。A 是作用在轴上的外加轴向负荷，F_{rI}、F_{rII} 是轴承 I 和 II 的径向负荷，S_{rI}，S_{rII} 为轴承 I 和 II 的内部轴向力。

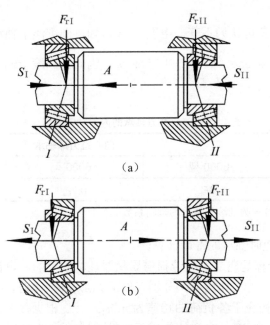

图 4-15　向心推力轴承的轴向负荷计算

当 $S_{rII}+A>S_{rI}$ 时，轴有沿 S_{rII} 方向移动的趋势。由轴的轴向力平衡条件可知，在轴承 I 处所受到的轴向力应由 S_{rI} 增加到 $S_{rII}+A$，才能使轴系平衡。而在辅承 II 处，轴向力即为 S_{rII}。故此时两轴承的轴向负荷为

$$F_{aI} = S_{rII}+A \qquad (4\text{-}15a)$$
$$F_{aII} = S_{rII} \qquad (4\text{-}15b)$$

当 $S_{rII}+A<S_{rI}$ 时，则轴有沿 S_{rI} 方向移动的趋势。这时，轴在轴承 II 处所受到的轴向力应由 S_{II} 增加到 S_I-A，而在轴承 I 处所受到的轴向力为 S_I。因此，两轴承的轴向负荷为

$$F_{aI} = S_{rI} \qquad (4\text{-}16a)$$
$$F_{aII} = S_I-A \qquad (4\text{-}16b)$$

上述分析对于图 4-15 中的两种情况均适用。

当外加轴向负荷 A 的方向与图 4-15 中相反（即 A 与 S_I 同向）时，同样可仿照上述分析方法来确定两轴的轴向负荷，即

当 $S_I+A>S_{rII}$ 时

$$F_{aI} = S_{rI} \qquad (4\text{-}17a)$$
$$F_{aII} = S_{rI}+A \qquad (4\text{-}17b)$$

当 $S_I+A<S_{rII}$ 时

$$F_{aI} = S_{rII}-A \qquad (4\text{-}18a)$$
$$F_{aII} = S_{rII} \qquad (4\text{-}18b)$$

在确定轴承的轴向负荷时，需具体计算两轴承的内部轴向力 S_I 和 S_{II}。一般可通过调整轴承的游隙，使轴承处于接近半周或稍大于半周承受负荷。因此，可以按式 $S=1.25F_r\tan\alpha$ 来确定轴承的内部轴向力 S。

按式 $S=1.25F_r\tan\alpha$ 计算时，需知轴承的接触角 α。对于向心推力球轴承，其接触角与轴向负荷有关，难以确定。所以，这类轴承的内部轴向力 S 只可作近似计算，其计算公式列于表 4-41。

圆锥滚子轴承的接触角可认为不变，由表 4-28 可知，圆锥滚子轴承的轴向系数 Y 与接触角 α 有一定关系，即 $Y=0.4\mathrm{ctan}\alpha$，故 $\dfrac{1}{2Y}=1.25\tan\alpha$。因此，圆滚子轴承的内部轴向力可按表 4-41 中的公式确定。

表 4-41　向心推力轴承的内部轴向力 S

圆锥滚了轴承	向心推力球轴承		
	36000 型	46000 型	66000 型
$F_r/2Y$	$0.4F_r$	$0.7F_r$	F_r

注：F_r—轴承的径向负荷；Y—圆锥滚子轴承的轴向系数。

（3）变负荷、变转速时轴承的寿命计算。

变工况的轴承寿命计算是建立在疲劳损伤累积原理基础上的。设在整个使用期内，轴承在不同的当量动负荷 $P_1,P_2,P_3\ldots$ 作用下，分别工作了 $L_1,L_2,L_3\ldots$ 小时，各自与轴承总的工作时间 L_h 之比为 $q_1,q_2,q_3\ldots$；相应于各负荷的转速为 $n_1,n_2,n_3\ldots$。根据疲劳损伤累积的原理，可以确定一个假定的当量动负荷 P_m，在它的作用下，轴承运转 a 小时后，轴承的损伤与变工况下所有负荷对轴承的作用结果相同。这个假定的当量动负荷称为平均当量动负荷，其值按下式确定：

$$P_m=\sqrt{\frac{p_1^3q_1n_1+p_2^3q_2n_2+p_3^3q_3n_3+\ldots}{n_m}}\quad(\mathrm{N})\qquad(4\text{-}19)$$

式中：n_m 是平均转速，其值按下式确定：

$$n_m=q_1n_1+q_2n_2+q_3n_3+\ldots\qquad(4\text{-}20)$$

2. 按额定静负荷选择轴承

对于转速很低的轴承，允许负荷不取决于材料的疲劳强度，而是由接触面的塑性变形量决定，此类轴承应按额定静负荷来选择。

对于转速并不低的轴承，当要求其使用寿命较短时，按寿命公式确定的轴承负荷能力可能大大超过轴承所允许的静负荷；对于在变工况下工作的轴承，其尖峰负荷或短期重负荷可能比平均当量动负荷高很多。因此，对于转速较高的轴承，为了保证能承受短期过载或冲击负荷，应按动负荷计算结果选择轴承，然后校验其负荷能力。对于要求使用寿命甚短的轴承和低速旋转或缓慢摆动的轴承，应按静负荷计算结果选择轴承，然后校验其动负荷能力。

按额定静负荷选择轴承时，可按式（4-10）计算。

4.4.4　选择轴承时还应考虑的问题

1. 轴承的极限转速

滚动轴承的极限转速是指在一定的负荷及润滑条件下，轴承许可的最高转速。轴承的极限转速与轴承的类型、尺寸、负荷大小、精度和游隙、润滑与冷却条件、保持架的结构与材料等许多因素有关。机械设计手册中列出了各种轴承在脂润滑和油润滑时的极限转速。此极限转速适用于当量动负荷 $P \leqslant 0.1C$（C 为额定动负荷）、润滑条件正常的普通精度级轴承。

当轴承在 $P > 0.1C$ 的条件下工作时，滚动体和滚道表面间的接触应力增大，使轴承温度升高，影响润滑剂的性能，故轴承的极限转速应降低。因此，引入系数 f_1 对轴承的极限转速进行修正。

如果向心轴承、向心推力轴承同时承受径向负荷 F_r 和轴同负荷 F_a，由于 F_a 增大，则承受负荷的滚动体数量增加，轴承负荷区变大，摩擦、润滑条件相对恶化，所以轴承的极限转速也应有所降低，因而，根据联合负荷的不同比值 $\dfrac{F_a}{F_r}$，引入系数 f_2 对轴承极限转速进行修正。

所以，在实际工作条件下，轴承的极限转速应为

$$n'_{\max} = f_1 f_2 n_{\max} \quad (\text{r/min}) \tag{4-21}$$

式中：$n'_{\max}$ 为实际工作条件下轴承的极限转速（r/min）；$n_{\max}$ 为机械设计手册中给出的极限转速（r/min）；f_1 为负荷系数；f_2 为负荷分布系数。

如果轴承的极限转速不能满足使用要求，可采取提高轴承精度、适当加大游隙、改善润滑条件、设置有效的冷却系统、改用特殊材料和结构的保持架等措施，以提高轴承的极限转速。

2. 提高轴承使用可靠性

机械设计手册中列出的轴承额定动负荷，以及按上述寿命计算公式确定的轴承额定寿命，都是以轴承使用可靠性等于 0.90 为根据。若要求轴承具有更高的可靠性，这时轴承的寿命为

$$L_{hR} = aL_h \quad (\text{h}) \tag{4-22}$$

式中：L_{hR} 为可靠性为 R 时轴承的寿命（h）；L_h 为可性为 0.90 时轴承的额定寿命（h）；a 为可靠性系数，见表 4-42。

表 4-42　轴承可靠性系数 a

可靠性	0.90	0.95	0.96	0.97	0.98	0.99
a	1	0.62	0.53	0.44	0.33	0.21

4.5　滚动轴承部件设计

为了保证轴承和整个轴系的正常工作，除应正确选择轴承的类型和尺寸外，还必须合理地解决轴承的布置、装拆、调整、润滑和密封等问题。

4.5.1　轴的滚动支承结构型式

滚动支承的结构型式甚多，主要介绍以下几种。

1. 两端固定

如图 4-16 所示，两个支承分别限制轴的一个方向的移动。为了补偿轴的热变形，在轴承外圈和轴承盖之间应留有一定的间隙 C。

常用的双向限位支承结构如表 4-43 所示。

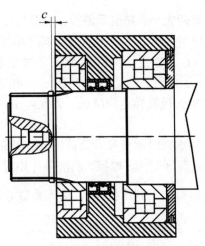

图 4-16　两端固定支承

表 4-43　双向限位支承结构举例

简图	说明
	承受双向轴向载荷的深沟球轴承内圈由轴肩和双螺母实现双向轴向固定；外圈由套杯挡肩和端盖实现双向轴向固定
	承受双向轴向载荷的深沟球轴承内圈靠轴肩和弹性挡圈实现双向轴向固定；外圈靠止动环和端盖挡肩实现双向轴向固定
	承受双向轴向载荷的双列角接触球轴承的内圈由轴肩和压板双向轴向固定；外圈由弹性挡圈和螺纹环实现双向轴向固定
	固定端由两个圆锥滚子轴承面对面排列组成。两轴承的内圈套筒和轴肩双向轴向固定；外圈由挡肩和端盖双向轴向固定
	固定端由两个角接触球轴承背对背排列组成。两个轴承的内圈由轴肩和轴端锁紧螺母双向轴向固定；而两个外圈则由同一个孔用弹性挡圈中间隔开

　　采用向心推力轴承时，轴的热变形量则由轴承的游隙补偿。如图 4-17 所示为向心推力轴承的一种布置方式（向心推力轴承的滚子大端相对，常称为正装），调整轴承游隙方便，且由

于轴承负荷作用点内移，使支承的实际跨距缩小。

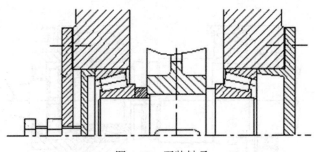

图 4-17　正装轴承

当轴的外伸端承受较重负荷时，常用如图 4-18 所示的布置方式（向心推力轴承的滚子小端相对，常称为反装）。反装型式不妨碍轴的两端自由伸长，所以它也可以用于跨距较长或温差较大的场合。反装轴承的缺点是靠近齿轮的轴承既承受轴向负荷，又承受较大的径向负荷，且轴承游隙的调整不如正装时方便。

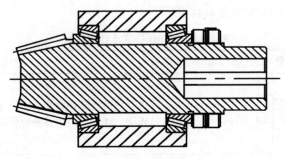

图 4-18　反装轴承

2. 一端固定，一端游动

当轴较长或温差较大时，应采用一端固定、一端游动的支承结构。如图 4-19 所示，固定端轴承可限制轴两个方向的轴向移动，而游动端轴承的外圈可以在机座孔内沿轴向游动，以补偿轴的热变形。

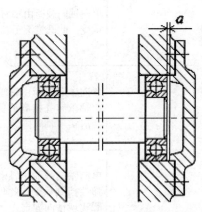

图 4-19　一端固定、一端游动支承

游动支承常采用可分离型短圆柱滚子轴承，如图 4-20 所示，该轴承的内、外圈要分别予以固定。

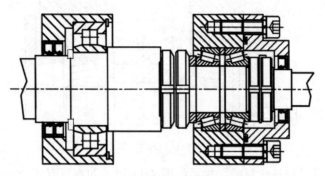

图 4-20 可分离型短圆柱滚子轴承

轴的固定端支承可用若干个轴承组合的型式。图 4-20 中的固定支承采用了一对圆锥滚子轴承。这对轴承采取反装方式主要是为了提高固定支承的刚性，如在固定支承附近有较大的径向负荷，或轴在固定支承处有承受重负荷的外伸端。

常用的单向限位支承结构如表 4-44 所示。

表 4-44 单向限位支承结构举例

简图	说明
	单向轴向载荷由轴肩传至轴承内、外圈，最后由端盖承受。深沟球轴承靠轴肩和端盖实现轴向固定
	单向轴向载荷由轴肩通过内圈挡边传至外圈，由止动环承受。此轴承靠轴肩和止动环实现轴向固定
	单向轴向载荷由轴肩传至轴承内、外圈，最后由螺纹环承受。此圆锥滚子轴承靠轴肩和螺纹环实现轴向固定
	单向轴向载荷由轴端双螺母传至轴承内、外圈，最后由轴承座孔挡肩承受。此圆锥滚子轴承靠锁紧螺母和挡肩实现轴向固定
	单向轴向载荷由轴端锁紧螺母传至轴承内、外圈，由弹性挡圈承受。此角接触球轴承靠锁紧螺母和弹性挡圈实现轴向固定

3. 两端游动

如图 4-21 所示为人字齿轮减速器高速轴，其两端均为游动支承。当低速轴轴向位置固定后，由于人字齿轮啮合作用，高速轴的轴向位置可自动确定。若对高速轴的位置另加限制，容易发生干涉。在人字齿轮传动装置中，一般是在轴向将笨重的低速轴予以固定，其他轴则可自由做轴向游动。

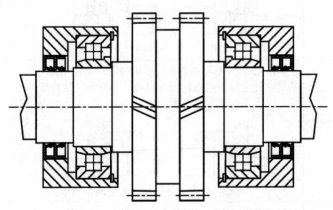

图 4-21　两端游动支承

常用的两端游动支承结构如表 4-45 所示。

表 4-45　游动支承结构举例

简图	说明
	游动端采用内、外圈不可分离型深沟球轴承或调心球轴承。此时，只需轴承内圈双向轴向固定。外圈可在轴承座孔内游动，轴承外圈与轴承座孔之间应取较松的配合
	游动端采用内、外圈可分的圆柱滚子轴承。此时，轴承内、外圈均需双向轴向固定。当轴受热伸长时，轴带着内圈相对外圈游动

另外，考虑轴的热变形现象而设置的轴承常用支承配置如表 4-46 所示。常见的支承结构简图如表 4-47 所示。

表 4-46 考虑轴的热变形现象而设置的轴承支承配置

热伸缩的处理方法	具体结构		轴承类型
用轴承内外圈位移来吸收热伸缩	用轴承 A 固定轴的轴向位置，用轴承 B 来吸收轴的位移 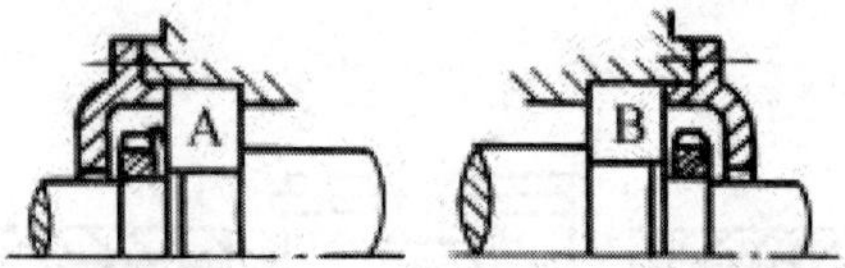 固定侧　　游动侧（分离型轴承）		轴承 A： 单列深沟球轴承 组合式圆锥滚子轴承 调心滚子轴承 轴承 B： 圆柱滚子轴承
用外圈和端盖之间的间隙来吸收轴的变形	在轴承 C 的外圈和端盖之间留出间隙，并且外圈与轴承座孔之间采用动配合来吸收轴的变形（这种形式只用于单列深沟球轴承） 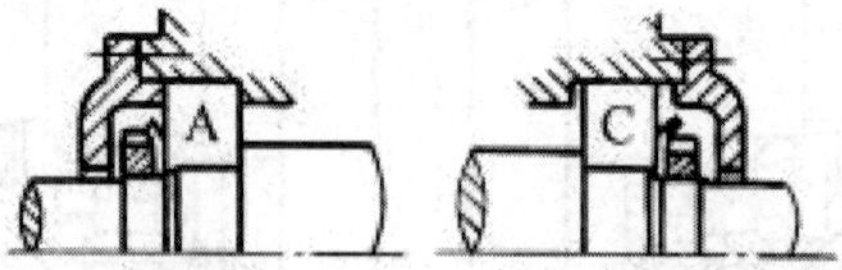 固定侧　　游动侧（非分离型轴承）		轴承 A，轴承 C： 单列深沟球轴承 双列角接触球轴承 调心滚子轴承
短轴时，对热伸缩可忽略不计	短轴热变形很小时，对两个轴承同时加预负荷 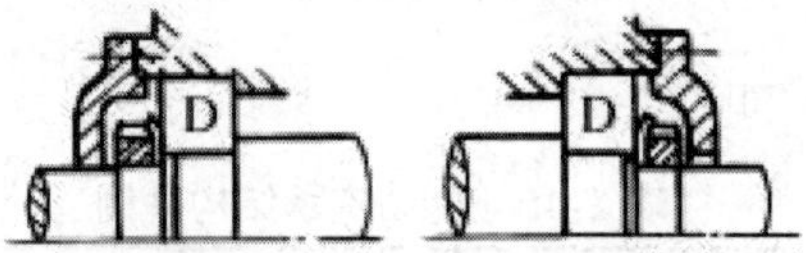 固定侧　　游动侧没有区别 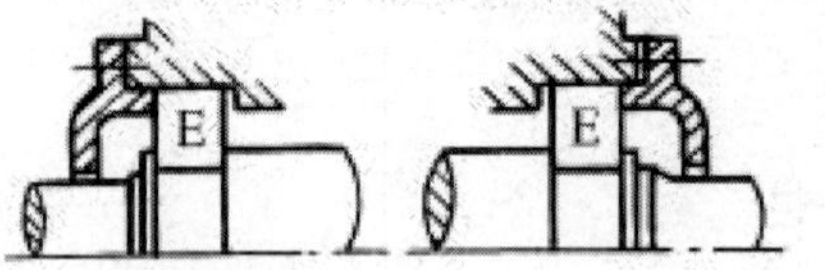 固定侧　　游动侧没有区别		轴承 D，轴承 E： 单列深沟球轴承 双列角接触球轴承 调心滚子轴承

表 4-47 常见的支承结构简图

支承型式	序号	简图	轴承配置		承受轴向载荷情况	轴热伸长补偿方式	其他特点
			固定端	游动端			
两端固定	1	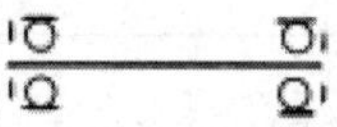	一对深沟球轴承		能承受单向轴向载荷（应指向不留间隙的一端）	外圈端面与端盖间的间隙	转速高，结构简单，调整方便
	2	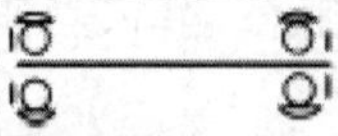	一对外球面深沟球轴承		能承受双向轴向载荷	轴承游隙	
	3	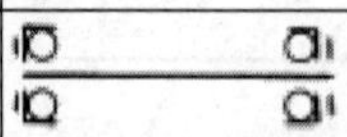	一对角接触球轴承（面对面排列）				
	4	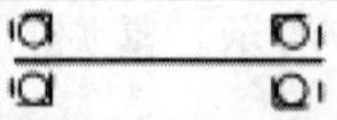	一对角接触球轴承（背对背排列）				
	5		一对外圈单挡边圆柱滚子轴承		能承受较小的双向轴向载荷	外圈端面与端盖间隙	结构简单，调整方便
	6	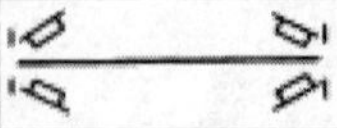	一对圆锥滚子轴承（面对面排列）		能承受双向轴向载荷	轴承游隙	

续表

支承型式	序号	简图	轴承配置		承受轴向载荷情况	轴热伸长补偿方式	其他特点
	7		一对圆锥滚子轴承（背对背排列）				
	8		两套深沟球轴承与推力球轴承组合				用于转速较低的立轴
	9		角接触球轴承串联，构成背对背排列			轴热伸长后轴承游隙增大，靠预紧弹簧保持预紧量	用于转速较高的场合
	10		深沟球轴承、推力球轴承与带锥度双列圆柱滚子轴承组合			轴承游隙	通过径向预紧可提高支承刚性
固定—游动	11		深沟球轴承		能承受双向轴向载荷	右端向心球轴承外圈与轴承座孔为动配合	允许转速高，结构简单，调整方便
	12		深沟球轴承	外圈无挡边圆柱滚子轴承		滚子相对外圈滚道轴向移动	结构简单，调整方便
	13		成对安装角接触球轴承（背对背）	外圈无挡边圆柱滚子轴承			通过轴向预紧可提高支承刚性
	14		成对安装角接触球轴承（面对面）	外圈无挡边圆柱滚子轴承		滚子相对外圈滚道轴向移动	通过轴向预紧可提高支承刚性
	15		三点接触球轴承与外圈无挡边圆柱滚子轴承	外圈无挡边圆柱滚子轴承		左端支承滚子相对外圈滚道轴向移动	允许转速较高，能承受较大的径向载荷，结构紧凑
	16		圆锥孔双列圆柱滚子轴承与双向推力球轴承	圆锥孔双列圆柱滚子轴承			可承受较大的径、轴向载荷，支承刚性好
	17		成对安装圆锥滚子轴承（背对背）	外圈无挡边圆柱滚子轴承			可承受较大的径、轴向载荷，结构简单，调整方便
	18		成对安装圆锥滚子轴承（面对面）	外圈无挡边圆柱滚子轴承			
	19		成对安装角接触球轴承（背对背）	成对安装角接触球轴承（串联）		右端轴承外圈与轴承座孔为动配合	允许转速较高
	20		双向推力角接触球轴承与圆锥孔双列圆柱滚子轴承	内圈无挡边圆柱滚子轴承		左端轴承滚子相对内圈滚道轴向移动	旋转精度较高能承受较大的径、轴向载荷，刚性好
	21		一对调心滚子轴承		能承受较小的双向轴向载荷	右端轴承外圈与轴承座为动配合	适用于径向载荷较大的轴，具有调心性能
两端游动	22		一对外圈无挡边圆柱滚子轴承		不能承受轴向载荷	两端轴承的滚子相对外圈滚道移动	用于要求轴能轴向游动的场合
	23		一对无内圈滚针轴承			两端支承处滚针相对轴移动	

4.5.2 滚动轴承的轴向定位和紧固

轴承内圈在轴上通常以轴肩来固定其一端的位置，另一端可用螺母、压板、弹性挡圈等加以紧固。螺母紧固方式用于轴向负荷较大、转速较高的场合。当轴上加工螺纹有困难时，可用压板紧固。弹性挡圈的优点是结构紧凑，装拆也方便，但不宜承受较大的轴向负荷。

常见轴承内圈固定方式如表 4-48 所示，外圈固定方式如表 4-49 所示。

表 4-48　常见轴承内圈的固定方式

简图	紧固方式	特点
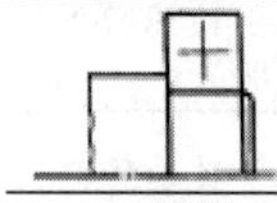	内圈靠轴肩定位，过盈配合紧固	结构简单，装拆方便，占用空间小，可用于两端固定支承
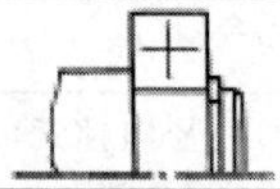	用弹性挡圈紧固	结构简单，装拆方便，占用空间小，多用于向心轴承的紧固
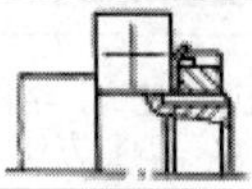	内圈用螺母与止动垫圈紧固	结构简单，装拆方便，紧固可靠
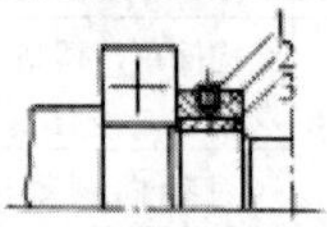	用螺母 2 紧固内圈，紧定螺钉 1 防松，垫片 3 用软金属制造以增强防松效果并防止螺纹压坏	常用于机床主轴的端部支承或中间支承
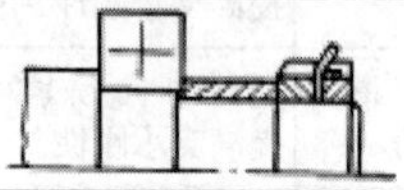	用两个螺母和一个套筒紧固内圈	双螺母防松可靠，套筒可防止螺母将轴承压斜
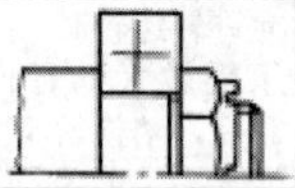	用螺母紧固内圈，开口销防松	防松可靠，常用于振动较大的场合。装配工艺性不好
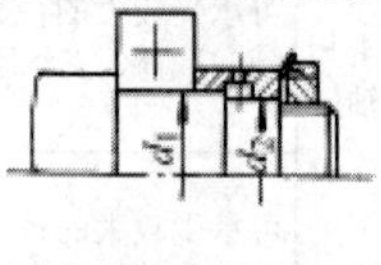	用阶梯套筒紧固内圈，套筒与轴颈 d_1 及 d_2 为过盈配合	可克服螺母端面与中心线不垂直引起的变形，适用于高速精密机床主轴。装配时先将套筒加热装在轴上，冷却后，在套筒和主轴间通入压力油，使套筒涨大，再用螺母调整套筒的位置
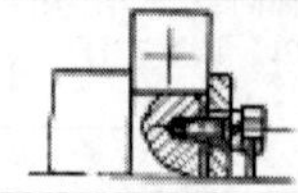	在轴端用压板和螺钉紧固，用弹簧垫片和铁丝防松	不能调整轴承游隙，多用于轴颈较大（$d>70\text{mm}$）的场合，不在轴上车螺纹，允许转速较高
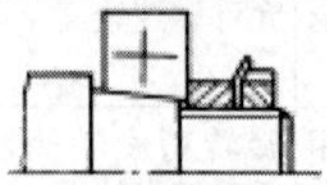	带锥度的轴承内孔和锥度轴颈相配合，由垫圈螺母紧固	可调整轴承的径向游隙，适用于带锥孔的轴承
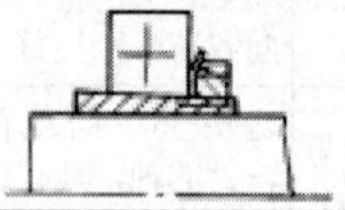	用紧定套（或退卸套）螺母，止动垫圈紧固内圈	可调整轴承的轴向位置和径向游隙。装拆方便，多用于调心球轴承的内圈紧固。适用于不便加工轴肩的多支点轴的支承

表 4-49　常见的轴承外圈的固定方式

简图	紧固方式	特点
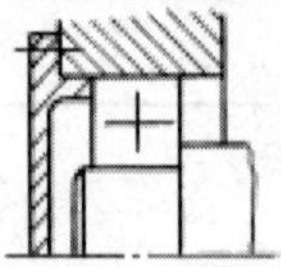	外圈用端盖紧固	结构简单，紧固可靠，调整方便

续表

简图	紧固方式	特点
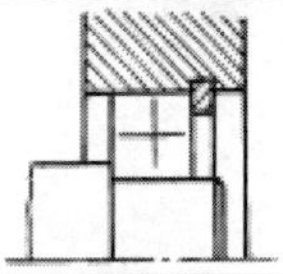	外圈用弹性挡圈紧固	结构简单，装拆方便，占用空间小，多用于向心轴承
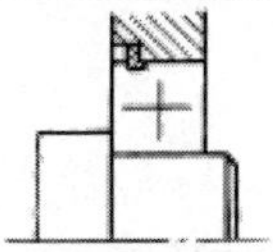	外圈用止动环紧固	用于轴向尺寸受限制的部件，外壳孔不需要加工凸肩
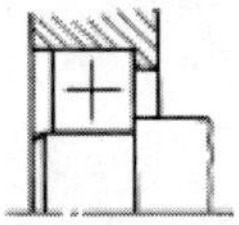	外圈由挡肩定位，支承靠螺母或端盖紧固	结构简单，工作可靠
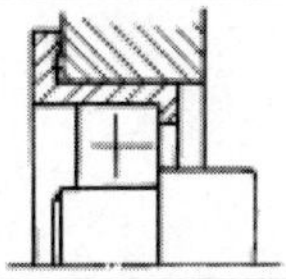	外圈由套筒上的挡肩定位，再用端盖紧固	结构简单，外壳孔可为通孔，利用垫片可调整轴系的轴向位置，装配工艺性好
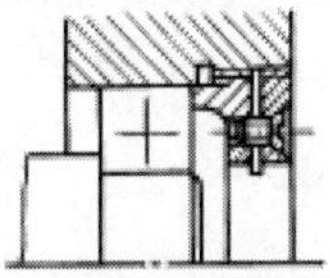	外圈由带螺纹的端盖紧固，端盖上有一开口槽，用螺钉拧入即可防松	多用于角接触轴承。缺点是要在孔内加工螺纹
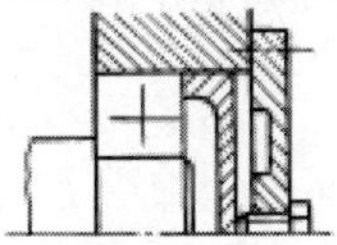	外圈用螺钉和调节杯紧固	便于调整轴承游隙，用于角接触轴承的紧固

带紧定套的轴承，可以利用紧定套将轴承固定在光轴上。

轴承外圈在机座孔中的轴向位置通常利用孔的台肩、轴承盖和弹性圈等来固定。

4.5.3　滚动轴承游隙的调整

轴承游隙的大小对轴承的寿命、效率、旋转精度、温升及噪声等都有很大的影响。游隙过大，则轴承的旋转精度降低，噪声增大；游隙过小，则由于轴的热膨胀使轴承受的载荷加大，寿命缩短，效率降低。因此，轴承组合装配时应根据实际的工作状况适当地调整游隙，并从结构上保证能方便地进行调整。

一般情况下，装配时可通过改变轴承盖与箱体之间的垫片厚度来实现。装配中首先在不装垫片的情况下测量端盖与箱体之间的间隙，将这个间隙与轴系所需的工作游隙相加，就是所需的垫片总厚度，如图 4-22 所示。通过螺钉与压盖进行调整如图 4-23 所示。

为了使轴上零件得到准确的工作位置，可采用图 4-24 所示的结构。

轴向间隙也可以用轴上的圆螺母来调整，如图 4-25 所示，操作方便，但是螺纹为应力集中源，削弱了轴的强度。

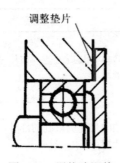

图 4-22 用垫片调整

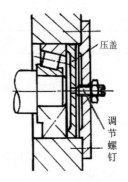

图 4-23 通过螺钉与压盖进行调整

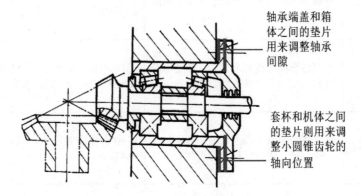

轴承端盖和箱体之间的垫片用来调整轴承间隙

套杯和机体之间的垫片则用来调整小圆锥齿轮的轴向位置

图 4-24 轴上零件的准确定位方法

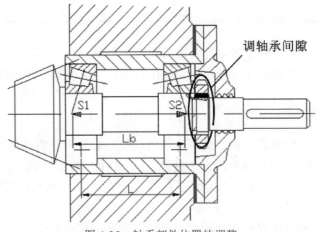

调轴承间隙

图 4-25 轴系部件位置的调整

4.5.4 滚动轴承的配合

为保证轴承正常工作，轴承与轴及机座孔之间必须选取适当的配合。

滚动轴承是大量生产的标准件，轴承的配合以滚动轴承为基准。因此，轴承内圈与轴颈的配合应按基孔制，轴承外圈与机座孔的配合应按基轴制。

选择配合时，应避免不必要地增大过盈或间隙。当过盈太大时，装配后因内圈的弹性膨胀和外圈的收缩，使轴承内部间隙减小甚至完全消除间隙，以致影响正常运转。如配合过松，不仅影响轴的旋转精度，而且内圈、外圈会在配合表面上滑动，使配合面擦伤。

轴承配合的选择应考虑负荷的大小、方向、性质、工作温度，轴承旋转精度要求、套圈是否沿配合表面游动以及装拆方便等因素。

一般来说，负荷方向不改变时，轴承不动圈相比转动圈应有较松的配合；负荷方向随转动件一起转动时，如转子的偏心质量引起的惯性离心力，转动圈就应比不动圈有较松的配合。载荷平稳时，轴承配合可偏松一些；载荷变动或重负荷、高速、有冲击时，则应偏紧一些。

另外，若轴承座的温度高于轴承温度，则外圈与座孔的配合应偏紧一些；若轴的温度高于轴承的温度，则内圈与轴颈的配合应偏松一些。轴承旋转精度要求较高时，应取较紧配合，借此减小轴承游隙。经常拆卸的轴承或游动的套圈应取较松的配合。

滚动轴承与轴和外壳孔的公差带示意图如图 4-26 所示。

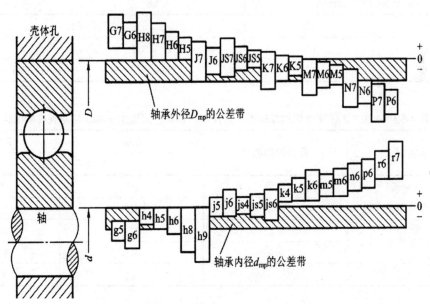

图 4-26　滚动轴承与轴和外壳孔配合的公差带图

各级精度轴承常采用的配合、不同类型轴承与轴和孔的配合公差见表 4-50 至表 4-64。轴与外壳的形位公差、表面粗糙度见表 4-65 至表 4-67。

表 4-50　各级精度轴承常采用的配合

精度等级	轴承与轴		轴承与外壳孔		
	过渡配合	过盈配合	间隙配合	过渡配合	过盈配合
0 级	h9、h8、g6、h6、j6、js6、g5、h5、j5	rk7、k6、m6、n6、p6、r6、k5、m5	H8、G7、H7、H6	J7、Js7、K7、M7、N7、J6、Js6、K6、M6、N6	P7、P6
6 级	g6、h6、j6、js6、g5、h5、j5	rk6、m6、n6、p6、r6、k5、m5	H8、G7、H7、H6	J7、Js7、K7、M7、N7、J6、Js6、K6、M6、N6	P7、P6

续表

精度等级	轴承与轴		轴承与外壳孔		
	过渡配合	过盈配合	间隙配合	过渡配合	过盈配合
5 级	h5、j5、js5	k6、m6 k5、m5	G6、H6	Js6、K6、M6、Js5、K5、M5	
4 级	h5、js5、h4、js4	k5、m5、k4	H5	K6、Js5、K5、M5	
2 级	h3、js3		H4	Js4、K4	

注：1. 孔 N6 与 0 级精度轴承（外径 D<150mm）和 6 级精度轴承（外径 D<315mm）的配合为过渡配合。
　　2. 轴 r5 用于内径 d>120~500mm；轴 r7 用于内径 d>180~500mm。

表 4-51　4 级、2 级精度深沟球轴承、角接触球轴承及圆锥滚子轴承与轴的配合

轴承公称内径 d/mm		4 级	2 级
超过	到	轴颈公差带	
18	120	js4、h4（预紧）	js3、h3（预紧）
120	250	k4	js3、h3（预紧）

表 4-52　4 级、2 级精度深沟球轴承、角接触球轴承及圆锥滚子轴承与外壳孔的配合

轴承类型	是否轴向游动	4 级	2 级
		外壳孔公差带	
深沟球轴承 角接触球轴承	游动	H5	H4
	固定	Js5	Js4
圆锥滚子轴承	游动	H5	H4
	固定	K5	K4
圆锥孔双列圆柱滚子轴承		K5	K4

表 4-53　2 级精度深沟球轴承、角接触球轴承及圆锥滚子轴承与轴的配合过盈量　　单位：μm

轴承的速度因数 dn ≤	轴承公称内径 d/mm							
	18~30		30~35		50~80		80~120	
	最小	最大	最小	最大	最小	最大	最小	最大
200000	0	+3	0	+4	+1	+5	+1	+6
400000	0	+2	0	+2	0	+2	0	+3
800000	-1	+1	-1	+1	-1	+1	—	—

注："–"号为间隙量，"+"号为过盈量。

表 4-54　2 级精度深沟球轴承、角接触球轴承及圆锥滚子轴承与外壳孔的配合间隙量　　单位：μm

轴承的速度因数 dn ≤	轴承公称外径 d/mm							
	30～50		50～80		80～120		120～180	
	最小	最大	最小	最大	最小	最大	最小	最大
深沟球轴承和角接触球轴承								
100000	-4	+4	-5	+5	-6	+6	-7	+7
200000	-1	+5	-1	+6	-1	+7	-1	+9
400000	0	+4	0	+5	0	+6	0	+7
800000	+1	+3	+1	+3	+1	+4	—	—
双列圆柱滚子轴承和圆锥滚子轴承								
100000	-6	+2	-7	+2	-8	+3	-9	+3
200000	-4	+4	-4.5	+4.5	-5	+5	-6	+6
300000	-2	+6	-2	+7	-3	+8	-3	+9

注：1．"-"为过盈量，"+"号为间隙量。

　　2．对于支承刚度和抗振性要求较高的轴承，可在上述间隙范围内选用较紧的配合。

　　3．对于转速特别高的轴承，为了减小由于主轴部件不平衡所产生的振动，也应选用较紧的配合。

表 4-55　向心轴承和轴的配合——轴公差带

圆柱孔轴承					
运转状态		载荷状态	深沟球轴承、调心球轴承和角接触球轴承	圆柱滚子轴承和圆锥滚子轴承	调心滚子轴承	公差带
说明	举例		轴承公称内径 d/mm			
旋转的内圈载荷及摆动载荷	一般通用机械、电动机、机床主轴、泵、内燃机、直齿轮传动装置、铁路机车车辆轴箱、破碎机等	轻载荷	≤18	—	—	h5
			>18～100	≤40	≤40	j6[①]
			>100～200	>40～140	>40～140	k6[①]
			—	>140～200	>140～200	m6[①]
		正常载荷	≤18	—	—	j5 js5
			>18～100	≤40	≤400	k5[②]
			>100～140	>40～100	>40～65	m5[②]
			>140～200	>100～140	>65～100	m6
			>200～280	>140～200	>100～140	n6
			—	>200～400	>140～280	p6
			—	—	>280～500	r6
		重载荷		>50～140	>50～100	n6
				>140～200	>100～140	p6[③]
				>200	>140～200	r6
				—	>200	r7

续表

圆柱孔轴承

运转状态		载荷状态	深沟球轴承、调心球轴承和角接触球轴承	圆柱滚子轴承和圆锥滚子轴承	调心滚子轴承	公差带
说明	举例		轴承公称内径 d/mm			
固定的内圈载荷	静止轴上的各种轮子，张紧轮绳轮、振动筛、惯性振动器	所有载荷	所有尺寸			f6
						g6①
						h6
						j6
仅有轴向载荷		所有尺寸				j6、js6

圆锥孔轴承

所有载荷	铁路机车车辆轴箱	装在退卸套上的所有尺寸				h8(IT6)⑤、④
	一般机械传动	装在紧定套上的所有尺寸				h9(IT7)⑤、④

①凡对精度有较高要求的场合，应用 j5、k5 代替 j6、k6。

②圆锥滚子轴承、角接触球轴承配合对游隙影响不大，可用 k6、m6 代替 k5、m5。

③重载荷下轴承游隙应选大于 0 组。

④凡有较高精度或转速要求的场合，应选用 h7（IT5）代替 h8（IT6）等。

⑤IT6、IT17 表示圆柱度公差数值。

表 4-56　向心轴承和外壳的配合——孔公差带

运转状态		载荷状态	其他状况	公差带①	
说明	举例			球轴承	滚子轴承
固定的外圈载荷	一般机械、铁路机车车辆轴箱、电动机、泵、曲轴主轴承	轻、正常、重	轴向易移动，可采用剖分式外壳	H7、G7②	
		冲击	轴向能移动，可采用整体或剖分式外壳	J7、Js7	
摆动载荷		轻、正常			
		正常、重		K7	
		冲击		M7	
旋转的外圈载荷	张紧滑轮、轮毂轴承	轻	轴向不移动，采用整体式外壳	J7	K7
		正常		K7、M7	M7、N7
		重		—	N7、P7

①并列公差带随尺寸的增大从左至右选择，对旋转精度有较高要求时，可相应提高一个公差等级。

②适用于剖分式外壳。

表 4-57 推力轴承和轴的配合——轴公差带

运转状态	载荷状态	推力球和推力滚子轴承	推力调心滚子轴承[2]	公差带
		轴承公称内径 d/mm		
仅有轴向载荷		所有尺寸		j6、js6
固定的轴圈载荷	径向和轴向联合载荷	—	≤250	j6
		—	>250	js6
旋转的轴圈载荷或摆动载荷		—	≤200	k6[1]
		—	>200~400	m6
		—	>400	n6

①要求较小过盈时，可分别用 j6、k6、m6 代替 k6、m6、n6。
②包括推力圆锥滚子轴承、推力角接触球轴承。

表 4-58 推力轴承和外壳的配合——孔公差带

运转状态	载荷状态	轴承类型	公差带	备注
仅有轴向载荷		推力球轴承	H8	
		推力圆柱、圆锥滚子轴承	H7	
		推力调心滚子轴承		外壳孔与座圈间间隙为 0.001D（D 为轴承公称外径）
固定的座圈载荷	径向和轴向联合载荷	推力角接触球轴承、推力调心滚子轴承、推力圆锥滚子轴承	H7	
			K7	普通使用条件
旋转的座圈载荷或摆动载荷			M7	有较大径向载荷时

表 4-59　向心轴承（圆锥滚子轴承除外）0级公差轴承与外壳的配合

单位：μm

外壳孔公差带的极限偏差（轴承外径 ΔD_{mp} 上差均为 0，下差见下表；各配合栏为 ES/EI）

基本尺寸/mm	下差	G7	H8	H7	H6	J7	J6	Js7	Js6	K6	K7	M6	M7	N6	N7	P6	P7
>10~18	-8	+24/+6	+27/0	+18/0	+11/0	+10/-8	+6/-5	+9/-9	+5.5/-5.5	+2/-9	+6/-12	-4/-15	0/-18	-9/-20	-5/-23	-15/-26	-11/-29
>18~30	-9	+28/+7	+33/0	+21/0	+13/0	+12/-9	+8/-5	+10/-10	+6.5/-6.5	+2/-11	+6/-15	-4/-17	0/-21	-11/-24	-7/-28	-18/-31	-14/-35
>30~50	-11	+34/+9	+39/0	+25/0	+16/0	+14/-11	+10/-6	+12/-12	+8/-8	+3/-13	+7/-18	-4/-20	0/-25	-12/-28	-8/-33	-21/-37	-17/-42
>50~80	-13	+40/+10	+46/0	+30/0	+19/0	+18/-12	+13/-6	+15/-15	+9.5/-9.5	+4/-15	+9/-21	-5/-24	0/-30	-14/-33	-9/-39	-26/-45	-21/-51
>80~120	-15	+47/+12	+54/0	+35/0	+22/0	+22/-13	+16/-7	+17/-17	+11/-11	+4/-18	+10/-25	-6/-28	0/-35	-16/-38	-10/-45	-30/-52	-24/-59
>120~150	-18	+54/+14	+63/0	+40/0	+25/0	+26/-14	+18/-7	+20/-20	+12.5/-12.5	+4/-21	+12/-28	-8/-33	0/-40	-20/-45	-12/-52	-36/-61	-28/-68
>150~180	-25	+54/+14	+63/0	+40/0	+25/0	+26/-14	+18/-7	+20/-20	+12.5/-12.5	+4/-21	+12/-28	-8/-33	0/-40	-20/-45	-12/-52	-36/-61	-28/-68
>180~250	-30	+61/+15	+72/0	+46/0	+29/0	+30/-16	+22/-7	+23/-23	+14.5/-14.5	+5/-24	+13/-33	-8/-37	0/-46	-22/-51	-14/-60	-41/-70	-33/-79
>250~315	-35	+69/+17	+81/0	+52/0	+32/0	+36/-16	+25/-7	+26/-26	+16/-16	+5/-27	+16/-36	-9/-41	0/-52	-25/-57	-14/-66	-47/-79	-36/-88
>315~400	-40	+75/+18	+89/0	+57/0	+36/0	+39/-18	+29/-7	+28/-28	+18/-18	+7/-29	+17/-40	-10/-46	0/-57	-26/-62	-16/-73	-51/-87	-41/-98
>400~500	-45	+83/+20	+97/0	+63/0	+40/0	+43/-20	+33/-7	+31/-31	+20/-20	+8/-32	+18/-45	-10/-50	0/-63	-27/-67	-17/-80	-55/-95	-45/-108

配合（间隙或过盈）（每栏上格为最大间隙或最大过盈，下格为最小间隙或最小/最大过盈）

基本尺寸/mm	G7 间隙 最大/最小	H8 最大/最小	H7 最大/最小	H6 最大/最小	J7 最大间隙/最大过盈	J6	Js7	Js6	K6	K7	M6	M7	N6	N7	P6 最大过盈/最小过盈	P7
>10~18	32/6	35/0	26/0	19/0	18/8	14/5	17/9	13.5/5.5	10/9	14/12	4/15	8/18	-1/20	3/23	26/7	29/3
>18~30	37/7	42/0	30/0	22/0	21/9	17/5	19/10	15.5/6.5	11/11	15/15	5/17	9/21	-2/24	2/28	31/9	35/5
>30~50	45/9	50/0	36/0	27/0	25/11	21/6	23/12	19/8	14/13	18/18	7/20	11/25	-1/28	3/33	37/10	42/6
>50~80	53/10	59/0	43/0	32/0	31/12	26/6	28/15	22.5/9.5	17/15	22/21	8/24	13/30	-1/33	4/39	45/13	51/8
>80~120	62/12	69/0	50/0	37/0	37/13	31/7	32/17	26/11	19/18	25/25	9/28	15/35	-1/38	5/45	52/15	59/9
>120~150	72/14	81/0	58/0	43/0	44/14	36/7	38/20	30.5/12.5	22/21	30/28	10/33	18/40	-2/45	6/52	61/18	68/10
>150~180	79/14	88/0	65/0	50/0	51/14	43/7	45/20	37.5/12.5	29/21	37/28	17/33	25/40	5/45	13/52	61/11	68/3
>180~250	91/15	102/0	76/0	59/0	60/16	52/7	53/23	44.5/14.5	35/24	43/33	22/37	30/46	8/51	16/60	70/11	79/3
>250~315	104/17	116/0	87/0	67/0	71/16	60/7	61/26	51/16	40/27	51/36	26/41	35/52	10/57	21/66	79/12	88/1
>315~400	115/18	129/0	97/0	76/0	79/18	69/7	68/28	58/18	47/29	57/40	30/46	40/57	14/62	24/73	87/11	98/1
>400~500	128/20	142/0	108/0	85/0	88/20	78/7	76/31	65/20	53/32	63/45	35/50	45/63	18/67	28/80	95/10	108/0

注："-"号表示过盈。

表4-60 向心轴承（圆锥滚子轴承除外）0级公差轴承与轴的配合

单位：μm

基本尺寸 /mm	轴承内径 Δd_mp (上差/下差)	g6	g5	h6	h5	j5	j6	js6	k5	k6	m5	m6	n6	p6	r6	r7
		轴颈直径的极限偏差 公差带														
>3~6	0 / -8	-4 / -12	-4 / -9	0 / -8	0 / -5	+3 / -2	+6 / -2	+4 / -4	+6 / +1	+9 / +1	+9 / +4	+12 / +4	+16 / +8	+20 / +12	—	—
>6~10	0 / -8	-5 / -14	-5 / -11	0 / -9	0 / -6	+4 / -2	+7 / -2	+4.5 / -4.5	+7 / +1	+10 / +1	+12 / +6	+15 / +6	+19 / +10	+24 / +15	—	—
>10~18	0 / -8	-6 / -17	-6 / -14	0 / -11	0 / -8	+5 / -3	+8 / -3	+5.5 / -5.5	+9 / +1	+12 / +1	+15 / +7	+18 / +7	+23 / +12	+29 / +18	—	—
>18~30	0 / -10	-7 / -20	-7 / -16	0 / -13	0 / -9	+5 / -4	+9 / -4	+6.5 / -6.5	+11 / +2	+15 / +2	+17 / +8	+21 / +8	+28 / +15	+35 / +22	—	—
>30~50	0 / -12	-9 / -25	-9 / -20	0 / -16	0 / -11	+6 / -5	+11 / -5	+8 / -8	+13 / +2	+18 / +2	+20 / +9	+25 / +9	+33 / +17	+42 / +26	—	—
>50~80	0 / -15	-10 / -29	-10 / -23	0 / -19	0 / -13	+6 / -7	+12 / -7	+9.5 / -9.5	+15 / +2	+21 / +2	+24 / +11	+30 / +11	+39 / +20	+51 / +32	—	—
>80~120	0 / -20	-12 / -34	-12 / -27	0 / -22	0 / -15	+6 / -9	+13 / -9	+11 / -11	+18 / +3	+25 / +3	+28 / +13	+35 / +13	+45 / +23	+59 / +37	—	—
>120~140	0 / -25	-14 / -39	-14 / -32	0 / -25	0 / -18	+7 / -11	+14 / -11	+12.5 / -12.5	+21 / +3	+28 / +3	+33 / +15	+40 / +15	+52 / +27	+68 / +43	+88 / +63	—
>140~160	0 / -25	-14 / -39	-14 / -32	0 / -25	0 / -18	+7 / -11	+14 / -11	+12.5 / -12.5	+21 / +3	+28 / +3	+33 / +15	+40 / +15	+52 / +27	+68 / +43	+90 / +65	—
>160~180	0 / -25	-14 / -39	-14 / -32	0 / -25	0 / -18	+7 / -11	+14 / -11	+12.5 / -12.5	+21 / +3	+28 / +3	+33 / +15	+40 / +15	+52 / +27	+68 / +43	+93 / +68	—
>180~200	0 / -30	-15 / -44	-15 / -35	0 / -29	0 / -20	+7 / -13	+16 / -13	+14.5 / -14.5	+24 / +4	+33 / +4	+37 / +17	+46 / +17	+60 / +31	+79 / +50	+106 / +77	+123 / +77
>200~225	0 / -30	-15 / -44	-15 / -35	0 / -29	0 / -20	+7 / -13	+16 / -13	+14.5 / -14.5	+24 / +4	+33 / +4	+37 / +17	+46 / +17	+60 / +31	+79 / +50	+109 / +80	+126 / +80
>225~250	0 / -30	-15 / -44	-15 / -35	0 / -29	0 / -20	+7 / -13	+16 / -13	+14.5 / -14.5	+24 / +4	+33 / +4	+37 / +17	+46 / +17	+60 / +31	+79 / +50	+113 / +84	+130 / +84
>250~280	0 / -35	-17 / -49	-17 / -40	0 / -32	0 / -23	+7 / -16	—	+16 / -16	+27 / +4	+36 / +4	+43 / +20	+52 / +20	+66 / +34	+88 / +58	+126 / +94	+146 / +94
>280~315	0 / -35	-17 / -49	-17 / -40	0 / -32	0 / -23	+7 / -16	—	+16 / -16	+27 / +4	+36 / +4	+43 / +20	+52 / +20	+66 / +34	+88 / +58	+130 / +98	+150 / +98
>315~355	0 / -40	-18 / -54	-18 / -43	0 / -36	0 / -25	+7 / -18	—	+18 / -18	+29 / +4	+40 / +4	+46 / +21	+57 / +21	+73 / +37	+98 / +62	+144 / +108	+165 / +108
>355~400	0 / -40	-18 / -54	-18 / -43	0 / -36	0 / -25	+7 / -18	—	+18 / -18	+29 / +4	+40 / +4	+46 / +21	+57 / +21	+73 / +37	+98 / +62	+150 / +114	+171 / +114
>400~450	0 / -45	-20 / -60	-20 / -47	0 / -40	0 / -27	+7 / -20	—	+20 / -20	+32 / +5	+45 / +5	+50 / +23	+63 / +23	+80 / +40	+108 / +68	+166 / +126	+189 / +126
>450~500	0 / -45	-20 / -60	-20 / -47	0 / -40	0 / -27	+7 / -20	—	+20 / -20	+32 / +5	+45 / +5	+50 / +23	+63 / +23	+80 / +40	+108 / +68	+172 / +132	+195 / +132

表 4-61　向心轴承（圆锥滚子轴承除外）6 级公差轴承与外壳的配合

单位：μm

外壳孔直径的极限偏差（公差带），单位 μm（每格为 上偏差 / 下偏差）

基本尺寸/mm	ΔD_mp 上差	ΔD_mp 下差	G7	H8	H7	H6	J7	J6	Js7	Js6	K7	K6	M7	M6	N7	N6	P7	P6
>10~18	0	-7	+24/+6	+27/0	+18/0	+11/0	+10/-8	+6/-5	+9/-9	+5.5/-5.5	+6/-12	+2/-9	0/-18	-4/-15	-5/-23	-9/-20	-11/-29	-15/-26
>18~30	0	-8	+28/+7	+33/0	+21/0	+13/0	+12/-9	+8/-5	+10/-10	+6.5/-6.5	+6/-15	+2/-11	0/-21	-4/-17	-7/-28	-11/-24	-14/-35	-18/-31
>30~50	0	-9	+34/+9	+39/0	+25/0	+16/0	+14/-11	+10/-6	+12/-12	+8/-8	+7/-18	+3/-13	0/-25	-4/-20	-8/-33	-12/-28	-17/-42	-21/-37
>50~80	0	-11	+40/+10	+46/0	+30/0	+19/0	+18/-12	+13/-6	+15/-15	+9.5/-9.5	+9/-21	+4/-15	0/-30	-5/-24	-9/-39	-14/-33	-21/-51	-26/-45
>80~120	0	-13	+47/+12	+54/0	+35/0	+22/0	+22/-13	+16/-6	+17/-17	+11/-11	+10/-25	+4/-18	0/-35	-6/-28	-10/-45	-16/-38	-24/-59	-30/-52
>120~150	0	-15	+54/+14	+63/0	+40/0	+25/0	+26/-14	+18/-7	+20/-20	+12.5/-12.5	+12/-28	+4/-21	0/-40	-8/-33	-12/-52	-20/-45	-28/-68	-36/-61
>150~180	0	-18	+54/+14	+63/0	+40/0	+25/0	+26/-14	+18/-7	+20/-20	+12.5/-12.5	+12/-28	+4/-21	0/-40	-8/-33	-12/-52	-20/-45	-28/-68	-36/-61
>180~250	0	-20	+61/+15	+72/0	+46/0	+29/0	+30/-16	+22/-7	+23/-23	+14.5/-14.5	+13/-33	+5/-24	0/-46	-8/-37	-14/-60	-22/-51	-33/-79	-41/-70
>250~315	0	-25	+69/+17	+81/0	+52/0	+32/0	+36/-16	+25/-7	+26/-26	+16/-16	+16/-40	+7/-27	0/-52	-9/-41	-16/-66	-25/-57	-36/-88	-47/-79
>315~400	0	-28	+75/+18	+89/0	+57/0	+36/0	+39/-18	+29/-7	+28/-28	+18/-18	+17/-41	+8/-28	0/-57	-10/-46	-17/-73	-26/-62	-41/-98	-51/-87
>400~500	0	-33	+83/+20	+97/0	+63/0	+40/0	+43/-20	+33/-7	+31/-31	+20/-20	+18/-45	+8/-45	0/-63	-10/-50	-17/-80	-27/-67	-45/-108	-55/-95

间隙或过盈，单位 μm

（G7、H8、H7、H6、J7、J6、Js7、Js6 列为 最大间隙 / 最大过盈；K7、K6、M7、M6、N7、N6 列为 最大过盈 / 最大间隙；P7、P6 列为 过盈 最大 / 最小；G7 列为 间隙 最大 / 最小）

基本尺寸/mm	G7	H8	H7	H6	J7	J6	Js7	Js6	K7	K6	M7	M6	N7	N6	P7	P6
>10~18	31/6	34/0	25/0	18/0	17/8	13/5	16/9	12.5/5.5	12/13	9/9	18/7	15/3	23/2	20/-2	29/4	26/8
>18~30	36/7	41/0	29/0	21/0	20/9	16/5	18/10	14.5/6.5	15/14	11/10	21/8	17/4	28/1	24/-3	35/6	31/10
>30~50	43/9	48/0	34/0	25/0	23/11	19/6	21/12	17/8	18/16	13/12	25/9	20/5	33/1	28/-3	42/8	37/12
>50~80	51/10	57/0	41/0	30/0	29/12	24/6	26/15	20.5/9.5	21/20	15/15	30/11	24/6	39/2	33/-3	51/10	45/15
>80~120	60/12	67/0	48/0	35/0	35/13	29/6	30/17	24/11	25/23	18/17	35/13	28/7	45/3	38/-3	59/11	52/17
>120~150	69/14	78/0	55/0	40/0	41/14	33/7	35/20	27.5/12.5	28/27	21/19	40/15	33/7	52/3	45/-5	68/13	61/21
>150~180	72/14	81/0	58/0	43/0	44/14	36/7	38/20	30.5/12.5	28/30	21/22	40/18	33/10	52/6	45/-2	68/10	61/18
>180~250	81/15	92/0	66/0	49/0	50/16	42/7	43/23	34.5/14.5	33/33	24/25	46/20	37/12	60/6	51/-2	79/13	70/21
>250~315	94/17	106/0	77/0	57/0	61/16	50/7	51/26	41/16	36/41	27/30	52/25	41/16	66/11	57/0	88/11	79/22
>315~400	103/18	117/0	85/0	64/0	67/18	57/7	56/28	46/18	40/45	29/35	57/28	46/18	73/12	62/2	98/13	87/23
>400~500	116/20	130/0	96/0	73/0	76/20	66/7	64/31	53/20	45/51	32/41	63/33	50/23	80/16	67/6	108/12	95/22

表 4-62 向心轴承（圆锥滚子轴承除外）6级公差轴承与轴的配合

单位：μm

轴承内径 Δd_{mp} ＝ 上差／下差；其余各列为轴颈直径的极限偏差（轴 公 差 带）

基本尺寸/mm	上差	下差	g6	g5	h6	h5	j5	j6	js6	k5	k6	m5	m6	n6	p6	r6	r7
>3~6	0	−7	−4／−12	−4／−9	0／−8	0／−5	+3／−2	+6／−2	+4／−4	+6／+1	+9／+1	+9／+4	+12／+4	+16／+8	+20／+12	—	—
>6~10	0	−7	−5／−14	−5／−11	0／−9	0／−6	+4／−2	+7／−2	+4.5／−4.5	+7／+1	+10／+1	+12／+6	+15／+6	+19／+10	+24／+15	—	—
>10~18	0	−7	−6／−17	−6／−14	0／−11	0／−8	+5／−3	+8／−3	+5.5／−5.5	+9／+1	+12／+1	+15／+7	+18／+7	+23／+12	+29／+18	—	—
>18~30	0	−8	−7／−20	−7／−16	0／−13	0／−9	+5／−4	+9／−4	+6.5／−6.5	+11／+2	+15／+2	+17／+8	+21／+8	+28／+15	+35／+22	—	—
>30~50	0	−10	−9／−25	−9／−20	0／−16	0／−11	+6／−5	+11／−5	+8／−8	+13／+2	+18／+2	+20／+9	+25／+9	+33／+17	+42／+26	—	—
>50~80	0	−12	−10／−29	−10／−23	0／−19	0／−13	+6／−7	+12／−7	+9.5／−9.5	+15／+2	+21／+2	+24／+11	+30／+11	+39／+20	+51／+32	—	—
>80~120	0	−15	−12／−34	−12／−27	0／−22	0／−15	+6／−9	+13／−9	+11／−11	+18／+3	+25／+3	+28／+13	+35／+13	+45／+23	+59／+37	—	—
>120~140	0	−18	−14／−39	−14／−32	0／−25	0／−18	+7／−11	+14／−11	+12.5／−12.5	+21／+3	+28／+3	+33／+15	+40／+15	+52／+27	+68／+43	+88／+63	—
>140~160	0	−18	−14／−39	−14／−32	0／−25	0／−18	+7／−11	+14／−11	+12.5／−12.5	+21／+3	+28／+3	+33／+15	+40／+15	+52／+27	+68／+43	+90／+65	—
>160~180	0	−18	−14／−39	−14／−32	0／−25	0／−18	+7／−11	+14／−11	+12.5／−12.5	+21／+3	+28／+3	+33／+15	+40／+15	+52／+27	+68／+43	+93／+68	—
>180~200	0	−22	−15／−44	−15／−35	0／−29	0／−20	+7／−13	+16／−13	+14.5／−14.5	+24／+4	+33／+4	+37／+17	+46／+17	+60／+31	+79／+50	+106／+77	+123／+77
>200~225	0	−22	−15／−44	−15／−35	0／−29	0／−20	+7／−13	+16／−13	+14.5／−14.5	+24／+4	+33／+4	+37／+17	+46／+17	+60／+31	+79／+50	+109／+80	+126／+80
>225~250	0	−22	−15／−44	−15／−35	0／−29	0／−20	+7／−13	+16／−13	+14.5／−14.5	+24／+4	+33／+4	+37／+17	+46／+17	+60／+31	+79／+50	+113／+84	+130／+84
>250~280	0	−25	−17／−49	−17／−40	0／−32	0／−23	+7／−16	—	+16／−16	+27／+4	+36／+4	+43／+20	+52／+20	+66／+34	+88／+56	+126／+94	+146／+94
>280~315	0	−25	−17／−49	−17／−40	0／−32	0／−23	+7／−16	—	+16／−16	+27／+4	+36／+4	+43／+20	+52／+20	+66／+34	+88／+56	+130／+98	+150／+98
>315~355	0	−30	−18／−54	−18／−43	0／−36	0／−25	+7／−18	—	+18／−18	+29／+4	+40／+4	+46／+21	+57／+21	+73／+37	+98／+62	+144／+108	+165／+108
>355~400	0	−30	−18／−54	−18／−43	0／−36	0／−25	+7／−18	—	+18／−18	+29／+4	+40／+4	+46／+21	+57／+21	+73／+37	+98／+62	+150／+114	+171／+114
>400~450	0	−35	−20／−60	−20／−47	0／−40	0／−27	+7／−20	—	+20／−20	+32／+5	+45／+5	+50／+23	+63／+23	+80／+40	+108／+68	+166／+126	+189／+126
>450~500	0	−35	−20／−60	−20／−47	0／−40	0／−27	+7／−20	—	+20／−20	+32／+5	+45／+5	+50／+23	+63／+23	+80／+40	+108／+68	+172／+132	+195／+132

基本尺寸/mm	间隙或过盈														过盈															
	最大间隙	最大过盈	最大间隙	最大过盈	最大间隙	最大过盈	最大间隙	最大过盈	最大间隙	最大过盈	最大间隙	最大过盈	最大间隙	最大过盈	最小	最大	最小	最大	最小	最大	最小	最大	最小	最大	最小	最大	最小	最大	最小	最大
>3~6	12	3	9	3	8	7	5	7	2	10	2	13	4	11	1	13	1	16	4	19	4	16	8	23	12	27	—	—	—	—
>6~10	14	2	11	2	9	7	6	7	2	11	2	14	4.5	11.5	1	14	1	17	6	22	6	19	10	26	15	31	—	—	—	—
>10~18	17	1	14	1	11	7	8	7	3	12	3	15	5.5	12.5	1	16	1	19	7	25	7	22	12	30	18	39	—	—	—	—
>18~30	20	1	16	1	13	8	9	8	4	13	4	17	6.5	14.5	2	19	2	23	8	29	8	25	15	36	22	43	—	—	—	—
>30~50	25	1	20	1	16	10	11	10	5	16	5	21	8	18	2	23	2	28	9	35	9	30	17	43	26	52	—	—	—	—
>50~80	29	2	23	2	19	12	13	12	7	18	7	24	9.5	21.5	2	27	2	33	11	42	11	36	20	51	32	63	—	—	—	—
>80~120	34	3	27	3	22	15	15	15	9	21	9	28	11	26	3	33	3	40	13	50	13	43	23	60	37	74	—	—	—	—
>120~140	39	4	32	4	25	18	18	18	11	25	11	32	12.5	30.5	3	39	3	46	15	58	15	51	27	70	43	86	63	106	—	—
>140~160	44	7	35	7	29	22	20	22	13	29	13	38	14.5	36.5	4	46	4	55	17	68	17	59	31	82	50	101	65	108	—	—
>160~180	44	7	35	7	29	22	20	22	13	29	13	38	14.5	36.5	4	46	4	55	17	68	17	59	31	82	50	101	68	111	—	—
>180~200	49	8	40	8	32	25	23	25	16	32	16	—	16	41	4	52	4	61	20	77	20	68	34	91	58	113	77	128	77	145
>200~225	49	8	40	8	32	25	23	25	16	32	16	—	16	41	4	52	4	61	20	77	20	68	34	91	58	113	80	131	80	148
>225~250	49	8	40	8	32	25	23	25	16	32	16	—	16	41	4	52	4	61	20	77	20	68	34	91	58	113	84	135	84	152
>250~280	54	12	43	12	36	30	25	30	18	37	18	—	18	48	4	59	4	70	21	87	21	76	37	103	62	128	94	151	94	171
>280~315	54	12	43	12	36	30	25	30	18	37	18	—	18	48	4	59	4	70	21	87	21	76	37	103	62	128	98	155	98	175
>315~355	60	15	47	15	40	35	27	35	20	42	20	—	20	55	5	67	5	80	23	98	23	85	40	115	68	143	108	174	108	195
>355~400	60	15	47	15	40	35	27	35	20	42	20	—	20	55	5	67	5	80	23	98	23	85	40	115	68	143	114	180	114	201
>400~450	60	15	47	15	40	35	27	35	20	42	20	—	20	55	5	67	5	80	23	98	23	85	40	115	68	143	126	201	126	224
>450~500	60	15	47	15	40	35	27	35	20	42	20	—	20	55	5	67	5	80	23	98	23	85	40	115	68	143	132	207	132	230

单位：μm

表 4-63 圆锥滚子轴承（0、6x 级公差）与外壳的配合

外壳孔直径的极限偏差（公差带），轴公差带（上差/下差）

基本尺寸/mm	ΔDmp 上差/下差	P7	P6	N7	N6	M7	M6	K7	K6	Js6	Js7	J6	J7	H6	H7	H8	G7
>30~50	0 / −14	−17 / −42	−21 / −37	−8 / −33	−12 / −28	0 / −25	−4 / −20	+7 / −18	+3 / −13	±8.5	±12	+10 / −6	+14 / −11	+16 / 0	+25 / 0	+39 / 0	+34 / +9
>50~80	0 / −16	−21 / −51	−26 / −45	−9 / −39	−14 / −33	0 / −30	−5 / −24	+9 / −21	+4 / −15	±9.5	±15	+13 / −6	+18 / −12	+19 / 0	+30 / 0	+46 / 0	+40 / +10
>80~120	0 / −18	−24 / −59	−30 / −52	−10 / −45	−16 / −38	0 / −35	−6 / −28	+10 / −25	+4 / −18	±11	±17	+16 / −6	+22 / −13	+22 / 0	+35 / 0	+54 / 0	+47 / +12
>120~150	0 / −20	−28 / −68	−36 / −61	−12 / −52	−20 / −45	0 / −40	−8 / −33	+12 / −28	+4 / −21	±12.5	±20	+18 / −7	+26 / −14	+25 / 0	+40 / 0	+63 / 0	+54 / +14
>150~180	0 / −25	−28 / −68	−36 / −61	−12 / −52	−20 / −45	0 / −40	−8 / −33	+12 / −28	+4 / −21	±12.5	±20	+18 / −7	+26 / −14	+25 / 0	+40 / 0	+63 / 0	+54 / +14
>180~250	0 / −30	−33 / −79	−41 / −70	−14 / −60	−22 / −51	0 / −46	−8 / −37	+16 / −33	+5 / −24	±14.5	±23	+22 / −7	+30 / −16	+29 / 0	+46 / 0	+72 / 0	+61 / +15
>250~315	0 / −35	−36 / −88	−47 / −79	−14 / −66	−25 / −57	0 / −52	−9 / −41	+16 / −36	+5 / −27	±16	±26	+25 / −7	+36 / −16	+32 / 0	+52 / 0	+81 / 0	+69 / +17
>315~400	0 / −40	−41 / −98	−51 / −87	−16 / −73	−26 / −62	0 / −57	−10 / −46	+17 / −40	+7 / −29	±18	±28	+29 / −7	+39 / −18	+36 / 0	+57 / 0	+89 / 0	+75 / +18
>400~500	0 / −45	−45 / −108	−55 / −95	−17 / −80	−27 / −67	0 / −63	−10 / −50	+18 / −45	+8 / −32	±20	±31	+33 / −7	+43 / −20	+40 / 0	+63 / 0	+97 / 0	+83 / +20

间隙或过盈（最大间隙/最大过盈；G7 为最大间隙/最小间隙；P6、P7 为最大过盈/最小过盈）

基本尺寸/mm	G7	H8	H7	H6	J7	J6	Js7	Js6	K6	K7	M6	M7	N6	N7	P6	P7
>30~50	48 / 9	50 / 0	39 / 0	30 / 0	28 / 11	24 / 6	26 / 12	22 / 8	17 / 13	21 / 18	10 / 20	14 / 25	2 / 28	6 / 33	37 / 7	42 / 3
>50~80	56 / 10	59 / 0	46 / 0	35 / 0	34 / 12	29 / 6	31 / 15	25.5 / 9.5	20 / 15	25 / 21	11 / 24	16 / 30	2 / 33	7 / 39	45 / 10	51 / 5
>80~120	65 / 12	69 / 0	53 / 0	40 / 0	40 / 13	34 / 6	35 / 17	29 / 11	22 / 18	28 / 25	12 / 28	18 / 35	2 / 38	8 / 45	52 / 12	59 / 6
>120~150	74 / 14	81 / 0	60 / 0	45 / 0	46 / 14	38 / 7	40 / 20	32.5 / 12.5	24 / 21	32 / 28	12 / 33	20 / 40	0 / 45	8 / 52	61 / 16	68 / 8
>150~180	79 / 14	88 / 0	65 / 0	50 / 0	51 / 14	43 / 7	45 / 20	37.5 / 12.5	29 / 21	37 / 28	17 / 33	25 / 40	5 / 45	13 / 52	61 / 11	68 / 3
>180~250	91 / 15	102 / 0	76 / 0	59 / 0	60 / 16	52 / 7	53 / 23	44.5 / 14.5	35 / 24	43 / 33	22 / 37	30 / 46	8 / 51	16 / 60	70 / 11	79 / 3
>250~315	104 / 17	116 / 0	87 / 0	67 / 0	71 / 16	60 / 7	61 / 26	51 / 16	40 / 27	51 / 36	26 / 41	35 / 52	10 / 57	21 / 66	79 / 12	88 / 1
>315~400	115 / 18	129 / 0	97 / 0	76 / 0	79 / 18	69 / 7	68 / 28	58 / 18	47 / 29	57 / 40	30 / 46	40 / 57	14 / 62	24 / 73	87 / 11	98 / 1
>400~500	128 / 20	142 / 0	108 / 0	85 / 0	88 / 20	78 / 7	76 / 31	65 / 20	53 / 32	63 / 45	35 / 50	45 / 63	18 / 67	28 / 80	95 / 10	108 / 0

表 4-64　圆锥滚子轴承（0、6x 级公差）与轴的配合

单位：μm

基本尺寸/mm	轴承内径 Δd_mp 上差/下差	f6	g6	g5	h6	h5	j5	j6	js6	k5	k6	m5	m6	n6	p6	r6
>10~18	0 / −12	−16 / −27	−6 / −17	−6 / −14	0 / −11	0 / −8	+5 / −3	+8 / −3	+5.5 / −5.5	+9 / +1	+12 / +1	+15 / +7	+18 / +7	+23 / +12	+29 / +18	—
>18~30	0 / −12	−20 / −33	−7 / −20	−7 / −16	0 / −13	0 / −9	+5 / −4	+9 / −4	+6.5 / −6.5	+11 / +2	+15 / +2	+17 / +8	+21 / +8	+28 / +15	+35 / +22	—
>30~50	0 / −12	−25 / −41	−9 / −25	−9 / −20	0 / −16	0 / −11	+6 / −5	+11 / −5	+8 / −8	+13 / +2	+18 / +2	+20 / +9	+25 / +9	+33 / +17	+42 / +26	—
>50~80	0 / −15	−30 / −49	−10 / −29	−10 / −23	0 / −19	0 / −13	+6 / −7	+12 / −7	+9.5 / −9.5	+15 / +2	+21 / +2	+24 / +11	+30 / +11	+39 / +20	+51 / +32	—
>80~120	0 / −20	−36 / −58	−12 / −34	−12 / −27	0 / −22	0 / −15	+6 / −9	+13 / −9	+11 / −11	+18 / +3	+25 / +3	+28 / +13	+35 / +13	+45 / +23	+59 / +37	—
>120~140	0 / −25	−43 / −68	−14 / −39	−14 / −32	0 / −25	0 / −18	+7 / −11	+14 / −11	+12.5 / −12.5	+21 / +3	+28 / +3	+33 / +15	+40 / +15	+52 / +27	+68 / +43	+88 / +63
>140~160	0 / −25	−43 / −68	−14 / −39	−14 / −32	0 / −25	0 / −18	+7 / −11	+14 / −11	+12.5 / −12.5	+21 / +3	+28 / +3	+33 / +15	+40 / +15	+52 / +27	+68 / +43	+90 / +65
>160~180	0 / −25	−43 / −68	−14 / −39	−14 / −32	0 / −25	0 / −18	+7 / −11	+14 / −11	+12.5 / −12.5	+21 / +3	+28 / +3	+33 / +15	+40 / +15	+52 / +27	+68 / +43	+93 / +68
>180~200	0 / −30	−50 / −79	−15 / −44	−15 / −35	0 / −29	0 / −20	+7 / −13	+16 / −13	+14.5 / −14.5	+24 / +4	+33 / +4	+37 / +17	+46 / +17	+60 / +31	+79 / +50	+106 / +77
>200~225	0 / −30	−50 / −79	−15 / −44	−15 / −35	0 / −29	0 / −20	+7 / −13	+16 / −13	+14.5 / −14.5	+24 / +4	+33 / +4	+37 / +17	+46 / +17	+60 / +31	+79 / +50	+109 / +80
>225~250	0 / −30	−50 / −79	−15 / −44	−15 / −35	0 / −29	0 / −20	+7 / −13	+16 / −13	+14.5 / −14.5	+24 / +4	+33 / +4	+37 / +17	+46 / +17	+60 / +31	+79 / +50	+113 / +84
>250~280	0 / −35	−56 / −88	−17 / −49	−17 / −40	0 / −32	0 / −23	+7 / −16	—	+16 / −16	+27 / +4	+36 / +4	+43 / +20	+52 / +20	+66 / +34	+88 / +56	+126 / +94
>280~315	0 / −35	−56 / −88	−17 / −49	−17 / −40	0 / −32	0 / −23	+7 / −16	—	+16 / −16	+27 / +4	+36 / +4	+43 / +20	+52 / +20	+66 / +34	+88 / +56	+130 / +98
>315~355	0 / −40	−62 / −98	−18 / −54	−18 / −43	0 / −36	0 / −25	+7 / −18	—	+18 / −18	+29 / +4	+40 / +4	+46 / +21	+57 / +21	+73 / +37	+98 / +62	+144 / +108
>355~400	0 / −40	−62 / −98	−18 / −54	−18 / −43	0 / −36	0 / −25	+7 / −18	—	+18 / −18	+29 / +4	+40 / +4	+46 / +21	+57 / +21	+73 / +37	+98 / +62	+150 / +114
>400~450	0 / −45	−68 / −108	−20 / −60	−20 / −47	0 / −40	0 / −27	+7 / −20	—	+20 / −20	+32 / +5	+45 / +5	+50 / +23	+63 / +23	+80 / +40	+108 / +68	+166 / +126
>450~500	0 / −45	−68 / −108	−20 / −60	−20 / −47	0 / −40	0 / −27	+7 / −20	—	+20 / −20	+32 / +5	+45 / +5	+50 / +23	+63 / +23	+80 / +40	+108 / +68	+172 / +132

注：f6～r6 各列为轴颈直径的极限偏差（轴　公差带）。

续表

基本尺寸/mm	间隙		间隙或过盈																过盈											
	最大	最小	最大间隙	最大过盈	最大间隙	最大过盈	最大间隙	最大过盈	最大间隙	最大过盈	最大间隙	最大过盈	最大间隙	最大过盈	最大间隙	最大过盈	最大间隙	最大过盈	最小	最大	最小	最大	最小	最大	最小	最大	最小	最大	最小	最大
>10~18	27	4	17	6	14	6	11	12	8	12	3	18	3	20	5.5	17.5	—	—	—	—	—	—	—	—	—	—	—	—	—	—
>18~30	33	8	20	5	16	5	13	12	9	12	4	18	4	21	6.5	18.5	2	23	2	27	—	—	—	—	—	—	—	—	—	—
>30~50	41	13	25	3	20	3	16	12	11	12	5	18	5	23	8	20	2	25	2	30	9	32	9	37	—	—	—	—	—	—
>50~80	49	15	29	5	23	5	19	15	13	15	7	21	7	27	9	24.5	2	30	2	36	11	39	11	45	20	54	—	—	—	—
>80~120	58	16	34	8	27	8	22	20	15	20	9	26	9	33	11	31	3	38	3	45	13	48	13	55	23	65	37	79	—	—
>120~140	68	18	39	11	32	11	25	25	18	25	11	32	11	39	12.5	37.5	3	46	3	53	15	58	15	65	27	77	43	93	63	113
>140~160	68	18	39	11	32	11	25	25	18	25	11	32	11	39	12.5	37.5	3	46	3	53	15	58	15	65	27	77	43	93	65	115
>160~180	68	18	39	11	32	11	25	25	18	25	11	32	11	39	12.5	37.5	3	46	3	53	15	58	15	65	27	77	43	93	68	118
>180~200	79	20	44	15	35	15	29	30	20	30	13	37	13	46	14.5	44.5	4	54	4	63	17	67	17	67	31	90	50	109	77	136
>200~225	79	20	44	15	35	15	29	30	20	30	13	37	13	46	14.5	44.5	4	54	4	63	17	67	17	67	31	90	50	109	80	139
>225~250	79	20	44	15	35	15	29	30	20	30	13	37	13	46	14.5	44.5	4	54	4	63	17	67	17	67	31	90	50	109	84	143
>250~280	88	21	49	18	40	18	32	35	23	35	16	42	—	—	16	51	4	62	4	71	20	78	20	78	34	101	56	123	94	161
>280~315	88	21	49	18	40	18	32	35	23	35	16	42	—	—	16	51	4	62	4	71	20	78	20	78	34	101	56	123	98	165
>315~355	98	22	54	22	43	22	36	40	25	40	18	47	—	—	18	58	4	69	4	80	21	86	21	87	37	113	62	138	108	184
>355~400	98	22	54	22	43	22	36	40	25	40	18	47	—	—	18	58	4	69	4	80	21	86	21	87	37	113	62	138	114	190
>400~450	108	23	60	25	47	25	40	45	27	45	20	52	—	—	20	65	5	77	5	90	23	95	23	97	40	125	68	153	126	211
>450~500	108	23	60	25	47	25	40	45	27	45	20	52	—	—	20	65	5	77	5	90	23	95	23	97	40	125	68	153	132	217

表 4-65 轴和外壳的形位公差

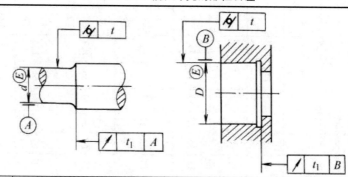

基本尺寸/mm		圆柱度 t				端面圆跳动 t_1			
		轴颈		外壳孔		轴肩		外壳孔肩	
		轴承公差等级							
		0	6（6x）	0	6（6x）	0	6（6x）	0	6（6x）
超过	到	公差/μm							
	6	2.5	1.5	4	2.5	5	3	8	5
6	10	2.5	1.5	4	2.5	6	4	10	6
10	18	3.0	2.0	5	3.0	8	5	12	8
18	30	4.0	2.5	6	4.0	10	6	15	10
30	50	4.0	2.5	7	4.0	12	8	20	12
50	80	5.0	3.0	8	5.0	15	10	25	15
80	120	6.0	4.0	10	6.0	15	10	25	15
120	180	8.0	5.0	12	8.0	20	12	30	20
180	250	10.0	7.0	14	10.0	20	12	30	20
250	315	12.0	8.0	16	12.0	25	15	40	25
315	400	13.0	9.0	18	13.0	25	15	40	25
400	500	15.0	10.0	20	15.0	25	15	40	25

表 4-66 轴承配合表面和端面的粗糙度

表面名称	轴承公差等级	轴承公称直径[①]/mm				
		超过	30	80	500	1600
		到 30	80	500	1600	2500
		Ra/μm				
内圈内孔表面	0	0.8	0.8	1	1.25	1.6
	6,6x	0.63	0.63	1	1.25	—
	5	0.5	0.5	0.8	1	—
	4	0.25	0.25	0.5	—	—
	2	0.16	0.2	0.4	—	—

续表

表面名称	轴承公差等级	轴承公称直径[①]/mm				
		超过	30	80	500	1600
		到 30	80	500	1600	2500
		Ra/μm				
外圈外圆柱表面	0	0.63	0.63	1	1.25	1.6
	6,6x	0.32	0.32	0.63	1	—
	5	0.32	0.32	0.63	0.8	—
	4	0.25	0.25	0.5	—	—
	2	0.16	0.2	0.4	—	—
套圈端面	0	0.8	0.8	1	1.25	1.6
	6,6x	0.63	0.63	1	1	—
	5	0.5	0.5	0.8	0.8	—
	4	0.4	0.4	0.63	—	—
	2	0.32	0.32	0.4	—	—

①内圈内孔及其端面按内孔直径查表，外圈外径及其端面按外径查表。单向推力轴承垫圈及其端面，按轴圈内孔直径查表，双向推力轴承垫圈（包括中圈）及其端面按座圈化整的内孔直径查表。

表 4-67 轴颈和外壳孔配合面的表面粗糙度   单位：μm

轴或轴承座直径/mm		轴或外壳配合表面直径公差等级								
		IT7			IT6			IT5		
		表面粗糙度								
超过	到	Rz	Ra		Rz	Ra		Rz	Ra	
			磨	车		磨	车		磨	车
	80	10	1.6	3.2	6.3	0.8	1.6	4	0.4	0.8
80	500	16	1.6	3.2	10	1.6	3.2	6.3	0.8	1.6
端面		25	3.2	6.3	25	3.2	6.3	10	1.6	3.2

4.5.5 滚动轴承的预紧

轴承的预紧指在安装轴承时，内外圈和滚动体接触产生一定的预变形，从而使轴承套圈之间处于压紧状态。通过对轴承预紧，可以增加支承的刚性，使轴在运转时的径向和轴向摆动量减小，从而提高轴的旋转精度和减小噪音。

成对安装的向心推力轴承预紧后的工作情况可用图 4-27 所示的两个压缩簧近似模拟。如图 4-27（a）所示，弹簧所受预紧力为 F_{a0}，相当于两轴承已预紧。当没有外加负荷时，系统处于平衡。如受外加负荷 A 的作用，如图 4-27（b）所示，弹簧 I 的变形增加 Δa，其负荷增加 A_1；弹簧 II 的变形减少 Δa，其负荷相应减少 A_2。因此，两弹簧的负荷分别为

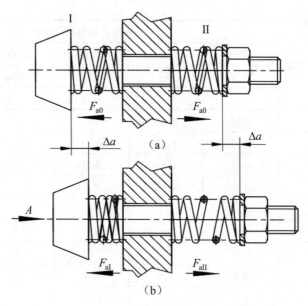

图 4-27　轴承预紧后的工作情况

$$F_{aI} = F_{a0} + A_1 \qquad (4\text{-}23a)$$

$$F_{aII} = F_{a0} + A_2 \qquad (4\text{-}23b)$$

又

$$F_{aI} - F_{aII} = A \qquad (4\text{-}24)$$

将式（4-23）代入式（4-24）得

$$A_1 + A_2 = A \qquad (4\text{-}25)$$

此式说明，经预压缩的两弹簧在外加负荷作用下，弹簧 I 所增加的负荷 A_1 及强簧 II 所减少的负荷 A_2 均小于外负荷 A。当两弹簧相同时，同样的变形量 Δa 所对应的负荷变化是相等的，故

$$F_{aI} = F_{a0} + A_1$$

因此，在同样外加负荷 A 的作用下，弹簧预先压缩后，轴的位移 Δa 要比弹簧未经预先压缩时小。

上述分析说明，轴承预紧后，其刚性将得到提高。

轴承的预紧力要根据轴承的负荷和使用要求确定：

（1）如果预紧的目的是减少支承系统的振动和噪声、提高支承的旋转精度，则可选择较小的预紧力。

（2）如果预紧的目的是增加支承的刚性，若转速较高时，选择较小的预紧力。

（3）当转速较低时，选择较大的预紧力。

预紧量过小，可能达不到提高轴承的支承刚性的目的；但预紧量过大，又将使轴承中摩擦增加、温度升高，影响轴承的寿命。因此，在生产中，通常根据使用经验或通过试验来确定和调整轴承的预紧力的大小。

实现轴承预紧的方法主要有以下三种：

（1）用垫片预紧轴承，如图 4-28 所示。

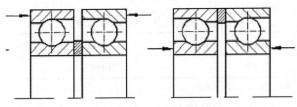

图 4-28　用垫片预紧轴承

（2）用长短隔套预紧轴承，如图 4-29 所示。

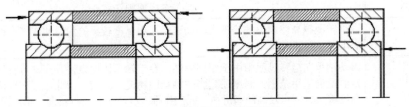

图 4-29　用长短隔套预紧轴承

（3）用成对双联向心推力球轴承预紧轴承，如图 4-30 所示，此方法中可采用短内圈或短外圈的轴承配对使用。

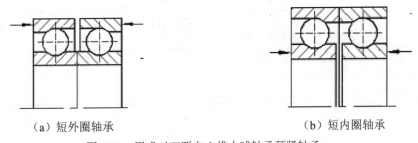

（a）短外圈轴承　　　　　　　　　　（b）短内圈轴承

图 4-30　用成对双联向心推力球轴承预紧轴承

4.5.6　滚动轴承的润滑

润滑滚动轴承的目的是降低摩擦阻力和减轻磨损，同时也有冷却、吸振、减少噪声和防锈等作用。滚动轴承可用润滑脂或润滑油进行润滑。脂润滑和油润滑适用的 D_mn 值如表 4-68 所示。润滑剂的选择原则如表 4-69 所示。

表 4-68　脂润滑和油润滑适用的 D_mn 值

轴承类型	脂润滑	油润滑			
		油浴润滑	滴油润滑	油雾、油气润滑	喷射润滑
深沟球轴承	300000	500000	600000	1000000	2500000
角接触球轴承	300000	500000	500000	900000	2500000
圆柱滚子轴承	300000	400000	400000	1000000	2000000

续表

轴承类型	脂润滑	油润滑			
		油浴润滑	滴油润滑	油雾、油气润滑	喷射润滑
圆锥滚子轴承	250000	350000	350000	450000	—
推力球轴承	70000	100000	200000	—	—

注: 1. D_m—轴承平均直径, 即（外径+内径）/2（mm）; n—轴的转速（r/min）。
　　 2. 滴油润滑、油雾、油气润滑、喷射润滑的 $D_m n$ 值适用于高速和高精度轴承。

表 4-69　润滑剂的选择原则

选择依据	选择原则
轴承转速	轴承转速越高, 摩擦发热越大, 高速时选用黏度较小的润滑油或工作锥入度较大的润滑脂; 低速时反之
工作温度	滚动轴承在运转过程中由于摩擦发热, 会使轴承温度很快升高, 每种润滑剂都有一定的温度适用范围, 温度还是影响轴承的精度的因素。因此, 工作温度高时应选用黏度较大、闪点较高的润滑油, 或工作锥入度较小、滴点较高、耐高温的润滑脂
轴承载荷	轴承载荷的大小对能否形成油膜影响很大, 载荷越大, 越不易形成油膜。因此, 载荷大时宜选用黏度较大的润滑油或工作锥入度较小的润滑脂; 载荷小时则反之。承受冲击载荷时宜选用黏度较大的润滑油或工作锥入度较小的润滑脂
工作环境	周围空气潮湿, 灰尘较多, 密封装置简单时, 应选择不易溶于水的钙基脂; 周围空气干燥, 水分较少, 则宜选用钠基润滑脂
安装状态	安装在立式或倾斜轴上的轴承, 润滑剂易于流失, 除了密封应特别注意外, 还应选用黏度稍大的润滑油或工作锥入度稍小的润滑脂
滑方式 滴油润滑	选用黏度较小的润滑油
循环润滑	选用黏度较小的润滑油
喷射润滑	选用有抗氧化添加剂的润滑油

1. 脂润滑

脂润滑方法简单, 密封和维护方便。由于润滑黏度大, 高速时摩擦损失较大, 散热效果较差, 且润滑脂在较高温度时易变稀流失, 所以脂润滑只用于转速较低、温度不高的场合。润滑脂的充填量不宜过多, 通常以填满轴承安装部位空间的 1/3～1/2 为宜。

常用润滑脂的性质和用途如表 4-70 所示。

表 4-70　常用润滑脂的性质和用途

润滑脂		针入度/$\frac{1}{10}$mm	滴点/℃ $\geq$	组成	特性与用途
名称	牌号				
钙基 钙基润滑脂	ZG-1	310～340	75	脂肪酸钙皂稠化中黏度矿物润滑油	具有良好的抗水性, 用于工业、农业和交通运输等机械设备。使用温度: 1 和 2 脂不高于 55℃; 3 和 4 号脂不高于 60℃; 5 号脂不高于 65℃
	ZG-2	265～295	80		
	ZG-3	220～250	85		
	ZG-4	175～205	90		
	ZG-5	130～160	95		

续表

润滑脂		针入度/ $\frac{1}{10}$ mm	滴点/℃ ≥	组成	特性与用途
名称	牌号				
合成钙基润滑脂	ZG-2H	270～330	75	合成脂肪酸钙皂稠化中黏度矿物油	用途同上,使用温度:1 号脂不高于 55℃;2 号脂不高于 60℃
	ZG-3H	220～270	85		
合成复合钙基润滑脂	ZFG-1H	310～340	180		机械安定性和胶体安定性较好,适用于较高使用温度
	ZFG-2H	265～295	200		
	ZFG-3H	220～250	220		
	ZFG-4H	175～205	240		
复合钙基润滑脂	ZFG-1	310～340	180	醋酸钙复合的脂肪酸钙皂稠化润滑油	分别适用于 120℃～180℃ 的使用温度,如轧钢机前设备、染色、造纸、塑料、橡胶加热滚筒
锂基 通用锂基润滑脂	ZL-1	310～340	170	天然脂肪酸锂皂稠化中等黏度润滑油加抗氧剂	良好的抗水性、机械安定性、防锈性和氧化安定性。适用于-20℃～120℃宽温度范围内各种机械设备的滚动轴承和滑动轴承及其他摩擦部位
	ZL-2	265～295	175		
	ZL-3	265～295	180		
极压锂基润滑油	0	355～385	170	天然脂肪酸锂皂稠化中等黏度润滑油加抗氧剂	良好的机械安定性、抗水性、防锈性、极压抗磨性和泵送性。适用温度范围-20℃～120℃,用于压延机、锻造机、减速机等重载机械设备及齿轮、轴承
	1	310～340			
	2	265～295			
合成锂基润滑脂	ZL-1H	310～340	170	合成脂肪酸锂皂稠化中黏度润滑油	与天然锂皂基本相似,使用范围相同
	ZL-2H	265～295	180		
	ZL-3H	220～250	190		
	ZL-4H	175～205	200		
精密机床主轴润滑脂		265～295	180	锂皂稠化低黏度、低凝点润滑脂	具有抗氧化安定性、胶体安定性和机械安定性。适用于各种精密机床
		220～250	180		
精密仪表脂	ZT53-7	35	160	硬脂酸锂皂地蜡稠化仪表油	适用于精密仪器、仪表轴承。使用范围:特 7 号为-70℃～120℃,特 75 号为-70℃～80℃
	ZT53-75	45	140		
铝基 铝基润滑脂	ZU	230～280	75	脂肪酸铝皂稠化润滑油	具有极好的耐水性,适用于航运机械润滑及金属表面防锈
合成复合铝基润滑脂	ZFU-1H	310～350	180	低分子有机酸或苯甲酸和合成脂肪酸复合铝皂稠化润滑油	滴点高,机械和胶体安定性好,适用于铁路机车、汽车、水泵、电机等各种轴承润滑,分别用于 150℃～180℃ 的工作温度
烃基 仪表润滑脂	ZT53-3	230～265	60	地蜡稠化仪表油	适用于-60℃～55℃温度范围下工作的仪器
精密仪表脂	ZT53	30	70		
润滑脂	ZT-11	160	70		

续表

润滑脂		针入度/$\frac{1}{10}$ mm	滴点/℃ ≥	组成	特性与用途
名称	牌号				
钙钠基	压延机润滑脂 ZGN40-1	310～355	80	硬化油和硫化棉子油的钙钠皂稠化汽缸油	具有良好的泵送性、极压性。适于集中供脂的压延机使用，1号脂冬天用，2号脂夏季用
	压延机润滑脂 ZGN40-2	250～295	85		
	滚动轴承润滑脂	250～290	120	蓖麻油钙钠皂稠化6号合成汽油机油	有良好的机械和胶体安定性。适用于温度小于90℃的球轴承，如机车导杆、汽车和电机轴承
钡基	钡基润滑脂 ZB-3	200～260	150	脂肪酸钡皂稠化中黏度润滑油	耐水、耐高温、极压性好。适用于抽水机、船舶推进器及高温、高压、潮湿条件下工作的重型机械
	多效密封润滑脂 ZB10-2	260～330	110	硬脂酸钡皂稠化低凝点合成变压器油	用于密封酒精、机油、水和空气导管系统的结合处，也用于转速急剧变化之滚动轴承
钠基	钠基润滑脂 ZN-2	265～295	140	天然脂肪酸钠皂稠化润滑油	适用于各种机械,耐热不耐水。使用温度：2、3号不超过120℃；4号不超过135℃
	钠基润滑脂 ZN-3	220～250	140		
	钠基润滑脂 ZN-4	175～205	150		
	合成钠基润滑脂 ZN-1H	225～275	130	合成脂肪酸钠皂稠化润滑油	适用于温度<100℃、不与湿气、水分接触的汽车、拖拉机及其他设备的润滑
	合成钠基润滑脂 ZN-2H	175～225	150		

特殊润滑脂的使用温度范围如表 4-71 所示。

表 4-71　特殊润滑脂的使用温度范围

润滑脂牌号	7001	7007	7008	7011	7012	7013	7014	7014-1
使用温度范围/℃	−60～+120	−60～+120	−60～+120	−60～+120	−60～+120	−70～+120	−60～+200	−40～+200
润滑脂牌号	7014-2	7015	7016	7017	7018	7019	7020	221
使用温度范围/℃	−50～+200	−70～+180	−60～+230	−60～+250	−45～+160	−20～+150	−20～+300	−60～+150

推荐润滑脂适用的温度范围如表 4-72 所示。

表 4-72　推荐润滑脂适用的温度范围

润滑脂种类	适用工作温度/℃
锂基脂	−30～+110
锂基复合脂	−20～+140
钠基脂	−30～+80
钠基复合脂	−20～+140
钙基脂	−10～+60
钙基复合脂	−20～+130

续表

润滑脂种类	适用工作温度/℃
铝基合成脂	−30～+110
硼基合成脂	−20～+130
聚脲素脂	−30～+140

2．油润滑

油润滑具有以下特点：润滑性能好，冷却效果好，能清洗工作表面，而且可以采取多种润滑方式以适应不同的工作条作；但油润滑需要较复杂的供油装置和密封装置。常用的油润滑方式有以下几种：

（1）油浴润滑。

使轴承的一部分浸在油池中，但浸油不能太深，油面不应超过最低滚动体的中心，以免增加搅油损失和发热。转速过高（$n>7000$r/min）时，不宜用油浴润滑。

（2）溅油润滑。

利用转动的齿轮或轴上其他零件（必要时可专备溅油用的零件）将油抛甩至箱壁，再经油道流入轴承中润滑。

（3）滴油润滑。

当溅油润滑不适宜而又不必采用循环油润滑时，可采用滴油润滑。滴油润滑一般用于中速场合。

（4）循坏油润滑。

用油泵将油送至轴承中进行润滑，通过轴承的油经过滤和冷却后，循坏使用。因此润滑油较清洁，对轴承的冷却效果也好。这种方法适用于转速较高的轴承。

（5）油雾润滑。

用干燥的压缩空气经喷雾器与润滑油混合后，形成油雾，进入轴承中润滑。由于气流能起很好的冷却作用，所以油雾润滑是高速轴承的一种良好润滑方式。

（6）喷射润滑。

喷射润滑是通过喷嘴用油泵直接加压喷射。适用于圆周速度大于 12～14m/s，采用飞溅润滑效率低时的闭式齿轮。

喷射润滑技术主要用于电厂、水泥、矿山、化工、造纸等行业，用于磨煤制粉的球磨机、管磨机、棒磨机、回转窑、干燥机等重型机械设备开式传动大齿轮及大型齿条、链轮、链条润滑部位的喷射润滑，它与封闭润滑不同之处在于不需要回收润滑油。喷射润滑的用油量如表4-73所示。

表 4-73　喷射润滑的用油量

轴承内径/mm	超过		50	120
	到	50	120	
用油量	L/min	0.5～1.5	1.1～4.2	2.5

4.5.7　滚动轴承的密封装置

轴承密封是为了防止润滑剂流失和防止灰尘、水分等侵入。密封装置有接触式和非接触式两类。

1. 接触式密封装置

接触式密封装置可分为径向接触式和轴向接触式两种。接触式密封的适用条件、要求与型式见表 4-74 至表 4-76。

表 4-74　接触式密封允许的圆周速度

材料	允许圆周速度/（m/s）
毛毡	3.5～4
皮革	8～10
合成橡胶（丁腈橡胶）	10～15

表 4-75　密封贴合面的要求

圆周速度/（m/s）	表面粗糙度 $Ra/\mu m$	轴加工工艺要求
～5	3.2	磨削
5～10	1.6～3.2	磨削
>10	0.8	表面淬硬、镀铬

表 4-76　接触式密封的型式

序号	密封形式		简图	说明
1	毛毡密封	单毡圈式	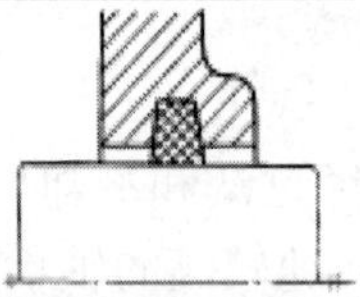	主要用于脂润滑，工作环境比较干净的轴承密封。一般接触处的圆周速度不超过 4～5m/s，允许工作温度可达 90℃。如果轴表面经过抛光，毛毡质量较好，圆周速度可允许到 7～8m/s
2		双毡圈式	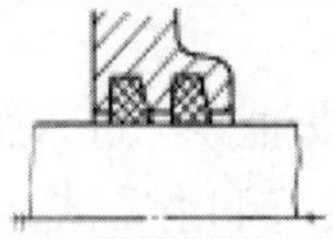	毡圈与轴之间的摩擦较大，长期使用易把轴磨出沟槽。因此，一般多采用轴套与毛毡圈接触，以保护轴。
3		多毡圈式		毛毡式密封效果欠佳，虽然多毡圈式比单、双毡圈式密封效果要好一些，但因为外面的毡圈先与污物接触却得不到轴承内部的润滑剂，逐渐干燥失去弹性
4	皮碗密封		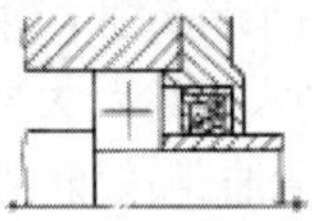 （a） 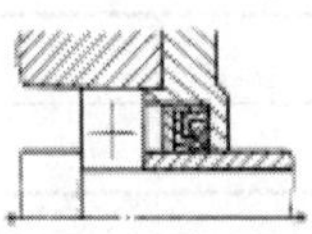 （b） 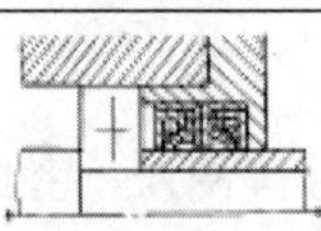 （c）	皮碗密封圈是用耐油橡胶制成的。用于脂润滑或油润滑的轴承密封中。接触处的圆周速度不大于 7m/s，适用温度为 40℃～100℃ 为了保持密封圈的压力，皮碗用弹簧圈紧箍在轴上，使密封唇呈锐角状。图（a）的密封唇面向轴承，主要用于防止润滑油泄出。图（b）的密封唇背向轴承，主要用于阻止灰尘等杂物的侵入图（c）同时采用两个皮碗相对安装。面向轴承可阻止润滑油流出，背向轴承可阻止灰尘杂物的侵入

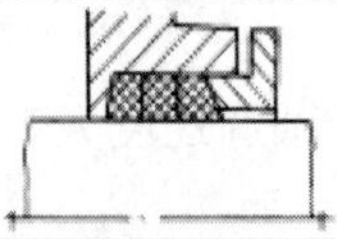

2. 非接触式密封装置

接触式密封的缺点是接触处有较大的摩擦，易磨损。如果轴的转速高，密封圈与轴之间的摩擦发热严重，使密封圈老化，寿命大大缩短。非接触式密封可避免此缺点。

非接触式密封装置的间隙与型式见表 4-77 与表 4-78。

表 4-77　非接触式密封装置的间隙

轴径	径向间隙	轴向间隙
<50	0.1～0.4	1～2
≥50	0.5～1.0	3～5

表 4-78　非接触式密封的型式

序号	密封型式		简图	说明
1	间歇式	缝隙式间隙		轴与端盖配合面之间的间隙越小，轴向宽度越长，密封效果越好。适用于环境比较干净的脂润滑的工作条件
2		沟槽式间隙		在端盖配合面上，开有三个以上宽为3～4mm、深为4～5mm的沟槽，充填润滑脂，以提高密封效果
3		W型间隙		用于油润滑。在轴上或套上开有W型槽，借以甩回渗漏出来的润滑油。端盖孔壁上相应开有回油槽，将甩到孔壁上的油回收流入轴承内（或箱内）
4	迷宫式	径向迷宫		径向迷宫曲路由套和端盖的径向间隙组成。端盖应剖分迷宫曲路沿轴向展开，故径向尺寸比较紧凑。曲路折回次数越多，密封越可靠。适用于比较脏的工作环境，如金属切削机床的工作端多采用此种密封形式
5		轴向迷宫		轴向迷宫曲路是由套和端盖的轴向间隙组成。但迷宫曲路沿径向展开，故曲路折回次数不宜过多。由于装拆方便，端盖不须剖分，因此轴向迷宫比径向迷宫应用广泛
6		组合式迷宫		组合式迷宫曲路是由两组Γ型垫圈组成。占用空间小，成本低。适用于成批生产。此类垫圈成组安装，数量越多密封效果越好
7	垫圈式	旋转垫圈		工作时，垫圈与轴一起转动，轴的转速越高，密封效果越好。旋转垫圈既可用来阻挡油的泄出，也可用来阻挡杂物的侵入，视垫圈所在位置而定
8		静止垫圈		固定在轴承外圈上的垫圈工作时静止不动。主要用来阻挡外界灰尘、杂物的侵入

第五章 常用轴承的规格与技术参数

轴承从生产发明以来，结构、类型、基本规格派生变型的品种在不断地变化，由初始的低碳钢自行车轴承发展到现在的高速、高精度、高温、真空、低温、防腐、防磁、低磨擦、低噪声、静音轴承等，其科技含量越来越高，现在世界上各领域共生产应用 15 万个规格品种，今后只要机械运转和移动的支承方法在科技上没有新的突破和改变，只要轴承不被替代，它就是一个不败的产品，永远有市场。

滚动轴承的尺寸已国际标准化，具有互换性，不仅使用维修方便，而且便于专业化大生产。现已发展为现代化机械的重要精密配件之一，并形成了完整的生产滚动轴承的工业体系，广泛应用于军用（海、陆、空）、民需、科研的各行各业。

随着经济的发展，产品的进步，也出现了一些非标准轴承。实际上，在某些条件下，标准与非标准并没有本质的区别，标准就是由非标准发展而来的，被大众接受并得到广泛应用的对象，进行优化并将其形式、技术参数等固定后便成为标准。

20 世纪末，在工程机械行业被广泛采用的无外圈圆柱滚子非标轴承已得到快速发展。

5.1 无外圈圆柱滚子非标准轴承

无外圈圆柱滚子非标准轴承在工程机械行业得到了广泛的应用，应用这种轴承使减速机，特别是行星减速机构的径向尺寸大大缩小。下面介绍几种目前市场上流行并广泛应用于工程机械起升机构、回转机构和行走机构的无外圈圆柱滚子非标准轴承。

如图 5-1 所示为内径 30mm 的无外圈圆柱滚子轴承的技术参数及结构。如图 5-2 所示为内径 60mm 的无外圈圆柱滚子轴承的技术参数及结构。如表 5-1 所示为无外圈圆柱滚子轴承及零件外形尺寸表。

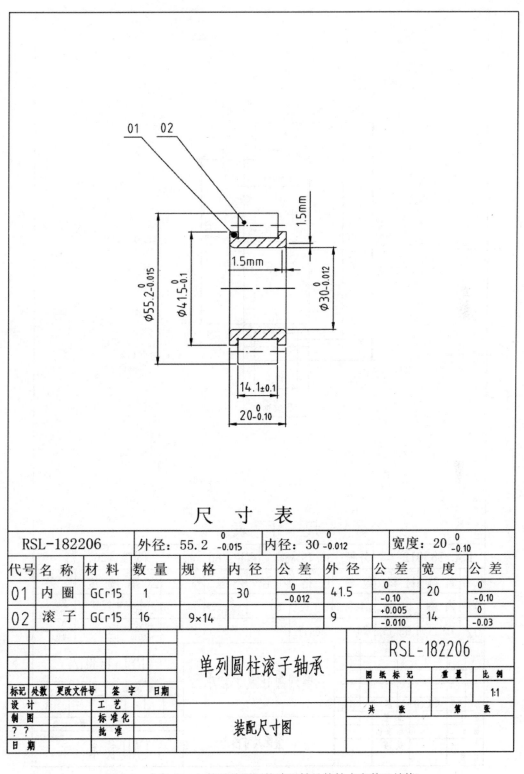

尺 寸 表

RSL-182206	外径：55.2 $^{0}_{-0.015}$		内径：30 $^{0}_{-0.012}$			宽度：20 $^{0}_{-0.10}$			
代号	名 称	材料	数量	规格	内径	公差	外径	公差	宽度	公差
01	内 圈	GCr15	1		30	$^{0}_{-0.012}$	41.5	$^{0}_{-0.10}$	20	$^{0}_{-0.10}$
02	滚 子	GCr15	16	9×14			9	$^{+0.005}_{-0.010}$	14	$^{0}_{-0.03}$

单列圆柱滚子轴承

RSL-182206

标记	处数	更改文件号	签 字	日期		图 纸 标 记	重 量	比 例
设 计		工 艺						1:1
制 图		标 准 化				共 张	第 张	
？？		批 准						
日 期								

装配尺寸图

图 5-1　内径 30mm 的无外圈圆柱滚子轴承的技术参数及结构

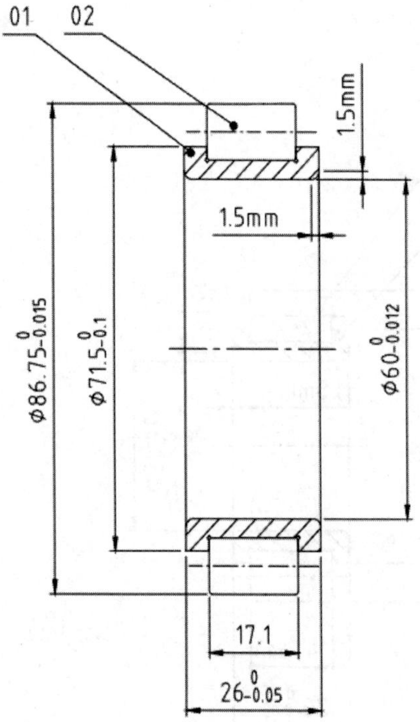

尺 寸 表

RSL-183012	外径：86.75 0 -0.015		内径：60 0 -0.012				宽度：26 0 -0.10		
代号	名称	材料	数量	规格	内径	公差	外径	公差	宽度	公差
01	内圈	GCr15	1		60	0 -0.012	71.5	0 -0.10	26	0 -0.10
02	滚子	GCr15	24	10×17			10	+0.005 -0.010	17	0 -0.03

单列圆柱滚子轴承　　　　RSL-183012

图纸标记	重量	比例
		1:1

标记	处数	更改文件号	签字	日期
设计		工艺		
制图		标准化		
? ?		批准		
日期				

装配尺寸图　　　　CAD技术

共　　张　　　第　　张

图 5-2　内径 60mm 的无外圈圆柱滚子轴承的技术参数及结构

表 5-1 无外圈圆柱滚子轴承及零件外形尺寸表

序号	名称	轴承型号	内径 d	外径 E_w	滚道 d_i	宽度 B	宽度 C	数量/个	C_r	C_{or}	备注	产品简图
1	无外圈单列圆柱滚子轴承	RN204V	$20_{-0.010}^{0}$	$36.85_{-0.015}^{0}$		$14_{-0.12}^{0}$	8				供货时提供 2 个卡圈	B C 89 02 04
		RN204V-02（内圈）	$20_{-0.010}^{0}$	$28.9_{0}^{+0.10}$	$24.85_{-0.018}^{+0.010}$	$14_{-0.12}^{0}$		1	19.8	19.3		
		RN204V-04（滚子）		$6_{-0.010}^{+0.005}$		$8_{-0.03}^{0}$		16				
		RN204V-89（卡圈）	$34.7_{-0.20}^{0}$	$39.7_{0}^{+0.20}$		$1.2_{-0.09}^{+0.09}$		2				
2	无外圈单列圆柱滚子轴承	RN2204V	$20_{-0.010}^{0}$	$41.5_{-0.015}^{0}$		$18_{-0.12}^{0}$	12				供货时提供 2 个卡圈	B C 89 02 04
		RN2204V-02（内圈）	$20_{-0.010}^{0}$	$30_{-0.15}^{0}$	$25.5_{-0.008}^{+0.010}$	$18_{-0.12}^{0}$		1	35.5	37.5		
		RN2204V-04（滚子）		$8_{-0.010}^{0}$		$12_{-0.03}^{0}$		13				
		RN2204V-89（卡圈）	39.6	44.9		$2.3_{-0.10}^{0}$		2				
3	无外圈单列圆柱滚子轴承	B-219590	$30_{-0.010}^{0}$	$50.74_{-0.015}^{0}$		$14_{-0.12}^{0}$	7.5				供货时提供 2 个卡圈	B C 89 02 04
		B-219590-02（内圈）	$30_{-0.010}^{0}$	$40.1_{-0}^{+0.10}$	$35.74_{-0.018}^{+0.010}$	$14_{-0.12}^{0}$		1	28.2	30.9		
		B-219590-04（滚子）		$7.5_{-0.010}^{+0.005}$		$7.5_{-0.03}^{0}$		18				
		B-219590-89（卡圈）	44.8	$53.4_{-0}^{+0.60}$		$2.3_{-0.10}^{0}$		2				
4	无外圈单列圆柱滚子轴承	B-219590+62+89	$30_{-0.010}^{0}$	$50.74_{-0.015}^{0}$		$14_{-0.12}^{0}$	10.9				滚动体两侧配有平侧挡片。供货时提供 2 个卡圈	B C 62 02 04 89
		B-219590-02（内圈）	$30_{-0.010}^{0}$	$40.1_{-0}^{+0.10}$	$35.74_{-0.018}^{+0.010}$	$14_{-0.12}^{0}$		1	28.2	30.9		
		B-219590-04（滚子）		$7.5_{-0.010}^{+0.005}$		$7.5_{-0.03}^{0}$		18				
		B-219590-62（平挡圈）	$43.55_{0}^{+0.20}$	$50.55_{-0.10}^{0}$		$1.7_{-0.06}^{0}$		2				
		B-219590-89（卡圈）	44.8	$53.4_{-0}^{+0.60}$		$2.3_{-0.10}^{0}$		2				

续表

序号	名称	轴承型号	内径 d	外径 E_w	滚道 d_i	宽度 B	宽度 C	数量/个	C_r	C_{or}	备注	产品简图
5	无外圈单列圆柱滚子轴承	B-219593	$25_{-0.010}^{0}$	$42.51_{-0.015}^{0}$		$12_{-0.12}^{0}$	6	1	18.7	20.1	供货时提供2个卡圈	
		B-219593-02（内圈）	$25_{-0.010}^{0}$	$34.5_{0}^{+0.10}$	$30.51_{-0.018}^{+0.010}$	$12_{-0.12}^{0}$		1				
		B-219593-04（滚子）		$6_{-0.010}^{+0.005}$		$6_{-0.03}^{0}$		19				
		B-219593-89（卡圈）	39.6	44.9		$2.3_{-0.10}^{0}$		2				
6	无外圈单列圆柱滚子轴承	B-219593+62+89	$25_{-0.010}^{0}$	$42.51_{-0.015}^{0}$		$12_{-0.12}^{0}$	9.6		18.7	20.1	滚动体有两侧配有平挡片。供货时提供2个卡圈	
		B-219593-02（内圈）	$25_{-0.010}^{0}$	$34.5_{0}^{+0.10}$	$30.51_{-0.018}^{+0.010}$	$12_{-0.12}^{0}$		1				
		B-219593-04（滚子）		$6_{-0.010}^{+0.005}$		$6_{-0.03}^{0}$		19				
		B-219593-62（平挡圈）	$36_{0}^{+0.10}$	$42.2_{-0.10}^{0}$		$1.8_{-0.06}^{0}$		2				
		B-219593-89（卡圈）	39.6	44.9		$2.3_{-0.10}^{0}$		2				
7	无外圈单列圆柱滚子轴承	RN2205V	$25_{-0.010}^{0}$	$46.55_{-0.015}^{0}$		$18_{-0.12}^{0}$	12		40.1	45.1	供货时提供2个卡圈	
		RN2205V-02（内圈）	$25_{-0.010}^{0}$	$35_{-0.15}^{0}$	$30.55_{-0.008}^{+0.010}$	$18_{-0.12}^{0}$		1				
		RN2205V-04（滚子）		$8_{-0.010}^{0}$		$12_{-0.030}^{0}$		15				
		RN2205V-89（卡圈）	43.2	$49.2_{0}^{+0.20}$		$1.2_{-0.09}^{0}$		2				
8	无外圈单列圆柱滚子轴承	RN306V	$30_{-0.010}^{0}$	$62_{-0.015}^{0}$		$19_{-0.12}^{0}$	10		44.9	48.9	供货时提供2个卡圈	
		RN306V-02（内圈）	$30_{-0.010}^{0}$	$46.8_{-0.15}^{0}$	$42_{-0.008}^{+0.010}$	$19_{-0.12}^{0}$		1				
		RN306V-04（滚子）		$10_{-0.010}^{+0.005}$		$10_{-0.030}^{0}$		16				
		RN306V-89（卡圈）	58.3	$66.3_{0}^{+0.20}$		$1.2_{-0.09}^{0}$		2				

续表

序号	名称	轴承型号	内径 d	外径 E_w	滚道 d_i	宽度 B	宽度 C	数量/个	C_r	C_{or}	备注	产品简图
9	无外圈单列滚子轴承	RN306X3V	$30^{0}_{-0.010}$	$55.3^{0}_{-0.015}$		$20^{0}_{-0.12}$	14				供货时提供 2 个卡圈	89 02 04
		RN306X3V-02（内圈）	$30^{0}_{-0.010}$	$43^{+0.10}_{0}$	$37.3^{+0.010}_{-0.018}$	$20^{0}_{-0.12}$		1	59.4	64.3		
		RN306X3V-04（滚子）		$9^{+0.005}_{-0.010}$		$14^{0}_{-0.030}$		16				
		RN306X3V-89（卡圈）	52	$58^{+0.20}_{0}$		$1.2^{0}_{-0.09}$		2				
10	无外圈单列滚子轴承	RN306X3V+62+89	$30^{0}_{-0.010}$	$55.3^{0}_{-0.015}$		$20^{0}_{-0.12}$	17.6				滚动体两侧配有平挡子。供货时提供 2 个卡圈	62 02 04 89
		RN306X3V-02（内圈）	$30^{0}_{-0.010}$	$43^{+0.10}_{0}$	$37.3^{+0.010}_{-0.018}$	$20^{0}_{-0.12}$		1	59.4	64.3		
		RN306X3V-04（滚子）		$9^{+0.005}_{-0.010}$		$14^{0}_{-0.030}$		16				
		RN306X3V-62（平挡圈）	$48.1^{+0.10}_{0}$	$55^{0}_{-0.10}$		$1.8^{0}_{-0.06}$		2				
		RN306X3V-89（卡圈）	52	$58^{+0.20}_{0}$		$1.2^{0}_{-0.09}$		2				
11	无外圈单列滚子轴承	RSL182207	$35^{0}_{-0.012}$	$63.97^{0}_{-0.015}$		$23^{0}_{-0.12}$	15					89 02 04
		RSL182207-02（内圈）	$35^{0}_{-0.012}$	$46.5^{0}_{-0.25}$	$41.97^{+0.015}_{-0.005}$	$23^{0}_{-0.12}$		1	75.2	79.4		
		RSL182207-04（滚子）		$11^{+0.005}_{-0.010}$		$15^{0}_{-0.04}$		15				
12	无外圈单列滚子轴承	RSL182207+62+89	$35^{0}_{-0.012}$	$63.97^{0}_{-0.015}$		$23^{0}_{-0.12}$	20				滚动体两侧配有平挡子。供货时提供 2 个卡圈	62 02 04 89
		RSL182207-02（内圈）	$35^{0}_{-0.012}$	$46.5^{0}_{-0.25}$	$41.97^{+0.015}_{-0.005}$	$23^{0}_{-0.12}$		1	75.2	79.4		
		RSL182207-04（滚子）		$11^{+0.005}_{-0.010}$		$15^{0}_{-0.04}$		15				
		RSL182207-62（平挡圈）	$55^{+0.1}_{0}$	$63.7^{0}_{-0.1}$		$2.5^{0}_{-0.06}$		2				
		RSL182207-89（卡圈）	58.3	$66.3^{+0.20}_{0}$		$1.2^{0}_{-0.09}$		2				

续表

序号	名称	轴承型号	内径 d	外径 E_w	滚道 d_i	宽度 B	宽度 C	数量/个	C_r	C_{or}	备注	产品简图
13	无外圈单列圆柱滚子轴承	RSL182208	$40^{\ 0}_{-0.012}$	$70.94^{\ 0}_{-0.015}$		$23^{\ 0}_{-0.12}$	15				供货时不提供卡圈	
		RSL182208-02（内圈）	$40^{\ 0}_{-0.012}$	$54^{\ 0}_{-0.15}$	$48.94^{+0.005}_{-0.010}$	$23^{\ 0}_{-0.12}$		1	81.9	91.4		
		RSL182208-04（滚子）		$11^{+0.005}_{-0.010}$		$15^{\ 0}_{-0.04}$		17				
14	无外圈单列圆柱滚子轴承	RSL182210	$50^{\ 0}_{-0.012}$	$81.40^{\ 0}_{-0.015}$		$23^{\ 0}_{-0.12}$	15				供货时不提供卡圈	
		RSL182210-02（内圈）	$50^{\ 0}_{-0.012}$	$64.5^{\ 0}_{-0.15}$	$59.4^{+0.005}_{-0.010}$	$23^{\ 0}_{-0.12}$		1	92.1	111.1		
		RSL182210-04（滚子）		$11^{+0.005}_{-0.010}$		$15^{\ 0}_{-0.04}$		20				
		RSL182210-62（平挡圈）	$72^{+0.2}_{\ 0}$	$81.2^{\ 0}_{-0.1}$		$3^{\ 0}_{-0.1}$		2				
15	无外圈单列圆柱滚子轴承	RSL182211	$50^{\ 0}_{-0.015}$	$88.81^{\ 0}_{-0.02}$		$25^{\ 0}_{-0.15}$	17				供货时不提供卡圈	
		RSL182211-02（内圈）	$50^{\ 0}_{-0.015}$	$70^{\ 0}_{-0.2}$	$64.81^{+0.005}_{-0.010}$	$25^{\ 0}_{-0.15}$		1	112.5	139.0		
		RSL182211-04（滚子）		$12^{+0.005}_{-0.010}$		$17^{\ 0}_{-0.04}$		20				
		RSL182211-62（平挡圈）	$78^{+0.2}_{\ 0}$	$88.6^{\ 0}_{-0.1}$		$3^{\ 0}_{-0.1}$		2				
16	无外圈单列圆柱滚子轴承	RSL182212	$60^{\ 0}_{-0.015}$	$99.17^{\ 0}_{-0.02}$		$28^{\ 0}_{-0.15}$	20				供货时不提供卡圈	
		RSL182212-02（内圈）	$60^{\ 0}_{-0.015}$	$77^{\ 0}_{-0.2}$	$71.17^{+0.005}_{-0.010}$	$28^{\ 0}_{-0.15}$		1	148.0	183.9		
		RSL182212-04（滚子）		$14^{+0.005}_{-0.010}$		$20^{\ 0}_{-0.04}$		19				
		RSL182212-62（平挡圈）	$89^{+0.2}_{\ 0}$	$98.9^{\ 0}_{-0.1}$		$3^{\ 0}_{-0.1}$		2				

续表

序号	名称	轴承型号	外形尺寸 内径 d	外径 E_w	滚道 d_i	宽度 B	宽度 C	数量 /个	额定载荷/kN C_r	C_{or}	备注	产品简图
17	无外圈单列圆柱滚子轴承	RSL182213	$65^{\ 0}_{-0.015}$	$106.25^{\ 0}_{-0.02}$		$31^{\ 0}_{-0.15}$	22					02 04
		RSL182213-02（内圈）	$65^{\ 0}_{-0.015}$	$82.5^{\ 0}_{-0.25}$	$76.25^{+0.005}_{-0.010}$	$31^{\ 0}_{-0.15}$		1	172.4	218.0	供货时不提供卡圈	
		RSL182213-04（滚子）		$15^{+0.005}_{-0.010}$		$22^{\ 0}_{-0.04}$		19				
		RSL182213-62（平挡圈）	$96^{+0.2}_{\ 0}$	$106^{\ 0}_{-0.1}$		$3.5^{\ 0}_{-0.1}$						
18	无外圈单列圆柱滚子轴承	RSL183013	$65^{\ 0}_{-0.015}$	$93.10^{\ 0}_{-0.02}$		$26^{\ 0}_{-0.15}$	17					02 04
		RSL183013-02（内圈）	$65^{\ 0}_{-0.015}$	$82.5^{\ 0}_{-0.25}$		$26^{\ 0}_{-0.15}$		1	110	157	供货时不提供卡圈	
		RSL183013-04（滚子）		$10^{+0.005}_{-0.010}$		$17^{\ 0}_{-0.04}$		26				
19	无外圈单列圆柱滚子轴承	RSL182215X2	$75^{\ 0}_{-0.015}$	$115.8^{\ 0}_{-0.02}$		$35^{\ 0}_{-0.15}$	26					02 04
		RSL182215X2-02（内圈）	$75^{\ 0}_{-0.015}$	$92^{\ 0}_{-0.10}$	$85.8^{+0.005}_{-0.010}$	$35^{\ 0}_{-0.15}$		1	209.3	287.9	供货时不提供卡圈	
		RSL182215X2-04（滚子）		$15^{+0.005}_{-0.010}$		$26^{\ 0}_{-0.04}$		21				
		RSL182215X2-62（平挡圈）	$105^{+0.2}_{\ 0}$	$115.55^{\ 0}_{-0.1}$		$3.5^{\ 0}_{-0.1}$		2				
20	无外圈单列圆柱滚子轴承	RSL183015	$75^{\ 0}_{-0.015}$	$107.9^{\ 0}_{-0.015}$		$30^{\ 0}_{-0.15}$	18					02 04
		RSL183015-02（内圈）	$75^{\ 0}_{-0.015}$	$90^{\ 0}_{-0.2}$	$83.9^{+0.005}_{-0.010}$	$30^{\ 0}_{-0.15}$		1	139	192	供货时不提供卡圈	
		RSL183015-04（滚子）		$12^{+0.005}_{-0.010}$		$18^{\ 0}_{-0.04}$		25				
		RSL183015-62（平挡圈）	$97^{+0.2}_{\ 0}$	107.6		3.7		2				

续表

序号	名称	轴承型号	外形尺寸					数量/个	额定载荷/kN		备注	产品简图
			内径 d	外径 E_w	滚道 d_i	宽度 B	宽度 C		C_r	C_{or}		
21	无外圈单列圆柱滚子轴承	RSL182216	$80_{-0.020}^{0}$	$125.8_{-0.020}^{0}$		$33_{-0.20}^{0}$	24		213.6	277.7	供货时不提供卡圈	
		RSL182216-02（内圈）	$80_{-0.020}^{0}$	$98_{-0.10}^{0}$	$91.8_{-0.010}^{+0.005}$	$33_{-0.20}^{0}$		1				
		RSL182216-04（滚子）		$17_{-0.010}^{+0.005}$		$24_{-0.03}^{0}$		20				
		RSL182216-62（平挡圈）	$113_{0}^{+0.2}$	$125.5_{-0.1}$		3.5		2				
22	无外圈单列圆柱滚子轴承	RSL18218X2	$90_{-0.020}^{0}$	$140.65_{-0.020}^{0}$		$32_{-0.20}^{0}$	20		205.9	254.0	供货时不提供卡圈	
		RSL18218X2-02（内圈）	$90_{-0.020}^{0}$	$111_{-0.10}^{0}$	$102.65_{-0.010}^{+0.005}$	$32_{-0.20}^{0}$		1				
		RSL18218X2-04（滚子）		$19_{-0.010}^{+0.006}$		$20_{-0.03}^{0}$		20				
		RSL18218X2-62（平挡圈）	$128_{0}^{+0.2}$	$140.4_{-0.1}^{0}$		4.5		2				
23	无外圈单列圆柱滚子轴承	RSL183018	$90_{-0.020}^{0}$	$130.11_{-0.020}^{0}$		$32_{-0.20}^{0}$	22		199	281	供货时不提供卡圈	
		RSL183018-02（内圈）	$90_{-0.020}^{0}$	$108_{-0.10}^{0}$	$100.11_{-0.010}^{+0.005}$	$32_{-0.20}^{0}$		1				
		RSL183018-04（滚子）		$15_{-0.010}^{+0.006}$		$22_{-0.03}^{0}$		24				
24	无外圈单列圆柱滚子轴承	RSL183020	$100_{-0.020}^{0}$	$139.2_{-0.020}^{0}$		$32_{-0.20}^{0}$	24		219	343	供货时不提供卡圈	
		RSL183020-02（内圈）	$100_{-0.020}^{0}$	$119_{-0.10}^{0}$	$111.20_{-0.010}^{+0.005}$	$32_{-0.20}^{0}$		1				
		RSL183020-04（滚子）		$14_{-0.010}^{+0.006}$		$24_{-0.03}^{0}$		28				

续表

序号	名称	轴承型号	内径 d	外径 E_w	滚道 d_i	宽度 B	宽度 C	数量/个	C_r	C_{or}	备注	产品简图
25	无外圈双列圆柱滚子轴承	F-210408	$22^{0}_{-0.010}$	$38.75^{0}_{-0.010}$		$22.5^{0}_{-0.12}$						
		F-210408-02（内圈）	$22^{0}_{-0.010}$	$31.1^{-0.10}_{-0.20}$	$26.75^{+0.005}_{-0.010}$	$22.5^{0}_{-0.12}$		1	32.6	35.2		
		F-210408-04（滚子）		$6^{+0.005}_{-0.010}$		$6^{0}_{-0.03}$		17×2				
		F-210408-62（平挡圈）	$33.3^{+0.15}_{0}$	$38.6^{0}_{-0.15}$		$1.8^{0}_{-0.04}$		2				
		F-210408-89（卡圈）	36.3	$40.9^{+0.50}_{0}$		$1.5^{+0.03}_{-0.03}$		1				
26	无外圈双列圆柱滚子轴承	RNN3005X3V	$25^{0}_{-0.012}$	$42.6^{0}_{-0.015}$		$23^{0}_{-0.12}$						
		RNN3005X3V-02（内圈）	$25^{0}_{-0.012}$	$35^{0}_{-0.10}$	$30.6^{+0.005}_{-0.010}$	$23^{0}_{-0.12}$		1	32.1	40.2		
		RNN3005X3V-04（滚子）		$6^{+0.005}_{-0.010}$		$6^{0}_{-0.03}$		19×2				
		RNN3005X3V-62（平挡圈）	$38^{+0.15}_{0}$	$42^{0}_{-0.15}$		$1.65^{0}_{-0.05}$		2				
		RNN3005X3V-89（卡圈）	$40^{0}_{-0.20}$	$45^{0}_{-0.20}$		$1.2^{0}_{-0.10}$		1				
27	无外圈双列圆柱滚子轴承	RNN3006X3V	$30^{0}_{-0.010}$	$49.6^{0}_{-0.015}$		$25^{0}_{-0.12}$						
		RNN3006X3V-02（内圈）	$30^{0}_{-0.010}$	$40^{0}_{-0.10}$	$35.6^{+0.005}_{-0.010}$	$25^{0}_{-0.12}$		1	43.8	56.7		
		RNN3006X3V-04（滚子）		$7^{+0.005}_{-0.010}$		$7^{0}_{-0.03}$		19×2				
		RNN3006X3V-62（平挡圈）	$43.6^{+0.15}_{0}$	$49.3^{0}_{-0.15}$		$1.5^{0}_{-0.05}$		2				
		RNN3006X3V-89（卡圈）	$47.1^{0}_{-0.20}$	$51.7^{+0.20}_{0}$		$1.5^{0}_{-0.10}$		1				
28	无外圈双列圆柱滚子轴承	RNN306X3V	$30^{0}_{-0.010}$	$55.3^{0}_{-0.015}$		$39^{0}_{-0.12}$						
		RNN306X3V-02（内圈）	$30^{0}_{-0.010}$	$43^{+0.10}_{0}$	$37.3^{+0.010}_{-0.018}$	$39^{0}_{-0.12}$		1	101.8	128.6		
		RNN306X3V-04（滚子）		$9^{+0.005}_{0}$		$14^{0}_{-0.030}$		16×2				
		RNN306X3V-62（平挡圈）	$48.1^{+0.10}_{0}$	$55^{0}_{-0.10}$		$1.8^{0}_{-0.06}$		2				
		RNN306X3V-89（卡圈）	52	$57.3^{+0.20}_{0}$		$1.5^{0}_{-0.09}$		1				

续表

序号	名称	轴承型号	外形尺寸 内径 d	滚道 d_1	外径 E_w	宽度 B	宽度 C	数量/个	额定载荷/kN C_r	C_{or}	备注	产品简图
29	无外圈双列圆柱滚子轴承	B-208098	$35_{-0.012}^{0}$		$52.09_{-0.015}^{0}$	$26.5_{-0.12}^{0}$						
		B-208098-02（内圈）	$35_{-0.012}^{0}$	$40.09_{-0.018}^{+0.010}$	$44.5_{-0.20}^{-0.10}$	$26.5_{-0.12}^{0}$		1	57.6	81.2		
		B-208098-04（滚子）			$6_{-0.010}^{+0.005}$	$8_{-0.03}^{0}$		24×2				
		B-208098-62（平挡圈）	$46.6_{0}^{+0.15}$		$51.8_{-0.15}^{0}$	$1.74_{-0.02}^{+0.02}$		2				
		B-208098-89（卡圈）	50		$54.6_{0}^{+0.50}$	$1.5_{-0.03}^{0}$		1				
30	无外圈双列圆柱滚子轴承	RNN3007X3V	$35_{-0.012}^{0}$		$61.5_{-0.015}^{0}$	$40_{-0.12}^{0}$						
		RNN3007X3V-02（内圈）	$35_{-0.012}^{0}$	$41.5_{-0.018}^{+0.010}$	$47_{-0.05}^{0}$	$40_{-0.12}^{0}$		1	103.6	142.9		
		RNN3007X3V-04（滚子）			$10_{-0.010}^{+0.005}$	$14_{-0.03}^{0}$		16×2				
		RNN3007X3V-62（平挡圈）	$54.3_{0}^{+0.15}$		$61.2_{-0.15}^{0}$	$2_{-0.02}^{+0.02}$		2				
		RNN3007X3V-89（卡圈）	58.9		$63.5_{0}^{+0.20}$	$1.5_{-0.10}^{0}$		1				
31	无外圈双列圆柱滚子轴承	B-208099	$40_{-0.012}^{0}$		$57.81_{-0.15}^{0}$	$34_{-0.12}^{0}$						
		B-208099-02（内圈）	$40_{-0.012}^{0}$	$45.81_{-0.018}^{+0.010}$	$50_{-0.015}^{0}$	$34_{-0.12}^{0}$		1	71.6	110.9		
		B-208099-04（滚子）			$6_{-0.010}^{+0.005}$	$10_{-0.03}^{0}$		27×2				
		B-208099-62（平挡圈）	$52.3_{0}^{+0.15}$		$57.5_{-0.15}^{0}$	$2.6_{-0.02}^{+0.02}$		2				
		B-208099-89（卡圈）	55.7		$60.3_{0}^{+0.20}$	$1.5_{-0.10}^{0}$		1				
32	无外圈双列圆柱滚子轴承	F-204781	$40_{-0.012}^{0}$	45.72	$61.72_{-0.015}^{0}$	$35.5_{-0.12}^{0}$						
		F-204781-02（内圈）	$40_{-0.012}^{0}$		$50_{-0.015}^{0}$	$35.5_{-0.12}^{0}$		1	96.9	135.9		
		F-204781-04（滚子）			$8_{-0.010}^{+0.005}$	$12_{0}^{+0.030}$		21×2				
		F-204781-62（平挡圈）	$56_{0}^{+0.15}$		$61_{-0.15}^{0}$	$1_{-0.05}^{0}$		2				
		F-204781-89（卡圈）	$59_{-0.20}^{0}$		$64.3_{0}^{+0.20}$	$1.5_{-0.10}^{0}$		1				

续表

序号	名称	轴承型号	内径 d	外径 E_w	滚道 d_i	宽度 B	宽度 C	数量/个	C_r	C_{or}	备注	产品简图
33	无外圈四列圆柱滚子轴承	B-208102	$42_{-0.012}^{0}$	$64.8_{-0.015}^{0}$		$50_{-0.12}^{0}$						
		B-208102-02（内圈）	$42_{-0.012}^{0}$	$55_{0}^{+0.050}$	$51.8_{-0.018}^{+0.010}$	$50_{-0.12}^{0}$		1	121.8	216.3		
		B-208102-04（滚子）		$6.5_{-0.010}^{+0.005}$		$9_{-0.03}^{0}$		28×4				
		B-208102-62（平挡圈）	58	64.5		$2.5_{-0.02}^{+0.02}$		2				
		B-208102-89（卡圈）	$64_{-0.2}^{0}$	$69_{0}^{+0.20}$		$1.5_{-0.10}^{0}$		1				
34	无外圈双列圆柱滚子轴承	F-219012	$45_{-0.012}^{0}$	$65.02_{-0.015}^{0}$								
		F-219012-02（内圈）	$45_{-0.012}^{0}$	$55_{0}^{+0.050}$	$54_{-0.04}^{+0.06}$	$34_{-0.12}^{0}$		1	91.5	135		
		F-219012-04（滚子）		$7.5_{-0.010}^{+0.005}$		$11_{-0.03}^{0}$		24×2				
		F-219012-62（平挡圈）	$59.2_{0}^{+0.15}$	$64.6_{-0.15}^{0}$		$1.85_{0.02}^{+0.02}$		2				
		F-219012-89（卡圈）	$62.3_{-0.20}^{0}$	$66.8_{0}^{+0.20}$		$1.5_{-0.10}^{0}$		1				
35	无外圈双列圆柱滚子轴承	B-208100	$45_{-0.012}^{0}$	$74.07_{-0.015}^{0}$								
		B-208100-02（内圈）	$45_{-0.012}^{0}$	$62_{0}^{+0.050}$	$54_{-0.04}^{+0.06}$	$50_{-0.12}^{0}$		1	152	246		
		B-208100-04（滚子）		$10_{-0.010}^{+0.005}$		$18_{-0.03}^{0}$		20×2				
		B-208100-62（平挡圈）	$66.8_{0}^{+0.15}$	$73.8_{-0.15}^{0}$		$2.25_{-0.02}^{+0.02}$		2				
		B-208100-89（卡圈）	$72_{-0.20}^{0}$	$77_{0}^{+0.20}$		$1.5_{-0.10}^{0}$		1				
36	无外圈双列圆柱滚子轴承	RNN3009X3V	$45_{-0.012}^{0}$	$66.9_{-0.015}^{0}$		$36_{-0.12}^{0}$						
		RNN3009X3V-02（内圈）	$45_{-0.012}^{0}$	$55_{-0.10}^{0}$	$50.9_{-0.018}^{+0.010}$	$39_{-0.12}^{0}$		1	103	151		
		RNN3009X3V-04（滚子）		$8_{-0.010}^{+0.005}$		$12_{-0.03}^{0}$		23×2				
		RNN3009X3V-62（平挡圈）	$58_{0}^{+0.15}$	$66.5_{-0.15}^{0}$		$2.2_{-0.05}^{0}$		2				
		RNN3009X3V-89（卡圈）	$64_{-0.20}^{0}$	$69_{0}^{+0.20}$		$1.5_{-0.10}^{0}$		1				

续表

序号	名称	轴承型号	内径 d	外径 E_w	滚道 d_i	宽度 B	宽度 C	数量/个	C_r	C_{or}	备注	产品简图
37	无外圈双列圆柱滚子轴承	573270	$50_{-0.012}^{0}$	$69.67_{-0.015}^{0}$		$32_{-0.12}^{0}$						
		573270-02（内圈）	$50_{-0.012}^{0}$	$59_{-0.20}^{-0.10}$	$55.67_{-0.010}^{+0.005}$	$32_{-0.12}^{0}$		1	86.2	134.8		
		573270-04（滚子）		$7_{-0.010}^{+0.005}$		$10_{-0.03}^{0}$		28×2				
		573270-62（平挡圈）	$63.2_{0}^{+0.15}$	$69.5_{-0.15}^{0}$		$2_{-0.02}^{+0.02}$		2				
		573270-89（卡圈）	67.9	$72.5_{0}^{+0.50}$		$1.5_{-0.10}^{0}$		1				
38	无外圈双列圆柱滚子轴承	RSL185010	$50_{-0.012}^{0}$	$72.33_{-0.015}^{0}$		$40_{-0.12}^{0}$						
		RSL185010-02（内圈）	50	$59.1_{-0.15}^{0}$	$54.33_{-0.018}^{-0.010}$	$40_{-0.12}^{0}$		1	127.9	188.3		
		RSL185010-04（滚子）		$9_{-0.010}^{+0.005}$		$14_{-0.030}^{0}$		22×2				
39	无外圈双列圆柱滚子轴承	F-212543	$50_{-0.012}^{0}$	$75.25_{-0.015}^{0}$		$40_{-0.12}^{0}$						
		F-212543-02（内圈）	$50_{-0.012}^{0}$	$62_{-0.015}^{0}$	$57.25_{-0.018}^{+0.010}$	$40_{-0.12}^{0}$		1	134	198.3		
		F-212543-04（滚子）		$9_{-0.010}^{+0.005}$		$14_{-0.03}^{0}$		23×2				
		F-212543-62（平挡圈）	$67.9_{0}^{+0.15}$	$74.9_{-0.15}^{0}$		$1_{-0.05}^{0}$		2				
		F-212543-89（卡圈）	$72.1_{-0.20}^{0}$	$77.6_{0}^{+0.20}$		$2_{-0.10}^{0}$		1				

5.2 滚动轴承

5.2.1 滚动轴承

如表 5-2 所示为深沟球轴承（GB/T276－94）。

表 5-2 深沟球轴承（GB/T276－94）

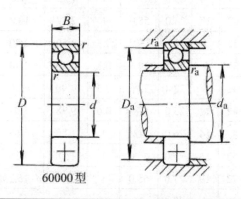

60000 型

轴承代号		基本尺寸/mm			安装尺寸/mm			基本额定载荷/kN		极限转速/(r/min)		质量/kg
新代号	旧代号	d	D	B	d_{amin}	D_{amax}	r_{asmax}	C_r	C_{or}	脂润滑	油润滑	$W\approx$
61800	1000800		19	5	12.0	17	0.3	1.80	0.93	28000	36000	0.005
61900	1000900		22	6	12.4	20	0.3	2.70	1.30	25000	32000	0.011
6000	100	10	26	8	12.4	23.6	0.3	4.58	1.98	22000	30000	0.019
6200	200		30	9	15.0	26.0	0.6	5.10	2.38	20000	26000	0.032
6300	300		35	11	15.0	30.0	0.6	7.65	3.48	18000	24000	0.053
61801	1000801		21	5	14.0	19	0.3	1.90	1.00	24000	32000	0.007
61901	1000901		24	6	14.4	22	0.3	2.90	1.50	22000	28000	0.013
16001	7000101		28	7	14.4	25.6	0.3	5.10	2.40	20000	26000	0.019
6001	101	12	28	8	14.4	25.6	0.3	5.10	2.38	20000	26000	0.022
6201	201		32	10	17.0	28	0.6	6.82	3.05	19000	24000	0.035
6301	301		37	12	18.0	32	1	9.72	5.08	17000	22000	0.057
61802	1000802		24	5	17	22	0.3	2.10	1.30	22000	30000	0.008
61902	1000902		28	7	17.4	26	0.3	4.30	2.30	20000	26000	0.018
16002	7000102		32	8	17.4	29.6	0.3	5.60	2.80	19000	24000	0.025
6002	102	15	32	9	17.4	29.6	0.3	5.58	2.85	19000	24000	0.031
6202	202		35	11	20.0	32	0.6	7.65	3.72	18000	22000	0.045
6302	302		42	13	21.0	37	1	11.5	5.42	16000	20000	0.080
61803	1000803	17	26	5	19.0	24	0.3	2.20	1.5	20000	28000	0.008

续表

轴承代号		基本尺寸/mm			安装尺寸/mm			基本额定载荷/kN		极限转速/(r/min)		质量/kg
新代号	旧代号	d	D	B	d_{amin}	D_{amax}	r_{asmax}	C_r	C_{or}	脂润滑	油润滑	$W\approx$
61903	1000903		30	7	19.4	28	0.3	4.60	2.6	19000	24000	0.020
16003	7000103		35	8	19.4	32.6	0.3	6.00	3.3	18000	22000	0.027
6003	103		35	10	19.4	32.6	0.3	6.00	3.25	17000	21000	0.040
6203	203	17	40	12	22.0	36	0.6	9.58	4.78	16000	20000	0.064
6303	303		47	14	23.0	41.0	1	13.5	6.58	15000	18000	0.109
6403	403		62	17	24.0	55.0	1	22.7	10.8	11000	15000	0.268
61804	1000804		32	7	22.4	30	0.3	3.50	2.20	18000	24000	0.020
61904	1000904		37	9	22.4	34.6	0.3	6.40	3.70	17000	22000	0.040
16004	7000104		42	8	22.4	39.6	0.3	7.90	4.50	16000	19000	0.050
6004	104	20	42	12	25.0	38	0.6	9.38	5.02	16000	19000	0.068
6204	204		47	14	26.0	42	1	12.8	6.65	14000	18000	0.103
6304	304		52	15	27.0	45.0	1	15.8	7.88	13000	16000	0.142
6404	404		72	19	27.0	65.0	1	31.0	15.2	9500	13000	0.400
61805	1000805		37	7	27.4	35	0.3	4.3	2.90	16000	20000	0.022
61905	1000905		42	9	27.4	40	0.3	7.0	4.50	14000	18000	0.050
16005	7000105		47	8	27.4	44.6	0.3	8.8	5.60	13000	17000	0.060
6005	105	25	47	12	30	43	0.6	10.0	5.85	13000	17000	0.078
6205	205		52	15	31	47	1	14.0	7.88	12000	15000	0.127
6305	305		62	17	32	55	1	22.2	11.5	10000	14000	0.219
6405	405		80	21	34	71	1.5	38.2	19.2	8500	11000	0.529
61806	1000806		42	7	32.4	40	0.3	4.70	3.60	13000	17000	0.026
61906	1000906		47	9	32.4	44.6	0.3	7.20	5.00	12000	16000	0.060
16006	7000106		55	9	32.4	52.6	0.3	11.2	7.40	11000	14000	0.085
6006	106	30	55	13	36	50.0	1	13.2	8.30	11000	14000	0.110
6206	206		62	16	36	56	1	19.5	11.5	9500	13000	0.200
6306	306		72	19	37	65	1	27.0	15.2	9000	11000	0.349
6406	406		90	23	39	81	1.5	47.5	24.5	8000	10000	0.710
61807	1000807		47	7	37.4	45	0.3	4.90	4.00	11000	15000	0.030
61907	1000907		55	10	40	51	0.6	9.50	6.80	10000	13000	0.086
16007	7000107		62	9	37.4	59.6	0.3	12.2	8.80	9500	12000	0.100
6007	107	35	62	14	41	56	1	16.2	10.5	9500	12000	0.148
6207	207		72	17	42	65	1	25.5	15.2	8500	11000	0.288
6307	307		80	21	44	71	1.5	33.4	19.2	8000	9500	0.455

续表

轴承代号		基本尺寸/mm			安装尺寸/mm			基本额定载荷/kN		极限转速/(r/min)		质量/kg
新代号	旧代号	d	D	B	d_{amin}	D_{amax}	r_{asmax}	C_r	C_{or}	脂润滑	油润滑	$W\approx$
6407	407	35	100	25	44	91	1.5	56.8	29.5	6700	8500	0.926
61808	1000808		52	7	42.4	50	0.3	5.10	4.40	10000	13000	0.034
61908	1000908		62	12	45	58	0.6	13.7	9.90	9500	12000	0.110
16008	7000108		68	9	42.4	65.6	0.3	12.6	9.60	9000	11000	0.130
6008	108	40	68	15	46	62	1	17.0	11.8	9000	11000	0.185
6208	208		80	18	47	73	1	29.5	18.0	8000	10000	0.368
6308	308		90	23	49	81	1.5	40.8	24.0	7000	8500	0.639
6408	408		110	27	50	100	2	65.5	37.5	6300	8000	1.221
61809	1000809		58	7	47.4	56	0.3	6.40	5.60	9000	12000	0.040
61909	1000909		68	12	50	63	0.6	14.1	10.90	8500	11000	0.140
16009	7000109		75	10	50	70	0.6	15.6	12.2	8000	11000	0.170
6009	109	45	75	16	51	69	1	21.0	14.8	8000	10000	0.230
6209	209		85	19	52	78	1	31.5	20.5	7000	9000	0.416
6309	309		100	25	54	91	1.5	52.8	31.8	6300	7500	0.837
6409	409		120	29	55	110	2	77.5	45.5	5600	7000	1.520
61810	1000810		65	7	52.4	62.6	0.3	6.6	6.1	8500	10000	0.057
61910	1000910		72	12	55	68	0.6	14.5	11.7	8000	95000	0.140
16010	7000110		80	10	55	75	0.6	16.1	13.1	8000	9500	0.180
6010	110	50	80	16	56	74	1	22.0	16.2	7000	9000	0.258
6210	210		90	20	57	83	1	35.0	23.2	6700	8500	0.463
6310	310		110	27	60	100	2	61.8	38.0	6000	7000	1.082
6410	410		130	31	62	118	2.1	92.2	55.2	5300	6300	1.855
61811	1000811		72	9	57.4	69.6	0.3	9.1	8.4	8000	9500	0.083
61911	1000911		80	13	61	75	1	15.9	13.2	7500	9000	0.19
16011	7000111		90	11	60	85	0.6	19.4	16.2	7000	8500	0.260
6011	111	55	90	18	62	83	1	30.2	21.8	7000	8500	0.362
6211	211		100	21	64	91	1.5	43.2	29.2	6000	7500	0.603
6311	311		120	29	65	110	2	71.5	44.8	5600	6700	1.367
6411	411		140	33	67	128	2.1	100	62.5	4800	6000	2.316
61812	1000812		78	10	62.4	75.6	0.3	9.1	8.7	7000	8500	0.11
61912	1000912	60	85	13	66	80	1	16.4	14.2	6700	8000	0.230
16012	7000112		95	11	65	90	0.6	19.9	17.5	6300	7500	0.280
6012	112		95	18	67	89	1	31.5	24.2	6300	7500	0.385

轴承代号		基本尺寸/mm			安装尺寸/mm			基本额定载荷/kN		极限转速/(r/min)		质量/kg
新代号	旧代号	d	D	B	d_{amin}	D_{amax}	r_{asmax}	C_r	C_{or}	脂润滑	油润滑	$W\approx$
6212	212	60	110	22	69	101	1.5	47.8	32.8	5600	7000	0.789
6312	312		130	31	72	118	2.1	81.8	51.8	5000	6000	1.710
6412	412		150	35	72	138	2.1	109	70.0	4500	5600	2.811
61813	1000813	65	85	10	69	81	0.6	11.9	11.5	6700	8000	0.13
61913	1000913		90	13	71	85	1	17.4	16.0	6300	7500	0.22
16013	7000113		100	11	70	95	0.6	20.5	18.6	6000	7000	0.300
6013	113		100	18	72	93	1	32.0	24.8	6000	7000	0.410
6213	213		120	23	74	111	1.5	57.2	40.0	5000	6300	0.990
6313	313		140	33	77	128	2.1	93.8	60.5	4500	5300	2.100
6413	413		160	37	77	148	2.1	118	78.5	4300	5300	3.342
61814	1000814	70	90	10	74	86	0.6	12.1	11.9	6300	7500	0.114
61914	1000914		100	16	76	95	1	23.7	21.1	6000	7000	0.35
16014	7000114		110	13	75	105	0.6	27.9	25.0	5600	6700	0.430
6014	114		110	20	77	103	1	38.5	30.5	5600	6700	0.575
6214	214		125	24	79	116	1.5	60.8	45.0	4800	6000	1.084
6314	314		150	35	82	138	2.1	105	68.0	4300	5000	2.550
6414	414		180	42	84	166	2.5	140	99.5	3800	4500	4.896
61815	1000815	75	95	10	79	91	0.6	12.5	12.8	6000	7000	0.150
61915	1000915		105	16	81	100	1	24.3	22.5	5600	6700	0.420
16015	7000115		115	13	80	110	0.6	28.7	26.8	5300	6300	0.460
6015	115		115	20	82	108	1	40.2	33.2	5300	6300	0.603
6215	215		130	25	84	121	1.5	66.0	49.5	4500	5600	1.171
6315	315		160	37	87	148	2.1	113	76.8	4000	4800	3.050
6415	415		190	45	89	176	2.5	154	115	3600	4300	5.739
61816	1000816	80	100	10	84	96	0.6	12.7	13.3	5600	6700	0.160
61916	1000916		110	16	86	105	1	24.9	23.9	5300	6300	0.440
16016	7000116		125	14	85	120	0.6	33.1	31.4	5000	6000	0.600
6016	116		125	22	87	118	1	47.5	39.8	5000	6000	0.821
6216	216		140	26	90	130	2	71.5	54.2	4300	5300	1.448
6316	316		170	39	92	158	2.1	123	86.5	3800	4500	3.610
6416	416		200	48	94	186	2.5	163	125	3400	4000	6.740
61817	1000817	85	110	13	90	105	1	19.2	19.8	5000	6300	0.285
61917	1000917		120	18	92	113.5	1	31.9	29.7	4800	6000	0.620

轴承代号		基本尺寸/mm			安装尺寸/mm			基本额定载荷/kN		极限转速/(r/min)		质量/kg
新代号	旧代号	d	D	B	d_{amin}	D_{amax}	r_{asmax}	C_r	C_{or}	脂润滑	油润滑	$W\approx$
16017	7000117		130	14	90	125	0.6	34	33.3	4500	5600	0.630
6017	117		130	22	92	123	1	50.8	42.8	4500	5600	0.848
6217	217	85	150	28	95	140	2	83.2	63.8	4000	5000	1.803
6317	317		180	41	99	166	2.5	132	96.5	3600	4300	4.284
6417	417		210	52	103	192	3	175	138	3200	3800	7.933
61818	1000818		115	13	95	110	1	19.5	20.5	4800	6000	0.28
61918	1000918		125	18	97	118.5	1	32.8	31.5	4500	5600	0.650
16018	7000118		140	16	96	134	1	41.5	39.3	4300	5300	0.850
6018	118	90	140	24	99	131	1.5	50.8	49.8	4300	5300	1.10
6218	218		160	30	100	150	2	95.8	71.5	3800	4800	2.17
6318	318		190	43	104	176	2.5	145	108	3400	4000	4.97
6418	418		225	54	108	207	3	192	158	2800	3600	9.56
61819	1000819		120	13	100	115	1	19.8	21.3	4500	5600	0.30
61919	1000919		130	18	102	124	1	33.7	33.3	4300	5300	0.67
16019	7000119		145	16	101	139	1	42.7	41.9	4000	5000	0.89
6019	119	95	145	24	104	136	1.5	57.8	50.0	4000	5000	1.15
6219	219		170	32	107	158	2.1	110	82.8	3600	4500	2.62
6319	319		200	45	109	186	2.5	157	122	3200	3800	5.74
61820	1000820		125	13	105	120	1	20.1	22.0	4300	5300	0.31
61920	1000920		140	20	107	133	1	42.7	41.9	4000	5000	0.92
16020	7000120		150	16	106	144	1	43.8	44.3	3800	4800	0.91
6020	120	100	150	24	109	141	1.5	64.5	56.2	3800	4800	1.18
6220	220		180	34	112	168	2.1	122	92.8	3400	4300	3.19
6320	320		215	47	114	201	2.5	173	140	2800	3600	7.07
6420	420		250	58	118	232	3	223	195	2400	3200	12.9
61821	1000821		130	13	110	125	1	20.3	22.7	4000	5000	0.34
61921	1000921		145	20	112	138	1	43.9	44.3	3800	4800	0.96
16021	7000121		160	18	111	154	1	51.8	50.6	3600	4500	1.20
6021	121	105	160	26	115	150	2	71.8	63.2	3600	4500	1.52
6221	221		190	36	117	178	2.1	133	105	3200	4000	3.78
6321	321		225	49	119	211	2.5	184	153	2600	3200	8.05
61822	1000822	110	140	16	115	135	1	28.1	30.7	3800	5000	0.60
61922	1000922		150	20	117	143	1	43.6	44.4	3600	4500	1.00

续表

轴承代号		基本尺寸/mm			安装尺寸/mm			基本额定载荷/kN		极限转速/(r/min)		质量/kg
新代号	旧代号	d	D	B	d_{amin}	D_{amax}	r_{asmax}	C_r	C_{or}	脂润滑	油润滑	$W\approx$
16022	7000122		170	19	116	164	1	57.4	50.7	3400	4300	1.42
6022	122		170	28	120	160	2	81.8	72.8	3400	4300	1.89
6222	222	110	200	38	122	188	2.1	144	117	3000	3800	4.42
6322	322		240	50	124	226	2.5	205	178	2400	3000	9.53
6422	422		280	65	128	262	3	225	238	2000	2800	18.34
61824	1000824		150	16	125	145	1	28.9	32.9	3400	4300	0.65
61924	1000924		165	22	127	158	1	55.0	56.9	3200	4000	1.40
16024	7000124		180	19	126	174	1	58.8	60.4	3000	3800	1.80
6024	124	120	180	28	130	170	2	87.5	79.2	3000	3800	1.99
6224	224		215	40	132	203	2.1	155	131	2600	3400	5.30
6324	324		260	55	134	246	2.5	228	208	2200	2800	12.2
61926	1000926		180	24	139	171	1.5	65.1	67.2	3000	3800	1.8
16026	7000126		200	22	137	193	1	79.7	79.2	2800	3600	2.63
6026	126	130	200	33	140	190	2	105	96.8	2800	3600	3.08
6226	226		230	40	144	216	2.5	165	148.0	2400	3200	6.12
6326	326		280	58	148	262	3	253	242	2000	2600	14.77
61928	1000928		190	24	149	181	1.5	66.6	71.2	2800	3600	1.90
16028	7000128		210	22	147	203	1	82.1	85	2400	3200	3.08
6028	128	140	210	33	150	200	2	116	108	2400	3200	3.17
6228	228		250	42	154	236	2.5	179	167	2000	2800	7.77
6328	328		300	62	158	282	3	275	272	1900	2400	18.33
16030	7000130		225	24	157	218	1	91.9	98.5	2200	3000	3.580
6030	130	150	225	35	162	213	2.1	132	125	2200	3000	3.940
6230	230		270	45	164	256	2.5	203	199	1900	2600	9.779
6330	330		320	65	168	302	3	288	295	1700	2200	21.87
61832	1000832		200	20	167	193	1	49.6	59.1	2600	3200	1.250
16032	7000132		240	25	169	231	1.5	98.7	107	2000	2800	4.32
6032	132	160	240	38	172	228	2.1	145	138	2000	2800	4.83
6232	232		290	48	174	276	2.5	215	218	1800	2400	12.22
6332	332		340	68	178	322	3	313	340	1600	2000	26.43
61834	1000834		215	22	177	208	1	61.5	73.3	2200	3000	1.810
61934	1000934	170	230	28	180	220	2	88.8	100	2000	2800	3.40
16034	7000134		260	28	179	251	1.5	118	130	1900	2600	5.770

续表

轴承代号		基本尺寸/mm			安装尺寸/mm			基本额定载荷/kN		极限转速/(r/min)		质量/kg
新代号	旧代号	d	D	B	d_{amin}	D_{amax}	r_{asmax}	C_r	C_{or}	脂润滑	油润滑	$W \approx$
6034	134		260	42	182	248	2.1	170	170	1900	2600	6.50
6234	234	170	310	52	188	292	3	245	260	1700	2200	15.241
6334	334		360	72	188	342	3	335	378	1500	1900	31.43
61836	1000836		225	22	187	218	1	62.3	75.9	2000	2800	2.00
61936	1000936		250	33	190	240	2	118	133	1900	2600	4.80
16036	7000136	180	280	31	190	270	2	144	157	1800	2400	7.60
6036	136		280	46	192	268	2.1	188	198	1800	2400	8.51
6236	236		320	52	198	302	3	262	285	1600	2000	15.518
61838	1000838		240	24	199	231	1.5	75.1	91.6	1900	2600	2.38
61938	1000938		260	33	200	250	2	117	133	1800	2400	5.25
16038	7000138	190	290	31	200	280	2	149	168	1700	2200	7.89
6038	138		290	46	202	278	2.1	188	200	1700	2200	8.865
6238	238		340	55	208	322	3	285	322	1500	1900	18.691
61840	1000840		250	24	209	241	1.5	74.2	91.2	1800	2400	8.28
61940	1000940		280	38	212	268	2.1	149	168	1700	2200	7.4
16040	7000140	200	310	34	210	300	2	167	191	1800	2000	10.10
6040	140		310	51	212	298	2.1	205	225	1600	2000	11.64
6240	240		360	58	218	342	3	288	332	1400	1800	22.577
61844	1000844		270	24	229	261	1.5	76.4	97.8	1700	2200	3.00
61944	1000944		300	38	232	288	2.1	152	178	1600	2000	7.60
16044	7000144	220	340	37	232	328	2.1	181	216	1400	1800	11.5
6044	144		340	56	234	326	2.5	252	268	1400	1800	18.0
6244	244		400	65	238	382	3	355	365	1200	1600	36.5
61848	1000848		300	28	250	290	2	83.5	108	1500	1900	4.50
61948	1000948		320	38	252	308	2.1	142	178	1400	1800	8.2
16048	7000148	240	360	37	252	348	2.1	172	210	1200	1600	14.5
6048	148		360	56	254	346	2.5	270	292	1200	1600	20.0
6248	248		440	72	258	422	3	358	467	1000	1400	53.9
61852	1000852		320	28	270	310	2	95	128	1300	1700	4.85
61952	1000952		360	46	272	348	2.1	210	268	1200	1600	13.70
16052	7000152	260	400	44	274	386	2.5	235	310	1100	1500	22.5
6052	152		400	65	278	382	3	292	372	1100	1500	28.80
61856	1000856	280	350	33	290	340	2	135	178	1100	1500	7.4

续表

轴承代号		基本尺寸/mm			安装尺寸/mm			基本额定载荷/kN		极限转速/(r/min)		质量/kg
新代号	旧代号	d	D	B	d_{amin}	D_{amax}	r_{asmax}	C_r	C_{or}	脂润滑	油润滑	$W\approx$
61956	1000956	280	380	46	292	368	2.1	210	268	1000	1400	15.0
6056	156		420	65	298	402	3	305	408	950	1300	32.10
61860	1000860	300	380	38	312	368	2.1	162	222	1000	1400	11.0
61960	1000960		420	56	314	406	2.5	270	370	950	1300	21.10
61864	1000864	320	400	38	332	388	2.1	168	235	950	1300	11.80
61964	1000964		440	56	334	426	2.5	275	392	900	1200	23.0
6064	164		480	74	338	462	3	345	510	850	1100	48.4
61968	1000968	340	460	56	354	446	2.5	292	418	850	1100	27.0
6072	172	360	540	82	382	518	4	400	622	750	950	68.0
61876	1000876	380	480	46	392	468	2.1	235	348	800	1000	20.5
6080	180	400	600	90	422	478	4	512	868	630	800	89.4
61892	1000892	460	580	56	474	566	2.5	322	538	600	750	36.28
619/500	10009/500	500	670	78	522	648	4	445	808	500	630	79.50
60/500	1/500		720	100	528	692	5	625	1178	450	560	117.00

如表 5-3 所示为角接触球轴承（GB/T292－94）。

表 5-3　角接触球轴承（GB/T292－94）

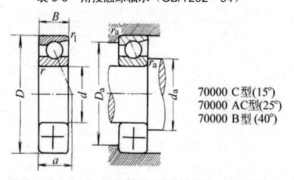

70000 C型(15°)
70000 AC型(25°)
70000 B型 (40°)

轴承代号		基本尺寸/mm				安装尺寸/mm			基本额定载荷/kN		极限转速/(r/min)		质量/kg
新代号	旧代号	d	D	B	a	d_{amin}	D_{amax}	r_{asamax}	C_r	C_{or}	脂润滑	油润滑	$W\approx$
7002C	36102	15	32	9	7.6	17.4	29.6	0.3	6.25	3.42	17000	24000	0.028
7002AC	46102		32	9	10	17.4	29.6	0.3	5.95	3.25	17000	24000	0.028
7202C	36202		35	11	8.9	20	30	0.6	8.68	4.62	16000	22000	0.043
7202AC	46202		35	11	11.4	20	30	0.6	8.35	4.40	16000	22000	0.043
7003C	36103	17	35	10	8.5	19.4	32.6	0.8	6.60	3.85	16000	22000	0.036

续表

轴承代号		基本尺寸/mm				安装尺寸/mm			基本额定载荷/kN		极限转速/(r/min)		质量/kg
新代号	旧代号	d	D	B	a	d_{amin}	D_{amax}	r_{asamax}	C_r	C_{or}	脂润滑	油润滑	$W\approx$
7003AC	46103	17	35	10	11.1	19.4	32.6	0.3	6.30	3.68	16000	22000	0.036
7203C	36203		40	12	9.9	22	35	0.6	10.8	5.95	15000	20000	0.062
7203AC	46203		40	12	12.8	22	35	0.6	10.5	5.65	15000	20000	0.062
7004C	36104	20	42	12	10.2	25	37	0.6	10.5	6.08	14000	19000	0.064
7004AC	46104		42	12	13.2	25	37	0.6	10.0	5.78	14000	19000	0.064
7204C	36204		47	14	11.5	26	41	1	14.5	8.22	13000	18000	0.1
7204AC	46204		47	14	14.9	26	41	1	14.0	7.82	13000	18000	0.1
7204B	66204		47	14	21.1	26	41	1	14.0	7.85	13000	18000	0.11
7005C	36105	25	47	12	10.8	30	42	0.6	11.5	7.45	12000	17000	0.074
7005AC	46105		47	12	14.4	30	42	0.6	11.2	7.08	12000	17000	0.074
7205C	36205		52	15	12.7	31	46	1	16.5	10.5	11000	16000	0.12
7205AC	46205		52	15	16.4	31	46	1	15.8	9.88	11000	16000	0.12
7205B	66205		52	15	23.7	31	46	1	15.8	9.45	11000	16000	0.13
7305B	66305		62	17	26.8	32	55	1	26.2	15.2	9500	14000	0.3
7006C	36106	30	55	13	12.2	36	49	1	15.2	10.2	9500	14000	0.11
7006AC	46106		55	13	16.4	36	49	1	14.5	9.85	9500	14000	0.11
7206C	36206		62	16	14.2	36	56	1	23.0	15.0	9000	13000	0.19
7206AC	46206		62	16	18.7	36	56	1	22.0	14.2	9000	13000	0.19
7206B	66206		62	16	27.4	36	56	1	20.5	13.8	9000	13000	0.21
7306B	66306		72	19	31.1	37	65	1	31.0	19.2	8500	12000	0.37
7007C	36107	35	62	14	13.5	41	56	1	19.5	14.2	8500	12000	0.15
7007AC	46107		62	14	18.3	41	56	1	18.5	13.5	8500	12000	0.15
7207C	36207		72	17	15.7	42	65	1	30.5	20.0	8000	11000	0.28
7207AC	46207		72	17	21	42	65	1	29.0	19.2	8000	11000	0.28
7207B	66207		72	17	30.9	42	65	1	27.0	18.8	8000	11000	0.3
7307B	66307		80	21	24.6	44	71	1.5	38.2	24.5	7500	10000	0.51
7008C	36108	40	68	15	14.7	46	62	1	20.0	15.2	8000	11000	0.18
7008AC	46108		68	15	20.1	46	62	1	19.0	14.5	8000	11000	0.18
7208C	36208		80	18	17	47	73	1	36.8	25.8	7500	10000	0.37
7208AC	46208		80	18	23	47	73	1	35.2	24.5	7500	10000	0.37
7208B	66208		80	18	34.5	47	73	1	32.5	23.5	7500	10000	0.39
7308B	66308		90	23	38.8	49	81	1.5	46.2	30.5	6700	9000	0.67
7408B	66408		110	27	37.7	50	100	2	67.0	47.5	6000	8000	1.4

续表

轴承代号		基本尺寸/mm				安装尺寸/mm			基本额定载荷/kN		极限转速/(r/min)		质量/kg
新代号	旧代号	d	D	B	a	d_{amin}	D_{amax}	r_{asamax}	C_r	C_{or}	脂润滑	油润滑	$W\approx$
7009C	36109	45	75	16	16	51	69	1	25.8	20.5	7500	10000	0.23
7009AC	46109		75	16	21.9	51	69	1	25.8	19.5	7500	10000	0.23
7209C	36209		85	19	18.2	52	78	1	38.5	28.5	6700	9000	0.41
7209AC	46209		85	19	24.7	52	78	1	36.8	27.2	6700	9000	0.41
7209B	66209		85	19	36.8	52	78	1	36.0	26.2	6700	9000	0.44
7309B	66309		100	25	42.9	54	91	1.5	59.5	39.8	6000	8000	0.9
7010C	36110	50	80	16	16.7	56	74	1	26.5	22.0	6700	9000	0.25
7010AC	46110		80	16	23.2	56	74	1	25.2	21.0	6700	9000	0.25
7210C	36210		90	20	19.4	57	83	1	42.8	32.0	6300	8500	0.46
7210AC	46210		90	20	26.3	57	83	1	40.8	30.5	6300	8500	0.46
7210B	66210		90	20	39.4	57	83	1	37.5	29.0	6300	8500	0.49
7310B	66310		110	27	47.5	60	100	2	68.2	48.0	5600	7500	1.15
7410B	66410		130	31	46.2	62	118	2.1	95.2	64.2	5000	6700	2.08
7011C	36111	55	90	18	18.7	62	83	1	37.2	30.5	6000	8000	0.38
7011AC	46111		90	18	25.9	62	83	1	35.2	39.2	6000	8000	0.38
7211C	36211		100	21	20.9	64	91	1.5	52.8	40.5	5600	7500	0.61
7211AC	46211		100	21	28.6	64	91	1.5	50.5	38.5	5600	7500	0.61
7211B	66211		100	21	43	64	91	1.5	46.2	36.0	5600	7500	0.65
7311B	66311		120	29	51.4	65	110	2	78.8	56.5	5000	6700	1.45
7012C	36112	60	95	18	19.38	67	88	1	38.2	32.8	5600	7500	0.4
7012AC	46112		95	18	27.1	67	88	1	36.2	31.5	5600	7500	0.4
7212C	36212		110	22	22.4	69	101	1.5	61.0	48.5	5300	7000	0.8
7212AC	46212		110	22	30.8	69	101	1.5	58.2	46.2	5300	7000	0.8
7212B	66212		110	22	46.7	69	101	1.5	56.0	44.5	5300	7000	0.84
7312B	66312		130	31	55.4	72	118	2.1	90.0	66.3	4800	6300	1.85
7412B	66412		150	35	55.7	72	138	2.1	118	85.5	4300	5600	3.56
7013C	36113	65	100	18	20.1	72	93	1	40.4	35.5	5300	7000	0.43
7013AC	46113		100	18	28.2	72	93	1	38.0	33.8	5300	7000	0.43
7213C	36213		120	23	24.2	74	111	1.5	69.8	55.2	4800	6300	1
7213AC	46213		120	23	33.5	74	111	1.5	66.5	52.5	4800	6300	1
7213B	66213		120	23	51.1	74	111	1.5	62.5	53.2	4800	6300	1.05
7313B	66313		140	33	59.5	77	128	2.1	102	77.8	4300	5600	2.25
7014C	36114	70	110	20	22.1	77	103	1	48.2	43.5	5000	6700	0.6

续表

轴承代号		基本尺寸/mm				安装尺寸/mm			基本额定载荷/kN		极限转速/(r/min)		质量/kg
新代号	旧代号	d	D	B	a	d_{amin}	D_{amax}	r_{asamax}	C_r	C_{or}	脂润滑	油润滑	$W≈$
7014AC	46114		110	20	30.9	77	103	1	45.8	41.5	5000	6700	0.6
7214C	36214		125	24	25.3	79	116	1.5	70.2	60.0	4500	6700	1.1
7214AC	46214	70	125	24	35.1	79	116	1.5	69.2	57.5	4500	6700	1.1
7214B	66214		125	24	52.9	79	116	1.5	70.2	57.2	4500	6700	1.15
7314B	66314		150	35	63.7	82	138	2.1	115	87.2	4000	5300	2.75
7015C	36115		115	20	22.7	82	108	1	49.5	46.5	4800	6300	0.63
7015AC	46115		115	20	32.2	82	108	1	46.8	44.2	4800	6300	0.63
7215C	36215		130	25	26.4	84	121	1.5	79.2	65.8	4300	5600	1.2
7215AC	46215	75	130	25	36.6	84	121	1.5	75.2	63.0	4300	5600	1.2
7215B	66215		130	25	55.5	84	121	1.5	72.8	62.0	4300	5600	1.3
7315B	66315		160	37	68.4	87	148	2.1	125	98.5	3800	5000	3.3
7016C	36116		125	22	24.7	87	118	1	58.5	55.8	4500	6000	0.85
7016AC	46116		125	22	34.9	87	118	1	55.5	53.2	4500	6000	0.85
7216C	36216		140	26	27.7	90	130	2	89.5	78.2	4000	5300	1.45
7216AC	46216	80	140	26	38.9	90	130	2	85.0	74.5	4000	5300	1.45
7216B	66216		140	26	59.2	90	130	2	80.2	69.5	4000	5300	1.55
7316B	66316		170	39	71.9	92	158	2.1	135	110	3600	4800	3.9
7017C	36117		130	22	25.4	92	123	1	62.5	60.2	4300	5600	0.89
7017AC	46117		130	22	36.1	92	123	1	59.2	57.2	4300	5600	0.89
7217C	36217		150	28	29.9	95	140	2	99.8	85.0	3800	5000	1.8
7217AC	46217	85	150	28	41.6	95	140	2	94.8	81.5	3800	5000	1.8
7217B	66217		150	28	63.3	95	140	2	93.0	81.5	3800	5000	1.95
7317B	66317		180	41	76.1	99	166	2.5	148	122	3400	4500	4.6
7018C	36118		140	24	27.4	99	131	1.5	71.5	69.8	4000	5300	1.15
7018AC	46118		140	24	38.8	99	131	1.5	67.5	66.5	4000	5300	1.15
7218C	36218		160	30	31.7	100	150	2	122	105	3600	4800	2.25
7218AC	46218	90	160	30	44.2	100	150	2	118	100	3600	4800	2.25
7218B	66218		160	30	67.9	100	150	2	105	94.5	3600	4800	2.4
7318B	66318		190	43	80.8	104	176	2.5	158	138	3200	4300	5.4
7019C	36119		145	24	28.1	104	136	1.5	73.5	73.2	3800	5000	1.2
7019AC	46119		145	24	40	104	136	1.5	69.5	69.8	3800	5000	1.2
7219C	36219	95	170	32	33.8	107	158	2.1	135	115	3400	4500	2.7
7219AC	46219		170	32	46.9	107	158	2.1	128	108	3400	4500	2.7

续表

轴承代号		基本尺寸/mm				安装尺寸/mm			基本额定载荷/kN		极限转速/(r/min)		质量/kg
新代号	旧代号	d	D	B	a	d_{amin}	D_{amax}	r_{asamax}	C_r	C_{or}	脂润滑	油润滑	$W\approx$
7219B	66219	95	170	32	72.5	107	158	2.1	120	108	3400	4500	2.9
7319B	66319		200	45	84.4	109	186	2.5	172	155	3000	4000	6.25
7020C	36120	100	150	24	28.7	109	141	1.5	79.2	78.5	3800	5000	1.25
7020AC	46120		150	24	41.2	109	141	1.5	75	74.8	3800	5000	1.25

如表 5-4 所示为圆柱滚子轴承（GB/T283－94）。

表 5-4　圆柱滚子轴承（GB/T283－94）

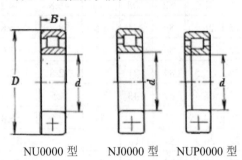

NU0000 型　　　　NJ0000 型　　　NUP0000 型

国内新型号	内径 d	外径 D	宽度 B	C_{ar}/kN	C_r/kN	油润滑转速/（r/min）	脂润滑转速/（r/min）	重量/kg	国内旧型号
NU202	15	35	11	5.5	7.98	19000	15000	—	32202
NU203	17	40	12	7	9.12	18000	14000	—	32203
NU303	17	47	14	10.8	12.8	17000	13000	0.147	—
NU1004	20	42	12	9.2	10.5	17000	13000	0.09	—
NU204E	20	47	14	24	25.8	16000	12000	0.117	32504E
NU2204E	20	47	18	30	30.8	16000	12000	0.149	32204E
NU3O4E	20	52	15	25.5	29	15000	11000	0.155	—
NU2304E	20	52	21	37.5	39.2	14000	10000	0.216	32604E
NU1005	25	47	12	10.2	11	15000	11000	0.1	32105
NU205E	25	52	15	26.8	27.5	14000	11000	0.14	32205E
NU2205E	25	52	18	33.8	32.8	14000	11000	0.168	32505E
NU305E	25	62	17	35.8	38.5	12000	9000	0.251	32305E
NU2305E	25	62	24	54.5	53.2	12000	9000	0.355	32605E
NU1006	30	55	13	12.8	13	12000	9500	0.12	32106
NU206E	30	62	16	35.5	36	11000	8500	0.214	32206E
NU2206E	30	62	20	48	45.5	11000	8500	0.268	32506E
NU306E	30	72	19	48.2	49.2	10000	8000	0.377	32306E

续表

国内新型号	内径 d	外径 D	宽度 B	C_{ar}/kN	C_r/kN	油润滑转速 / (r/min)	脂润滑转速 / (r/min)	重量/kg	国内旧型号
NU2306E	30	72	27	75.5	70	10000	8000	0.538	32606E
NU406	30	90	23	53	57.2	9000	7000	0.73	32406
NU1007	35	62	14	18.8	19.5	11000	8500	0.16	32107
NU207E	35	72	17	48	46.5	9500	7500	0.311	32207E
NU2207E	35	72	23	63	57.5	9500	7500	0.414	32507E
NU307E	35	80	21	63.2	62	9000	7000	0.501	32307E
NU2307E	35	80	31	98.2	87.5	9000	7000	0.738	32607E
NU407	35	100	25	68.2	70.8	7500	6000	0.94	32407
NU1008	40	68	15	22	21.2	9500	7500	0.22	32108
NU208E	40	80	18	53	51.5	9000	7000	0.394	32208E
NU2208E	40	80	23	75.2	67.5	9000	7000	0.507	32508E
NU308E	40	90	23	77.8	76.8	8000	6300	0.68	32308E
NU2308E	40	90	33	118	105	8000	6300	0.974	32608E
NU408	40	110	27	89.8	90.5	7000	5600	1.25	32408
NU1009	45	75	16	23.8	23.2	8500	6500	0.26	32109
NU209E	45	85	19	63.8	58.5	8000	6300	0.45	32209E
NU2209E	45	85	23	82	71	8000	6300	0.55	32509E
NU309E	45	100	25	98	93	7000	5600	0.93	32309E
NU2309E	45	100	36	152	130	7000	5600	1.34	32609E
NU400	45	120	29	100	102	6300	5000	1.8	—
NU1010	50	80	16	27.5	25	8000	6300	—	32110
NU210E	50	90	20	69.2	61.2	7500	6000	0.505	32210E
NU2210E	50	90	23	88.8	74.2	7500	6000	0.59	32510E
NU310E	50	110	27	112	105	6700	5300	1.2	32310E
NU2310E	50	110	40	185	155	6700	5300	1.79	32610E
NU410	50	130	31	120	120	6000	4800	2.3	32410
NU1011	55	90	18	40	35.8	7000	5600	0.45	32111
NU211E	55	100	21	95.5	80.2	6700	5300	0.68	32211E
NU2211E	55	100	25	118	94.8	6700	5300	0.81	32511E
NU311E	55	120	29	138	128	6000	4800	1.53	32311E
NU2311E	55	120	43	228	190	6000	4800	2.28	32611E
NU411	55	140	33	132	128	5300	4300	2.8	32411
NU1012	60	95	18	45	38.5	6700	5300	0.48	32112
NU212E	60	110	22	102	89.8	6300	5000	0.86	32212E

国内新型号	内径 d	外径 D	宽度 B	C_{ar}/kN	C_r/kN	油润滑转速 / (r/min)	脂润滑转速 / (r/min)	重量/kg	国内旧型号
NU2212E	60	110	28	152	122	6300	5000	1.12	32512E
NU312E	60	130	31	155	142	5600	4500	1.87	32312E
NU2312E	60	130	46	260	212	5600	4500	2.81	32612E
NU412	60	150	35	162	155	5000	4000	3.4	32412
NU1013	65	100	18	46.5	39	6000	4800	0.51	32113
NU213E	65	120	23	118	102	5600	4500	1.08	32213E
NU2213E	65	120	31	180	142	5600	4500	1.48	32513E
NU313E	65	140	33	188	170	5000	4000	2.31	32313E
NU2313E	65	140	48	285	235	5000	4000	3.34	32613E
NU413	65	160	37	178	170	4800	3800	4	32413
NU1014	70	110	20	57	47.5	6000	4800	0.71	32114
NU214E	70	125	24	135	112	5300	4300	1.2	32214E
NU2214E	70	125	31	192	148	5300	4300	1.56	32514E
NU314E	70	150	35	220	195	4800	3800	2.86	32314E
NU2314E	70	150	51	320	260	4800	3800	4.1	32614E
NU414	70	180	42	232	215	4300	3400	5.9	32414
NU1015	75	115	20	61.2	51.5	5600	4500	0.74	32115
NU215E	75	130	25	155	125	5000	4000	1.32	32215E
NU2215E	75	130	31	205	155	5000	4000	1.64	32515E
NU315E	75	160	37	260	228	4500	3600	3.43	32315E
NU2315	75	160	55	308	245	4500	3600	5.4	32615
NU415	75	190	45	272	250	4000	3200	7.1	32415
NU1016	80	125	22	77.8	59.2	5300	4300	1	32116
NU216E	80	140	26	165	132	4800	3800	1.58	32216E
NU2216E	80	140	33	242	178	4800	3800	2.05	32516E
NU316E	80	170	39	282	245	4300	3400	4.05	32316E
NU2316	80	170	58	328	258	4300	3400	6.4	32616
NU416	80	200	48	315	285	3800	3000	8.3	32416
NU1017	85	130	22	81.6	64.5	5000	4000	1.05	32117
NU217E	85	150	28	192	158	4500	3600	2	32217E
NU2217E	85	150	36	272	205	4500	3600	2.58	32517E
NU317E	85	180	41	332	280	4000	3200	4.82	32317E
NU2317	85	180	60	380	295	4000	3200	7.4	32617
NU417	85	210	52	345	312	3600	2800	9.8	32417

国内新型号	内径 d	外径 D	宽度 B	C_{ar}/kN	C_r/kN	油润滑转速 / （r/min）	脂润滑转速 / （r/min）	重量/kg	国内旧型号
NU1018	90	140	24	94.8	74	4800	3800	1.36	32118
NU218E	90	160	30	215	172	4300	3400	2.44	32218E
NU2218E	90	160	40	312	230	4300	3400	3.26	32518E
NU318E	90	190	43	348	298	3800	3000	5.59	32318E
NU2318	90	190	64	395	310	3800	3000	8.4	32618
NU418	90	225	54	392	352	3200	2400	11	32418
NU1019	95	145	24	98.5	75.5	4500	3600	1.4	32119
NU219E	95	170	32	262	208	4000	3200	2.96	32219E
NU2219E	95	170	43	368	275	4000	3200	3.97	32519E
NU319E	95	200	45	380	315	3600	2800	6.52	32319E
NU2319	95	200	67	500	3700	3600	2800	10.4	32619
NU419	95	240	55	428	378	3000	2200	14	32419
NU1020	100	150	24	102	78	4300	3400	1.5	32120
NU220E	100	180	34	302	235	3800	3000	3.58	32220E
NU2220E	100	180	46	440	318	3800	3000	4.86	32520E
NU320E	100	215	47	425	365	3200	2600	7.89	32320E
NU2320	100	215	73	558	415	3200	2600	13.5	32620
NU420	100	250	58	480	418	2800	2000	16	32420
NU1021	105	160	26	122	91.5	4000	3200	1.9	32121
NU221	105	190	36	235	185	3600	2800	4	32221
NU321	105	225	49	392	322	3000	2200	—	32321
NU421	105	260	60	602	508	2600	1900	—	32421
NU1022	110	170	28	155	115	3800	3000	2.3	32122
NU222E	110	200	38	360	278	3400	2600	5.02	32222E
NU2222	110	200	53	445	312	3400	2600	7.5	32522
NU322	110	240	50	428	352	2800	2000	11	32322
NU2322	110	240	80	740	535	2800	2000	17.5	32622
NU422	110	280	65	602	515	2400	1800	22	32422
NU1024	120	180	28	168	130	3400	2600	2.96	32124
NU224E	120	215	40	422	322	3000	2200	6.11	32224E
NU2224	120	215	58	522	345	3000	2200	9.5	32524
NU324	120	260	55	552	440	2600	1900	14	32324
NU2324	120	260	86	868	632	2600	1900	22.5	32624
NU424	120	310	72	772	642	2200	1700	30	32424

国内新型号	内径 d	外径 D	宽度 B	C_{ar}/kN	C_r/kN	油润滑转速 / (r/min)	脂润滑转速 / (r/min)	重量/kg	国内旧型号
NU1026	130	200	33	212	152	3200	2400	3.7	32126
NU226	130	230	40	352	258	2800	2000	7	32226
NU2226	130	230	64	552	368	2800	2000	11.5	32526
NU326	130	280	58	620	492	2200	1700	18	32326
NU2326	130	280	93	1060	748	2200	1700	28.5	32626
NU426	130	340	78	942	782	1900	1500	39	32426
NU1028	140	210	33	220	158	2800	2000	4	32128
NU228	140	250	42	415	302	2400	1800	9.1	32228
NU2228	140	250	68	700	438	2400	1800	15	32528
NU328	140	300	62	690	545	2000	1600	22	32328
NU2328	140	300	102	1180	825	2000	1600	37	32628
NU428	140	360	82	1020	845	1800	1400	—	32428
NU1030	150	225	35	268	188	2600	1900	4.8	32130
NU230	150	270	45	490	360	2200	1700	11	32230
NU2230	150	270	73	772	530	2200	1700	17	32530
NU330	150	320	65	765	595	1900	1500	26	32330
NU2330	150	320	108	1340	930	1900	1500	45	32630
NU430	150	380	85	1100	912	1700	1300	53	32430
NU1032	160	240	38	302	212	2400	1800	6	32132
NU232	160	290	48	552	405	2000	1600	14	32232
NU2232	160	290	80	898	590	2000	1600	25	32532
NU332	160	340	68	825	628	1800	1400	31.6	32332
NU2332	160	340	114	1430	972	1800	1400	55.8	32632
NU1034	170	260	42	365	255	2200	1700	8.14	32134
NU234	170	310	52	650	425	1900	1500	17.1	32234
NU334	170	360	72	952	715	1700	1300	36	32334
NU2334	170	360	120	1650	1110	1700	1300	63	32634
NU1036	180	280	46	438	300	2000	1600	10.1	32136
NU236	180	320	52	650	425	1800	1400	18	32236
NU336	180	380	75	1100	835	1600	1200	42	32336
NU2336	180	380	126	1780	1210	1600	1200	71.2	32636
NU1038	190	290	46	495	335	1900	1500	—	32138
NU238	190	340	55	745	512	1700	1300	23	32238
NJ306E	30	72	19	48.2	49.2	10000	8000	0.377	42306E

续表

国内新型号	内径 d	外径 D	宽度 B	C_{ar}/kN	C_r/kN	油润滑转速/（r/min）	脂润滑转速/（r/min）	重量/kg	国内旧型号
NJ2306E	30	72	27	75.5	70	10000	8000	0.538	42606E
NJ406	30	90	23	53	57.2	9000	7000	0.73	42406
NJ207E	35	72	17	48	46.5	9500	7500	0.311	42207E
NJ2207E	35	72	23	63	57.5	9500	7500	0.414	42507E
NJ307E	35	80	21	63.2	62	9000	7000	0.501	42307E
NJ2307E	35	80	31	98.2	87.5	9000	7000	0.738	42607E
NJ407	35	100	25	68.2	70.8	7500	6000	0.94	42407
NJ1008	40	68	15	22	21.2	9500	7500	0.22	—
NJ208E	40	80	18	53	51.5	9000	7000	0.394	42208E
NJ2208E	40	80	23	75.2	67.5	9000	7000	0.507	42508E
NJ308E	40	90	23	77.8	76.8	8000	6300	0.68	42308E
NJ2308E	40	90	33	118	105	8000	6300	0.974	42608E
NJ408	40	110	27	89.8	90.5	7000	5600	1.25	42408
NJ1009	45	75	16	23.8	23.2	8500	6500	0.26	—
NJ209E	45	85	19	63.8	58.5	8000	6300	0.45	42209E
NJ2209E	45	85	23	82	71	8000	6300	0.55	42509E
NJ309E	45	100	25	98	93	7000	5600	0.93	42309E
NJ2309E	45	100	36	152	130	7000	5600	1.34	42609E
NJ409	45	120	29	100	102	6300	5000	1.8	42409
NJ1010	50	80	16	27.5	25	8000	6300	—	—
NJ210E	50	90	20	69.2	61.2	7500	6000	0.505	42210E
NJ2210E	50	90	23	88.8	74.2	7500	6000	0.59	42510E
NJ310E	50	110	27	112	105	6700	5300	1.2	42310E
NJ2310E	50	110	40	185	155	6700	5300	1.79	42610E
NJ410	50	130	31	120	120	6000	4800	2.3	42410
NJ1011	55	90	18	40	35.8	7000	5600	0.45	—
NJ211E	55	100	21	95.5	80.2	6700	5300	0.68	42211E
NJ2211E	55	100	25	118	94.8	6700	5300	0.81	42511E
NJ311E	55	120	29	138	128	6000	4800	1.53	42311E
NJ2311E	55	120	43	228	190	6000	4800	2.28	42611E
NJ411	55	140	33	132	128	5300	4300	2.8	42411
NJ1012	60	95	18	45	38.5	6700	5300	0.48	—
NJ212E	60	110	22	102	89.8	6300	5000	0.86	42212E
NJ2212E	60	110	28	152	122	6300	5000	1.12	42512E

续表

国内新型号	内径 d	外径 D	宽度 B	C_{ar}/kN	C_r/kN	油润滑转速 /（r/min）	脂润滑转速 /（r/min）	重量/kg	国内 旧型号
NJ312E	60	130	31	155	142	5600	4500	1.87	42312E
NJ2312E	60	130	46	260	212	5600	4500	2.81	42612E
NJ412	60	150	35	162	155	5000	4000	3.4	42412
NJ1013	65	100	18	46.5	39	6000	4800	0.51	—
NJ213E	65	120	23	118	102	5600	4500	1.08	42213E
NJ2213E	65	120	31	180	142	5600	4500	1.48	42513E
NJ313E	65	140	33	188	170	5000	4000	2.31	42313E
NJ2313E	65	140	48	285	235	5000	4000	3.34	42613E
NJ413	65	160	37	178	170	4800	3800	4	42413
NJ1014	70	110	20	57	47.5	6000	4800	0.71	—
NJ214E	70	125	24	135	112	5300	4300	1.2	42214E
NJ2214E	70	125	31	192	148	5300	4300	1.56	42514E
NJ314E	70	150	35	220	195	4800	3800	2.86	42314E
NJ2314E	70	150	51	320	260	4800	3800	4.1	42614E
NJ414	70	180	42	232	215	4300	3400	5.9	42414
NJ1015	75	115	20	61.2	51.5	5600	4500	0.74	—
NJ215E	75	130	25	155	125	5000	4000	1.32	42215E
NJ2215E	75	130	31	205	155	5000	4000	1.64	42515E
NJ315E	75	160	37	260	228	4500	3600	3.43	42315E
NJ2315	75	160	55	308	245	4500	3600	5.4	42615
NJ415	75	190	45	272	250	4000	3200	7.1	42415
NJ1016	80	125	22	77.8	59.2	5300	4300	1	—
NJ216E	80	140	26	165	132	4800	3800	1.58	42216E
NJ2216E	80	140	33	242	178	4800	3800	2.05	42516E
NJ316E	80	170	39	282	245	4300	3400	4.05	42316E
NJ2316	80	170	58	328	258	4300	3400	6.4	42616
NJ416	80	200	48	315	285	3800	3000	8.3	42416
NJ1017	85	130	22	81.6	64.5	5000	4000	1.05	—
NJ217E	85	150	28	192	158	4500	3600	2	42217E
NJ2217E	85	150	36	272	205	4500	3600	2.58	42517E
NJ317E	85	180	41	332	280	4000	3200	4.82	42317E
NJ2317	85	180	60	380	295	4000	3200	7.4	42617
NJ417	85	210	52	345	312	3600	2800	9.8	42417
NJ1018	90	140	24	94.8	74	4800	3800	1.36	—

国内新型号	内径 d	外径 D	宽度 B	C_{ar}/kN	C_r/kN	油润滑转速 /（r/min）	脂润滑转速 /（r/min）	重量/kg	国内 旧型号
NJ218E	90	160	30	215	172	4300	3400	2.44	42218E
NJ2218E	90	160	40	312	230	4300	3400	3.26	42518E
NJ318E	90	190	43	348	298	3800	3000	5.59	42318E
NJ2318	90	190	64	395	310	3800	3000	8.4	42618
NJ418	90	225	54	392	352	3200	2400	11	42418
NJ1019	95	145	24	98.5	75.5	4500	3600	1.4	—
NJ219E	95	170	32	262	208	4000	3200	2.96	42219E
NJ2219E	95	170	43	368	275	4000	3200	3.97	42519E
NJ319E	95	200	45	380	315	3600	2800	6.52	42319E
NJ2319	95	200	67	500	3700	3600	2800	10.4	42619
NJ419	95	240	55	428	378	3000	2200	14	42419
NJ1020	100	150	24	102	78	4300	3400	1.5	—
NJ220E	100	180	34	302	235	3800	3000	3.58	42220E
NJ2220E	100	180	46	440	318	3800	3000	4.86	42520E
NJ320E	100	215	47	425	365	3200	2600	7.89	42320E
NJ2320	100	215	73	558	415	3200	2600	13.5	42620
NJ420	100	250	58	480	418	2800	2000	16	42420
NJ1021	105	160	26	122	91.5	4000	3200	1.9	42121
NJ221	105	190	36	235	185	3600	2800	4	42221
NJ321	105	225	49	392	322	3000	2200	—	42321
NJ421	105	260	60	602	508	2600	1900	—	42421
NJ1022	110	170	28	155	115	3800	3000	2.3	—
NJ222E	110	200	38	360	278	3400	2600	5.02	42222E
NJ2222	110	200	53	445	312	3400	2600	7.5	42522
NJ322	110	240	50	428	352	2800	2000	11	42322
NJ2322	110	240	80	740	535	2800	2000	17.5	42622
NJ422	110	280	65	602	515	2400	1800	22	42422
NJ1024	120	180	28	168	130	3400	2600	2.96	42124
NJ224E	120	215	40	422	322	3000	2200	6.11	42224E
NJ2224	120	215	58	522	345	3000	2200	9.5	42524
NJ324	120	260	55	552	440	2600	1900	14	42324
NJ2324	120	260	86	868	632	2600	1900	22.5	42624
NJ424	120	310	72	772	642	2200	1700	30	42424
NJ1026	130	200	33	212	152	3200	2400	3.7	—

续表

国内新型号	内径 d	外径 D	宽度 B	C_{ar}/kN	C_r/kN	油润滑转速 /（r/min）	脂润滑转速 /（r/min）	重量/kg	国内旧型号
NJ226	130	230	40	352	258	2800	2000	7	42226
NJ2226	130	230	64	552	368	2800	2000	11.5	42526
NJ326	130	280	58	620	492	2200	1700	18	42326
NJ2326	130	280	93	1060	748	2200	1700	28.5	42626
NJ426	130	340	78	942	782	1900	1500	39	42426
NJ1028	140	210	33	220	158	2800	2000	4	—
NJ228	140	250	42	415	302	2400	1800	9.1	42228
NJ2228	140	250	68	700	438	2400	1800	15	42528
NJ328	140	300	62	690	545	2000	1600	22	42328
NJ2328	140	300	102	1180	825	2000	1600	37	42628
NJ428	140	360	82	1020	845	1800	1400	—	42428
NJ1030	150	225	35	268	188	2600	1900	4.8	42130
NJ230	150	270	45	490	360	2200	1700	11	42230
NJ2230	150	270	73	772	530	2200	1700	17	42630
NJ330	150	320	65	765	595	1900	1500	26	42330
NJ2330	150	320	108	1340	930	1900	1500	45	42630
NJ430	150	380	85	1100	912	1700	1300	53	42430
NJ1032	160	240	38	302	212	2400	1800	6	—
NJ232	160	290	48	552	405	2000	1600	14	42232
NJ2232	160	290	80	898	590	2000	1600	25	42538
NJ332	160	340	68	825	628	1800	1400	31.6	42332
NJ2332	160	340	114	1430	972	1800	1400	55.8	42632
NJ1034	170	260	42	365	255	2200	1700	8.14	—
NJ234	170	310	52	650	425	1900	1500	17.1	42234
NJ334	170	360	72	952	715	1700	1300	36	42334
NJ2334	170	360	120	1650	1110	1700	1300	63	42634
NJ1036	180	280	46	438	300	2000	1600	10.1	—
NJ236	180	320	52	650	425	1800	1400	18	42236
NJ336	180	380	75	1100	835	1600	1200	42	42336
NJ2336	180	380	126	1780	1210	1600	1200	71.2	42636
NJ1038	190	290	46	495	335	1900	1500	—	—
NJ238	190	340	55	745	512	1700	1300	23	42238
NJ2238	190	340	92	1570	975	1700	1300	38.5	42538
NJ338	190	400	78	1190	882	1500	1100	50	42338

国内新型号	内径 d	外径 D	宽度 B	C_{ar}/kN	C_r/kN	油润滑转速/（r/min）	脂润滑转速/（r/min）	重量/kg	国内旧型号
NJ1040	200	310	51	615	408	1800	1400	14.3	—
NJ240	200	360	58	842	570	1600	1200	26	42240
NJ2240	200	360	98	1725	1120	1600	1200	—	42540
NJ340	200	420	80	1290	972	1400	1000	—	42340
NJ1044	220	340	56	685	448	1600	1200	—	—
NJ244	220	400	65	1050	702	1400	1000	36	42244
NJ2244	220	400	108	2330	1360	1400	1000	62	42544
NJ344	220	460	88	1465	1080	1200	900	75	—
NJ1048	240	360	56	745	470	1400	1000	21	42148
NJ248	240	440	72	1345	880	1200	900	48.2	42248
NJ348	240	500	95	1810	1290	1000	800	97.1	—
NJ1052	260	400	65	932	592	1300	950	31	42152
NJ1056	280	420	65	965	600	1100	850	33	—
NJ1060	300	460	74	1470	880	1000	800	44.4	42160
NJ260	300	540	85	2190	1360	900	700	87.2	42260
NJ1064	320	480	74	1520	890	950	750	47	—
NJ1080	400	600	90	2480	1420	700	560	88.8	—
NUP203	17	40	12	7	9.12	18000	14000	—	92203
NUP204E	20	47	14	24	25.8	16000	12000	0.117	—
NUP2204E	20	47	18	30	30.8	16000	12000	0.149	—
NUP304E	20	52	15	25.5	29	15000	11000	0.155	92304E
NUP2304E	20	52	21	37.5	39.2	14000	10000	0.216	92604E
NUP205E	25	52	15	26.8	27.5	14000	11000	0.14	92205E
NUP2205E	25	52	18	33.8	32.8	14000	11000	0.168	92505E
NUP305E	25	62	17	35.8	38.5	12000	9000	0.251	92305E
NUP2305E	25	62	24	54.5	53.2	12000	9000	0.355	92605E
NUP206E	30	62	16	35.5	36	11000	8500	0.214	92206E
NUP2206E	30	62	20	48	45.5	11000	8500	0.268	92506E
NUP306E	30	72	19	48.2	49.2	10000	8000	0.377	92306E
NUP2306E	30	72	27	75.5	70	10000	8000	0.538	92606E
NUP406	30	90	23	53	57.2	9000	7000	0.73	92406
NUP207E	35	72	17	48	46.5	9500	7500	0.311	92207E
NUP2207E	35	72	23	63	57.5	9500	7500	0.414	92507E
NUP307E	35	80	21	63.2	62	9000	7000	0.501	92307E

国内新型号	内径 d	外径 D	宽度 B	C_{ar}/kN	C_r/kN	油润滑转速 / (r/min)	脂润滑转速 / (r/min)	重量/kg	国内旧型号
NUP2307E	35	80	31	98.2	87.5	9000	7000	0.738	92607E
NUP407	35	100	25	68.2	70.8	7500	6000	0.94	92407
NUP208E	40	80	18	53	51.5	9000	7000	0.394	92208E
NUP2208E	40	80	23	75.2	67.5	9000	7000	0.507	92508E
NUP308E	40	90	23	77.8	76.8	8000	6300	0.68	92308E
NUP2308E	40	90	33	118	105	8000	6300	0.974	92608E
NUP408	40	110	27	89.8	90.5	7000	5600	1.25	92408
NUP209E	45	85	19	63.8	58.5	8000	6300	0.45	92209E
NUP2209E	45	85	23	82	71	8000	6300	0.55	92509E
NUP309E	45	100	25	98	93	7000	5600	0.93	92309E
NUP2309E	45	100	36	152	130	7000	5600	1.34	92609E
NUP409	45	120	29	100	102	6300	5000	1.8	92409
NUP210E	50	90	20	69.2	61.2	7500	6000	0.505	92210E
NUP2210E	50	90	23	88.8	74.2	7500	6000	0.59	92510E
NUP310E	50	110	27	112	105	6700	5300	1.2	92310E
NUP2310E	50	110	40	185	155	6700	5300	1.79	92610E
NUP410	50	130	31	120	120	6000	4800	2.3	92410
NUP211E	55	100	21	95.5	80.2	6700	5300	0.68	92211E
NUP2211E	55	100	25	118	94.8	6700	5300	0.81	92511E
NUP311E	55	120	29	138	128	6000	4800	1.53	92311E
NUP2311E	55	120	43	228	190	6000	4800	2.28	92611E
N-UP411	55	140	33	132	128	5300	4300	2.8	—
NUP212E	60	110	22	102	89.8	6300	5000	0.86	92212E
NUP2212E	60	110	28	152	122	6300	5000	1.12	92512E
NUP312E	60	130	31	155	142	5600	4500	1.87	92312E
NUP2312E	60	130	46	260	212	5600	4500	2.81	92612E
NUP412	60	150	35	162	155	5000	4000	3.4	92412
NUP213E	65	120	23	118	102	5600	4500	1.08	92213E
NUP2213E	65	120	31	180	142	5600	4500	1.48	92513E
NUP313E	65	140	33	188	170	5000	4000	2.31	92313E
NUP2313E	65	140	48	285	235	5000	4000	3.34	92613E
NUP413	65	160	37	178	170	4800	3800	4	92413
NUP214E	70	125	24	135	112	5300	4300	1.2	92214E
NUP2214E	70	125	31	192	148	5300	4300	1.56	92514E

续表

国内新型号	内径 d	外径 D	宽度 B	C_{ar}/kN	C_r/kN	油润滑转速 /（r/min）	脂润滑转速 /（r/min）	重量/kg	国内旧型号
NUP314E	70	150	35	220	195	4800	3800	2.86	92314E
NUP2314E	70	150	51	320	260	4800	3800	4.1	92614E
NUP414	70	180	42	232	215	4300	3400	5.9	92414
NUP215E	75	130	25	155	125	5000	4000	1.32	92215E
NUP2215E	75	130	31	205	155	5000	4000	1.64	92515E
NUP315E	75	160	37	260	228	4500	3600	3.43	92315E
NUP2315	75	160	55	308	245	4500	3600	5.4	92615
NUP415	75	190	45	272	250	4000	3200	7.1	92415
NUP216E	80	140	26	165	132	4800	3800	1.58	92216E
NUP2216E	80	140	33	242	178	4800	3800	2.05	92516E
NUP316E	80	170	39	282	245	4300	3400	4.05	92316E
NUP2316	80	170	58	328	258	4300	3400	6.4	92616
NUP416	80	200	48	315	285	3800	3000	8.3	92416
NUP217E	85	150	28	192	158	4500	3600	2	92217E
NUP2217E	85	150	36	272	205	4500	3600	2.58	92517E
NUP317E	85	180	41	332	280	4000	3200	4.82	92317E
NUP2317	85	180	60	380	295	4000	3200	7.4	92617
NUP417	85	210	52	345	312	3600	2800	9.8	92417
NUP218E	90	160	30	215	172	4300	3400	2.44	92218E
NUP2218E	90	160	40	312	230	4300	3400	3.26	92518E
NUP318E	90	190	43	348	298	3800	3000	5.59	92318E
NUP2318	90	190	64	395	310	3800	3000	8.4	92618
NUP418	90	225	54	392	352	3200	2400	11	92418
NUP219E	95	170	32	262	208	4000	3200	2.96	92219E
NUP2219E	95	170	43	368	275	4000	3200	3.97	92519E
NUP319E	95	200	45	380	315	3600	2800	6.52	92319E
NUP2319	95	200	67	500	3700	3600	2800	10.4	92619
NUP419	95	240	55	428	378	3000	2200	14	92419
NUP220E	100	180	34	302	235	3800	3000	3.58	92220E
NUP2220E	100	180	46	440	318	3800	3000	4.86	92520E
NUP320E	100	215	47	425	365	3200	2600	7.89	92320E
NUP2320	100	215	73	558	415	3200	2600	13.5	92620
NUP420	100	250	58	480	418	2800	2000	16	92420
NUP221	105	190	36	235	185	3600	2800	4	92221

国内新型号	内径 d	外径 D	宽度 B	C_{ar}/kN	C_r/kN	油润滑转速 /（r/min）	脂润滑转速 /（r/min）	重量/kg	国内旧型号
NUP321	105	225	49	392	322	3000	2200	—	92321
NUP421	105	260	60	602	508	2600	1900	—	92421
NUP222E	110	200	38	360	278	3400	2600	5.02	92222E
NUP2222	110	200	53	445	312	3400	2600	7.5	92522
NUP322	110	240	50	428	352	2800	2000	11	92322
NUP2322	110	240	80	740	535	2800	2000	17.5	92622
NUP422	110	280	65	602	515	2400	1800	22	92422
NUP224E	120	215	40	422	322	3000	2200	6.11	92224E
NUP2224	120	215	58	522	345	3000	2200	9.5	92524
NUP324	120	260	55	552	440	2600	1900	14	92324
NUP2324	120	260	86	868	632	2600	1900	22.5	92624
NUP424	120	310	72	772	642	2200	1700	30	92424
NUP226	130	230	40	352	258	2800	2000	7	92226
NUP2226	130	230	64	552	368	2800	2000	11.5	92526
NUP326	130	280	58	620	492	2200	1700	18	92326
NUP2326	130	280	93	1060	748	2200	1700	28.5	92626
NUP426	130	340	78	942	782	1900	1500	39	92426
NUP228	140	250	42	415	302	2400	1800	9.1	92228
NUP2228	140	250	68	700	438	2400	1800	15	92528
NUP328	140	300	62	690	545	2000	1600	22	92328
NUP2328	140	300	102	1180	825	2000	1600	37	92628
NUP428	140	360	82	1020	845	1800	1400	—	92428
NUP230	150	270	45	490	360	2200	1700	11	92230
NUP2230	150	270	73	772	530	2200	1700	17	92530
NUP330	150	320	65	765	595	1900	1500	26	92330
NUP2330	150	320	108	1340	930	1900	1500	45	92630
NUP430	150	380	85	1100	912	1700	1300	53	92430
NUP232	160	290	48	552	405	2000	1600	14	92232
NUP2232	160	290	80	898	590	2000	1600	25	92532
NUP332	160	340	68	825	628	1800	1400	31.6	92332
NUP2332	160	340	114	1430	972	1800	1400	55.8	92632
NUP234	170	310	52	650	425	1900	1500	17.1	92234
NUP334	170	360	72	952	715	1700	1300	36	92334
NUP2334	170	360	120	1650	1110	1700	1300	63	—

续表

国内新型号	内径 d	外径 D	宽度 B	C_{ar}/kN	C_r/kN	油润滑转速 /（r/min）	脂润滑转速 /（r/min）	重量/kg	国内旧型号
NUP236	180	320	52	650	425	1800	1400	18	92236
NUP336	180	380	75	1100	835	1600	1200	42	—
NUP2336	180	380	126	1780	1210	1600	1200	71.2	—
NUP238	190	340	55	745	512	1700	1300	23	92238
NUP2238	190	340	92	1570	975	1700	1300	38.5	92538
NUP338	190	400	78	1190	882	1500	1100	50	—
NUP240	200	360	58	842	570	1600	1200	26	92240
NUP2240	200	360	98	1725	1120	1600	1200	—	92540
NUP340	200	420	80	1290	972	1400	1000	—	—
NUP244	220	400	65	1050	702	1400	1000	36	—
NUP2244	220	400	108	2330	1360	1400	1000	62	—
NUP248	240	440	72	1345	880	1200	900	48.2	—

如表 5-5 所示为圆锥滚子轴承（GB/T297－94）。

表 5-5　圆锥滚子轴承（GB/T297－94）

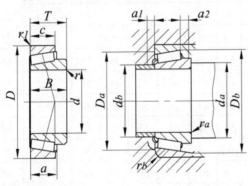

轴承代号	基本尺寸/mm					安装尺寸/mm					基本额定载荷/kN		极限转速/(r/min)		重量/kg
30000型	d	D	T	B	C	D_{amin}	D_{amax}	D_{bmin}	d_{amin}	d_{bmax}	C_r	C_{or}	脂	油	$W\approx$
30302	15	42	14.25	13	11	36	36	38	21	22	22.8	21.5	9000	12000	0.094
30203	17	40	13.25	12	11	34	34	37	23	23	20.8	21.8	9000	12000	0.079
30303	17	47	15.25	14	12	40	41	43	23	25	28.2	27.2	8500	11000	0.129
32303	17	47	20.25	19	16	39	41	43	23	24	35.2	36.2	8500	11000	0.173
32904	20	37	12	12	9	—	—	—	—	—	13.2	17.5	9500	13000	0.056
32004	20	42	15	15	12	36	37	39	25	25	25.0	28.2	8500	11000	0.095
30204	20	47	15.25	14	12	40	41	43	26	27	28.2	30.5	8000	10000	0.126
30304	20	52	16.25	15	13	44	45	48	27	28	33.0	33.2	7500	9500	0.165

轴承代号	基本尺寸/mm					安装尺寸/mm					基本额定载荷/kN		极限转速/(r/min)		重量/kg
30000 型	d	D	T	B	C	D_{amin}	D_{amax}	D_{bmin}	d_{amin}	d_{bmax}	C_r	C_{or}	脂	油	$W \approx$
32304	20	52	22.25	21	18	43	45	48	27	26	42.8	46.2	7500	9500	0.230
329/22	22	40	12	12	9	—	—	—	—	—	15.0	20.0	8500	11000	0.065
320/22	22	44	15	15	11.5	38	39	41	27	27	26.0	30.2	8000	10000	0.100
32905	25	42	12	12	9	—	—	—	—	—	16.0	21.0	6300	10000	0.064
32005	25	47	15	15	11.5	40	42	44	30	30	28.0	34.0	7500	9500	0.11
33005	25	47	17	17	14	40	42	45	30	30	32.5	42.5	7500	9500	0.129
30205	25	52	16.25	15	13	44	46	48	31	31	32.2	37.0	7000	9000	0.154
33205	25	52	22	22	18	43	46	49	31	30	47.0	55.8	7000	9000	0.216
30305	25	62	18.25	17	15	54	55	58	32	34	46.8	48.0	6300	8000	0.263
31305	25	62	18.25	17	13	47	55	59	32	31	40.5	46.0	6300	8000	0.262
32305	25	62	25.25	24	20	52	55	58	32	32	61.5	68.8	6300	8000	0.368
329/28	28	45	12	12	9	—	—	—	—	—	16.8	22.8	7500	9500	0.069
320/28	28	52	16	16	12	45	46	49	34	33	31.5	40.5	6700	8500	0.142
332/28	28	58	24	24	19	49	52	55	34	33	58.0	68.2	6300	8000	0.286
32906	30	47	12	12	9	—	—	—	—	—	17.0	23.2	7000	9000	0.072
32006X2	30	55	17	16	14						27.8	35.5	6300	8000	0.16
32006	30	55	17	17	13	48	49	52	36	35	35.8	46.8	6300	8000	0.170
33006	30	55	20	20	16	48	49	52	36	35	43.2	58.8	6300	8000	0.201
30206	30	62	17.25	16	14	53	56	58	36	37	43.2	50.5	6000	7500	0.231
32206	30	62	21.25	20	17	52	56	58	36	36	51.8	63.8	6000	7500	0.287
33206	30	62	25	25	19.5	53	56	59	36	36	63.8	75.5	6000	7500	0.342
30306	30	72	20.75	19	16	62	65	66	37	40	59.0	63.0	5600	7000	0.387
31306	30	72	20.75	19	14	55	65	68	37	37	52.5	60.5	5600	7000	0.392
32306	30	72	28.75	27	23	59	65	66	37	38	81.5	96.5	5600	7000	0.562
329/32	32	52	14	14	10	46	47	49	37	37	23.8	32.5	6300	8000	0.106
320/32	32	58	17	17	13	50	52	55	38	38	36.5	49.2	6000	7500	0.187
332/32	32	65	26	26	20.5	55	59	62	38	38	68.8	82.2	5600	7000	0.385
32907	35	55	14	14	11.5	49	50	52	40	40	25.8	34.8	6000	7500	0.114
32007X2	35	62	18	17	15	—	—	—	—	—	33.8	47.2	5600	7000	0.21
32007	35	62	18	18	14	54	56	59	41	40	43.2	59.2	5600	7000	0.224
33007	35	62	21	21	17	54	56	59	41	41	46.8	63.2	5600	7000	0.254
30207	35	72	18.25	17	15	62	65	67	42	44	54.2	63.5	5300	6700	0.331
32207	35	72	24.25	23	19	61	65	68	42	42	70.5	89.5	5300	6700	0.445

续表

轴承代号	基本尺寸/mm					安装尺寸/mm					基本额定载荷/kN		极限转速/(r/min)		重量/kg
30000 型	d	D	T	B	C	D_{amin}	D_{amax}	D_{bmin}	d_{amin}	d_{bmax}	C_r	C_{or}	脂	油	$W\approx$
33207	35	72	28	28	22	61	65	68	42	42	82.5	102	5300	6700	0.515
30307	35	80	22.75	21	18	70	71	74	44	45	75.2	82.5	5000	6300	0.515
31307	35	80	22.75	21	15	62	71	76	44	42	65.8	76.8	5000	6300	0.514
32307	35	80	32.75	31	25	66	71	74	44	43	99.0	118	5000	6300	0.763
32908X2	40	62	15	14	12	—	—	—	—	—	21.2	28.2	5600	7000	0.14
32908	40	62	15	15	12	55	57	59	45	45	31.5	46.0	5600	7000	0.155
32008X2	40	68	19	18	16	—	—	—	—	—	39.8	55.2	5300	6700	0.27
32008	40	68	19	19	14.5	60	62	65	46	46	51.8	71.0	5300	6700	0.267
33008	40	68	22	22	18	60	62	64	46	46	60.2	79.5	5300	6700	0.306
33108	40	75	26	26	20.5	65	68	71	47	47	84.8	110	5000	6300	0.496
30208	40	80	19.75	18	16	69	73	75	47	49	63.0	74.0	5000	6300	0.422
32208	40	80	24.75	23	19	68	73	75	47	48	77.8	77.2	5000	6300	0.532
33208	40	80	32	32	25	67	73	76	47	47	105	135	5000	6300	0.715
30308	40	90	25.25	23	20	77	81	84	49	52	90.8	108	4500	5600	0.747
31308	40	90	25.25	23	17	71	81	87	49	48	81.5	96.5	4500	5600	0.727
32308	40	90	35.25	33	27	73	81	83	49	49	115	148	4500	5600	1.04
32909X2	45	68	15	14	12	—	—	—	—	—	22.2	32.8	5300	6700	—
32909	45	68	15	15	12	61	63	65	50	50	32.0	48.5	5300	6700	0.180
32009X2	45	75	20	19	16	—	—	—	—	—	44.5	62.5	5000	6300	0.32
32009	45	75	20	20	15.5	67	69	72	51	51	58.5	81.5	5000	6300	0.337
33009	45	75	24	24	19	67	69	72	51	51	72.5	100	5000	6300	0.398
33109	45	80	26	26	20.5	69	73	77	52	52	87.0	118	4500	5600	0.535
30209	45	85	20.75	19	16	74	78	80	52	53	67.8	83.5	4500	5600	0.474
32209	45	85	24.75	23	19	73	78	81	52	53	80.8	105	4500	5600	0.573
33209	45	85	32	32	25	72	78	81	52	52	110	145	4500	5600	0.771
30309	45	100	27.25	25	22	86	91	94	54	59	108	130	4000	5000	0.984
31309	45	100	27.25	25	18	79	91	96	54	54	95.5	115	4000	5000	0.944
32309	45	100	38.25	36	30	82	91	93	54	56	145	188	4000	5000	1.40
32910X2	50	72	15	14	12	—	—	—	—	—	22.2	32.8	5000	6300	0.7
32910	50	72	15	15	12	64	67	69	55	55	36.8	56.0	5000	6300	0.181
32010X2	50	80	20	19	16	—	—	—	—	—	45.8	66.2	4500	5600	0.31
32010	50	80	20	20	15.5	72	74	77	56	56	61.0	89.0	4500	5600	0.366
33010	50	80	24	24	19	72	74	76	56	56	76.8	110	4500	5600	0.433

续表

轴承代号	基本尺寸/mm					安装尺寸/mm					基本额定载荷/kN		极限转速/(r/min)		重量/kg
30000 型	d	D	T	B	C	D_{amin}	D_{amax}	D_{bmin}	d_{amin}	d_{bmax}	C_r	C_{or}	脂	油	$W\approx$
33110	50	85	26	26	20	74	78	82	57	56	89.2	125	4300	5300	0.572
30210	50	90	21.75	20	17	79	83	86	57	58	73.2	92.0	4300	5300	0.529
32210	50	90	24.75	23	19	78	83	86	57	57	82.8	108	4300	5300	0.626
33210	50	90	32	32	24.5	77	83	87	57	57	112	155	4300	5300	0.825
30310	50	110	29.25	27	23	95	100	103	60	65	130	158	3800	4800	1.28
31310	50	110	29.25	27	19	87	100	105	60	58	108	128	3800	4800	1.21
32310	50	110	42.25	40	33	90	100	102	60	61	178	235	3800	4800	1.89
32911	55	80	17	17	14	71	74	77	61	60	41.5	66.8	4800	6000	0.262
32011X2	55	90	23	22	19	—	—	—	—	—	63.8	93.2	4000	5000	0.53
32011	55	90	23	23	17.5	81	83	86	62	63	80.2	118	4000	5000	0.551
33011	55	90	27	27	21	81	83	86	62	63	94.8	145	4000	5000	0.651
33111	55	95	30	30	23	83	88	91	62	62	115	165	3800	4800	0.843
30211	55	100	22.75	21	18	88	91	95	64	64	90.8	115	3800	4800	0.713
32211	55	100	26.75	25	21	87	91	96	64	62	108	142	3800	4800	0.853
33211	55	100	35	35	27	85	91	96	64	62	142	198	3800	4800	1.15
30311	55	120	31.5	29	25	104	110	112	65	70	152	188	3400	4300	1.63
31311	55	120	31.5	29	21	94	110	114	65	63	130	158	3400	4300	1.56
32311	55	120	45.5	43	35	99	110	111	65	66	202	270	3400	4300	2.37
32912X2	60	85	17	16	14	—	—	—	—	—	34.5	56.5	4000	5000	0.24
32912	60	85	17	17	14	75	79	82	66	65	46.0	73.0	4000	5000	0.279
32012X2	60	95	23	22	19	—	—	—	—	—	64.8	98.0	3800	4800	0.56
32012	60	95	23	23	17.5	85	88	91	67	67	81.8	122	3800	4800	0.584
33012	60	95	27	27	21	85	88	90	67	67	96.8	150	3800	4800	0.691
33112	60	100	30	30	23	88	93	96	67	67	118	172	3600	4500	0.895
30212	60	110	23.75	22	19	96	101	103	69	69	102	130	3600	4500	0.904
32212	60	110	29.75	28	24	95	101	105	69	68	132	180	3600	4500	1.17
33212	60	110	38	38	29	93	101	105	69	69	165	230	3600	4500	1.51
30312	60	130	33.5	31	26	112	118	121	72	76	170	210	3200	4000	1.99
31312	60	130	33.5	31	22	103	118	124	72	69	145	178	3200	4000	1.9
32312	60	130	48.5	46	37	107	118	122	72	72	228	302	3200	4000	2.90
32913	65	90	17	17	14	80	84	87	71	70	45.5	73.2	3800	4800	0.295
32013X2	65	100	23	22	19	—	—	—	—	—	67.0	102	3600	4500	0.63
32013	65	100	23	23	17.5	90	93	97	72	72	82.8	128	3600	4500	0.620

轴承代号	基本尺寸/mm					安装尺寸/mm					基本额定载荷/kN		极限转速/(r/min)		重量/kg
30000 型	d	D	T	B	C	D_{amin}	D_{amax}	D_{bmin}	d_{amin}	d_{bmax}	C_r	C_{or}	脂	油	$W\approx$
33013	65	100	27	27	21	89	93	96	72	72	98.0	158	3600	4500	0.732
33113	65	110	34	34	26.5	96	103	106	72	73	142	220	3400	4300	1.30
30213	65	120	24.75	23	20	106	111	114	74	77	120	152	3200	4000	1.13
32213	65	120	32.75	31	27	104	111	115	74	75	160	222	3200	4000	1.55
33213	65	120	41	41	32	102	111	115	74	74	202	282	3200	4000	1.99
30313	65	140	36	33	28	—	128	131	77	83	195	242	2800	3600	2.44
31313	65	140	36	33	23	111	128	134	77	75	165	202	2800	3600	2.37
32313	65	140	51	48	39	117	128	131	77	79	260	350	2800	3600	3.51
32914X2	70	100	20	19	16	—	—	—	—	—	53.2	85.5	3600	4500	—
32914	70	100	20	20	16	90	94	96	76	76	70.8	115	3600	4500	0.471
32014X2	70	110	25	24	20	—	—	—	—	—	83.8	128	3400	4300	0.85
32014	70	110	25	25	19	98	103	105	77	78	105	160	3400	4300	0.839
33014	70	110	31	31	25.5	99	103	105	77	79	135	220	3400	4300	1.07
33114	70	120	37	37	29	104	111	115	79	79	172	268	3200	4000	1.70
30214	70	125	26.25	24	21	110	116	119	79	81	132	175	3000	3800	1.26
32214	70	125	33.25	31	27	108	116	120	79	79	168	238	3000	3800	1.64
33214	70	125	41	41	32	107	116	120	79	79	208	298	3000	3800	2.10
30314	70	150	38	35	30	130	138	141	82	89	218	272	2600	3400	2.98
31314	70	150	38	35	25	118	138	143	82	80	188	230	2600	3400	2.86
32314	70	150	54	51	42	125	138	141	82	84	298	408	2600	3400	4.34
32915	75	105	20	20	16	94	99	102	81	81	78.2	125	3400	4300	0.490
32015X2	75	115	25	24	20	—	—	—	—	—	85.2	135	3200	4000	0.88
32015	75	115	25	25	19	103	108	110	82	83	102	160	3200	4000	0.875
33015	75	115	31	31	25.5	103	108	110	82	83	132	220	3200	4000	1.12
33115	75	125	37	37	29	109	116	120	84	84	175	280	3000	3800	1.78
30215	75	130	27.25	25	22	115	121	125	84	85	138	185	2800	3600	1.36
32215	75	130	33.25	31	27	115	121	126	84	84	170	242	2800	3600	1.74
33215	75	130	41	41	31	111	121	125	84	83	208	300	2800	3600	2.17
30315	75	160	40	37	31	139	148	150	87	95	252	318	2400	3200	3.57
31315	75	160	40	37	26	127	148	153	87	86	208	258	2400	3200	3.38
32315	75	160	58	55	45	133	148	150	87	91	348	482	2400	3200	5.37
32916	80	110	20	20	16	99	104	107	86	85	79.2	128	3200	4000	0.514
32016X2	80	125	29	27	23	—	—	—	—	—	102	162	3000	3800	1.18

续表

轴承代号	基本尺寸/mm					安装尺寸/mm					基本额定载荷/kN		极限转速/(r/min)		重量/kg
30000 型	d	D	T	B	C	D_{amin}	D_{amax}	D_{bmin}	d_{amin}	d_{bmax}	C_r	C_{or}	脂	油	$W \approx$
32016	80	125	29	29	22	112	117	120	87	89	140	220	3000	3800	1.27
33016	80	125	36	36	29.5	112	117	119	87	90	182	305	3000	3800	1.63
33116	80	130	37	37	29	114	121	126	89	89	180	292	2800	3600	1.87
30216	80	140	28.25	26	22	124	130	133	90	90	160	212	2600	3400	1.67
32216	80	140	35.25	33	28	122	130	135	90	89	198	278	2600	3400	2.13
33216	80	140	46	46	35	119	130	135	90	89	245	362	2600	3400	2.83
30316	80	170	42.5	39	33	148	158	160	92	102	278	352	2200	3000	4.27
31316	80	170	42.5	39	27	134	158	161	92	91	230	288	2200	3000	4.05
32316	80	170	61.5	58	48	142	158	160	92	97	388	542	2200	3000	6.38
32917X2	85	120	23	22	29	—	—	—	—	—	74.2	125	3400	3800	0.73
32917	85	120	23	23	18	111	113	115	92	92	96.8	165	3400	3800	0.767
32017X2	85	130	29	27	23	—	—	—	—	—	105	170	2800	3600	1.25
32017	85	130	29	29	22	117	122	125	92	94	140	220	2800	3600	1.32
33017	85	130	36	36	29.5	118	122	125	92	94	180	305	2800	3600	1.69
33117	85	140	41	41	32	122	130	135	95	95	215	355	2600	3400	2.43
30217	85	150	30.5	28	24	132	140	142	95	96	178	238	2400	3200	2.06
32217	85	150	38.5	36	30	130	140	143	95	95	228	325	2400	3200	2.68
33217	85	150	49	49	37	128	140	144	95	95	282	415	2400	3200	3.52
30317	85	180	44.5	41	34	156	166	168	99	107	305	388	2000	2800	4.96
31317	85	180	44.5	41	28	143	166	171	99	96	255	318	2000	2800	4.69
32317	85	180	63.5	60	49	150	166	168	99	102	422	592	2000	2800	7.31
32918X2	90	125	23	22	19	—	—	—	—	—	77.8	140	3200	3600	—
32918	90	125	23	23	18	113	117	121	97	96	95.8	165	3200	3600	0.796
32018X2	90	140	32	30	26	—	—	—	—	—	122	192	2600	3400	1.7
32018	90	140	32	32	24	125	131	134	99	100	170	270	2600	3400	1.72
33018	90	140	39	39	32.5	127	131	135	99	100	232	388	2600	3400	2.20
33118	90	150	45	45	35	130	140	144	100	100	252	415	2400	3200	3.13
30218	90	160	32.5	30	26	140	150	151	100	102	200	270	2200	3000	2.54
32218	90	160	42.5	40	34	138	150	153	100	101	270	395	2200	3000	3.44
33218	90	160	55	55	42	134	150	154	100	100	330	500	2200	3000	4.55
30318	90	190	46.5	43	36	165	176	178	104	113	342	440	1900	2600	5.80
31318	90	190	46.5	43	30	151	176	181	104	102	282	358	1900	2600	5.46
32318	90	190	67.5	64	53	157	176	178	104	107	478	682	1900	2600	8.81

续表

轴承代号	基本尺寸/mm					安装尺寸/mm					基本额定载荷/kN		极限转速/(r/min)		重量/kg
30000 型	d	D	T	B	C	D_{amin}	D_{amax}	D_{bmin}	d_{amin}	d_{bmax}	C_r	C_{or}	脂	油	$W\approx$
32919	95	130	23	23	18	117	122	126	102	101	97.2	170	2600	3400	0.831
32019X2	95	145	32	30	26	—	—	—	—	—	122	192	2400	3200	1.7
32109	95	145	32	32	24	130	136	140	104	105	175	280	2400	3200	1.79
33019	95	145	39	39	32.5	131	136	139	104	104	230	390	2400	3200	2.26
33119	95	160	49	49	38	138	150	154	105	105	298	498	2200	3000	3.94
30219	95	170	34.5	32	27	149	158	160	107	108	228	308	2000	2800	3.04
32219	95	170	45.5	43	37	145	158	163	107	106	302	448	2000	2800	4.24
33219	95	170	58	58	44	144	158	163	107	105	378	568	2000	2800	5.48
30319	95	200	49.5	45	38	172	186	185	109	118	370	478	1800	2400	6.80
31319	95	200	49.5	45	32	157	186	189	109	107	310	400	1800	2400	6.46
32319	95	200	71.5	67	55	166	186	187	109	114	515	738	1800	2400	10.1
32920	100	140	25	25	20	128	132	136	107	108	128	218	2400	3200	1.12
32020X2	100	150	32	30	26	—	—	—	—	—	125	205	2200	3000	1.79
32020	100	150	32	32	24	134	141	144	109	109	172	282	2200	3000	1.85
33020	100	150	39	39	32.5	135	141	143	109	108	230	390	2200	3000	2.33
33120	100	165	52	52	40	142	155	159	110	110	308	528	2000	2800	4.31
30220	100	180	37	34	29	157	168	169	112	114	255	350	1900	2600	3.72
32220	100	180	49	46	39	154	168	172	112	113	340	512	1900	2600	5.10
33220	100	180	63	63	48	151	168	172	112	112	438	665	1900	2600	6.71
30320	100	215	51.5	47	39	184	201	199	114	127	405	525	1600	2000	8.22
31320	100	215	56.5	51	35	168	201	204	114	115	372	488	1600	2000	8.59
32320	100	215	77.5	73	60	177	201	201	114	122	600	872	1600	2000	13.0
32921	105	145	25	25	20	132	137	141	112	112	128	225	2200	3000	1.16
32021X2	105	160	35	33	28	—	—	—	—	—	162	270	2000	2800	2.5
32021	105	160	35	35	26	143	150	154	115	116	205	335	2000	2800	2.40
33021	105	160	43	43	34	145	150	153	115	116	258	438	2000	2800	2.97
33121	105	175	56	56	44	149	165	170	115	115	352	608	1900	2600	5.29
30221	105	190	39	36	30	165	178	178	117	121	285	398	1800	2400	4.38
32221	105	190	53	50	43	161	178	182	117	118	380	578	1800	2400	6.26
33221	105	190	68	68	52	159	178	182	117	117	498	770	1800	2400	8.12
30321	105	225	53.5	49	41	193	211	208	119	133	432	562	1500	1900	9.38
31321	105	225	58	53	36	176	211	213	119	121	398	525	1500	1900	9.58
32321	105	225	81.5	77	63	185	211	210	119	128	648	945	1500	1900	14.8

续表

轴承代号	基本尺寸/mm					安装尺寸/mm					基本额定载荷/kN		极限转速/(r/min)		重量/kg
30000 型	d	D	T	B	C	D_{amin}	D_{amax}	D_{bmin}	d_{amin}	d_{bmax}	C_r	C_{or}	脂	油	$W\approx$
32922X2	110	150	25	24	20	—	—	—	—	—	85.5	148	2000	2800	1.1
32922	110	150	25	25	20	137	142	146	117	117	130	232	2000	2800	1.20
32022X2	110	170	38	36	31	—	—	—	—	—	182	302	1900	2600	3.1
32022	110	170	38	38	29	152	160	163	120	122	245	402	1900	2600	3.02
33022	110	170	47	47	37	152	160	161	120	123	288	502	1900	2600	3.74
33122	110	180	56	56	43	155	170	174	120	121	372	638	1800	2400	5.50
30222	110	200	41	38	32	174	188	189	122	128	315	445	1700	2200	5.21
32222	110	200	56	53	46	170	188	192	122	124	430	665	1700	2200	7.43
30322	110	240	54.5	50	42	206	226	222	124	142	472	612	1400	1800	11.0
31322	110	240	63	57	38	188	226	226	124	129	458	610	1400	1800	12.1
32322	110	240	84.5	80	65	198	226	224	124	137	725	1060	1400	1800	17.8
32924	120	165	29	29	23	150	157	160	127	128	172	318	1800	2400	1.78
32024X2	120	180	38	36	31	—	—	—	—	—	198	338	1700	2200	3.1
32024	120	180	38	38	29	161	170	173	130	131	242	405	1700	2200	3.18
33024	120	180	48	48	38	160	170	171	130	132	298	535	1700	2200	4.07
33124	120	200	62	62	48	172	190	192	130	130	448	778	1600	2000	7.68
30224	120	215	43.5	40	34	187	203	203	132	139	338	482	1500	1900	6.20
32224	120	215	61.5	58	50	181	203	206	132	134	478	758	1500	1900	9.26
30324	120	260	59.5	55	46	221	246	238	134	153	562	745	1300	1700	14.2
31324	120	260	68	62	42	203	246	246	134	140	535	725	1300	1700	15.3
32324	120	260	90.5	86	69	213	246	240	134	147	825	1230	1300	1700	22.1
32926X2	130	180	32	30	26	—	—	—	—	—	142	260	1700	2200	2.31
32926	130	180	32	32	25	164	171	174	140	139	205	380	1700	2200	2.34
32026X2	130	200	45	42	36	—	—	—	—	—	242	418	1600	2000	4.46
32026	130	200	45	45	34	178	190	192	140	144	335	568	1600	2000	4.94
33026	130	200	55	55	43	178	190	192	140	140	400	728	1600	2000	6.14
30226	130	230	43.75	40	34	203	216	219	144	150	365	520	1400	1800	6.94
32226	130	230	67.75	64	54	193	216	221	144	143	552	888	1400	1800	11.4
30326	130	280	63.75	58	49	239	262	258	145	165	640	855	1100	1500	17.3
31326	130	280	72	66	44	218	262	263	147	150	592	805	1100	1500	18.4
32928X2	140	190	32	30	26	—	—	—	—	—	145	265	1600	2000	2.43
32928	140	190	32	32	25	177	181	184	150	150	208	392	1600	2000	2.47
32028X2	140	210	45	42	36	—	—	—	—	—	258	452	1400	1800	5.21

续表

轴承代号	基本尺寸/mm					安装尺寸/mm					基本额定载荷/kN		极限转速/(r/min)		重量/kg
30000 型	d	D	T	B	C	D_{amin}	D_{amax}	D_{bmin}	d_{amin}	d_{bmax}	C_r	C_{or}	脂	油	$W\approx$
32028	140	210	45	45	34	187	200	202	150	153	330	568	1400	1800	5.15
33028	140	210	56	56	44	186	200	202	150	150	408	755	1400	1800	6.57
30228	140	250	45.75	42	36	219	236	236	154	162	408	585	1200	1600	8.73
32228	140	250	71.75	68	58	210	236	240	154	156	645	1050	1200	1600	14.4
30328	140	300	67.75	62	53	155	282	275	155	176	722	975	1000	1400	21.4
31328	140	300	77	70	47	235	282	283	157	162	678	928	1000	1400	22.8
32930X2	150	210	38	36	31	—	—	—	—	—	198	368	1400	1800	—
32930	150	210	38	38	30	192	200	202	160	162	260	510	1400	1800	3.87
32030X2	150	225	48	45	38	—	—	—	—	—	292	525	1300	1700	6.2
32030	150	225	48	48	36	200	213	216	162	164	368	635	1300	1700	6.25
33030	150	225	59	59	49	200	213	218	162	162	460	875	1300	1700	7.98
30230	150	270	49	45	38	234	256	252	164	174	450	645	1100	1500	10.8
32230	150	270	77	73	60	226	256	256	164	168	720	1180	1100	1500	18.2
30330	150	320	72	65	55	273	302	294	165	190	802	1090	950	1300	25.2
31330	150	320	82	75	50	251	302	302	167	173	772	1070	950	1300	27.4
32932X2	160	220	38	36	31	—	—	—	—	—	218	405	1300	1700	3.79
32932	160	220	38	38	30	199	210	214	170	170	262	525	1300	1700	4.07
32032X2	160	240	51	48	41	—	—	—	—	—	345	632	1200	1600	7.7
32032	160	240	51	51	38	213	228	231	172	175	420	735	1200	1600	7.66
30232	160	290	52	48	40	252	276	271	174	189	512	738	1000	1400	13.3
32232	160	290	84	80	67	242	276	276	174	180	858	1430	1000	1400	23.3
30332	160	340	75	68	58	290	320	315	175	202	878	1190	900	1200	29.5
32934X2	170	230	38	36	31	—	—	—	—	—	222	418	1200	1600	3.84
32934	170	230	38	38	30	213	220	222	180	183	280	560	1200	1600	4.33
32034X2	170	260	57	54	46	—	—	—	—	—	385	728	1100	1500	10.1
32034	170	260	57	57	43	230	248	249	182	187	520	920	1100	1500	10.4
30234	170	310	57	52	43	269	292	290	188	201	590	865	1000	1300	16.6
32234	170	310	91	86	71	259	292	296	188	194	968	1640	1000	1300	28.6
30334	170	360	80	72	62	307	342	331	185	214	995	1370	850	1100	35.6
32936	180	250	45	45	34	225	240	241	190	193	340	708	1100	1500	6.44
32036X2	180	280	64	60	52	—	—	—	—	—	502	890	1000	1400	14.7
32036	180	280	64	64	48	247	268	267	192	199	640	1150	1000	1400	14.1
30236	180	320	57	52	43	278	302	300	198	209	610	912	900	1200	17.3

轴承代号	基本尺寸/mm					安装尺寸/mm					基本额定载荷/kN		极限转速/(r/min)		重量/kg
30000 型	d	D	T	B	C	D_{amin}	D_{amax}	D_{bmin}	d_{amin}	d_{bmax}	C_r	C_{or}	脂	油	$W\approx$
32236	180	320	91	86	71	267	302	306	198	201	998	1720	900	1200	29.9
30336	180	380	83	75	64	327	362	351	198	228	1090	1500	900	1100	40.7
32938X2	190	260	45	42	36	—	—	—	—	—	292	580	1000	1400	6.52
32938	190	260	45	45	34	235	250	251	200	204	360	740	1000	1400	6.66
32038X2	190	290	64	60	52	—	—	—	—	—	502	932	950	1300	14.1
32038	190	290	64	64	48	257	278	279	202	209	652	1180	950	1300	14.6
30238	190	340	60	55	46	298	322	321	208	223	698	1030	860	1100	20.8
32238	190	340	97	92	75	286	322	326	208	214	1120	1900	850	1100	36.1
32940X2	200	280	51	48	41	—	—	—	—	—	345	710	950	1300	8.86
32940	200	280	51	51	39	257	268	271	212	214	460	950	950	1300	9.43
32040X2	200	310	70	66	56	—	—	—	—	—	575	1120	900	1200	17.4
32040	200	310	70	70	53	273	298	297	212	221	782	1420	900	1200	18.9
30240	200	360	64	58	48	315	342	338	218	236	765	1140	800	1000	24.7
32240	200	360	104	98	82	302	342	342	218	222	1320	2180	800	1000	43.2
32944X2	220	300	51	48	41	—	—	—	—	—	372	795	900	1200	10.1
32944	220	300	51	51	39	275	288	290	232	214	470	978	900	1200	10.0
32044X2	220	340	76	72	62	—	—	—	—	—	702	1330	800	1000	22.3
32044	220	340	76	76	57	300	326	326	234	243	908	1670	800	1000	24.4
32948X2	240	320	51	48	41	—	—	—	—	—	390	860	800	1000	10.9
32948	240	320	51	51	39	290	308	311	252	254	520	1060	800	1000	10.7
32048X2	240	360	76	72	62	—	—	—	—	—	710	1420	700	900	25.5
32048	240	360	76	76	57	318	346	346	254	261	920	1730	700	900	25.9
32952X2	260	360	63.5	60	52	—	—	—	—	—	525	1150	700	900	19.2
32952	260	360	63.5	63.5	48	328	348	347	272	279	688	1470	700	900	18.6
32052X2	260	400	87	82	71	—	—	—	—	—	902	1810	670	850	37.8
32052	260	400	87	87	65	352	382	383	278	287	1120	2170	670	850	38.0
32956	280	380	63.5	63.5	48	344	368	368	292	298	745	1580	630	800	19.7
32056X2	280	420	87	82	71	—	—	—	—	—	622	1940	600	750	39.6
32056	280	420	87	87	65	370	402	402	298	305	1190	2290	600	750	40.2
32960X2	300	420	76	72	62	—	—	—	—	—	778	1700	600	750	30.2
32960	300	420	76	76	57	379	406	405	315	324	1020	2200	600	750	31.5
32060X2	300	460	100	95	82	—	—	—	—	—	1050	2190	560	700	55.9
32060	300	460	100	100	74	404	442	439	318	329	1520	2940	560	700	57.5

续表

轴承代号	基本尺寸/mm					安装尺寸/mm					基本额定载荷/kN		极限转速/(r/min)		重量/kg
30000 型	d	D	T	B	C	D_{amin}	D_{amax}	D_{bmin}	d_{amin}	d_{bmax}	C_r	C_{or}	脂	油	$W≈$
32964X2	320	440	76	72	62	—	—	—	—	—	798	1760	560	700	44.7
32964	320	440	76	76	57	398	426	426	335	343	1040	2320	560	700	33.3
32064X2	320	480	100	95	82	—	—	—	—	—	1050	2190	530	670	59.1
32064	320	480	100	100	74	424	462	461	338	350	1540	3000	530	670	60.6
32968X2	340	460	76	72	62	—	—	—	—	—	805	1830	530	670	34.3
32968	340	460	76	76	57	417	446	446	355	362	1050	2380	530	670	34.8
32972X2	360	480	76	72	62	—	—	—	—	—	838	1940	500	630	35.8
32972	360	480	76	76	57	436	466	466	375	381	1060	2430	500	630	36.3

如表 5-6 所示双列圆锥滚子轴承（GB/T299－1995）。

表 5-6 双列圆锥滚子轴承（GB/T299－1995）

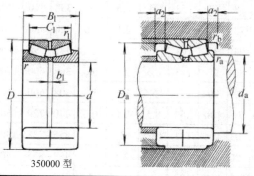

350000 型

轴承代号		基本尺寸/mm			安装尺寸/mm					基本额定载荷/kN		极限转速/(r/min)		计算系数				质量/kg
新代号	旧代号	d	D	B_1	d_{amin}	D_{amin}	a_{2min}	r_{asmax}	r_{bsmax}	C_r	C_{or}	脂润滑	油润滑	e	Y_1	Y_2	Y_0	$W≈$
351305	297305E	25	62	42	32	59	5.5	1.5	0.6	66.5	100	4600	5600	0.83	0.8	1.2	0.8	—
351306	297306E	30	72	47	37	68	7	1.5	0.6	85	125	4000	5000	0.83	0.8	1.2	0.8	—
351307	297307E	35	80	51	44	76	8	2	0.6	108	160	3600	4500	0.83	0.8	1.2	0.8	—
352208	97508E	40	80	55	47	75	6	1.5	0.6	128	188	3600	4500	0.37	1.8	2.7	1.8	—
351308	297308E		90	56	49	87	8.5	2	0.6	132	170	3200	4000	0.83	0.8	1.2	0.8	—
352209	97509E	45	85	55	52	81	6	1.5	0.6	135	200	3200	4000	0.4	1.7	2.5	1.6	—
351309	297309E		100	60	54	96	9.5	2	0.6	152	218	2900	3600	0.83	0.8	1.2	0.8	—
352210	97510E	50	90	55	57	86	6	1.5	0.6	145	218	3200	3800	0.42	1.6	2.4	1.6	—
351310	297310E		110	64	60	105	10.5	2.1	0.6	175	260	2700	3400	0.83	0.8	1.2	0.8	—
351309	297309E		100	60	54	96	9.5	2	0.6	152	218	2900	3600	0.83	0.8	1.2	0.8	—
352210	97510E		90	55	57	86	6	1.5	0.6	145	218	3200	3800	0.42	1.6	2.4	1.6	—

续表

轴承代号		基本尺寸/mm			安装尺寸/mm					基本额定载荷/kN		极限转速/(r/min)		计算系数				质量/kg
新代号	旧代号	d	D	B_1	d_{amin}	D_{amin}	a_{2min}	r_{asmax}	r_{bsmax}	C_r	C_{or}	脂润滑	油润滑	e	Y_1	Y_2	Y_0	$W \approx$
351310	297310E	50	110	64	60	105	10.5	2.1	0.6	175	260	2700	3400	0.83	0.8	1.2	0.8	—
352212	97512E	60	110	66	69	105	6	2	0.6	215	330	2600	3200	0.4	1.7	2.5	1.6	—
351312	297312E		130	74	72	124	11.5	2.5	1	235	350	2300	2800	0.83	0.8	1.2	0.8	—
352213	97513	65	120	70	74	114	7.5	2	0.6	220	365	2200	3000	0.37	1.8	2.7	1.8	—
352213	97513E		120	73	74	115	6	2	0.6	260	410	2200	3000	0.4	1.7	2.5	1.6	—
351313	297313E		140	79	77	134	13	2.5	1	268	410	2000	2600	0.83	0.8	1.2	0.8	—
352214	97514E	70	125	74	79	120	6.5	2	0.6	272	440	2200	2800	0.42	1.6	2.4	1.6	—
351314	297314E		150	83	82	143	13	2.5	1	302	460	1900	2400	0.83	0.8	1.2	0.8	—
352215	97515E	75	130	74	84	126	6.5	2	0.6	275	445	2000	2600	0.44	1.6	2.3	1.5	—
351315	297315E		160	88	87	153	14	2.5	1	338	510	1700	2200	0.83	0.8	1.2	0.8	—
352216	97516E	80	140	78	90	135	7.5	2.1	0.6	320	530	1900	2400	0.42	1.6	2.4	1.6	—
351316	297316E		170	94	92	161	15.5	2.5	1	370	590	1600	2200	0.83	0.8	1.2	0.8	—
352217	97517E	85	150	86	95	143	8.5	2.1	0.6	368	600	1700	2200	0.42	1.6	2.4	1.6	—
351317	297317E		180	99	99	171	16.5	3	1	408	660	1400	2000	0.83	0.8	1.2	0.8	—
352218	97518E	90	160	94	100	153	8.5	2.1	0.6	440	720	1500	2200	0.42	1.6	2.4	1.6	—
351318	297318E		190	103	104	181	16.5	3	1	455	738	1300	1900	0.83	0.8	1.2	0.8	—
352219	97519E	95	170	100	107	163	8.5	2.5	1	492	835	1400	2000	0.42	1.6	2.4	1.6	—
351319	297319E		200	109	109	189	17.5	3	1	502	830	1300	1700	0.83	0.8	1.2	0.8	—
352220	97520E	100	180	107	112	172	10	2.5	1	555	925	1400	1900	0.42	1.6	2.4	1.6	—
351320	297320E		215	124	114	204	21.5	3	1	602	1010	1100	1400	0.83	0.8	1.2	0.8	—
352221	97521E	105	190	115	117	182	10	2.5	1	618	1080	1300	1700	0.42	1.6	2.4	1.6	—
351321	297321E		225	127	119	213	22	3	1	640	1080	1100	1400	0.83	0.8	1.2	0.8	—
352122	2097722	110	180	95	120	173	10.5	2	0.6	422	840	1300	1700	0.25	2.7	4	2.6	10
352222	97522E		200	121	122	192	10	2.5	1	698	1210	1200	1600	0.42	1.6	2.4	1.6	—
351322	297322E		240	137	124	226	25	3	1	752	1290	1000	1300	0.83	0.8	1.2	0.8	—
352124	2097724	120	200	110	130	194	11	2	0.6	508	910	1100	1500	0.3	2.2	3.3	2.2	12.6
352224	97524E		215	132	132	206	11.5	2.5	1	775	160	1100	1400	0.44	1.6	2.3	1.5	—
351324	297324E		260	148	134	246	26	3	1	862	1490	900	1200	0.83	0.8	1.2	0.8	—
352926X2	2097926	130	180	70	139	174	11	2	0.6	258	565	1200	1600	0.27	2.5	3.7	2.4	4.88
352026X2	2097126		200	95	140	194	11	2.1	0.6	422	830	1100	1500	0.35	1.9	2.9	1.9	9.72
352126	2097726		210	110	141	203	11	2	0.6	540	1000	1000	1400	0.26	2.6	3.8	2.5	12.9
352226	97526E		230	145	144	221	14	3	1	895	1630	1000	1300	0.44	1.6	2.3	1.5	—
351326	297326E		280	156	147	263	28	4	1	968	1640	800	1100	0.83	0.8	1.2	0.8	—

续表

轴承代号		基本尺寸/mm			安装尺寸/mm					基本额定载荷/kN		极限转速/（r/min）		计算系数				质量/kg
新代号	旧代号	d	D	B_1	d_{amin}	D_{amin}	a_{2min}	r_{asmax}	r_{bsmax}	C_r	C_{or}	脂润滑	油润滑	e	Y_1	Y_2	Y_0	W ≈
352028X2	2097128	140	210	95	150	204	11	2.1	0.6	448	900	950	1300	0.27	1.8	2.7	1.8	8.35
352128	2097728		225	115	151	217	13.5	2.1	1	560	1110	950	300	0.34	2	3	2	15.3
352228	97528E		250	153	154	240	14	3	1	1050	1840	850	1100	0.44	1.6	2.3	1.5	—
350328	297328E		300	168	157	283	30	4	1	1110	1940	700	1000	0.83	0.8	1.2	0.8	—
352930X2	2097930	150	210	80	159	204	10	2.1	0.6	352	790	950	1300	0.27	2.5	3.7	2.4	9.32
352130	2097730		250	138	163	242	14	2.1	1	778	1560	850	1100	0.3	2.2	3.3	2.2	25.8
352230	97530E		270	164	164	256	17	3	1	1170	2140	800	1100	0.44	1.6	2.3	1.5	—
351330	297330E		320	178	167	302	32	4	1	1260	2250	670	950	0.83	0.8	1.2	0.8	—
352032X2	2097132	160	240	115	171	234	13.5	2.5	1	608	1260	850	1100	0.37	1.8	2.7	1.8	16.5
352132	2097732		270	150	174	262	16	2.1	1	872	1720	800	1000	0.36	1.9	2.8	1.8	28.2
352232	97532E		290	178	174	276	17	3	1	1390	2840	700	1000	0.44	1.6	2.3	1.5	46.9
352934X2	2097934	170	230	82	180	223	9.5	2.1	0.6	395	922	850	1100	0.28	2.4	3.6	2.3	8.11
352034X2	2097134		260	120	183	252	13.5	2.5	1	672	1460	800	1000	0.31	2.2	3.2	2.1	20.4
352134	2097734		280	150	184	271	16	2.1	1	962	2000	750	950	0.38	1.8	2.6	1.7	35.6
352234	97534E		310	192	188	296	20	4	1	1580	3200	700	950	0.44	1.6	2.3	1.5	58.2
352936	2097936	180	250	95	190	243	11.5	2.1	0.6	468	1080	800	1000	0.37	1.8	2.7	1.8	13
352036	2097136		280	134	191	272	14	2.5	1	742	1540	750	950	0.28	2.4	3.6	2.4	28.5
352136	2097736		300	164	196	287	16	2.5	1	1100	250	700	900	0.26	2.6	3.8	2.6	39.9
352236	97536		320	192	198	306	20	4	1	1620	3350	670	850	0.45	1.5	2.2	1.5	63.8
352938X2		190	260	95	200	253	11	2.1	0.6	522	1270	750	950	0.38	1.8	2.6	1.7	13.3
352038X2	2097138		290	134	202	282	16	2.5	1	742	1540	700	900	0.45	1.5	2.4	1.5	28.8
352138	2097738		320	170	207	306	21	2.5	1	1160	2420	670	850	0.31	2.2	3.2	2.1	52
352238	97538E		340	204	208	326	22	4	1	1740	3350	600	800	0.44	1.6	2.3	1.5	69.8
352940X2	2097940	200	280	105	211	273	13.5	2.5	1	610	1520	700	900	0.39	1.8	2.6	1.7	18.1
352040X2	2097140		310	152	212	300	17	2.5	1	912	2140	670	850	0.39	1.7	2.6	1.7	39
352140	2097740		340	184	220	326	18	2.5	1	1450	2970	630	800	0.25	2.7	4	2.7	63.8
352240	97540E		360	218	218	342	22	4	1	2140	3950	560	700	0.41	1.7	2.5	1.6	90.7
352944X2	2097944	220	300	110	231	292	12	2.5	1	660	1710	670	850	0.31	2.2	3.2	2.1	21.7
352044X2	2097144		340	165	234	331	18.5	3	1	1240	2680	600	750	0.35	1.9	2.9	1.9	49
352144	2097744		370	195	238	356	23.5	3	1	1540	3240	600	750	0.37	1.8	2.7	1.8	76.3
352948X2	2097948	240	320	110	251	312	11	2.5	1	1660	1580	600	750	0.32	2.1	3.1	2.1	22.2
352048X2	2097148		360	165	256	349	18.5	3	1	3240	2820	530	670	0.33	2	3	2	52.8
352148	2097748		400	210	261	384	25	3	1	4870	4050	500	630	0.31	2.2	3.2	2.1	98.1

如表 5-7 所示为四列圆锥滚子轴承（GB/T 300－1995）。

表 5-7　四列圆锥滚子轴承（GB/T 300－1995）

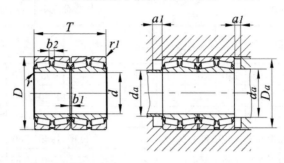

轴承代号	基本代号/mm			安装尺寸/mm			其他尺寸/mm				基本额定载荷/kN		极限转速/(r/min)		重量/kg
（380000型）	d	D	T	d_{amax}	D_{amin}	a_1	b_1	b_2	r_{min}	r_{1min}	C_r	C_{or}	脂	油	$W\approx$
382028	140	210	185	150	196	16	14	17.5	2.5	2	605	1400	800	1000	24.1
382930	150	210	165	160	196	15	10	17.5	2.5	2	602	1580	800	1000	21.2
382034	170	260	230	183	240	15	14	22	3	2.5	1270	3290	670	850	39.5
382040	200	310	275	213	284	15	14	24.5	3	2.5	1760	4200	560	700	75.1
382044	220	340	305	234	314	15	14	31.5	4	3	2070	5430	500	630	98
382048	240	360	310	256	334	18	14	34	4	3	2110	5610	450	560	91
382952	260	360	265	274	337	20	14	29.5	3	2.5	1760	5220	450	560	76.3
382052	260	400	345	277	370	20	16	34.5	5	4	2710	7140	430	530	153
381156	280	460	324	304	423	20	16	30	5	4	2840	7290	360	450	200
382960	300	420	300	317	394	20	14	29	4	3	2330	7210	380	480	130
382060	300	460	390	320	425	20	20	37	5	4	3180	9330	360	450	219
381160	300	500	370	327	460	20	15	39	5	4	3390	8710	340	430	285
382064	320	480	390	340	440	20	20	37	5	4	3180	9330	340	430	234
382968	340	460	310	355	434	20	14	34	4	3	2480	8100	340	430	145
381068	340	520	325	360	486	20	8	31	5	4	3100	8620	320	400	234
381168	340	580	425	365	531	20	16	50.5	5	4	4580	11700	280	360	441
381072	360	540	325	380	504	20	13	28.5	5	4	3360	8840	300	380	248
381076	380	560	325	405	530	20	16	30.5	5	4	3360	8840	280	380	281
381176	380	620	420	405	570	20	20	48	5	4	4710	12300	240	360	487
381080	400	600	356	420	560	20	16	36	5	4	4160	10400	240	320	317
381084	420	620	356	450	570	20	16	36	5	4	4160	10400	220	300	358
381184	420	700	480	460	645	25	15	48	6	5	6780	18500	190	260	760
381088	440	650	376	469	606	20	16	44	6	5	4290	12390	200	280	401
381992	460	620	310	480	590	25	14	32	4	3	3360	10200	200	280	173

续表

轴承代号	基本代号/mm			安装尺寸/mm			其他尺寸/mm				基本额定载荷/kN		极限转速/（r/min）		重量/kg
（380000 型）	d	D	T	d_{amax}	D_{amin}	a_1	b_1	b_2	r_{min}	r_{1min}	C_r	C_{or}	脂	油	$W \approx$
381092	460	680	410	489	636	25	20	39	6	5	5130	14200	180	240	476
381996	480	650	338	502	613	25	20	39	5	4	3390	10500	190	260	301
381096	480	700	420	510	655	25	20	40	6	5	5780	16900	170	220	547
3810/500	500	720	420	530	674	25	16	38	6	5	5880	17400	160	200	565
3810/530	530	780	450	560	742	25	20	49	6	5	7520	21500	140	180	744
3811/530	530	870	590	570	794	25	24	60	7.5	6	9320	26100	120	160	1422
3819/560	560	750	368	586	710	30	28	42	5	4	4370	13300	140	180	456
3811/560	560	920	620	604	848	25	20	70	7.5	6	11200	26100	100	140	1635
3819/600	600	800	380	625	760	30	13	40.5	5	4	5500	18900	120	160	536
3810/600	600	870	480	630	821	30	20	52	6	5	8370	25400	100	140	995
3811/600	600	980	650	644	908	25	22	71	7.5	6	12700	36700	90	120	1970
3819/630	630	850	418	657	800	30	26	40	6	5	6440	19800	100	140	720
3810/630	630	920	515	669	858	30	25	57	7.5	6	9170	26800	95	130	1158
3811/630	630	1030	670	673	959	30	22	78	7.5	6	14400	39900	85	110	2201
3819/670	670	900	412	700	855	30	24	38	6	5	6940	22300	95	130	959
3811/670	670	1090	710	719	1020	30	26	72	7.5	6	15700	39900	75	95	2665
3810/710	710	1030	555	752	962	30	23	70	7.5	6	11200	35800	75	95	1568
3811/710	710	1150	750	762	1078	30	26	74	9.5	8	17100	50900	67	85	3227
3810/750	750	1090	605	793	1020	30	25	74	7.5	6	13100	42400	70	90	1874
3811/750	750	1220	840	807	1130	30	30	65	9.5	8	21900	68000	48	80	3994
3820/950	950	1360	880	1000	1290	30	40	60	7.5	6	23300	83600	—	—	4087
3820/1060	1060	1500	1000	1117	1420	30	40	70	9.5	8	29100	105000	—	—	5896

如表 5-8 所示为滚针轴承（GB/T5801—94）。

表 5-8　滚针轴承（GB/T5801—94）

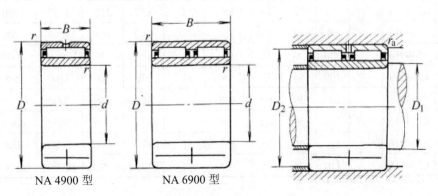

NA 4900 型　　　　NA 6900 型

轴承代号		基本尺寸/mm			安装尺寸/mm			基本额定载荷/kN		极限转速/（r/min）		质量/kg
新代号	旧代号	d	D	B	D_{1min}	D_{2max}	r_{asmax}	C_r	C_{or}	脂润滑	油润滑	$W\approx$
NA4900	4544900	10	22	13	12	20	0.3	8.60	9.20	15000	22000	24.3
NA4901	4544901	12	24	13	14	22	0.3	9.60	10.8	13000	19000	26
NA6901	6544901		24	22	14	22	0.3	16.2	21.5	13000	19000	46
NA4902	4544902	15	28	13	17	26	0.3	10.2	12.8	10000	16000	34
NA6902	6544902		28	23	17	26	0.3	17.5	25.2	10000	16000	64
NA4903	4544903	17	30	13	19	28	0.3	11.2	14.5	9500	15000	37
NA6903	6544903		30	23	19	28	0.3	19.0	28.8	9500	15000	72
NA4904	4544904	20	37	17	22	35	0.3	21.2	25.2	9000	14000	75
NA6904	6544904		37	30	22	35	0.3	35.2	48.5	9000	14000	140
NA4905	4544905	25	42	17	27	40	0.3	24.0	31.2	8000	12000	88
NA6905	6544905		42	30	27	40	0.3	40.0	60.2	8000	12000	160
NA4906	4544906	30	47	17	32	45	0.3	25.5	35.5	7000	10000	100
NA6906	6544906		47	30	32	45	0.3	42.8	68.5	7000	10000	190
NA4907	4544907	35	55	20	39	51	0.6	32.5	51.0	6000	8500	170
NA6907	6254907		55	36	39	51	0.6	49.5	87.2	6000	8500	310
NA4908	4544908	40	62	22	44	58	0.6	43.5	66.2	5300	7500	230
NA6908	6254908		62	40	44	58	0.6	62.8	108	5300	7500	430
NA4909	4544909	45	68	22	49	64	0.6	46.0	73.0	4800	6700	270
NA6909	6254909		68	40	49	64	0.6	67.2	118	4800	6700	500
NA4910	4544910	50	72	22	54	68	0.6	48.2	80.0	4500	6300	270
NA6910	6254910		72	40	54	68	0.6	70.2	128	4500	6300	520
NA4911	4544911	55	80	25	60	75	1	58.2	99.0	4000	5600	400
NA6911	6254911		80	45	60	75	1	87.8	168	4000	5600	780
NA4912	4544912	60	85	25	65	80	1	66.5	150	3800	5300	430
NA6912	6254912		85	45	65	80	1	90.8	182	3800	5300	810
NA4913	4544913	65	90	25	70	85	1	62.2	112	3600	5000	460
NA6913	6254913		90	45	70	85	1	93.2	188	3600	5000	830
NA4914	4544914	70	100	30	75	95	1	84.0	152	3200	4500	730
NA6914	6254914		100	54	75	95	1	130	260	3200	4500	1350
NA4915	4544915	75	105	30	80	100	1	85.5	158	3000	4300	780
NA6915	6254915		105	54	80	100	1	130	270	3000	4300	1450
NA4916	4544916	80	110	30	85	105	1	89.0	170	2800	4000	880
NA6916	6254916		110	54	85	105	1	135	292	2800	4000	1500

续表

轴承代号		基本尺寸/mm			安装尺寸/mm			基本额定载荷/kN		极限转速/（r/min）		质量/kg
新代号	旧代号	d	D	B	D_{1min}	D_{2max}	r_{asmax}	C_r	C_{or}	脂润滑	油润滑	$W\approx$
NA4917	4544917	85	120	35	91.5	113.5	1	112	235	2400	3600	1250
NA6917	6254917	85	120	63	91.5	113.5	1	155	365	2400	3600	2200
NA4918	4544918	90	125	35	96.5	118.5	1	115	250	2200	3400	1300
NA6918	6254918	90	125	63	96.5	118.5	1	165	388	2200	3400	2300
NA4919	4544919	95	130	35	101.5	123.5	1	120	265	2000	3200	1400
NA6919	6254919	95	130	63	101.5	123.5	1	172	412	2000	3200	2500
NA4920	4544920	100	140	40	106.5	133.5	1	130	270	2000	3200	1900
NA6920	6254920	100	140	71	106.5	133.5	1	202	480	2000	3200	3400
NA4922	4544922	110	150	40	116.5	143.5	1	138	295	1900	3000	2100
NA4924	4544924	120	165	45	126.5	158.5	1	180	382	1800	2800	2850
NA4926	4544926	130	180	50	138	172	1.5	202	460	1600	2400	3900
NA4828	4544828	140	175	35	146.5	168.5	1	122	320	1500	2200	2170
NA4928	4544928	140	190	50	148	182	1.5	210	488	1500	2200	4150
NA4834	4544834	170	215	45	176.5	208.5	1	192	520	1300	2000	4310
NA4836	4544836	180	225	45	186.5	218.5	1	198	552	1200	1900	4600
NA4844	4544844	220	270	50	228	262	1.5	245	785	950	1500	7120
NA4852	4544852	260	320	60	269	311	2	368	1130	800	1200	11300
NA4856	4544856	280	350	69	289	341	2	445	1310	780	1100	15700

如表 5-9 所示为调心球轴承（GB/T281－94）。

表 5-9 调心球轴承（GB/T281－94）

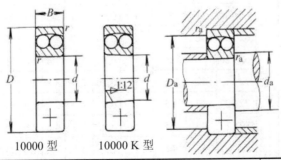

10000 型   10000 K 型

轴承代号		基本尺寸/mm			安装尺寸/mm			计算系数				基本额定载荷/kN		极限转速/（r/min）		质量/kg
新代号	旧代号	d	D	B	d_{amax}	D_{amax}	r_{asmax}	e	Y_1	Y_2	Y_0	C_r	C_{or}	脂	油	$W\approx$
1200	1200K 1200 111200	10	30	9	15	25	0.6	0.32	2.0	3.0	2.0	5.48	1.20	24000	28000	0.035
2200	2200K 1500 —	10	30	14	15	25	0.6	0.62	1.0	1.6	1.1	7.12	1.58	24000	28000	0.050

续表

轴承代号				基本尺寸/mm			安装尺寸/mm			计算系数				基本额定载荷/kN		极限转速/(r/min)		质量/kg
新代号		旧代号		d	D	B	d_{amax}	D_{amax}	r_{asmax}	e	Y_1	Y_2	Y_0	C_r	C_{or}	脂	油	$W\approx$
1300	1300K	1300	—	10	35	11	15	30	0.6	0.33	1.9	3.0	2.0	7.22	1.62	20000	24000	0.06
2300	2300K	1600	—		35	17	15	30	0.6	0.66	0.95	1.5	1.0	11.0	2.45	18000	22000	0.09
1201	1201K	1201	111201	12	32	10	17	27	0.6	0.33	1.9	2.9	2.0	5.55	1.25	22000	26000	0.042
2201	2201K	1501	—		32	14	17	27	0.6	—	—	—	—	8.80	1.80	22000	26000	—
1301	1301K	1301	—		37	12	18	31	1	0.35	1.8	2.8	1.9	9.42	2.12	18000	22000	0.07
2301	2301K	1601	—		37	17	18	31	1	—	—	—	—	12.5	2.72	17000	22000	—
1202	1202K	1202	111202	15	35	11	20	30	0.6	0.33	1.9	3.0	2.0	7.48	1.75	18000	22000	0.051
2202	2202K	1502	—		35	14	20	30	0.6	0.50	1.3	2.0	1.3	7.65	1.80	18000	22000	0.06
1302	1302K	1302	—		42	13	21	36	1	0.33	1.9	2.9	2.0	9.50	2.28	16000	20000	0.1
2302	2302K	1602	—		42	17	21	36	1	0.51	1.2	1.9	1.3	12.0	2.88	14000	18000	0.11
1203	1203K	1203	111203	17	40	12	22	35	0.6	0.31	2.0	3.2	2.1	7.90	2.02	16000	20000	0.076
2203	2203K	1503	—		40	16	22	35	0.6	0.50	1.2	1.9	1.3	9.00	2.45	16000	20000	0.09
1303	1303K	1303	—		47	14	23	41	1	0.33	1.9	3.0	2.0	12.5	3.18	14000	17000	0.14
2303	2303K	1603	—		47	19	23	41	1	0.52	1.2	1.9	1.3	14.5	3.58	13000	16000	0.17
1204	1204K	1204	111204	20	47	14	26	41	1	0.27	2.3	3.6	2.4	9.95	2.65	14000	17000	0.12
2204	2204K	1504	111504		47	18	26	41	1	0.48	1.3	2.0	1.4	12.5	3.28	14000	17000	0.15
1304	1304K	1304	111304		52	15	27	45	1	0.29	2.2	3.4	2.3	12.5	3.38	12000	15000	0.17
2304	2304K	1604	111604		52	21	27	45	1	0.51	1.2	1.9	1.3	17.8	4.75	11000	14000	0.22
1205	1205K	1205	111205	25	52	15	31	46	1	0.27	2.3	3.6	2.4	12.0	3.30	12000	14000	0.14
2205	2205K	1505	111505		52	18	31	46	1	0.41	1.5	2.3	1.5	12.5	3.40	12000	14000	0.19
1305	1305K	1305	111305		62	17	32	55	1	0.27	2.3	3.5	2.4	17.8	5.05	10000	13000	0.26
2305	2305K	1605	111605		62	24	32	55	1	0.47	1.3	2.1	1.4	24.5	6.48	9500	12000	0.35
1206	1206K	1206	111206	30	62	16	36	56	1	0.24	2.6	4.0	2.7	15.8	4.70	10000	12000	0.23
2206	2206K	1506	111506		62	20	36	56	1	0.39	1.6	2.4	1.7	15.2	4.60	10000	12000	0.26
1306	1306K	1306	111306		72	19	37	65	1	0.26	2.4	3.8	2.6	21.5	6.28	8500	11000	0.4
2306	2306K	1606	111606		72	27	37	65	1	0.44	1.4	2.2	1.5	31.5	8.68	8000	10000	0.5
1207	1207K	1207	111207	35	72	17	42	65	1	0.23	2.7	4.2	2.9	15.8	5.08	8500	10000	0.32
2207	2207K	1507	111507		72	23	42	65	1	0.38	1.7	2.6	1.8	21.8	6.65	8500	10000	0.44
1307	1307K	1307	111307		80	21	44	71	1.5	0.25	2.6	4.0	2.7	25.0	7.95	7500	9500	0.54
2307	2307K	1607	111607		80	31	44	71	1.5	0.46	1.4	2.1	1.4	39.2	11.0	7100	9000	0.68
1208	1208K	1208	111208	40	80	18	47	73	1	0.22	2.9	4.4	3.0	19.2	6.40	7500	9000	0.41
2208	2208K	1508	111508		80	23	47	73	1	0.24	1.9	2.9	2.0	22.5	7.38	7500	9000	0.53
1308	1308K	1308	111308		90	23	49	81	1.5	0.24	2.6	4.0	2.7	29.5	9.50	6700	8500	0.71

续表

轴承代号				基本尺寸/mm			安装尺寸/mm			计算系数				基本额定载荷/kN		极限转速/(r/min)		质量/kg
新代号	旧代号			d	D	B	d_{amax}	D_{amax}	r_{asmax}	e	Y_1	Y_2	Y_0	C_r	C_{or}	脂	油	$W\approx$
2308	2308K	1608	111608	40	90	33	49	81	1.5	0.43	1.5	2.3	1.5	44.8	13.2	6300	8000	0.93
1209	1209K	1209	111209	45	85	19	52	78	1	0.21	2.9	4.6	3.1	21.8	7.32	7100	8500	0.49
2209	2209K	1509	111509	45	85	23	52	78	1	0.31	2.1	3.2	2.2	23.2	8.00	7100	8500	0.55
1309	1309K	1309	111309	45	100	25	54	91	1.5	0.25	2.5	3.9	2.6	38.0	12.8	6000	7500	0.96
2309	2309K	1609	111609	45	100	36	54	91	1.5	0.42	1.5	2.3	1.6	55.0	16.2	5600	7100	1.25
1210	1210K	1210	111210	50	90	20	57	83	1	0.20	3.1	4.8	3.3	22.8	8.08	6300	8000	0.54
2210	2210K	1510	111510	50	90	23	57	83	1	0.29	2.2	3.4	2.3	23.2	8.45	6300	8000	0.68
1310	1310K	1310	111310	50	110	27	60	100	2	0.24	2.7	4.1	2.8	43.2	14.2	5600	6700	1.21
2310	2310K	1610	111610	50	110	40	60	100	2	0.43	1.5	2.3	1.6	64.5	19.8	5000	6300	1.64
1211	1211K	1211	111211	55	100	21	64	91	1.5	0.20	3.2	5.0	3.4	26.8	10.0	6000	7100	0.72
2211	2211K	1511	111511	55	100	25	64	91	1.5	0.28	2.3	3.5	2.4	26.8	9.95	6000	7100	0.81
1311	1311K	1311	111311	55	120	29	65	110	2	0.23	2.7	4.2	2.8	51.5	18.2	5000	6300	1.58
2311	2311K	1611	111611	55	120	43	65	110	2	0.41	1.5	2.4	1.6	75.2	23.5	4800	6000	2.1
1212	1212K	1212	111212	60	110	22	69	101	1.5	0.19	3.4	5.3	3.6	30.2	11.5	5300	6300	0.9
2212	2212K	1512	111512	60	110	28	69	101	1.5	0.28	2.3	3.5	2.4	34.0	12.5	5300	6300	1.1
1312	1312K	312	111312	60	130	31	72	118	2.1	0.23	2.8	4.3	2.9	57.2	20.8	4500	5600	1.96
2312	2312K	1612	111612	60	130	46	72	118	2.1	0.41	1.6	2.5	1.6	86.8	27.5	4300	5300	2.6
1213	1213K	1213	111213	65	120	23	74	111	1.5	0.17	3.7	5.7	3.9	31.0	12.5	4800	6000	0.92
2213	2213K	1513	111513	65	120	31	74	111	1.5	0.28	2.3	3.5	2.4	43.5	16.2	4800	6000	1.5
1313	1313K	1313	111313	65	140	33	77	128	2.1	0.23	2.8	4.3	2.9	61.8	22.8	4300	5300	2.39
2313	2313K	1613	111613	65	140	48	77	128	2.1	0.38	1.6	2.6	1.7	96.0	32.5	3800	4800	3.2
1214	1214K	1214	111214	70	125	24	79	116	1.5	0.18	3.5	5.4	3.7	34.5	13.5	4800	5600	1.29
2214	2214K	1514	111514	70	125	31	79	116	1.5	0.27	2.4	3.7	2.5	44.0	17.0	4500	5600	1.62
1314	1314K	1314	111314	70	150	35	82	138	2.1	0.22	2.8	4.4	2.9	74.5	27.5	4000	5000	3.0
2314	2314K	1614	111614	70	150	51	82	138	2.1	0.38	1.7	2.6	1.8	110	37.5	3600	4500	3.9
1215	1215K	1215	111215	75	130	25	84	121	1.5	0.17	3.6	5.6	3.8	38.8	15.2	4300	5300	1.35
2215	2215K	1515	111515	75	130	31	84	121	1.5	0.25	2.5	3.9	2.6	44.2	18.0	4300	5300	1.72
1315	1315K	1315	111315	75	160	37	87	148	2.1	0.22	2.8	4.4	3.0	79.0	29.8	3800	4500	3.6
2315	2315K	1615	111615	75	160	55	87	148	2.1	0.38	1.7	2.6	1.7	122	42.8	3400	4300	4.7
1216	1216K	1216	111216	80	140	26	90	130	2	0.18	3.6	5.5	3.7	39.5	16.8	4000	5000	1.65
2216	2216K	1516	111516	80	140	33	90	130	2	0.25	2.5	3.9	2.6	48.8	20.2	4000	5000	2.19
1316	1316K	1316	111316	80	170	39	92	158	2.1	0.22	2.9	4.5	3.1	88.5	32.8	3600	4300	4.2
2316	2316K	1616	111616	80	170	58	92	158	2.1	0.39	1.6	2.5	1.7	128	45.5	3200	4000	5.7

续表

轴承代号				基本尺寸/mm			安装尺寸/mm			计算系数				基本额定载荷/kN		极限转速/(r/min)		质量/kg
新代号		旧代号		d	D	B	d_{amax}	D_{amax}	r_{asmax}	e	Y_1	Y_2	Y_0	C_r	C_{or}	脂	油	$W\approx$
1217	1217K	1217	111217	85	150	28	95	140	2	0.17	3.7	5.7	3.9	48.8	20.5	3800	4500	2.1
2217	2217K	1517	111517		150	36	95	140	2	0.25	2.5	3.8	2.6	58.2	23.5	3800	4500	2.53
1317	1317K	1317	111317		180	41	99	166	2.5	0.22	2.9	4.5	3.0	97.8	37.8	3400	4000	5.0
2317	2317K	1617	111617		180	60	99	166	2.5	0.38	1.7	2.6	1.7	140	51.0	3000	3800	6.70
1218	1218K	1218	111218	90	160	30	100	150	2	0.17	3.8	5.7	4.0	56.5	23.2	3600	4300	2.5
2218	2218K	1518	111518		160	40	100	150	2	0.27	2.4	3.7	2.5	70.0	28.5	3600	4300	3.22
1318	1318K	1318	111318		190	43	104	176	2.5	0.22	2.8	4.4	2.9	115	44.5	3200	3800	6.0
2318	2318K	1618	111618		190	64	104	176	2.5	0.39	1.6	2.5	1.7	142	57.2	2800	3600	7.9
1219	1219K	1219	111219	95	170	32	107	158	2.1	0.17	3.7	5.7	3.9	63.5	27.0	3400	4000	3.0
2219	2219K	1519	111519		170	43	107	158	2.1	0.26	2.4	3.7	2.5	82.8	33.8	3400	4000	4.2
1319	1319K	1319	111319		200	45	109	186	2.5	0.23	2.8	4.3	2.9	132	50.8	3000	3600	7.0
2319	2319K	1619	111619		200	67	109	186	2.5	0.38	1.7	2.6	1.8	162	64.2	2800	3400	9.2
1220	1220K	1220	111220	100	180	34	112	168	2.1	0.18	3.5	5.4	3.7	68.5	29.2	3200	3800	3.7
2220	2220K	1520	111520		180	46	112	168	2.1	0.27	2.3	3.6	2.5	97.2	40.5	3200	3800	5.0
1320	1320K	1320	111320		215	47	114	201	2.5	0.24	2.7	4.1	2.8	142	57.2	2800	3400	8.64
2320	2320K	1620	111620		215	73	114	201	2.5	0.37	1.7	2.6	1.8	192	78.5	2400	3200	12.4
1221	1221K	1221	111221	105	190	36	117	178	2.1	0.18	3.5	5.5	3.7	74	32.2	3000	3600	4.4
2221	2221K	1521	111521		190	50	117	178	2.1	—	—	—	—	—	—	3000	3600	—
1321	1321K	1321	111321		225	49	119	211	2.5	0.24	2.6	4.1	2.7	152	64.5	2600	3200	9.55
1222	1222K	1222	111222	110	200	38	122	188	2.1	0.17	3.6	5.6	3.8	87.2	37.5	2800	3400	5.2
2222	2222K	1522	111522		200	53	122	188	2.1	0.28	2.2	3.5	2.4	125	52.2	2800	3400	7.2
1322	1322K	1322	111322		240	50	124	226	2.5	0.23	2.8	4.3	2.9	162	72.8	2400	3000	11.8
2322	2322K	1622	111622		240	80	124	226	2.5	0.39	1.6	2.5	1.7	215	94.2	2200	2800	17.6

如表 5-10 所示为调心滚子轴承（GB/T288－94）。

表 5-10 调心滚子轴承（GB/T288－94）

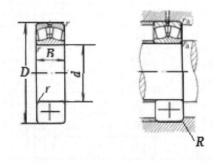

轴承型号	基本尺寸/mm					基本额定载荷/kN		极限转速/（r/min）		重量/kg
	d	D	B	r	R_{min}	C_{or}	C_r	脂	油	
21309	45	100	25	1.5	1.5	116	104	4000	5400	0.935
22314C3W33	70	150	51	2.1	2.1	364	311	2600	3500	4.11
22317C3W33	85	180	60	3	3	481	397	2200	2900	6.99
22218KW33	90	160	40	2	2	330	246	2300	3100	3.4
22318C3W33	90	190	64	3	3	617	497	1900	2500	8.41
23218CAC3E33	90	160	52.4	2	2	412	303	1900	2400	4.55
22320CA/W33	100	215	73	3	3	806	633	1600	2200	12.7
23022K	110	170	45	2	2	471	288	1900	2500	3.63
23024MB	120	180	46	2	2	517	299	1900	2600	4.22
23024CAC3W33	120	180	46	2	2	517	299	1900	2600	4.07
24124E	120	200	80	2	2	925	495	900	120	10.6
23926YMW33C3	130	180	37	1.5	1.5	355	204	1800	2300	2.87
23928YMW33C3	140	190	37	1.5	1.5	466	248	1700	2200	3.13
22232CAC3W33	160	290	80	3	3	1270	885	1200	1700	22.9
23132CAW33	160	270	86	2.1	2.1	1240	784	1100	1400	21.8
22234W33	170	310	86	4	4	1390	952	1100	1500	28.4
23034CAKC3W33	170	260	67	2.1	2.1	1110	629	1200	1600	12.6
23236KMC3W33	180	320	112	4	4	2110	1360	1000	1300	38.2
23238CAC3W33	190	340	120	4	4	2420	1550	1000	1260	44.8
22340K	200	420	138	5	5	2750	2010	830	1100	93.5
23140CAKC3W33	200	340	112	3	3	2210	1240	840	1000	43.5
23940MW33	200	280	60	2.1	2.1	1150	495	1600	2000	12.1
24140CAW33	200	340	140	3	3	2800	1380	560	700	52.1
24140CAC3W33	200	340	140	3	3	2800	1380	560	700	52.1
22344MBW33C3	220	460	145	5	5	3380	2380	720	960	122
23044CAW33	220	340	90	3	3	1890	984	940	1300	31.5
23044W33	220	340	90	3	3	1890	984	940	1300	31.5
23244KC3W33	220	400	144	4	4	3750	2040	710	840	77.3
23944MW33	220	300	60	2.1	2.1	1200	500	1500	1900	13
23148W33	240	400	128	4	4	2320	1080	750	890	67.6
23248CA/C3W33	240	440	160	4	4	4300	2530	670	850	103
23248CK	240	440	160	4	4	4300	2530	670	850	110
23248KC3W33	240	440	160	4	4	4300	2530	670	850	102
23948	240	320	60	2.1	2.1	1310	530	1300	1700	15

续表

轴承型号	基本尺寸/mm					基本额定载荷/kN		极限转速/（r/min）		重量/kg
	d	D	B	r	R_{min}	C_{or}	C_r	脂	油	
23052CAW33	260	400	104	4	4	2720	1470	760	1000	46.3
22356K	280	580	175	6	6	4910	3150	530	710	225
23156M	280	460	146	5	5	3920	2180	600	710	95.5
23256MB	280	500	176	5	5	4770	2850	560	670	154
23256KMB	280	500	176	5	5	4770	2850	560	670	149
23256KC3W33	280	500	176	5	5	4770	2850	560	670	152
23956CCKW33	280	380	75	2.1	2.1	1850	700	1000	1400	25.7
24056CC/W33	280	420	140	4	4	3700	1620	670	850	69.2
23160KYMBW33W507CO8C6	300	500	160	5	5	4490	2560	530	630	130
23260CAF3C3W33	300	540	192	5	5	5570	3350	500	600	200
23260CKC3	300	540	192	5	5	5570	3350	500	600	195
23260CCW33C3	300	540	192	5	5	5570	3350	500	600	195
23960MBW33	300	420	90	3	3	2500	1050	950	1300	40.1
24060CAC3W33	300	460	160	4	4	4850	2420	560	700	65.7
23064	320	480	121	4	4	3510	1890	530	630	78.5
23164SPLIT	320	540	176	5	5	5390	3020	500	600	190
23164KMB	320	540	176	5	5	5390	3220	500	600	165
23264C3W33	320	580	208	5	5	6520	3880	450	530	253
23964CAW33	320	440	90	3	3	2870	1330	630	840	43.0
23964MBW33	320	440	90	3	3	2870	1330	630	840	43.0
23068	340	520	133	5	5	4210	2270	500	600	114
23168KC3	340	580	190	5	5	6100	3450	450	530	206
23968MBW33	340	460	90	3	3	2700	1200	900	1200	45.6
24068W33C3	340	520	180	5	5	5700	2460	530	670	137
24168W33	340	580	243	5	5	7950	3700	320	400	256
23072MBW33	360	540	134	5	5	1160	2360	450	530	126
23172CAKW33	360	600	192	5	5	6550	3630	420	500	255
23172CCKW33	360	600	192	5	5	6550	3630	420	500	255
23172C3W33	360	600	192	5	5	6550	3630	420	500	221
2317CCW33C3	360	600	192	5	5	6550	3630	400	500	255
23272W33MBC3	360	650	232	6	6	8300	4650	400	500	330
23972MBW33	360	480	90	3	3	2820	1290	850	1100	46.6
23972CACW33	360	480	90	3	3	2820	1290	850	1100	46.6

续表

轴承型号	基本尺寸/mm					基本额定载荷/kN		极限转速/（r/min）		重量/kg
	d	D	B	r	R_{min}	C_{or}	C_r	脂	油	
23972MW33	360	480	90	3	3	2820	1290	850	1100	46.6
24072CAC3W33	360	540	180	5	5	6350	3010	500	630	148
23976MW33	380	520	106	4	4	3800	1730	800	1000	69.5
23180	400	650	200	6	6	7580	4040	380	450	239
23980MBW33	400	540	106	4	4	3900	2540	750	950	72.4
23980CAW33	400	540	106	4	4	3900	2540	750	950	72.4
23284CAKC3W33	420	760	272	6	6	11300	6400	320	400	550
23984	420	560	106	5	5	4000	1810	480	600	74.5
23984CACW33	420	560	106	5	5	4000	1810	480	600	77
23088CC	440	650	157	6	6	6410	3210	350	420	184
23188MBH40	440	720	226	6	6	9350	4480	330	400	420
23992CAW33	460	620	118	4	4	4900	2220	430	530	103
23992MBW33	460	620	118	4	4	4900	2220	430	530	103
24192CAW33	460	830	296	7.5	7.5	14400	6100	160	200	459
23996CAW33	480	650	128	5	5	5450	2390	430	530	126
230/500	500	720	167	6	6	7650	3470	380	480	228
230/500CAKC3W33	500	720	167	6	6	7650	3470	380	480	227
294/500	500	870	224	9.5	9.5	39500	9750	320	460	559
230/530K	530	780	185	6	6	9650	4290	340	430	328
239/530MW33	530	710	136	5	5	6700	2900	360	450	154
292/530	530	710	109	5	5	16600	3356	350	300	113
230/600	600	870	200	6	6	11600	5170	300	380	431
231/600	600	980	300	7.5	7.5	18800	8900	180	250	894
239/600CAMKE4C3	600	800	150	5	5	8400	3260	320	400	220
239/600KMW33C3	600	800	150	5	5	8400	3260	320	400	213
240/600	600	870	272	6	6	15900	7690	240	320	555
240/600CAC4S2W33	600	870	272	6	6	16500	8100	220	300	560
241/600	600	980	375	7.5	7.5	21600	1000	110	150	1140
241/600CAC4S2W33	600	980	375	7.5	7.5	21600	1000	110	150	1135
292/600	600	800	122	5	5	21200	4050	—	450	162
239/630	630	850	165	6	6	9750	3550	280	360	280
239/670K+8LeeveH39/670K	670	900	170	6	6	10600	4400	260	340	313
241/670K	670	1090	412	7.5	7.5	31500	14000	150	190	1560

续表

轴承型号	基本尺寸/mm					基本额定载荷/kN		极限转速/（r/min）		重量/kg
	d	D	B	r	R_{min}	C_{or}	C_r	脂	油	
239/710KC3	710	950	180	6	6	12000	5000	240	310	364
293/750	750	1120	224	9	9	—	—	—	250	708
239/900CAKW33C3	900	1180	206	6	6	16400	6050	180	240	591
239/950KC3FY	950	1250	224	7.5	7.5	19000	7350	160	225	745
239/1060KMW33C3	1060	1400	250	7.5	7.5	25000	9350	145	170	1028
239/1060KMBC3 ORNON C3	1060	1400	250	7.5	7.5	25000	9350	145	170	1028
239/1180CAKF	1180	1540	272	7.5	7.5	29600	10290	110	150	1335
239/1180KMW33C3	1180	1540	272	7.5	7.5	29600	10290	110	150	1350
249/1180CAK	1180	1540	375	7.5	7.5	40000	13310	110	150	1772
248/1500KC3	1500	1820	315	7.5	7.5	40000	12000	65	83	1730
248/1500KW33	1500	1820	315	7.5	7.5	40000	12000	65	83	1700
248/1800CAK30FA/C3W20	1800	2180	375	9.5	9.5	62800	17400	62	70	2870
248/1800CAK30FA/C3 VE545	1800	2180	375	9.5	9.5	62800	17400	62	70	2870
248/1800CK30BC3	1800	2180	375	9.5	9.5	62800	17400	62	70	2900
29330	150	250	20	2.1	2.1	2840	735	—	1600	11.5
29332	160	270	23	3	3	3400	880	—	1400	15.5
29332MA	160	270	23	3	3	3400	880	—	1400	15.5
29238F3	190	270	48	2	2	2300	540	—	1800	8.5
29240	200	280	15	2	2	2410	550	—	1800	9
29340	200	340	29	4	4	5250	1350	—	1000	32.0
29344	220	360	29	4	4	5750	1410	—	1000	34.5
29248	240	340	19	2.1	2.1	4000	890	—	1300	17.1
29456	280	520	52	6	6	13500	3450	—	580	137
29456E	280	520	52	6	6	13500	3450	—	580	137
29360	300	480	37	5	5	10000	2310	—	720	75.4
29360E	300	480	37	5	5	10000	2310	—	720	75.4
29460EM	300	540	52	6	6	16460	4510	—	540	146
29464E	320	580	55	7.5	7.5	16800	4050	—	480	179
29480	400	710	67	7.5	7.5	25000	5850	—	360	314
29480E	400	710	67	7.5	7.5	25000	5850	—	360	314
29392	460	710	51	6	6	21700	4600	—	430	216

如表 5-11 所示为单向推力球轴承（GB/T301－1995）。

表 5-11　单向推力球轴承（GB/T301－1995）

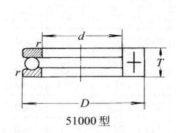
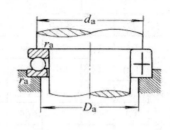

51000 型

轴承代号		基本尺寸/mm			安装尺寸/mm			基本额定载荷/kN		最小载荷常数	极限转速/（r/min）		质量/kg
新代号	旧代号	d	D	T	d_{amin}	D_{amax}	r_{asmax}	C_a	C_{oa}	A	脂润滑	油润滑	$W\approx$
51104	8104	20	35	10	29	26	0.3	14.2	24.5	0.004	4800	6700	0.036
51204	8204		40	14	32	28	0.6	22.2	37.5	0.007	3800	5300	0.075
51304	8304		47	18	36	31	1	35.0	55.8	0.016	3600	4500	0.15
51105	8105	25	42	11	35	32	0.6	15.2	30.2	0.005	4300	6000	0.055
51205	8205		47	15	38	34	0.6	27.8	50.5	0.013	3400	4800	0.11
51305	8305		52	18	41	36	1	35.5	61.5	0.021	3000	4300	0.17
51405	8405		60	24	46	39	1	55.5	89.2	0.044	2200	3400	0.31
51106	8106	30	47	11	40	37	0.6	16.0	34.2	0.007	4000	5600	0.062
51206	8206		52	16	43	39	0.6	28.0	54.2	0.016	3200	4500	0.13
51306	8306		60	21	48	42	1	42.8	78.5	0.033	2400	3600	0.26
51406	8406		70	28	54	46	1	72.5	125	0.082	1900	3000	0.51
51107	8107	35	52	12	45	42	0.6	18.2	41.5	0.010	3800	5300	0.077
51207	8207		62	18	51	46	1	39.2	78.2	0.033	2800	4000	0.21
51307	8307		68	24	55	48	1	55.2	105	0.059	2000	3200	0.37
51407	8407		80	32	62	53	1	86.8	155	0.13	1700	2600	0.76
51108	8108	40	60	13	52	48	0.6	26.8	62.8	0.021	3400	4800	0.11
51208	8208		68	19	57	51	1	47.0	98.2	0.050	2400	3600	0.26
51308	8308		78	26	63	55	1	69.2	135	0.096	1900	3000	0.53
51408	8408		90	36	70	60	1	112	205	0.22	1500	2200	1.06
51109	8109	45	65	14	57	53	0.6	27.0	66.0	0.024	3200	4500	0.14
51209	8209		73	20	62	56	1	47.8	105	0.059	2200	3400	0.30
51309	8309		85	28	69	61	1	75.8	150	0.130	1700	2600	0.66
51409	8409		100	39	78	67	1	140	262	0.36	1400	2000	1.41
51110	8110	50	70	14	62	58	0.6	27.2	69.2	0.027	3000	4300	0.15
51210	8210		78	22	67	61	1	48.5	112	0.068	2000	3200	0.37

续表

轴承代号		基本尺寸/mm			安装尺寸/mm			基本额定载荷/kN		最小载荷常数	极限转速/(r/min)		质量/kg
新代号	旧代号	d	D	T	d_{amin}	D_{amax}	r_{asmax}	C_a	C_{oa}	A	脂润滑	油润滑	$W\approx$
51310	8310	50	95	31	77	68	1	96.5	202	0.21	1600	2400	0.92
51410	8410		110	43	86	74	1.5	160	302	0.50	1300	1900	1.86
51111	8111	55	78	16	69	64	0.6	33.8	89.2	0.043	2800	4000	0.22
51211	8211		90	25	76	69	1	67.5	158	0.13	1900	3000	0.58
51311	8311		105	35	85	75	1	115	242	0.31	1500	2200	1.28
51411	8411		120	48	94	81	1.5	182	355	0.68	1100	1700	2.51
51112	8112	60	85	17	75	70	1	40.2	108	0.063	2600	3800	0.27
51212	8212		95	26	81	74	1	73.5	178	0.16	1800	2800	0.66
51312	8312		110	35	90	80	1	118	262	0.35	1400	2000	1.37
51412	8412		130	51	102	88	1.5	200	395	0.88	1000	1600	3.08
51113	8113	65	90	18	80	75	1	40.5	112	0.07	2400	3600	0.31
51213	8213		100	27	86	79	1	74.8	188	0.18	1700	2600	0.72
51313	8313		115	36	95	85	1	115	262	0.38	1300	1900	1.48
51413	8413		140	56	110	95	2	215	448	1.14	900	1400	3.91
51114	8114	70	95	18	85	80	1	40.8	115	0.078	2200	3400	0.33
51214	8214		105	27	91	84	1	73.5	188	0.19	1600	2400	0.75
51314	8314		125	40	103	92	1	148	340	0.60	1200	1800	1.98
51414	8414		150	60	118	102	2	255	560	1.71	850	1300	4.85
51115	8115	75	100	19	90	85	1	48.2	140	0.11	2000	3200	0.38
51215	8215		110	27	96	89	1	74.8	198	0.21	1500	2200	0.82
51315	8315		135	44	111	99	1.5	162	380	0.77	1100	1700	2.58
51415	8415		160	65	125	110	2	268	615	2.00	800	1200	6.08
51116	8116	80	105	19	95	90	1	48.5	145	0.12	1900	3000	0.40
51216	8216		115	28	101	94	1	83.8	222	0.27	1400	2000	0.90
51316	8316		140	44	116	104	1.5	160	380	0.81	1000	1600	2.69
51416	8416		170	68	133	117	2	292	692	2.55	750	1100	7.12
51117	8117	85	110	19	100	95	1	49.2	150	0.13	1800	2800	0.42
51217	8217		125	31	109	101	1	102	280	0.41	1300	1900	1.21
51317	8317		150	49	124	111	1.5	208	495	1.28	950	1500	3.47
51417	8417		180	72	141	124	2	318	782	3.24	700	1000	8.28
51118	8118	90	120	22	108	102	1	65.0	200	0.21	1700	2600	0.65
51218	8218		135	35	117	108	1	115	315	0.52	1200	1800	1.65
51318	8318		155	50	129	116	1.5	205	495	1.34	900	1400	3.69

续表

轴承代号		基本尺寸/mm			安装尺寸/mm			基本额定载荷/kN		最小载荷常数	极限转速/（r/min）		质量/kg
新代号	旧代号	d	D	T	d_{amin}	D_{amax}	r_{asmax}	C_a	C_{oa}	A	脂润滑	油润滑	$W\approx$
51418	8418	90	190	77	149	131	2	325	825	3.71	670	950	9.86
51120	8120	100	135	25	121	114	1	85.0	268	0.37	1600	2400	0.95
51220	8220		150	38	130	120	1	132	375	0.75	1100	1700	2.21
51320	8320		170	55	142	128	1.5	235	595	1.88	800	1200	4.86
51420	8420		210	85	165	145	2.5	400	1080	6.17	600	850	13.3
51122	8122	110	145	25	131	124	1	87.0	288	0.43	1500	2200	1.03
51222	8222		160	38	140	130	1	138	412	0.89	1000	1600	2.39
51322	8322		190	63	158	142	2	278	755	2.97	700	1100	7.05
51422	8422		230	95	181	159	2.5	490	1390	10.4	530	750	20.0
51124	8124	120	155	25	141	134	1	87.0	298	0.48	1400	2000	1.10
51224	8224		170	39	150	140	1	135	412	0.96	950	1500	2.62
51324	8324		210	70	173	157	2	330	945	4.58	670	950	9.54
51126	8126	130	170	30	154	146	1	108	375	0.74	1300	1900	1.70
51226	8226		190	45	166	154	1.5	188	575	1.75	900	1400	3.93
51326	8326		225	75	186	169	2	358	1070	5.91	600	850	11.7
51426	8426		270	110	212	188	3	630	2010	21.1	430	600	32.0
51128	8128	140	180	31	164	156	1	110	402	0.84	1200	1800	1.85
51228	8228		200	46	176	164	1.5	190	598	1.96	850	1300	4.27
51328	8328		240	80	199	181	2	395	1230	7.84	560	800	14.1
51428	8428		280	112	222	198	3	630	2010	22.2	400	560	32.2
51130	8130	150	190	31	174	166	1	110	415	0.93	1100	1700	1.95
51230	8230		215	50	189	176	1.5	242	768	3.06	800	1200	5.52
51330	8830		250	80	209	191	2	405	1310	8.80	530	750	14.9
51430	8430		300	120	238	212	3	670	2240	27.9	380	530	38.2
51132	8132	160	200	31	184	176	1	110	428	1.01	1000	1600	2.06
51232	8232		225	51	199	186	1.5	240	768	3.23	750	1100	5.91
51332	8332		270	87	225	205	2.5	470	1570	12.8	500	700	18.9
51134	8134	170	215	34	197	188	1	135	528	1.48	950	1500	2.71
51234	8234		240	55	212	198	1.5	280	915	4.48	700	1000	7.31
51334	8334		280	87	235	215	2.5	470	1580	13.8	480	670	22.5
51136	8136	180	225	34	207	198	1	135	528	1.56	900	1400	2.77
51236	8236		250	56	222	208	1.5	285	958	4.91	670	950	7.84
51336	8336		300	95	251	229	2.5	518	1820	17.9	430	600	28.7

续表

轴承代号		基本尺寸/mm			安装尺寸/mm			基本额定载荷/kN		最小载荷常数	极限转速/(r/min)		质量/kg
新代号	旧代号	d	D	T	d_{amin}	D_{amax}	r_{asmax}	C_a	C_{oa}	A	脂润滑	油润滑	$W\approx$
51138	8138		240	37	220	210	1	172	678	2.41	850	1300	3.61
51238	8238	190	270	62	238	222	2	328	1160	6.97	630	900	10.5
51338	8338		320	105	266	244	3	608	2220	26.7	400	560	41.1
51140	8140		250	37	230	220	1	172	698	2.60	800	1200	3.77
51240	8240	200	280	62	248	232	2	332	1210	7.59	600	850	11.0
51340	8340		340	110	282	258	3	600	2220	28.0	360	500	44

如表 5-12 所示为推力调心滚子轴承（GB/T5859－94）。

表 5-12　推力调心滚子轴承（GB/T5859－94）

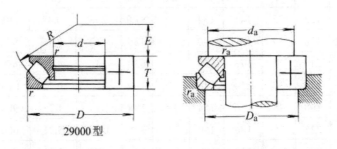

29000 型

轴承代号		基本尺寸/mm				安装尺寸/mm			基本额定载荷/kN		最小载荷常数	极限转速/(r/min)	
新代号	旧代号	d	D	T	E	d_{amin}	D_{amax}	r_{asmax}	C_a	C_{oa}	A	脂润滑	油润滑
29412	9039412	60	130	42	38	90	107	1.5	319	897	0.086	—	2400
29413	9039413	65	140	45	42	100	115	2	371	1048	0.118	—	2200
29414	9039414	70	150	48	44	105	124	2	416	1198	0.155	1400	2000
29415	9039415	75	160	51	47	115	132	2	468	1367	0.21	—	1900
29416	9039416	80	170	54	50	120	141	2.1	532	1563	0.263	1100	1700
29317	9039317	85	150	39	50	115	129	1.5	326	1037	0.105	—	2200
29417	9039417		180	58	54	130	150	2.1	582	1708	0.304	—	1600
29318	9039318	90	155	39	52	118	135	1.5	335	1089	0.116	—	2200
29418	9069418		190	60	56	135	158	2.1	642	1904	0.392	950	1500
29320	9039320	100	170	42	58	132	148	1.5	390	1284	0.166	—	2000
29420	9039420		210	67	62	150	175	2.5	778	2343	0.588	—	1300
29322	9039322	110	190	48	64	145	165	2	487	1625	0.279	—	1800
29422	9039422		230	73	69	165	192	3	923	2854	0.724	—	1200
29324	9039324	120	210	54	70	160	182	2.1	620	2066	0.44	—	1600
29424	9039424		250	78	74	180	210	3	1074	3308	0.933	—	1100

续表

轴承代号		基本尺寸/mm				安装尺寸/mm			基本额定载荷/kN		最小载荷常数	极限转速/（r/min）	
新代号	旧代号	d	D	T	E	d_{amin}	D_{amax}	r_{asmax}	C_a	C_{oa}	A	脂润滑	油润滑
29326	9039326	130	225	58	76	170	195	2.1	663	2235	0.543	—	1500
29426	9039426		270	85	81	195	227	3	1249	3918	1.64	—	1000
29328	9039328	140	240	60	82	185	208	2.1	719	2539	0.71	—	1400
29428	9039428		280	85	86	205	237	3	1288	4133	1.796	—	950
29330	9039330	150	250	60	87	195	220	2.1	781	2753	0.774	—	1300
29430	9039430		300	90	92	220	253	3	1452	4680	2.285	—	900
29332	9039332	160	270	67	92	210	236	2.5	927	3253	1.063	—	1200
29432	9039432		320	95	99	230	271	4	1589	5315	2.969	—	800
29334	9039334	170	280	67	96	220	247	2.5	940	3358	1.16	—	1100
29434	9039434		340	103	104	245	288	4	1878	6265	4.015	—	750
29336	9039336	180	300	73	103	235	263	2.5	1111	4056	1.628	—	1000
29436	9039436		360	109	110	260	305	4	2056	6867	4.936	—	670
29338	9039388	190	320	78	110	250	281	3	1301	4861	2.294	—	900
29438	9039438		380	115	117	275	322	4	2297	7774	6.228	—	600
29240	9039240	200	280	48	108	235	258	2	612	2518	0.759	—	1400
29340	9039340		340	85	116	265	298	3	1430	5181	2.827	—	900
29440	9039440		400	122	122	290	338	4	2483	8386	7.588	—	600
29244	9039244	220	300	48	117	260	277	2	634	2705	0.749	—	1300
29344	9039344		360	85	125	285	316	3	1524	5661	3.21	—	800
29444	9039444		420	122	132	310	360	5	2588	8990	8.583	—	560
29248	9039248	240	340	60	130	285	311	2.1	915	3951	1.483	—	1100
29348	9039348		380	85	135	300	337	3	1583	6014	3.569	—	750
29448	9039448		440	122	142	330	381	5	2725	9771	9.656	—	530
29252	9029252	260	360	60	139	305	331	2.1	944	4207	1.754	—	1000
29352	9039352		420	95	148	330	372	4	1940	7716	6.073	—	670
29452	9039452		480	132	154	360	419	5	3247	11930	14.45	—	480
29256	9039256E	280	380	60	150	325	351	2.1	954	4348	1.855	—	950
29356	9039356		440	95	158	350	394	4	2023	8207	6.782	—	630
29456	9039456		520	145	166	390	446	5	3753	13794	20.73	—	430
29260	9039260	300	420	73	162	355	386	2.5	1340	6057	3.43	—	900
29360	9039360		480	109	168	380	429	4	2554	10396	10.2	—	560
29460	9039460		540	145	175	410	471	5	3895	14689	22.95	—	380
29264	9039264	320	440	73	172	375	406	2.5	1046	6556	3.822		800

续表

轴承代号		基本尺寸/mm				安装尺寸/mm			基本额定载荷/kN		最小载荷常数	极限转速/（r/min）	
新代号	旧代号	d	D	T	E	d_{amin}	D_{amax}	r_{asmax}	C_a	C_{oa}	A	脂润滑	油润滑
29364	9039364	320	500	109	180	400	449	4	2578	10691	11.15	—	530
29464	9039464		580	155	191	435	507	6	4537	17432	31.97	—	360
29268	9039268	340	460	73	183	395	427	2.5	1432	6838	4.27	—	750
29368	9039368		540	122	192	430	484	4	3052	12554	15.64	—	480
29468	9039468		620	170	201	465	541	6	5002	18866	38.98	—	320

如表 5-13 所示为推力圆柱滚子轴承（GB/T4663－94）。

表 5-13　推力圆柱滚子轴承（GB/T4663－94）

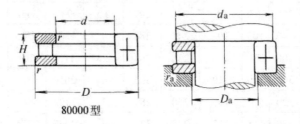

80000 型

轴承代号		基本尺寸/mm			安装尺寸/mm			基本额定载荷/kN		最小载荷常数	极限转速/（r/min）		质量/kg
新代号	旧代号	d	D	H	d_{amin}	D_{amax}	r_{asmax}	C_a	C_{oa}	A	脂润滑	油润滑	$W\approx$
81108	9108	40	60	13	58	42	0.6	37.2	115	0.002	1700	2400	0.12
81208	9208		68	19	66	43	1	68.2	190	0.004	1200	1800	0.27
81210	9210	50	78	22	75	53	1	77.0	235	0.005	1000	1600	0.45
81111	9111	55	78	16	77	57	0.6	56.5	215	0.005	1400	2000	0.24
81211	9211		90	25	85	59	1	104	318	0.009	950	1500	0.71
81113	9113	65	90	18	87	67	1	65.8	235	0.006	1200	1800	0.381
81213	9213		100	27	96	69	1	112	362	0.012	850	1300	0.874
81215	9215	75	110	27	106	79	1	125	430	0.017	750	1100	0.98
81117	9117	85	110	19	108	87	1	75.0	302	0.008	900	1400	0.45
81217	9217		125	31	119	90	1	152	550	0.026	670	950	1.44
81118	9118	90	120	22	117	93	1	105	408	0.015	850	1300	0.67
81220	9220	100	150	38	142	107	1	228	840	0.059	560	850	2.58
81124	9124	120	155	25	151	124	1	155	660	0.036	700	1000	1.36
81226	9226	130	190	45	181	137	1.5	368	1420	0.164	450	700	4.59

如表 5-14 所示为推力圆锥滚子轴承（GB/T4663－1994）。

表 5-14　推力圆锥滚子轴承（GB/T4663－1994）

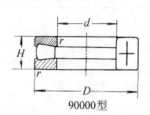 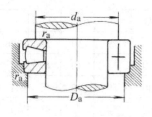

90000型

轴承代号		基本尺寸/mm			安装尺寸/mm			基本额定载荷/kN		最小载荷常数	极限转速/（r/min）		质量/kg
新代号	旧代号	d	D	H	d_{amin}	D_{amax}	r_{asmax}	C_a	C_{oa}	A	脂润滑	油润滑	$W\approx$
99426	9019426	130	270	85	195	227	3	1040	3780	0.638	380	500	28.5
99428	9019428	140	280	85	205	237	3	1120	4150	0.736	360	480	—
99434	9019434	170	340	103	245	288	4	1520	5750	1.38	280	380	58
99436	9019436	180	360	109	260	305	4	1630	5980	1.58	240	340	55.8
99440	9019440	200	400	122	290	338	4	1840	7210	2.256	200	300	75
99448	9019448	240	440	122	330	381	5	2320	9480	3.826	180	260	—
99452	9019452	260	480	132	360	419	5	2730	11400	5.50	160	220	—
99456	9019456	280	520	145	390	446	5	3150	13400	7.56	140	190	—
99464	9019464	320	580	155	435	507	6	4000	17200	12.6	110	160	—
99476	9019476	380	670	175	510	587	6	5040	22900	22.2	85	120	254

如表 5-15 所示为双向推力球轴承（GB/T301－1995）。

表 5-15　双向推力球轴承（GB/T301－1995）

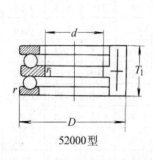 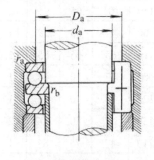

52000型

轴承代号		基本尺寸/mm			安装尺寸/mm				基本额定载荷/kN		最小载荷常数	极限转速/（r/min）		质量/kg
新代号	旧代号	d	D	T_1	d_{amax}	D_{amin}	r_{as}	r_{bs}	C_a	C_{oa}	A	脂润滑	油润滑	$W\approx$
52205	38205		47	28	25	34	0.6	0.3	27.8	50.5	0.013	3400	4800	0.21
52305	38305	20	52	34	25	36	1	0.3	35.5	61.5	0.021	3000	4300	0.32
52406	38406		70	52	30	46	1	0.6	72.5	125	0.082	1900	3000	0.97

轴承代号		基本尺寸/mm			安装尺寸/mm				基本额定载荷/kN		最小载荷常数	极限转速/（r/min）		质量/kg
新代号	旧代号	d	D	T_1	d_{amax}	D_{amin}	r_{as}	r_{bs}	C_a	C_{oa}	A	脂润滑	油润滑	$W\approx$
52206	38206		52	29	30	39	0.6	0.3	28.0	54.2	0.016	3200	4500	0.24
52306	38306	25	60	38	30	42	1	0.3	42.8	78.5	0.033	2400	3600	0.47
52407	38407		80	59	35	53	1	0.6	86.8	155	0.13	1700	2600	1.41
52207	38207		62	34	35	46	1	0.3	39.2	78.2	0.033	2800	4000	0.41
52307	38307		68	44	35	48	1	0.3	55.2	105	0.059	2000	3200	0.68
52208	38208	30	68	36	40	51	1	0.6	47.0	98.2	0.050	2400	3600	0.53
52308	38308		78	49	40	55	1	0.6	69.2	135	0.098	1900	3000	1.03
52408	38408		90	65	40	60	1	0.6	112	205	0.22	1500	2200	1.94
52209	38209		73	37	45	56	1	0.6	47.8	105	0.059	2200	3400	0.59
52309	38309	35	85	52	45	61	1	0.6	75.8	150	0.13	1700	2600	1.25
52409	38409		100	72	45	67	1	0.6	140	262	0.36	1400	2000	2.64
52210	38210		78	39	50	61	1	0.6	48.5	112	0.068	2000	3200	0.69
52310	38310	40	95	58	50	68	1	0.6	96.5	202	0.21	1600	2400	1.76
52410	38410		110	78	50	74	1.5	0.6	160	302	0.50	1300	1900	3.40
52211	38211		90	45	55	69	1	0.6	67.5	158	0.13	1900	3000	1.17
52311	38311	45	105	64	55	75	1	0.6	115	242	0.31	1500	2200	2.38
52411	38411		120	87	55	81	1.5	0.6	182	355	0.68	1100	1700	4.54
52212	38212		95	46	60	74	1	0.6	73.5	178	0.16	1800	2800	1.21
52312	38312	50	110	64	60	80	1	0.6	118	262	0.35	1400	2000	2.54
52412	38412		130	93	60	88	1.5	0.6	200	395	0.88	1000	1600	5.58
52413	38413		140	101	65	95	2	1	215	448	1.14	900	1400	7.07
52213	38213		100	47	65	79	1	0.6	74.8	188	0.18	1700	2600	1.32
52313	38313	55	115	65	65	85	1	0.6	115	262	0.38	1300	1900	2.72
52214	38214		105	47	70	84	1	1	73.5	188	0.19	1600	2400	1.42
52314	38314		125	72	70	92	1	1	148	340	0.60	1200	1800	3.64
52414	38414		150	107	70	102	2	1	255	560	1.71	850	1300	8.71
52215	38215		110	47	75	89	1	1	74.8	198	0.21	1500	2200	1.50
52315	38315	60	135	79	75	99	1.5	1	162	380	0.77	1100	1700	4.72
52415	38415		160	115	75	110	2	1	268	615	2.00	800	1200	10.7
52216	38216		115	48	80	94	1	1	83.8	222	0.27	1400	2000	1.63
52316	38316	65	140	79	80	104	1.5	1	160	380	0.81	1000	1600	4.92
52417	38417		180	128	85	124	2.1	1	318	782	3.24	700	1000	14.8
52217	38217	70	125	55	85	109	1	1	102	280	0.41	1300	1900	2.27

续表

轴承代号		基本尺寸/mm			安装尺寸/mm				基本额定载荷/kN		最小载荷常数	极限转速/（r/min）		质量/kg
新代号	旧代号	d	D	T_1	d_{amax}	D_{amin}	r_{as}	r_{bs}	C_a	C_{oa}	A	脂润滑	油润滑	$W \approx$
52317	38317	70	150	87	85	114	1.5	1	208	495	1.28	950	1500	6.26
52418	38418		190	135	90	131	2.1	1	325	825	3.71	670	950	17.3
52218	38218	75	135	62	90	108	1	1	115	315	0.52	1200	1800	3.05
52318	38318		155	88	90	116	1.5	1	205	495	1.34	900	1400	6.56
52420	38420	80	210	150	100	145	2.5	1	400	1080	6.17	600	850	23.5
52220	38220	85	150	67	100	120	1	1	132	375	0.75	1100	1700	4.03
52320	38320		170	97	100	128	1.5	1	235	595	1.88	800	1200	8.62
52422	38422	90	230	166	110	159	2.5	1	490	1390	10.4	530	750	33.0
52222	38222	95	160	67	110	130	1	1	138	412	0.89	1000	1600	4.38
52322	38322		190	110	110	142	2	1	278	755	2.97	700	1100	12.4
52224	38224		170	68	120	140	1	1	135	412	0.96	950	1500	4.82
52324	38324	100	210	123	120	157	2.1	1	330	945	4.58	670	950	17.1
52426	38426		270	192	130	188	3	2	630	2010	21.1	430	600	55.0
52226	38226		190	80	130	154	1.5	1	188	575	1.75	900	1400	7.36
52326	38326	110	225	130	130	169	2.1	1	358	1070	5.91	600	850	20.8
52428	38428		280	196	140	198	3	2	630	2010	22.2	400	560	61.2
52228	38228		200	81	140	164	1.5	1	190	598	1.96	850	1300	7.80
52328	38328	120	240	140	140	181	2.1	1	395	1230	7.84	560	800	25.0
52430	38430		300	209	150	212	3	2	670	2240	27.9	380	530	68.1
52230	38230	130	215	89	150	176	1.5	1	242	768	3.06	800	1200	10.3
52330	38330		250	140	150	191	2.1	1	405	1310	8.80	530	750	26.4
52232	38232	140	225	90	160	186	1.5	1	240	768	3.23	750	1100	10.9
52332	38332		270	153	160	205	2.5	1	470	1570	12.8	500	700	33.6
52234	38234		240	97	170	198	1.5	1	280	915	4.48	700	1000	13.4
52334	38334	150	280	153	170	215	2.5	1	470	1580	13.8	480	670	15.0
52236	38236		250	98	180	208	1.5	2	285	958	4.91	670	950	14.6
52336	38336		300	165	180	229	2.5	2	518	1820	17.9	430	600	49.0
52238	38238	160	270	109	190	222	2	2	328	1160	6.97	630	900	19.5

如表 5-16 所示为带立式座外球面球轴承（带紧定套）（GB/T 7810—1995）。

表 5-16　带立式座外球面球轴承（带紧定套）（GB/T 7810－1995）

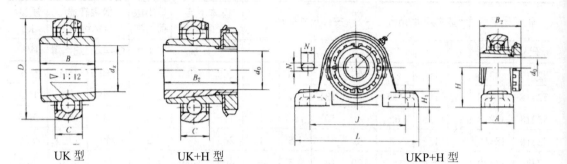

UK 型　　　　　　　　　　UK+H 型　　　　　　　　　　　　UKP+H 型

H—紧定套；UK—带圈锥孔外球面球轴承；P—铸造立式座

轴承代号	座代号	轴承尺寸/mm							额定载荷		配用
UK+H 型	P 型	D	d_z	d_0	B_2	B_{max}	B_{min}	C	C_r	C_{0r}	轴承
UK205+H2305	P205	52	25	20	35	27	15	17	10.8	7.88	UK205
UK305+H2305	P305	62		20	35	27	21	21	17.2	11.5	UK305
UK206+H2306	P206	62	30	25	38	30	16	19	15.0	11.2	UK206
UK306+H2306	P306	72		25	38	30	23	23	20.8	15.2	UK306
UK207+H2307	P207	72	35	30	43	34	17	20	19.8	15.2	UK207
UK307+H2307	P307	80		30	43	34	26	25	25.8	19.2	UK307
UK208+H2308	P208	80	40	35	46	36	18	21	22.8	18.2	UK208
UK308+H2308	P308	90		35	46	36	26	27	31.2	24.0	UK308
UK209+H2309	P209	85	45	40	50	39	19	22	24.5	20.8	UK209
UK309+H2309	P309	100		40	50	39	28	30	40.8	31.8	UK309
UK210+H2310	P210	90	50	45	55	43	20	24	27.0	23.2	UK210
UK310+H2310	P310	110		45	55	43	30	32	47.5	37.8	UK310
UK211+H2311	P211	100	55	50	59	47	21	25	33.5	29.2	UK211
UK311+H2311	P311	120		50	59	47	33	34	55.0	44.8	UK311
UK212+H2312	P212	110	60	55	62	49	22	27	36.8	32.8	UK212
UK312+H2312	P312	130		55	62	49	34	36	62.8	51.8	UK312
UK213+H2313	P213	120	65	60	65	51	23	28	44.0	40.0	UK213
UK313+H2313	P313	140		60	65	51	36	38	72.2	60.5	UK313
UK215+H2315	P215	130	75	65	73	58	25	30	50.8	49.5	UK215
UK315+H2315	P315	160		65	73	58	40	42	87.2	76.8	UK315
UK216+H2316	P216	140	80	70	78	61	26	33	55.0	54.2	UK216
UK316+H2316	P316	170		70	78	61	42	44	94.5	86.5	UK316
UK217+H2317	P217	150	85	75	82	64	28	35	64.0	63.8	UK217
UK317+H2317	P317	180		75	82	64	45	46	102	96.5	UK317
UK218+H2318	P218	160	90	80	86	68	30	37	73.8	71.5	UK218
UK318+H2318	P318	190		80	86	68	47	48	110	108	UK318
UK319+H2319	P319	200	95	85	90	71	49	50	120	122	UK319

轴承代号	座代号				轴承尺寸/mm					额定载荷		配用
UK+H 型	P 型	D	d_z	d_0	B_2	B_{max}	B_{min}	C	C_r	C_{0r}		轴承
UK320+H2320	P320	215	100	90	97	77	51	54	132	140		UK320
UK322+H2322	P322	240	110	100	105	84	56	60	158	178		UK322
UK324+H2324	P324	260	120	110	112	90	60	64	175	208		UK324
UK326+H2326	P326	280	130	115	121	98	65	68	195	242		UK326
UK328+H2328	P328	300	140	125	131	107	70	72	212	272		UK328

轴承代号	座代号	配用			座尺寸/mm						带座轴承代号
UK+H 型	P 型	紧定套	H	A_{max}	H_{1max}	N_{max}	N_{min}	N_{1min}	J	L_{max}	UKP+H 型
UK205+H2305	P205	H2305	36.5	39	17	11.5	10.5	16	105	142	UKP205+H2305
UK305+H2305	P305	H2305	45	45	17	12.43	12.43	132	175		UKP305+H2305
UK206+H2306	P206	H2306	42.9	48	20	17	13	19	121	167	UKP206+H2306
UK306+H2306	P306	H2306	50	50	20	14.93	14.93	140	180		UKP306+H2306
UK207+H2307	P207	H2307	47.6	48	20	17	13	19	126	172	UKP207+H2307
UK307+H2307	P307	H2307	56	56	22	14.93	14.93	160	210		UKP307+H2307
UK208+H2308	P208	H2308	49.2	55	20	17	13	19	136	186	UKP208+H2308
UK308+H2308	P308	H2308	60	60	24	14.93	14.93	170	220		UKP308+H2308
UK209+H2309	P209	H2309	54	55	22	17	13	19	146	192	UKP209+H2309
UK309+H2309	P309	H2309	67	67	26	14.93	14.93	190	245		UKP309+H2309
UK210+H2310	P210	H2310	57.2	61	23	20	17	20.5	159	208	UKP210+H2310
UK310+H2310	P310	H2310	75	75	29	19.02	19.02	212	275		UKP310+H2310
UK211+H2311	P211	H2311	63.5	61	25	20	17	20.5	172	233	UKP211+H2311
UK311+H2311	P311	H2311	80	80	32	19.02	19.02	236	310		UKP311+H2311
UK212+H2312	P212	H2312	69.9	71	27	20	17	22	186	243	UKP212+H2312
UK312+H2312	P312	H2312	85	85	34	19.02	19.02	250	330		UKP312+H2312
UK213+H2313	P213	H2313	76.2	73	34	25	21	24	203	268	UKP213+H2313
UK313+H2313	P313	H2313	90	90	37	24.52	24.52	260	340		UKP313+H2313
UK215+H2315	P215	H2315	82.6	83	35	25	21	24	217	300	UKP215+H2315
UK315+H2315	P315	H2315	100	100	41	24.52	24.52	290	380		UKP315+H2315
UK216+H2316	P216	H2316	88.9	84	38	27	21	24	232	305	UKP216+H2316
UK316+H2316	P316	H2316	106	110	46	24.52	24.52	300	400		UKP316+H2316
UK217+H2317	P217	H2317	95.2	95	41	27	21	24	247	330	UKP217+H2317
UK317+H2317	P317	2317	112	110	46	24.52	24.52	320	420		UKP317+H2317
UK218+H2318	P218	H2318	101.6	100	44	33	25	34	262	356	UKP218+H2318
UK318+H2318	P318	H2318	118	110	51	28.52	45	330	430		UKP318+H2318
UK319+H2319	P319	H2319	125	120	51	36	50	360	470		UKP319+H2319
UK320+H2320	P320	H2320	140	120	56	36	50	380	490		UKP320+H2320
UK322+H2322	P322	H2322	150	140	61	40	55	400	520		UKP322+H2322

续表

轴承代号	座代号	配用	座尺寸/mm								带座轴承代号
UK+H 型	P 型	紧定套	H	A_{max}	H_{1max}	N_{max}	N_{min}	N_{1min}	J	L_{max}	UKP+H 型
UK324+H2324	P324	H2324	160	140	71	40	55	450	570		UKP324+H2324
UK326+H2326	P326	H2326	180	140	81	40	55	480	600		UKP326+H2326
UK328+H2328	P328	H2328	200	140	81	40	55	500	620		UKP328+H2328

如表 5-17 所示为带立式座外球面球轴承（带顶丝 UCP、带偏心套 UELP）（GB/T 7810－1995）。

表 5-17　带立式座外球面球轴承（带顶丝 UCP、带偏心套 UELP）（GB/T 7810－1995）

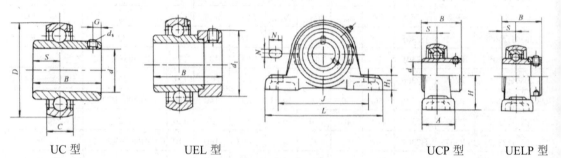

UC 型　　　　　UEL 型　　　　　　　UCP 型　　　UELP 型

具有与深沟球轴承相同的载荷能力，调心性能较好，有密封装置，结构紧凑，使用方便。

P—铸造立式座；UC—带顶丝外球面球轴承；U—表示带座外球面球面轴承，后面均同；
UEL—带偏心套外球面球轴承

轴承代号	座代号	轴承基本尺寸								额定载荷	
UCP 型 UEL 型	P 型	D	d	B	d_s	C	S	G	d_{1max}	C_r	C_{or}
129	UCP201	40	12						—	7.35	4.78
129	UELP201	40		37.3	—	14	13.9	—	28.6	7.35	4.78
129	UCP202	40	15	27.4	M6×0.75	14	11.5	4		7.35	4.78
129	UELP202	40		37.3	—	14	13.9	—	28.6	7.35	4.78
129	UCP203	40	17	27.4	M6×0.75	14	11.5	4		7.35	4.78
129	UELP203	40		37.3	—	14	13.9	—	28.6	7.35	4.78
134	UCP204	47	20	31.0	M6×0.75	17	12.7	5	—	9.88	6.65
134	UELP204	47		43.7	—	17	17.1	—	33.3	9.88	6.65
142	UCP205	52	25	34.1	M6×0.75	17	14.3	5	—	10.8	7.88
175	UCP305	62		38	M6×0.75	21	15	6	—	17.2	11.5
142	UELP205	52		44.4	—	17	17.5	—	38.1	10.8	7.88
175	UELP305	62		46.8	—	21	16.7	—	42.8	17.2	11.5
167	UCP206	62	30	38.1	M6×0.75	19	15.9	5	—	15.0	11.2
180	UCP306	72		43	M6×0.75	23	17	6	—	20.8	15.2
167	UELP206	62		48.4	—	19	18.3	—	44.5	15.0	11.2
180	UELP306	72		50	—	23	17.5	—	50	20.8	15.2

续表

轴承代号	座代号	轴承基本尺寸								额定载荷	
UCP 型 UEL 型	P 型	D	d	B	d_s	C	S	G	d_{1max}	C_r	C_{or}
172	UCP207	72	35	42.9	M8×1	20	17.5	7	—	19.8	15.2
210	UCP307	80		48	M8×1	25	19	8	—	25.8	19.2
172	UELP207	72		51.1	—	20	18.8	—	55.6	19.8	15.2
210	UELP307	80		51.6	—	25	18.3	—	55	25.8	19.2
186	UCP208	80	40	49.2	M8×1	21	19	8	—	22.8	18.2
220	UCP308	90		52	M10×1.25	27	19	10	—	31.2	24.0
186	UELP208	80		56.3	—	21	21.4	—	60.3	22.8	18.2
220	UELP308	90		57.1	—	27	19.8	—	63.5	31.2	24.0
192	UCP209	85	45	49.2	M8×1	22	19.0	8	—	24.5	20.8
245	UCP309	100		57	M10×1.25	30	22	10	—	40.8	31.8
192	UELP209	85		56.3	—	22	21.4	—	63.5	24.5	20.8
245	UELP309	100		58.7	—	30	19.8	—	70	40.8	31.8
208	UCP210	90	50	51.6	M10×1.25	24	19.0	10	—	27.0	23.2
275	UCP310	110		61	M12×1.5	32	22	12	—	47.5	37.8
208	UELP210	90		62.7	—	24	24.6	—	69.9	27.0	23.2
275	UELP310	110		66.6	—	32	24.6	—	76.2	47.5	37.8
233	UCP211	100	55	55.6	M10×1.25	25	22.2	10	—	33.5	29.2
310	UCP311	120		66	M12×1.5	34	25	12	—	55.0	44.8
233	UELP211	100		71.4	—	25	27.8	—	76.2	33.5	29.2
310	UELP311	120		73	—	34	27.8	—	83	55.0	44.8
243	UCP212	110	60	65.1	M10×1.25	27	25.4	10	—	36.8	32.8
330	UCP312	130		71	M12×1.5	36	26	12	—	62.8	51.8
243	UELP212	110		77.8	—	27	31.0	—	84.2	36.8	32.8
330	UELP312	130		79.4	—	36	30.95	—	89	62.8	51.8
268	UCP213	120	65	65.1	M10×1.25	28	25.4	10	—	44.0	40.0
340	UCP313	140		75	M12×1.5	38	30	12	—	72.2	60.5
268	UELP213	120		85.7	—	28	34.1	—	86	44.0	40.0
340	UELP313	140		85.7	—	38	32.55	—	97	72.2	60.5
274	UCP214	125	70	74.6	M12×1.5	29	30.2	12	—	46.8	45.0
360	UCP314	150		78	M12×1.5	40	33	12	—	80.2	68.0
274	UELP214	125		85.7	—	29	34.1	—	90	46.8	45.0
360	UELP314	150		92.1	—	40	34.15	—	102	80.2	68.0
300	UCP215	130	75	77.8	M12×1.5	30	33.3	12	—	50.8	49.5

轴承代号 UCP 型 UEL 型	座代号 P 型	轴承基本尺寸								额定载荷	
		D	d	B	d_s	C	S	G	d_{1max}	C_r	C_{or}
380	UCP315	160		82	M14×1.5	42	32	14	—	87.2	76.8
300	UELP215	130	75	92.1	—	30	37.3	—	102	50.8	49.5
380	UELP315	160		100	—	42	37.3	—	113	87.2	76.8
305	UCP216	140		82.6	M12×1.5	33	33.3	12	—	55.0	54.2
400	UCP316	170	80	86	M14×1.5	44	34	14	—	94.5	86.5
400	UELP316	170		106.4	—	44	40.5	—	119	94.5	86.5
330	UCP217	150		85.7	M12×1.5	35	34.1	12	—	64.0	63.8
420	UCP317	180	85	96	M16×1.5	46	40	16	—	102	96.5
420	UELP317	180		109.5	—	46	42.05	—	127	102	96.5
356	UCP218	160		96.0	M12×1.5	37	39.7	12	—	73.8	71.5
430	UCP318	190	90	96	M16×1.5	48	40	16	—	110	108
430	UELP318	190		115.9	—	48	43.65	—	133	110	108
470	UCP319	200		103	M16×1.5	50	41	16	—	120	122
470	UELP319	200	95	122.3	—	50	38.9	—	140	120	122
490	UCP320	215		108	M18×1.5	54	42	18	—	132	140
490	UELP320	215	100	128.6	—	54	50	—	146	132	140
490	UCP321	225	105	112	M18×1.5	56	44	18	—	142	152
520	UCP322	240	110	117	M18×1.5	60	46	18	—	158	178
570	UCP324	260	120	126	M18×1.5	64	51	18	—	175	208
600	UCP326	280	130	135	M20×1.5	68	54	20	—	195	242
620	UCP328	300	140	145	M20×1.5	72	59	20	—	212	272

轴承代号 UCP 型 UEL 型	座代号 P 型	配用偏心套 代号	座尺寸								带座轴承代号 UCP 型 UELP 型
			J	L_{max}	H_{max}	N_{min}	N_{max}	N_{1min}	H	A_{max}	
129	UCP201	—	96	129	17	10.5	12.43	16	30.2	39	UCP201
129	UELP201	E 201	96	129	17	10.5	12.43	16	30.2	39	UELP201
129	UCP202	—	96	129	17	10.5	12.43	16	30.2	39	UCP202
129	UELP202	E 202	96	129	17	10.5	12.43	16	30.2	39	UELP202
129	UCP203	—	96	129	17	10.5	12.43	16	30.2	39	UCP203
129	UELP203	E 203	96	129	17	10.5	12.43	16	30.2	39	UELP203
134	UCP204	—	96	134	17	10.5	12.43	16	33.3	39	UCP204
134	UELP204	E 204	96	134	17	10.5	12.43	16	33.3	39	UELP204
142	UCP205	—	105	142	17	10.5	12.43	16	36.5	39	UCP205

续表

轴承代号	座代号	配用偏心套	座尺寸								带座轴承代号
UCP型 UEL型	P型	代号	J	L_{max}	H_{max}	N_{min}	N_{max}	N_{1min}	H	A_{max}	UCP型 UELP型
175	UCP305	—	132	175	17	17	20		45	45	
142	UELP205	E 205	105	142	17	10.5	12.43	16	36.5	39	UELP205
175	UELP305	E 305	132	175	17	17	20		45	45	
167	UCP206	—	121	167	20	13	14.93	19	42.9	48	UCP206
180	UCP306	—	140	180	20	17	20		50	50	
167	UELP206	E 206	121	167	20	13	14.93	19	42.9	48	UELP206
180	UELP306	E 306	140	180	20	17	20		50	50	
172	UCP207	—	126	167	20	13	14.93	19	47.6	48	UCP206
210	UCP307	—	160	180	22	17	25		56	56	
172	UELP207	E 207	126	167	20	13	14.93	19	47.6	48	UELP206
210	UELP307	E 307	160	180	22	17	25		56	56	
186	UCP208	—	136	172	20	13	14.93	19	49.2	55	UELP206
220	UCP308	—	170	210	24	17	27		60	60	
186	UELP208	E 208	136	186	20	13	14.93	19	49.2	55	UELP208
220	UELP308	E 308	170	220	24	17	27		60	60	
192	UCP209	—	146	192	22	13	14.93	19	54	55	UCP209
245	UCP309	—	190	245	26	20	30		67	67	
192	UELP209	E 209	146	192	22	13	14.93	19	54	55	UELP209
245	UELP309	E 309	190	245	26	20	30		67	67	
208	UCP210	—	159	208	23	17	19.05	20.5	57.2	61	UCP210
275	UCP310	—	212	275	29	20	35		75	75	
208	UELP210	E 210	159	208	23	17	19.02	20.5	57.2	61	UELP210
275	UELP310	E 310	212	275	29	20	35		75	75	
233	UCP211	—	172	233	25	17	19.02	20.5	63.5	61	UCP211
310	UCP311	—	236	310	32	20	38		80	80	
233	UELP211	E 211	172	233	25	17	19.02	20.5	63.5	61	UELP211
310	UELP311	E 311	236	310	32	20	38		80	80	
243	UCP212	—	186	243	27	17	19.02	22	69.9	71	UCP212
330	UCP312	—	250	330	34	25	38		85	85	
243	UELP212	E 212	186	243	27	17	19.02	22	69.9	71	UELP212
330	UELP312	E 312	250	330	34	25	38		85	85	
268	UCP213	—	203	268	34	21	24.52	24	76.2	73	UCP213
340	UCP313	—	260	340	37	25	38		90	90	

轴承代号	座代号	配用偏心套	座尺寸								带座轴承代号
UCP 型 UEL 型	P 型	代号	J	L_{max}	H_{max}	N_{min}	N_{max}	N_{1min}	H	A_{max}	UCP 型 UELP 型
268	UELP213	E 213	203	268	34	21	24.52	24	76.2	73	UELP213
340	UELP313	E 313	260	340	37	25	38		90	90	
274	UCP214	—	210	274	34	21	24.52	24	79.4	74	UCP214
360	UCP314	—	280	360	41	27	40		95	90	
274	UELP214	E 214	210	274	34	21	24.52	24	79.4	74	UELP214
360	UELP314	E 314	280	360	41	27	40		95	90	
300	UCP215	—	217	300	35	21	24.52	24	82.6	83	UCP215
380	UCP315	—	290	380	41	27	40		100	100	
300	UELP215	E 215	217	300	35	21	24.52	24	82.6	83	UELP215
380	UELP315	E 315	290	380	41	27	40		100	100	
305	UCP216	—	232	305	38	21	24.52	24	88.9	84	UCP216
400	UCP316	—	300	400	46	27	40		106	110	
400	UELP316	E 316	300	400	46	27	40		106	110	
330	UCP217	—	247	330	41	21	24.52	24	95.2	95	UCP217
420	UCP317	—	320	420	46	33	45		112	110	
420	UELP317	E 317	320	420	46	33	45		112	110	
356	UCP218	—	262	356	44	25	28.52	34	101.6	100	UCP218
430	UCP318	—	330	430	51	33	45		118	110	
430	UELP318	E 318	330	430	51	33	45		118	110	
470	UCP319	—	360	470	51	36	50		125	120	
470	UELP319	E 319	360	470	51	36	50		125	120	
490	UCP320	—	380	490	56	36	50		140	120	
490	UELP320	E 320	380	490	56	36	50		140	120	
490	UCP321	—	380	490	56	36	50		140	120	
520	UCP322	—	400	520	61	40	55		150	140	
570	UCP324	—	450	570	71	40	55		160	140	
600	UCP326	—	480	600	81	40	55		180	140	
620	UCP328	—	500	620	81	40	55		200	140	

如表 5-18 所示为带方形座外球面球轴承（带紧定套）（GB/T 7810－1995）。

表 5-18　带方形座外球面球轴承（带紧定套）（GB/T 7810－1995）

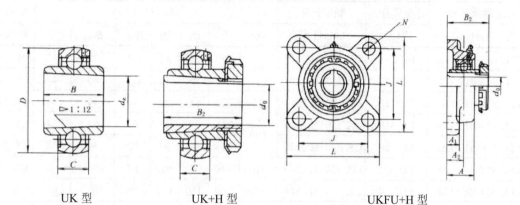

UK 型　　　　　　　UK+H 型　　　　　　　UKFU+H 型

具有与深沟球轴承相同的载荷能力，调心性能较好，有密封装置，结构紧凑，使用方便。

FU—铸造方形座；H—紧定套；UK—带圈锥孔外球面球轴承

带座轴承代号	座代号	轴承代号	轴承尺寸							配用轴
UKFU+H 型	FU 型	UK+H 型	d_z	D	d_0	B_2	B_{max}	B_{min}	C	承代号
UKFU 205+H 2305	FU 205	UK 205+H 2305	25	52	20	35	27	15	17	UK 205
UKFU 305+H 2305	FU 305	UK 305+H 2305		62	20	35	27	21	21	UK 305
UKFU 206+H 2306	FU 206	UK 206+H 2306	30	62	25	38	30	16	19	UK 206
UKFU 306+H 2306	FU 306	UK 306+H 2306		72	25	38	30	23	23	UK 306
UKFU 207+H 2307	FU 207	UK 207+H 2307	35	72	30	43	34	17	20	UK 207
UKFU 307+H 2307	FU 307	UK 307+H 2307		80	30	43	34	26	25	UK 307
UKFU 208+H 2308	FU 208	UK 208+H 2308	40	80	35	46	36	18	21	UK 208
UKFU 308+H 2308	FU 308	UK 308+H 2308		90	35	46	36	26	27	UK 308
UKFU 209+H 2309	FU 209	UK 209+H 2309	45	85	40	50	39	19	22	UK 209
UKFU 309+H 2309	FU 309	UK 309+H 2309		100	40	50	39	28	30	UK 309
UKFU 210+H 2310	FU 210	UK 210+H 2310	50	90	45	55	43	20	24	UK 210
UKFU 310+H 2310	FU 310	UK 310+H 2310		110	45	55	43	30	32	UK 310
UKFU 211+H 2311	FU 211	UK 211+H 2311	55	100	50	59	47	21	25	UK 211
UKFU 311+H 2311	FU 311	UK 311+H 2311		120	50	59	47	33	34	UK 311
UKFU 212+H 2312	FU 212	UK 212+H 2312	60	110	55	62	49	22	27	UK 212
UKFU 312+H 2312	FU 312	UK 312+H 2312		130	55	62	49	34	36	UK 312
UKFU 213+H 2313	FU 213	UK 213+H 2313	65	120	60	65	51	23	28	UK 213
UKFU 313+H 2313	FU 313	UK 313+H 2313		140	60	65	51	36	38	UK 313
UKFU 215+H 2315	FU 215	UK 215+H 2315	75	130	65	73	58	25	30	UK 215
UKFU 315+H 2315	FU 315	UK 315+H 2315		160	65	73	58	40	42	UK 315
UKFU 216+H 2316	FU 216	UK 216+H 2316	80	140	70	78	61	26	33	UK 216
UKFU 316+H 2316	FU 316	UK 316+H 2316		170	70	78	61	42	44	UK 316

带座轴承代号	座代号	轴承代号	轴承尺寸							配用轴
UKFU+H 型	FU 型	UK+H 型	d_z	D	d_0	B_2	B_{max}	B_{min}	C	承代号
UKFU 217+H 2317	FU 217	UK 217+H 2317	85	150	75	82	64	28	35	UK 217
UKFU 317+H 2317	FU 317	UK 317+H 2317		180	75	82	64	45	46	UK 317
UKFU 318+H 2318	FU 318	UK 318+H 2318	95	200	85	90	71	49	50	UK 319
UKFU 319+H 2319	FU 319	UK 319+H 2319	100	215	90	97	77	51	54	UK 320
UKFU 320+H 2320	FU 320	UK 320+H 2320		215	90	97	77	51	54	UK 320
UKFU 322+H 2322	FU 322	UK 322+H 2322	110	240	100	105	84	56	60	UK 322
UKFU 324+H 2324	FU 324	UK 324+H 2324	120	260	110	112	90	60	64	UK 324
UKFU 326+H 2326	FU 326	UK 326+H 2326	130	280	115	121	98	65	68	UK 326
UKFU 328+H 2328	FU 328	UK 328+H 2328	140	300	125	131	107	70	72	UK 328

带座轴承代号	配用紧定	额定	载荷	座尺寸						
UKFU+H 型	套代号	C_{or}	C_r	A	A_1	A_2	L	J	N_{min}	N_{max}
UKFU 205+H 2305	H 2305	7.88	10.8	35	15	19	97	70	11.5	12.43
UKFU 305+H 2305	H 2305	11.5	17.2	29	13	16	110	80	16	
UKFU 206+H 2306	H 2306	11.2	15.0	38	16	20	110	82.5	11.5	12.43
UKFU 306+H 2306	H 2306	15.2	20.8	32	15	18	125	95	16	
UKFU 207+H 2307	H 2307	15.2	19.8	38	17	21	119	92	13	14.93
UKFU 307+H 2307	H 2307	19.2	25.8	36	16	20	135	100	19	
UKFU 208+H 2308	H 2308	18.2	22.8	43	17	24	132	101.5	13	14.93
UKFU 308+H 2308	H 2308	24.0	31.2	40	17	23	150	112	19	
UKFU 209+H 2309	H 2309	20.8	24.5	45	18	24	139	105	13	16.93
UKFU 309+H 2309	H 2309	31.8	40.8	44	18	25	160	125	19	
UKFU 210+H 2310	H 2310	23.2	27.0	48	20	28	145	111	17	19.02
UKFU 310+H 2310	H 2310	37.8	47.5	48	19	28	175	132	23	
UKFU 211+H 2311	H 2311	29.2	33.5	51	21	31	164	130	17	19.02
UKFU 311+H 2311	H 2311	44.8	55.0	52	20	30	185	140	23	
UKFU 212+H 2312	H 2312	32.8	36.8	60	21	34	177	143	17	19.02
UKFU 312+H 2312	H 2312	51.8	62.8	56	22	33	195	150	23	
UKFU 213+H 2313	H 2313	44.0	40.0	52	24	34	189	149.5	17	19.02
UKFU 313+H 2313	H 2313	72.2	60.5	58	22	33	208	166	23	
UKFU 215+H 2315	H 2315	49.5	50.8	58	24	35	202	159	17	24.52
UKFU 315+H 2315	H 2315	76.8	87.2	66	25	39	236	184	25	
UKFU 216+H 2316	H 2316	54.2	55.0	65	24	35	213	165	21	24.52
UKFU 316+H 2316	H 2316	86.5	94.5	68	27	38	250	196	31	

续表

带座轴承代号	配用紧定	额定	载荷	座尺寸						
UKFU+H 型	套代号	C_{or}	C_r	A	A_1	A_2	L	J	N_{min}	N_{max}
UKFU 217+H 2317	H 2317	63.8	64.0	75	26	36	222	175	21	24.52
UKFU 317+H 2317	H 2317	96.5	102	74	27	44	260	204	31	
UKFU 318+H 2318	H 2319	122	120	76	30	44	280	216	35	
UKFU 319+H 2319	H 2320	140	132	94	30	59	290	228	35	
UKFU 320+H 2320	H 2320	132	140	94	32	59	310	242	38	
UKFU 322+H 2322	H 2322	158	178	96	35	60	340	266	41	
UKFU 324+H 2324	H 2324	175	208	110	40	65	370	290	41	
UKFU 326+H 2326	H 2326	195	242	115	45	65	410	320	41	
UKFU 328+H 2328	H 2328	212	272	125	55	75	450	350	41	

如表 5-19 所示为四螺柱轴承座（GB/T7813－1998）。

表 5-19 四螺柱轴承座(GB/T7813－1998)

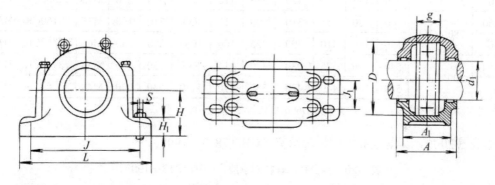

轴承座代号	尺寸/mm												适用轴承代号
	d_1	d	D	$g^{①}$	A	$A_1^{②}$	H	H_1	L	J	J_1	S	
SD3134			280	108	235	180	170	70	515	430	100	M24	23134CK＋H3134
SD534	150	170	310	96	270	230	180	60	620	510	140	M30	22234CK＋H3134
SD634			360	130	300	270	210	65	740	610	170	M30	22334CK＋H2334
SD3136			300	116	245	190	180	75	535	450	110	M24	23136CK＋H3136
SD536	160	180	320	96	280	240	190	60	650	540	150	M30	22236CK＋H3136
SD636			380	136	320	290	225	70	780	640	180	M36	22336CK＋H2336
SD3138			320	124	265	210	190	80	565	480	120	M24	23138CK＋H3138
SD538	170	190	340	102	290	260	200	65	700	570	160	M30	22238CK＋H3138
SD638			400	142	330	300	240	70	820	680	190	M36	22338CK＋H2338
SD3140			340	132	285	230	210	85	615	510	130	M30	23140CK＋H3140
SD540	180	200	360	108	300	270	210	65	740	610	170	M30	22240CK＋H3140
SD640			420	148	350	320	250	85	860	710	200	M36	22340CK＋H2340

续表

轴承座 代号	尺寸/mm												适用轴承代号
	d_1	d	D	$g^①$	A	$A_1^②$	H	H_1	L	J	J_1	S	
SD3144			370	140	295	240	220	90	645	540	140	M30	23144CK＋H3144
SD544	200	220	400	118	330	300	240	70	820	680	190	M36	22244CK＋H3144
SD644			460	155	360	330	280	85	920	770	210	M36	22344CK＋H2344
SD3148			400	148	315	260	240	95	705	600	150	M30	23148CK＋H3148
SD548	220	240	440	130	340	310	260	85	880	740	200	M36	22248CK＋H3148
SD648			500	165	390	370	300	100	990	830	230	M42	22348CK＋H2348
SD3152			440	164	325	280	260	100	775	650	160	M36	23152CK＋H3152
SD552	240	260	480	140	370	340	280	85	940	790	210	M36	22252CK＋H3152
SD652			540	175	410	390	325	100	1060	890	250	M42	22352CK＋H2352
SD3156			460	166	325	280	280	105	795	670	160	M36	23156CK＋H3156
SD556	260	280	500	140	390	370	300	100	990	830	230	M42	22256CK＋H3156
SD656			580	185	440	420	355	110	1110	930	270	M48	22356CK＋H2356
SD3160	280	300	500	180	355	310	300	110	835	710	190	M36	23160CK＋H3160
SD560			540	150	410	390	325	100	1060	890	250	M42	22260CK＋H3160
SD3164	300	320	540	196	375	330	320	115	885	750	200	M36	23164CK＋H3164
SD564			580	160	440	420	355	110	1110	930	270	M48	22264CK＋H3164

①采用浮动结构时的尺寸；②SD500、SD600 系列 A_1 为最小值。

如表 5-20 所示为等径孔二螺柱轴承座（GB/T7813－1998）。

表 5-20 等径孔二螺柱轴承座（GB/T7813－1998）

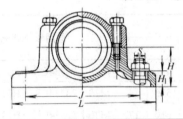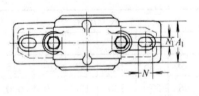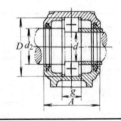

轴承座 代号	尺寸/mm												质量/ kg	适用轴承代号			
	d	d_2	D	g	A_{max}	A_1	H	H_{1max}	L	J	S	N_1	N	$W≈$	深沟球 轴承	调心球轴承	调心滚子轴承[①]
SN205	25	30	52	25	72	46	40	22	165	130	M12	15	20	1.3	6205	1205	2205	22205C	—
SN305			62	34	82	52	50	22	185	150	M12	15	20	1.9	6305	1305	2305	—	—
SN206	30	35	62	30	82	52	50	22	185	150	M12	15	20	1.8	6206	1206	2206	22206C	—
SN306			72	37	85	52	50	22	185	150	M12	15	20	2.1	6306	1306	2306	—	—
SN207	35	45	72	33	85	52	50	22	185	150	M12	15	20	2.1	6207	1207	2207	22207C	—
SN307			80	41	92	60	60	25	205	170	M12	15	20	3.0	6307	1307	2307	—	—
SN208	40	50	80	33	92	60	60	25	205	170	M12	15	20	2.6	6208	1208	2208	22208C	—

续表

轴承座代号	尺寸/mm													质量/kg	适用轴承代号			
	d	d_2	D	g	A_{max}	A_1	H	H_{1max}	L	J	S	N_1	N	$W\approx$	深沟球轴承	调心球轴承		调心滚子轴承[①]
SN308			90	43	100	60	60	25	205	170	M12	15	20	3.3	6308	1308	2308	22308C	—
SN209	45	55	85	31	92	60	60	25	205	170	M12	15	20	2.8	6209	1209	2209	22209C	—
SN309			100	46	105	70	70	28	255	210	M16	18	23	4.6	6309	1309	2309	22309C	—
SN210	50	60	90	33	100	60	60	25	205	170	M12	15	20	3.1	6210	1210	2210	22210C	—
SN310			110	50	115	70	70	30	255	210	M16	18	23	5.1	6310	1310	2310	22310C	—
SN211	55	65	100	33	105	70	70	28	255	210	M16	18	23	4.3	6211	1211	2211	22211C	—
SN311			120	53	120	80	80	30	275	230	M16	18	23	6.5	6311	1311	2311	22311C	—
SN212	60	70	110	38	115	70	70	30	255	210	M16	18	23	5.0	6212	1212	2212	22212C	—
SN312			130	56	125	80	80	30	280	230	M16	18	23	7.3	6312	1312	2312	22312C	—
SN213	65	75	120	43	120	80	80	30	275	230	M16	18	23	6.3	6213	1213	2213	22213C	—
SN313			140	58	135	90	95	32	315	260	M20	22	27	9.7	6313	1313	2313	22313C	—
SN214	70	80	125	44	120	80	80	30	275	230	M16	18	23	6.1	6214	1214	2214	22214C	—
SN314			150	61	140	90	95	32	320	260	M20	22	27	11.0	6314	1314	2314	22314C	—
SN215	75	85	130	41	125	80	80	30	280	230	M16		23	7.0	6215	1215	2215	22215C	—
SN315			160	65	145	100	100	35	345	290	M20	22	27	14.0	6315	1315	2315	22315C	—
SN216	80	90	140	43	135	90	95	32	315	260	M20	22	27	9.3	6216	1216	2216	22216C	—
SN316			170	68	150	100	112	35	345	290	M20	22	27	13.8	6316	1316	2316	22316C	—
SN217	85	95	150	46	140	90	95	32	320	260	M20	22	27	9.8	6217	1217	2217	22217C	—
SN317			180	70	165	110	112	40	380	320	M24	26	32	15.8	6317	1317	2317	22317C	—
SN218	90	100	160	62.4	145	100	100	35	345	290	M20	22	27	12.3	6218	1218	2218	22218C	—
SN220	100	115	180	70.3	165	110	112	40	380	320	M24	26	32	16.5	6220	1220	2220	22220C	23220C
SN222	110	125	200	80	177	120	125	45	410	350	M24	26	32	19.3	6222	1222	2222	22222C	23222C
SN224[②]	120	135	215	86	187	120	140	45	410	350	M24	26	32	24.6	—	—	—	22224C	23224C
SN226[②]	130	145	230	90	192	130	150	50	445	380	M24	26	32	30.0	—	—	—	22226C	23226C
SN228[②]	140	155	250	98	207	150	150	50	500	420	M30	33	42	37.0	—	—	—	22228C	23228C
SN230[②]	150	165	270	106	224	160	160	60	530	450	M30	33	42	45.0	—	—	—	22230C	23230C
SN232[②]	160	175	290	114	237	160	170	60	550	470	M30	33	42	53.0	—	—	—	22232C	23232C

①所列调心滚子轴承代号为基本代号，它包括非对称型调心滚子轴承（22205、22206、22207 除外）和对称型调心滚子轴承基型、CC 型结构。

②SN224～SN232 应装有吊环螺钉。

如表 5-21 所示为异径孔二螺柱轴承座（GB/T7813－1998）。

表 5-21　异径孔二螺柱轴承座（GB/T7813－1998）

轴承座代号	尺寸/mm														适用轴承代号		
	d'_1	d'_{2max}	d'_{3min}	D	g	A_{max}	A_1	H	H_1	L	J	S	N_1	N	调心球轴承		调心滚子轴承①
SNK205	25	20	30	52	25	72	46	40	22	165	130	M12	15	20	1205	2205	22205C	—
SNK305			35	62	34	82	52	50	22	185	150	M12	15	20	1305	2305	—	21305C
SNK206	30	25	35	62	30	82	52	50	22	185	150	M12	15	20	1206	2206	22206C	—
SNK306			40	72	37	85	52	50	22	185	150	M12	15	20	1306	2306	—	21306C
SNK207	35	30	45	72	33	85	52	50	22	185	150	M12	15	20	1207	2207	22207C	—
SNK307			45	80	41	92	60	60	25	205	170	M12	15	20	1307	2307	—	21307C
SNK208	40	35	50	80	33	92	60	60	25	205	170	M12	15	20	1208	2208	22208C	—
SNK308			50	90	43	100	60	60	25	205	170	M12	15	20	1308	2308	22308C	21308C
SNK209	45	40	55	85	31	92	60	60	25	205	170	M12	15	20	1209	2209	22209C	—
SNK309			55	100	46	105	70	70	28	255	210	M16	18	23	1309	2309	22309C	21309C
SNK210	50	45	60	90	33	100	60	60	25	205	170	M12	15	20	1210	2210	22210C	—
SNK310			60	110	50	115	70	70	30	255	210	M16	18	23	1310	2310	22310C	21310C
SNK211	55	50	65	100	33	105	70	70	28	255	210	M16	18	23	1211	2211	22211C	—
SNK311			65	120	53	120	80	80	30	275	230	M16	18	23	1311	2311	22311C	21311C
SNK212	60	55	70	110	38	115	70	70	30	255	210	M16	18	23	1212	2212	22212C	—
SNK312			70	130	56	125	80	80	30	280	230	M16	18	23	1312	2312	22312C	21312C
SNK213	65	60	75	120	43	120	80	80	30	275	230	M16	18	23	1213	2213	22213C	—
SNK313			75	140	58	135	90	95	32	315	260	M20	22	27	1313	2313	22313C	21313C
SNK214	70	65	80	125	44	120	80	80	30	275	230	M16	18	23	1214	2214	22214C	—
SNK314			80	150	61	140	90	95	32	320	260	M20	22	27	1314	2314	22314C	21314C
SNK215	75	70	85	130	41	125	80	80	30	280	230	M16	18	23	1215	2215	22215C	—
SNK315			85	160	65	145	100	100	35	345	290	M20	22	27	1315	2315	22315C	21315C
SNK216	80	75	90	140	43	135	90	95	32	315	260	M20	22	27	1216	2216	22216C	—
SNK316			90	170	68	150	100	112	35	345	290	M20	22	27	1316	2316	22316C	21316C
SNK217	85	80	95	150	46	140	90	95	32	320	260	M20	22	27	1217	2217	22217C	—
SNK317			100	180	70	165	110	112	40	380	320	M24	26	32	1317	2317	22317C	21317C
SNK218	90	85	100	160	62.4	145	100	100	35	345	290	M20	22	27	1218	2218	22218C	23218C
SNK220	100	95	115	180	70.3	165	110	112	40	380	320	M24	26	32	1220	2220	22220C	23220C
SNK222	110	105	125	200	80	177	120	125	45	410	350	M24	26	32	1222	2222	22222C	23222C
SNK224②	120	115	135	215	86	187	120	140	45	410	350	M24	26	32	—	—	22224C	23224C
SNK226②	130	125	145	230	90	192	130	150	50	445	380	M24	28	36	—	—	22226C	23226C
SNK228②	140	135	155	250	98	207	150	150	50	500	420	M30	33	42	—	—	22228C	23228C
SNK230②	150	145	165	270	106	224	160	160	60	530	450	M30	33	42	—	—	22230C	23230C
SNK232②	160	150	175	290	114	237	160	170	60	550	470	M30	33	42	—	—	22232C	23232C

①所列调心滚子轴承代号为基本代号，包括非对称型调心滚子轴承和对称型调心滚子轴承 C 型、CC 型结构。

②SNK224～SNK232 应装有吊环螺钉。

5.2.2 滚动轴承附件

如表 5-22 所示为紧定套（JB/T7919.2－1999）。

表 5-22 紧定套（JB/T7919.2－1999）

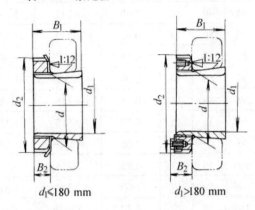

$d_1 \leqslant 180$ mm $d_1 > 180$ mm

紧定套代号	尺寸/mm					质量/kg	组成零件[①]的代号			
	d_1	d	d_2	B_1	B_2	$W\approx$	紧定衬套	锁紧螺母	锁紧垫圈	锁紧卡
H205	20	25	38	26	8	0.070	A205	KM05	MB05	—
H305			38	29	8	0.075	A305	KM05	MB05	—
H206	25	30	45	27	8	0.10	A206	KM06	MB06	—
H306			45	31	8	0.11	A306	KM06	MB06	—
H207	30	35	52	29	9	0.13	A207	KM07	MB07	—
H307			52	35	9	0.14	A307	KM07	MB07	—
H2307			52	43	9	0.17	A2307	KM07	MB07	—
H208	35	40	58	31	10	0.17	A208	KM08	MB08	—
H308			58	36	10	0.19	A308	KM08	MB08	—
H2308			58	46	10	0.22	A2308	KM08	MB08	—
H209	40	45	65	33	11	0.23	A209	KM09	MB09	—
H309			65	39	11	0.25	A309	KM09	MB09	—
H2309			65	50	11	0.28	A2309	KM09	MB09	—
H210	45	50	70	35	12	0.27	A210	KM10	MB10	—
H310			70	42	12	0.30	A310	KM10	MB10	—
H2310			70	55	12	0.36	A2310	KM10	MB10	—
H211	50	55	75	37	12	0.31	A211	KM11	MB11	—
H311			75	45	12	0.35	A311	KM11	MB11	—
H2311			75	59	12	0.42	A2311	KM11	MB11	—
H212	55	60	80	38	13	0.35	A212	KM12	MB12	
H312			80	47	13	0.39	A312	KM12	MB12	

紧定套代号	尺寸/mm					质量/kg	组成零件[①]的代号			
	d_1	d	d_2	B_1	B_2	$W \approx$	紧定衬套	锁紧螺母	锁紧垫圈	锁紧卡
H2312	55	60	80	62	13	0.48	A2312	KM12	MB12	
H213	60	65	85	40	14	0.40	A213	KM13	MB13	
H313			85	50	14	0.46	A313	KM13	MB13	
H2313			85	65	14	0.55	A2313	KM13	MB13	
H2314		70	92	68	14	0.90	A2314	KM14	MB14	
H215	65	75	98	43	15	0.71	A215	KM15	MB15	
H315			98	55	15	0.83	A315	KM15	MB15	
H2315			98	73	15	1.05	A2315	KM15	MB15	
H216	70	80	105	46	17	0.88	A216	KM16	MB16	
H316			105	59	17	1.00	A316	KM16	MB16	
H2316			105	78	17	1.30	A2316	KM16	MB16	
H217	75	85	110	50	18	1.00	A217	KM17	MB17	
H317			110	63	18	1.20	A317	KM17	MB17	
H2317			110	86	18	1.45	A2317	KM17	MB17	
H218	80	90	120	52	18	1.20	A218	KM18	MB18	
H318			120	65	18	1.35	A318	KM18	MB18	
H2318			120	86	18	1.70	A2318	KM18	MB18	
H219	85	95	125	55	19	1.35	A219	KM19	MB19	
H319			125	68	19	1.55	A319	KM19	MB19	
H2319			125	90	19	1.90	A2319	KM19	MB19	
H220	90	100	130	58	20	1.50	A220	KM20	MB20	
H320			130	71	20	1.70	A320	KM20	MB20	
H3120			130	76	20	—	A3120	KM20	MB20	
H2320			130	97	20	2.15	A2320	KM20	MB20	
H221	95	105	140	60	20	1.70	A221	KM21	MB21	
H321			140	74	20	1.95	A321	KM21	MB21	
H222	100	110	145	63	21	1.90	A222	KM22	MB22	
H322			145	71	21	2.20	A322	KM22	MB22	
H3122			145	81	21	—	A3122	KM22	MB22	
H2322			145	105	21	2.75	A2322	KM22	MB22	
H3024	110	120	145	72	22	1.95	A3024	KML24	MBL24	
H3124			155	88	22	2.65	A3124	KM24	MB24	
H2324			155	112	22	3.20	A2324	KM24	MB24	
H3026	115	130	155	80	23	2.85	A3026	KML26	MBL26	

续表

紧定套代号	尺寸/mm					质量/kg	组成零件①的代号			
	d_1	d	d_2	B_1	B_2	$W\approx$	紧定衬套	锁紧螺母	锁紧垫圈	锁紧卡
H3126	115	130	165	92	23	3.65	A3126	KM26	MB26	
H2326			165	121	23	4.60	A2326	KM26	MB26	
H3028	125	140	165	82	24	3.15	A3028	KML28	MBL28	
H3128			180	97	24	4.35	A3128	KM28	MB28	
H2328			180	131	24	5.55	A2328	KM28	MB28	
H3030	135	150	180	87	26	3.90	A3030	KML30	MBL30	
H3130			195	111	26	5.50	A3130	KM30	MB30	
H2330			195	139	26	6.60	A2330	KM30	MB30	
H3032	140	160	190	93	28	5.20	A3032	KML32	MBL32	
H3132			210	119	28	7.65	A3132	KM32	MB32	
H2332			210	147	28	9.15	A3132	KM32	MB32	
H3034	150	170	200	101	29	6.00	A3034	KML34	MBL34	
H3134			220	122	29	8.40	A3134	KM34	MB34	
H2334			220	154	29	10.0	A2334	KM34	MB34	
H3036	160	180	210	109	30	6.85	A3036	KML36	MBL36	
H3136			230	131	30	9.50	A3136	KM36	MB36	
H2336			230	161	30	11.0	A2336	KM36	MB36	
H3038	170	190	220	112	31	7.45	A3038	KML38	MBL38	
H3138			240	141	31	11.0	A3138	KM38	MB38	
H2338			240	169	31	12.5	A2338	KM38	MB38	
H3040	180	200	240	120	32	9.20	A3040	KML40	MBL40	
H3140			250	150	32	12.0	A3140	KM40	MB40	
H2340			250	176	32	14.0	A2340	KM40	MB40	
H3288	410	440	560	361	90	—	A3288	KM88		MS88
H3092	430	460	540	234	77	—	A3092	KML92		MSL92
H3192			580	326	95	—	A3192	KM92		MS92
H3292			580	382	95	—	A3292	KM92		HS92
H3096	450	480	560	237	77	73.5	A3096	KML96		MSL96
H3196			620	335	95	—	A3196	KM96		MS96
H3296			620	397	95	—	A3296	KM96		MS96
H30/500	470	500	580	247	85	—	A30/500	KML100		MSL100
H31/500			630	356	100	—	A31/500	KM100		MS100
H32/500			630	428	100	—	A32/500	KM100		MS100

①紧定衬套基本尺寸查 JB/T7919.3—1999，锁紧螺母基本尺寸查 JB/T7919.4—1999，锁紧垫圈基本尺寸查 JB/T7919.5—1999，锁紧卡基本尺寸查 JB/T7919.6—1999。

如表 5-23 所示为退卸衬套（JB/T7919.1－1999）。

表 5-23　退卸衬套（JB/T7919.1－1999）

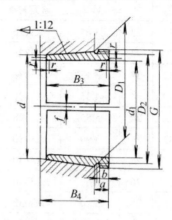

退卸衬套代号	尺寸/mm										质量/kg	对应螺母
	d_1	d	B_{3max}	B_4	D_1	D_2	a	b	f	螺纹 G	$W\approx$	
AH208			25	27	41.5	41.0	9	6	2	M45×1.5	—	KM9
AH308	35	40	29	32	41.92	41.0	9	6	2	M45×1.5	0.09	KM9
AH2308			40	43	42.75	42.0	10	7	2	M45×1.5	0.128	KM9
AH209			26	29	46.67	46.0	9	6	2	M50×1.5	—	KM10
AH309	40	45	31	34	47.08	46.5	9	6	2	M50×1.5	0.109	KM10
AH2309			44	47	48.08	47.5	10	7	2	M50×1.5	0.164	KM10
AH210	45	50	28	31	51.15	51.0	10	7	2	M55×2	—	KM11
AH310			35	38	52.33	51.5	10	7	2	M55×2	0.137	KM11
AH2310	45	50	50	53	53.50	52.0	12	9	2	M55×2	0.209	KM11
AH211			29	32	56.83	56.0	10	7	3	M60×2	—	KM12
AH311	50	55	37	40	57.50	56.5	10	7	3	M60×2	0.161	KM12
AH2311			54	57	58.67	57.0	13	10	3	M60×2	0.253	KM12
AH212			32	35	62.00	61.5	11	8	3	M65×2	—	KM13
AH312	55	60	40	43	62.67	61.5	11	8	3	M65×2	0.189	KM13
AH2312			58	61	63.92	62.0	14	11	3	M65×2	0.297	KM13
AH213			32.5	36	67.08	66.5	11	8	3	M75×2	—	KM15
AH313	60	65	42	45	67.83	67.0	11	8	3	M75×2	0.253	KM15
AH2313			61	64	69.08	68.5	15	12	3	M75×2	0.395	KM15
AH214			33.5	37	72.17	71.5	11	8	3	M80×2	—	KM16
AH314	65	70	43	47	73.00	72.5	11	8	3	M80×2	0.28	KM16
AH2314			64	68	74.42	73.5	15	12	3	M80×2	0.466	KM16
AH215	70	75	34.5	38	77.25	76.5	11	8	3	M85×2	—	KM17

退卸衬套代号	尺寸/mm										质量/kg	对应螺母
	d_1	d	B_{3max}	B_4	D_1	D_2	a	b	f	螺纹 G	$W\approx$	
AH315	70	75	45	49	78.17	77.5	11	8	3	M85×2	0.313	KM17
AH2315			68	72	79.75	79.0	15	12	3	M85×2	0.534	KM17
AH216	75	80	35.5	39	82.33	81.5	11	8	3	M90×2	—	KM18
AH316			48	52	83.42	82.5	11	8	3	M90×2	0.365	KM18
AH2316			71	75	85.00	84.5	15	12	3	M90×2	0.597	KM18
AH217	80	85	38.5	42	87.5	87.0	12	9	3	M95×2	—	KM19
AH317			52	56	88.67	88.0	12	9	3	M95×2	0.429	KM19
AH2317			74	78	90.17	89.5	16	13	3	M95×2	0.69	KM19
AH218	85	90	40	44	92.67	92.0	12	9	3	M100×2	—	KM20
AH318			53	57	93.75	93.0	12	9	3	M100×2	0.461	KM20
AH3218			63	67	94.5	94.0	13	10	3	M100×2	0.576	KM20
AH2318			79	83	95.5	95.0	17	14	3	M100×2	0.779	KM20
AH219	90	95	43	47	97.83	97.0	13	10	4	M105×2	—	KM21
AH319			57	61	99.00	98.5	13	10	4	M105×2	0.532	KM21
AH3219			67	71	99.75	99.0	14	11	4	M105×2	—	KM21
AH2319			85	89	100.83	100.0	19	16	4	M105×2	0.886	KM21
AH220	95	100	45	49	103.00	102.5	13	10	4	M110×2	—	KM22
AH320			59	63	104.17	103.5	13	10	4	M110×2	0.582	KM22
AH3120			64	68	104.50	104.0	14	11	4	M110×2	0.650	KM22
AH3220			73	77	105.25	104.5	14	11	4	M110×2	0.767	KM22
AH2320			90	94	106.25	105.5	19	16	4	M110×2	0.998	KM22
AH222	105	110	50	54	113.33	112.5	14	11	4	M120×2	—	KM24
AH322			63	67	114.33	113.5	15	12	4	M120×2	0.663	KM24
AH3122			68	72	114.83	114.0	14	11	4	M120×2	0.760	KM24
AH3222			82	86	116.00	115.5	14	11	4	M125×2	0.880	KM25
AH2322			98	102	116.92	116.0	19	16	4	M125×2	0.950	KM25
AH224	115	120	53	57	123.50	123.0	15	12	4	M130×2	—	KM26
AH3024			60	64	124.00	123.5	16	13	4	M130×2	0.750	KM26
AH324			69	73	124.25	124.0	16	13	4	M130×2	—	KM26
AH3124			75	79	125.33	124.0	15	12	4	M130×2	0.950	KM26
AH3224			90	94	126.50	126.0	16	13	4	M135×2	1.110	KM27
AH2324			105	109	127.42	126.5	20	17	4	M135×2	1.600	KM27
AH226	125	130	53	57	133.50	133.0	15	12	4	M140×2	—	KM28
AH3026			67	71	134.50	134.0	17	14	4	M140×2	0.930	KM28

续表

退卸衬套代号	尺寸/mm										质量/kg	对应螺母
	d_1	d	B_{3max}	B_4	D_1	D_2	a	b	f	螺纹 G	$W \approx$	
AH326	125	130	74	78	135.08	134.5	17	14	4	M140×2	—	KM28
AH3126			78	82	135.58	135	15	12	4	M140×2	1.080	KM28
AH3226			98	102	137.00	136.5	18	15	4	M145×2	1.580	KM29
AH2326			115	119	138.08	137.5	22	19	4	M145×2	1.970	KM29
AH228	135	140	56	61	143.75	143.0	16	13	4	M150×2	—	KM30
AH3028			68	73	144.67	144.0	17	14	4	M150×2	1.010	KM30
AH328			77	82	145.42	144.5	17	14	4	M150×2	—	KM30
AH3128			83	88	145.92	145.0	17	14	4	M150×2	1.280	KM30
AH3228			104	109	147.58	147.0	18	15	4	M155×3	1.840	KM31
AH2328			125	130	148.92	148.0	23	20	4	M155×3	2.330	KM31
AH230	145	150	60	65	154.00	153.5	17	14	4	M160×3	—	KM32
AH3030			72	77	154.92	154.0	18	15	4	M160×3	1.150	KM32
AH330			83	88	155.83	155.0	18	15	4	M165×3	—	KM33
AH3130			96	101	156.92	156.0	18	15	4	M165×3	1.790	KM33
AH3230			114	119	158.25	157.5	20	17	4	M165×3	2.220	KM33
AH2330			135	140	159.42	158.5	27	24	4	M165×3	2.820	KM33
AH232	150	160	64	69	164.25	163.0	18	15	5	M170×3	—	KM34
AH3032			77	82	165.25	164.0	19	16	5	M170×3	2.060	KM34
AH332			88	93	166.17	165.0	19	16	5	M180×3	—	KM36
AH3132			103	108	167.42	166.0	19	16	5	M180×3	2.870	KM36
AH3232			124	130	168.92	167.0	23	20	5	M180×3	4.080	KM36
AH2332			140	146	169.92	168.0	27	24	4	M180×3	4.72	KM36
AH234	160	170	69	74	174.58	173.0	19	16	5	M180×3	—	KM36
AH3034			85	90	175.83	174.0	20	17	5	M180×3	2.430	KM36
AH334			93	98	176.50	175.0	20	17	5	M190×3	—	KM38
AH3134			104	109	177.00	176.0	19	16	5	M190×3	3.040	KM38
AH3234			134	140	179.42	178.0	27	24	5	M190×3	4.80	KM38
AH2334			146	152	180.42	179.0	27	24	5	M190×3	5.25	KM38
AH236	170	180	69	74	184.58	183.0	19	16	5	M190×3	—	KM38
AH3036			92	98	186.25	185.0	23	17	5	M190×3	2.81	KM38
AH2236			105	110	187.50	186.0	20	17	5	M200×3	—	KM40
AH3136			116	122	188.33	187.0	22	19	5	M200×3	3.76	KM40
AH3236			140	146	189.92	188.0	27	24	5	M200×3	5.32	KM40
AH2336			154	160	190.92	189.0	29	26	5	M200×3	5.83	KM40

续表

退卸衬套代号	尺寸/mm										质量/kg	对应螺母
	d_1	d	B_{3max}	B_4	D_1	D_2	a	b	f	螺纹 G	$W\approx$	
AH238	180	190	73	78	194.58	193.0	23	17	5	T205×4	—	HML41
AH3038			96	102	196.50	195.0	24	18	5	T205×4	3.32	HML41
AH2238			112	117	197.75	196.0	24	18	5	T210×4	—	KM42
AH3138			125	131	198.75	197.0	26	20	5	T210×4	4.89	KM42
AH3238			145	152	200.08	199.0	31	25	5	T210×4	5.90	KM42
AH2338			160	167	201.25	200.0	32	26	5	T210×4	6.63	KM42
AH240	190	200	77	82	204.83	203.0	24	18	5	T215×4	—	HML43
AH3040			102	108	206.92	205.0	25	19	5	T215×4	3.80	HML43
AH2240			118	123	208.17	207.0	25	19	5	T220×4	—	KM44
AH3140			134	140	209.42	208.0	27	21	5	T220×4	5.49	KM44
AH3240			153	160	210.75	209.0	31	25	5	T220×4	6.68	KM44
AH2340			170	177	211.75	210.0	36	30	5	T220×4	7.54	KM44
AH244	200	220	85	91	225.58	224.0	24	18	5	T235×4	—	HML47
AH3044			111	117	227.58	226.0	26	20	5	T235×4	7.40	HML47
AH2244			130	136	229.17	228.0	26	20	5	T240×4	—	KM48
AH3144			145	151	230.17	229.0	29	23	5	T240×4	10.40	KM48
AH2344			181	189	232.75	231.0	36	30	5	T240×4	13.50	KM48
AH248	220	240	96	102	246.17	245.0	28	22	5	T260×4	—	HML52
AH3048			116	123	248.00	247.0	27	21	5	T260×4	8.75	HML52
AH2248			144	150	250.25	249.0	27	21	5	T260×4	—	KM52
AH3148			154	161	250.83	249.0	31	25	5	T260×4	12.0	KM52
AH2348			189	197	253.42	252.0	36	30	5	T260×4	15.50	KM52
AH252	240	260	105	111	266.83	265.0	29	23	6	T280×4	—	HML56
AH3052			128	135	268.83	267.0	29	23	6	T280×4	10.70	HML56
AH2252			155	161	271.00	270.0	29	23	6	T290×4	—	KM58
AH3152			172	179	272.25	271.0	32	26	6	T290×4	16.20	KM58
AH2352			205	213	274.75	273.0	36	30	6	T290×4	19.60	KM58
AH256	260	280	105	113	287.00	286.0	29	23	6	T300×4	—	HML60
AH3056			131	139	289.08	288.0	30	24	6	T300×4	12.0	HML60
AH2256			155	163	291.08	290.0	30	24	6	T310×5	—	KM62
AH3156			175	183	292.42	291.0	34	28	6	T310×5	17.5	KM62
AH2356			212	220	295.33	294.0	36	30	6	T310×5	21.6	KM62
AH3060	280	300	145	153	310.08	309.0	32	26	6	T320×5	14.4	HML64
AH2260			170	178	312.17	311.0	32	26	6	T330×5	—	KM66

续表

退卸衬套代号	尺寸/mm										质量/kg	对应螺母
	d_1	d	B_{3max}	B_4	D_1	D_2	a	b	f	螺纹 G	$W\approx$	
AH3160	280	300	192	200	313.67	312.0	36	30	6	T330×5	20.8	KM66
AH3260			228	236	316.33	315.0	40	34	6	T330×5	26.0	KM66
AH3064	300	320	149	157	330.33	329.0	33	27	6	T345×5	16.0	HML69
AH2264			180	190	333.08	332.0	33	27	6	T350×5	—	KM70
AH3164			209	217	335.00	334.0	37	31	6	T350×5	24.5	KM70
AH3264			246	254	337.67	336.0	42	36	6	T350×5	30.6	KM70
AH3068	320	340	162	171	351.42	350.0	34	28	6	T365×5	19.5	HML73
AH3168			225	234	356.25	355.0	39	33	6	T370×5	29.0	KM74
AH3268			264	273	359.08	358.0	44	38	6	T370×5	35.4	KM74
AH3072	340	360	167	176	371.67	370.0	36	30	6	T385×5	21.0	HML77
AH3172			229	238	376.42	375.0	41	35	6	T400×5	33.0	KM80
AH3272			274	283	379.95	378.0	46	40	6	T400×5	41.5	KM80
AH3076	360	380	170	180	391.92	390.0	37	31	6	T410×5	23.2	HML82
AH3176			232	242	396.67	395.0	42	36	6	T420×5	35.7	KM84
AH3276			284	294	400.50	399.0	48	42	6	T420×5	45.6	KM84
AH3080	380	400	183	193	412.83	411.0	39	33	6	T430×5	27.3	HML86
AH3180			240	250	417.17	416.0	44	38	6	T440×5	39.5	KM88
AH3280			302	312	421.83	420.0	50	44	6	T440×5	51.7	KM88
AH3084	400	420	186	196	433.00	432.0	40	34	8	T450×5	29.0	HML90
AH3184			266	276	439.17	438.0	46	40	8	T460×5	46.5	KM92
AH3284			321	331	443.25	442.0	52	46	8	T460×5	58.9	KM92
AH3088	420	440	194	205	453.67	452.0	41	35	8	T470×5	32.0	HML94
AH3188			270	281	459.42	458.0	48	42	8	T480×5	49.8	KM96
AH3288			330	341	463.92	462.0	54	48	8	T480×5	63.8	KM96
AH3092	440	460	202	213	474.17	473.0	43	37	8	T490×5	35.2	HML98
AH3192			285	296	480.58	479.0	49	43	8	T510×6	57.9	KM102
AH3292			349	360	485.33	484.0	56	50	8	T510×6	74.5	KM102
AH3096	460	480	205	217	494.42	493.0	44	38	8	T520×6	39.2	HML104
AH3196			295	307	501.33	500.0	51	45	8	T530×6	63.1	KM106
AH3296			364	376	506.50	505.0	58	52	8	T530×6	82.1	KM106
AH30/500	480	500	209	221	514.58	513.0	46	40	8	T540×6	42.5	HML108
AH31/500			313	325	522.67	521.0	53	47	8	T550×6	70.9	KM110
AH32/500			393	405	528.75	527.0	60	54	8	T550×6	94.6	KM110

如表 5-24 所示为偏心套（GB/T3882－1995）。

表 5-24　偏心套（GB/T3882－1995）

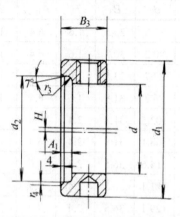

偏心套代号		尺寸/mm								适用轴承代号	
新代号	旧代号	d	d_{1max}	d_2	B_3	H	A_{1max}	r_{4min}	r_{3max}	UEL 型	UE 型
E201	P501	12	28.6	21.6	13.5	0.8	4	0.8	0.4	UEL201	UE201
E202	P502	15	28.6	21.6	13.5	0.8	4	0.8	0.4	UEL202	UE202
E203	P503	17	28.6	21.6	13.5	0.8	4	0.8	0.4	UEL203	UE203
E204	P504	20	33.3	26.6	13.5	0.8	4	0.8	0.4	UEL204	UE204
E205	P505	25	38.1	31.6	13.5	0.8	4	0.8	0.4	UEL205	UE205
E305	P605	25	42.8	33.2	15.9	0.8	4	0.8	0.4	UEL305	
E206	P506	30	44.5	37.9	15.9	0.8	4	0.8	0.4	UEL206	UE206
E306	P606	30	50	42.4	17.5	0.8	4	0.8	0.4	UEL306	
E207	P507	35	55.6	44.7	17.5	0.8	4	0.8	0.4	UEL207	UE207
E307	P607	35	55	46.7	17.5	0.8	4	0.8	0.4	UEL307	
E208	P508	40	60.3	49.4	18.3	1.6	4.8	1.2	0.4	UEL208	UE208
E308	P608	40	63.5	52.7	20.6	1.6	4.8	1.2	0.4	UEL308	
E209	P509	45	63.5	54.4	18.3	1.6	4.8	1.2	0.4	UEL209	UE209
E309	P609	45	70	58	20.6	1.6	4.8	1.2	0.4	UEL309	
E210	P510	50	69.9	60.0	18.3	1.6	4.8	1.2	0.4	UEL210	UE210
E310	P610	50	76.2	64.9	22.2	1.6	4.8	1.2	0.4	UEL310	
E211	P511	55	76.2	66.9	20.7	1.6	4.8	1.2	0.4	UEL211	UE211
E311	P611	55	83	71.7	22.2	1.6	4.8	1.2	0.4	UEL311	
E212	P512	60	84.2	73.5	22.3	1.6	6.4	1.6	0.4	UEL212	UE212
E312	P612	60	89	76.2	23.9	1.6	6.4	1.6	0.4	UEL312	
E213	P513	65	86	79	23.5	1.6	6.4	1.6	0.4	UEL213	
E313	P613	65	97	83.7	27	1.6	6.4	1.6	0.4	UEL313	

续表

偏心套代号		尺寸/mm								适用轴承代号	
新代号	旧代号	d	d_{1max}	d_2	B_3	H	A_{1max}	r_{4min}	r_{3max}	UEL 型	UE 型
E214	P514	70	90	83.3	23.5	1.6	6.4	1.6	0.4	UEL214	
E314	P614		102	90.2	30.2	1.6	6.4	1.6	0.4	UEL314	
E215	P515	75	102	87.7	23.5	1.6	6.4	1.6	0.4	UEL215	
E315	P615		113	96.7	31.8	1.6	6.4	1.6	0.4	UEL315	
E316	P616	80	119	102.5	31.8	2.4	6.4	2	0.4	UEL316	
E317	P617	85	127	108.1	31.8	2.4	6.4	2	0.4	UEL317	
E318	P618	90	133	114.6	36.5	2.4	7.9	2	0.4	UEL318	
E319	P619	95	140	121.1	36.5	2.4	7.9	2	0.4	UEL319	
E320	P620	100	146	129.1	36.5	2.4	7.9	2.5	0.4	UEL320	

如表 5-25 所示为钢球优先采用的球公称直径（GB308－2002）。

表 5-25　钢球优先采用的球公称直径（GB308－2002）（相应的英制尺寸仅作参考）

球公称直径(D_w)/mm	相应的英制尺寸（参考）	球公称直径(D_w)/mm	相应的英制尺寸（参考）	球公称直径(D_w)/mm	相应的英制尺寸（参考）
0.3		9.525	3/8	30.162	13/16
0.397	1/64	9.922	25/64	31.75	11/4
0.4		10		32	
0.5		10.319	13/32	33	
0.508	0.020	10.5		33.338	15/16
0.6		11		34	
0.635	0.025	11.112	7/16	34.925	13/8
0.68		11.5		35	
0.7		11509	29/64	36	
0.794	1/32	11.906	15/32	36.512	17/16
0.8		12		38	
1		12.303	31/64	38.1	11/2
1.191	3/64	12.5		39.688	19/16
1.2		12.7	1/2	40	
1.5		13		41.275	15/8
1.588	1/16	13.494	17/32	42.862	111/16
1.984	5/64	14		44.45	13/4
2		14.288	9/16	45	
2.381		15		46.038	113/16
2.5		15.081	19/32	47.625	17/8

续表

球公称直径（D_w）/mm	相应的英制尺寸（参考）	球公称直径（D_w）/mm	相应的英制尺寸（参考）	球公称直径（D_w）/mm	相应的英制尺寸（参考）
2.778	7/64	15.875	5/8	49.212	115/16
3		16		50	
3.175	1/8	16.669	21/32	50.8	2
3.5		17		53.795	21/8
3.572	9/64	17.462	11/16	55	
3.969	5/32	18		57.15	21/4
4		18.256	23/32	60	
4.366	11/64	19		60.325	23/8
4.5		19.05	3/4	65	
4.762	3/16	19.844	25/32	63.5	21/2
5		20		66.675	25/8
5.159	13/64	20.5		69.85	23/4
5.5		20.638	13/16	70	
5.556	7/32	21		73.025	27/8
5.953	15/64	21.431	27/32	75	
6		22		76.2	3
6.35	1/4	22.225	7/8	79.375	31/8
6.5		22.5		80	
6.474	17/64	23		82.55	31/4
7		23.019	29/32	85	
7.144	9/32	23.812	15/16	85.725	33/8
7.5		24		88.9	
7.541	19/64	24.606	31/32	90	
7.938	5/16	25		92.075	35/8
8		25.4	1	95	
8.334	21/64	26		95.25	33/4
8.5		26.194	11/32	98.425	37/8
8.731	11/32	26.988	11/16	100	
9		28		101.6	4
9.128	23/64	28575	11/8	104.775	41/8
9.5		30			

如表 5-26 所示为成品钢球硬度。

表 5-26　成品钢球硬度

球公称直径 D_w/mm		成品钢球硬度 HRC
超过	到	
—	30	61～66
30	50	59～64
50	—	58～64

如表 5-27 所示为形状误差和表面粗糙度。

表 5-27　形状误差和表面粗糙度（单位：μm）

等级	球直径变动量 V_{Dwsmax}	球形误差 max	表面粗糙度 R_{amax}
G3	0.08	0.08	0.010
G5	0.13	0.13	0.014
G10	0.25	0.25	0.020
G16	0.4	0.4	0.025
G20	0.5	0.5	0.032
G24	0.6	0.6	0.040
G28	0.7	0.7	0.050
G40	1	1	0.060
G60	1.5	1.5	0.080
G100	2.5	2.5	0.100
G200	5	5	0.150

注：表中示值未考虑表面缺陷，因此测量中应避开这样的缺陷。

如表 5-28 所示为钢球标志示例与公差等级。

表 5-28　钢球标志示例与公差等级

示例	含义	公差等级
1：8G10+4（-0.2）GB/T308—2002	符合 GB/T308—2002 公称直径 8mm，公差等级 10 级，规值为+4μm，分规值为-0.2μm 的高碳铬轴承钢球	钢球按制造的尺寸公差、形状公差、规值及表面粗糙度分成 3、5、10、16、20、24、28、40、60、100、200 十一个级别，精度依次由高到低
12.7G40±0（±0）GB/T308—2002	符合 GB/T308—2002 公称直径 12.7mm，公差等级 40 级，规值为 0，分规值为 0 的高碳铬轴承钢球	
45G100bGB/T308—2002	符合 GB/T308—2002 公称直径 45mm，公差等级 100 级，不按批直径变动量、规值、分规值提供的高碳铬轴承钢球	

如表 5-29 所示为成品钢球的压碎载荷值。

表 5-29　成品钢球的压碎载荷值

球公称直径 D_w/mm	压碎载荷 N	球公称直径 D_w/mm	压碎载荷 N	球公称直径 D_w/mm	压碎载荷 N
3	4800	11	62720	23.812	281260
3.175	5390	11.112	63700	24	287140
3.5	6570	11.5	68510	24.606	300700
3.572	6840	11.509	68600	25	309680
3.969	8430	11.906	73500	25.4	318500

续表

球公称直径 D_w/mm	压碎载荷 N	球公称直径 D_w/mm	压碎载荷 N	球公称直径 D_w/mm	压碎载荷 N
4	8530	12	74480	26	333200
4.366	10150	12.303	78400	26.194	337940
4.5	10780	12.5	80810	26.988	357700
4.762	12050	12.7	83300	28	385140
5	13330	13	87220	28.575	396900
5.159	14150	13.494	94080	30	439040
5.5	15970	14	100940	30.162	441000
5.556	16270	14.288	104860	31.75	487060
5.953	18130	15	115640	32	494900
6	19010	15.081	116620	33	524070
6.35	21270	15.875	128380	33.338	534100
6.5	22340	16	131320	34	557620
6.747	24000	16.669	142100	34.925	582120
7	25870	17	147000	35	588000
7.144	26950	17.462	154840	36	617400
7.5	29690	18	164640	36.512	632100
7.541	29980	18.256	168560	38	683040
7.938	32830	19	182770	38.1	689000
8	33320	19.05	183260	39.688	735820
8.334	36170	19.844	198940	40	745780
8.5	37630	20	201880	41.275	798700
8.731	39690	20.5	211830	42.862	852600
9	41940	20.638	214620	44.45	911400
9.128	43170	21	221480	45	931000
9.5	46840	21.431	229810	46.038	972340
9.525	47040	22	241030	47.625	1038800
9.922	51120	22.225	246960	49.212	1116620
10	51940	22.5	252480	50	1156400
10.319	54880	23	262640	50.8	1166200
10.5	56910	23.019	263070		

5.3 关节轴承

5.3.1 关节轴承的特点与应用

关节轴承（Joint bearing）为一种特殊结构滑动轴承。与滚动轴承相比，它的结构比较简单，主要由一个有内球面的外圈和一个有外球面的内圈组成，能承受大的负载。根据其不同的结构和类型，可以承受轴向负荷、径向负荷或径向和轴向同时存在的联合载荷。由于在内圈的外球面上镶有复合材料，故该轴承在工作中可产生自润滑。因为关节轴承的球形滑动接触面积大、倾斜角大，同时因为大多数关节轴承采取特殊的工艺处理方法，如镀锌、表面磷化、外滑动面衬里、镶垫、喷涂或镀铬等，因此有较大的抗冲击能力和载荷能力，并具有耐磨损、抗腐蚀、自润滑无润滑污物污染、自调心、润滑好的特点，即使安装错位也能正常工作。因此，一般用于低速旋转和速度较低的摆动运动，也可以在一定角度范围内做倾斜运动。当支承轴与轴壳孔不同心度较大时，仍能正常工作。

关节轴承的应用范围如下：

（1）关节轴承广泛应用于自动化设备、工程液压油缸、汽车减震器、工程机械、水利机械、锻压机床等行业。

（2）自润滑关节轴承应用于专业机械、水利等。

5.3.2　关节轴承分类

关节轴承按其结构形式、公称接触角、所承受能力承受载荷的方向，可分为推力关节轴承、角接触关节轴承、杆端关节轴承与向心关节轴承。

推力关节轴承的公称接触角为 90°，适于承受轴向载荷，不能承受径向载荷。

角接触推力关节轴承的公称接触角大于 30° 小于 90°，适于承受轴向载荷，也能承受联合载荷，但此时其径向载荷不得大于轴向载荷的 0.5 倍。

杆端关节轴承适于承受径向载荷较小的轴向载荷（一般小于或等于 0.2 倍径向载荷）。

角接触关节轴承又分为角接触推力关节轴承和角接触向心关节轴承两种，角接触向心关节轴承的公称接触角大于 0°但不大于 30°，适于承受轴向载荷和径向载荷同时作用的联合载荷。

向心关节轴承的公称接触角为 0°，适于承受径向载荷和较小的轴向载荷。

按润滑形式，又分为自润滑型和润滑型两种。

1. 推力关节轴承

GX…S 型　轴圈和座圈均为淬硬轴承钢，座圈有油槽和油孔。能承受一个方向的轴向载荷或联合载荷（此时径向载荷值不得大于轴向载荷值的 0.5 倍）。

2. 角接触关节轴承

GAC…S 型　内外圈均为淬硬轴承钢，外圈有油槽和油孔。能承受径向载荷和一个方向的轴向（联合）载荷。

3. 杆端关节轴承

（1）SI…ES 型　是 GE…ES 型轴承与杆端的组装体。杆端带内螺纹，材料为碳素结构钢；有润滑油槽。能承受径向载荷和任一方向小于或等于 0.2 倍径向载荷的轴向载荷。

（2）GE…HS 型　内圈有润滑油槽，双半外圈，磨损后游隙可以调整。能承受径向载荷和任一方向较小的轴向载荷。

（3）SIB…S 型　杆端带内螺纹，材料为碳素结构钢；内圈为淬硬轴承钢；有润滑油槽。能承受径向载荷和任一方向小于或等于 0.2 倍径向载荷的轴向载荷。

（4）SQ…型　为球头杆端关节轴承，杆端为碳素结构钢；球头为渗碳钢。能承受径向载荷和任一方向较小的轴向载荷。

（5）SAB…S 型　杆端带外螺纹，材料为碳素结构钢；内圈为淬硬轴承钢；有润滑油槽。

能承受径向载荷和任一方向小于或等于 0.2 倍径向载荷的轴向载荷。

（6）SA…E 型　是 GE…E 型轴承与杆端的组装体。杆端带外螺纹，材料为碳素结构钢；无润滑油槽，能承受径向载荷和任一方向小于或等于 0.2 倍径向载荷的轴向载荷。

（7）SA…ES 型　是 GE…ES 型轴承与杆端的组装体。杆端带外螺纹，材料为碳素结构钢；有润滑油槽。能承受径向载荷和任一方向小于或等于 0.2 倍径向载荷的轴向载荷。

4. 向心关节轴承

（1）GE…ESN 型　单缝外圈，有润滑油槽，外圈有止动槽。能承受径向载荷和任一方向较小的轴向载荷。但轴向载荷由止动环承受时，其承受轴向载荷的能力降低。

（2）GE…ES-2RS 型　单缝外圈，有润滑油槽，两面带密封圈。能承受径向载荷和任一方向较小的轴向载荷。

（3）GE…DE1 型　内圈为淬硬轴承钢，外圈为轴承钢。在内圈装配时挤压成型，有润滑油槽和油孔。内径小于 15mm 的轴承，无润滑油槽和油孔。能承受径向载荷和任一方向较小的轴向载荷。

（4）GE…E 型　单逢外圈，无润滑油槽。能承受径向载荷和任一方向较小的轴向载荷。

（5）GE…DEM1 型　内圈为淬硬轴承钢，外圈为轴承钢。在内圈装配时挤压成型，轴承装入轴承座后，在外圈上压出端沟，使轴承轴向固定。能承受径向载荷和任一方向较小的轴向载荷。

（6）GE…ES 型　单缝外圈，有润滑油槽。能承受径向载荷和任一方向较小的轴向载荷。

（7）GE…DS 型　外圈有装配槽和润滑槽，只限于大尺寸的轴承。能承受径向载荷和任一方向较小的轴向载荷（装配槽一边不能承受轴向载荷）。

（8）GE…XSN 型　双缝外圈（剖分外圈），有润滑油槽，外圈有止动槽。能承受径向载荷和任一方向较小的轴向载荷。但轴向载荷由止动环承受时，其承受轴向载荷的能力降低。

（9）GEEW…ES-2RS 型　单缝外圈，有润滑油槽，两面带密封圈。能承受径向载荷和任一方向较小的轴向载荷。

（10）SI…E 型　是 GE…E 型轴承与杆端的组装体。杆端带内螺纹，材料为碳素结构钢；无润滑油槽。能承受径向载荷和任一方向小于或等于 0.2 倍径向载荷的轴向载荷。

5. 自润滑杆端关节轴承

（1）SI…CS-2Z 型　是 GE…CS-2Z 型轴承与杆端的组装体。杆端带内螺纹，材料为碳素结构钢。在承受径向载荷的同时能承受任一方向小于或等于 0.2 倍径向载荷的轴向载荷。

（2）SAB…C 型　杆端带外螺纹，材料为碳素结构钢，滑动表面为烧结青铜复合材料；内圈为淬硬轴承钢，滑动表面镀硬铬。能承受方向不变的径向载荷。

（3）SAB…F 型　杆端带外螺纹，材料为碳素结构钢，滑动表面为以聚四氟乙烯为添加剂的玻璃纤维增强塑料；内圈为淬硬轴承钢滑动表面镀硬铬。能承受方向不变的径向载荷。

（5）SIB…F 型　杆端带内螺纹，材料为碳素结构钢，滑动表面为以聚四氟乙烯为添加剂的玻璃纤维增强塑料；内圈为淬硬轴承钢，滑动表面镀硬铬。能承受方向不变的径向载荷。

（6）SQ…L 型　由特殊自润滑合金材料制成，能承受径向载荷和任一方向较小的轴向载荷。

（7）SI…C 型　是 CE…C 型轴承与杆端的组装体。杆端带内螺纹，材料为碳素结构钢。能承受方向不变的载荷。在承受径向载荷的同时，能承受任一方向小于或等于 0.2 倍径向载荷的轴向载荷。

（8）SIB…C 型　杆端带内螺纹，材料为碳素结构钢，滑动表面为烧结青铜复合材料；内圈为淬硬轴承钢，滑动表面镀硬铬。能承受方向不变的径向载荷。

（9）SA…C 型　是 CE…C 型轴承与杆端的组装体。杆端带外螺纹，材料为碳素结构钢。能承受方向不变的载荷。在承受径向载荷的同时，能承受任一方向小于或等于 0.2 倍径向载荷的轴向载荷。

6. 自润滑推力关节轴承

GX…F 型　座圈为淬硬轴承钢，滑动表面为以聚四氟乙烯为添加剂的玻璃纤维增强塑料，轴圈为淬硬轴承钢，滑动表面镀硬铬。能承受一方向的轴向载荷或联合载荷（此时径向载荷值不得大于轴向载荷值的 0.5 倍）。

7. 自润滑向心关节轴承

（1）GE…F2 型　外圈为玻璃纤维增强塑料，滑动表面为以聚四氟乙烯为添加剂的玻璃纤维增强塑料；内圈为淬硬轴承钢，滑动表面镀硬铬。能承受方向不变的中等径向载荷。

（2）GE…FSA 型　外圈为中碳钢，滑动表面由以聚四氟乙烯为添加剂的玻璃纤维增强塑料圆片组成，并用固定器固定于外圈上；内圈为淬硬轴承钢。用于大型和特大型轴承。能承受大径向载荷。

（3）GE…FIH 型　外圈为淬硬轴承钢；内圈为中碳钢，滑动表面由以聚四氟乙烯为添加剂的玻璃纤维增强塑料圆片组成，并用固定器固定于内圈上；双半外圈。用于大型和特大型轴承。能承受较大径向载荷。

（4）GE…C 型和 GE…T 型　挤压外圈，外圈滑动表面为烧结青铜复合材料；内圈为淬硬轴承钢，滑动表面镀硬铬。只限于小尺寸的轴承。外圈为轴承钢，滑动表面为一层聚四氟乙烯织物；内圈为淬硬轴承钢，滑动表面镀硬铬。能承受方向不变的载荷，在承受径向载荷的同时，能承受任一方向较小的轴向载荷。

（5）GE…CS-2Z 型　外圈为轴承钢，滑动表面为烧结青铜复合材料；内圈为淬硬轴承钢，滑动表面镀硬铬；两面带防尘盖。能承受方向不变的载荷，在承受径向载荷的同时能承受任一方向较小的轴向载荷。

（6）GEEW…T 型　外圈为轴承钢，滑动表面为一层聚四氟乙烯织物；内圈为淬硬轴承钢，滑动表面镀硬铬。能承受方向不变的载荷，在承受径向载荷的同时能承受任一方向较小的轴向载荷。

（7）GE…F 型　外圈为淬硬轴承钢，滑动表面为以聚四氟乙烯为添加剂的玻璃纤维增强塑料；内圈为淬硬轴承钢，滑动表面镀硬铬。能承受方向不变的中等径向载荷。

8. 自润滑角接触关节轴承

GAC…F 型　外圈为淬硬轴承钢；滑动表面为以聚四氟乙烯为添加剂的玻璃纤维增强塑料；内圈为淬硬轴承钢，滑动表面镀硬铬。能承受径向载荷和一个方向的轴向（联合）载荷。

5.3.3　GB/T 9163－2001 关节轴承、向心关节轴承标准

向心关节轴承的结构设计不必完全符合本标准图示的结构，但尺寸、公差和径向游隙应与本标准的规定一致。

本标准不适用于飞机机架用向心关节轴承；适用于不同滑动材料组合的向心关节轴承，供制造厂生产、检验和用户验收。

1. 符号和定义（见图 5-3 和图 5-4）

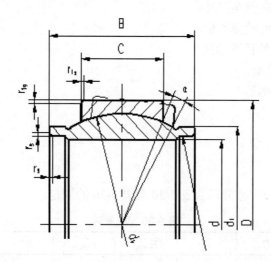

图 5-3　W 系列带再润滑装置的宽内圈向心关节轴承

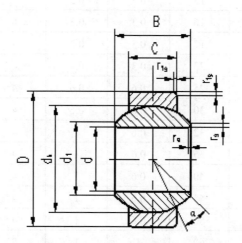

图 5-4　H、K、G、E 系列向心关节轴承

本标准采用 GB/T 3944－2002 和 GB/T 4199－2003 的定义。除另有规定外本标准所示符号（公差符号除外）均表公称尺寸。

α：倾斜角。系指内外圈轴线之间相互倾斜的角度。内外圈倾斜时，其理论接触面积不小于轴承套圈轴线相互平行时所具有的理论接触面积。

Δd_{mp}：单一平面平均内径偏差。

ΔD_{mp}：单一平面平均外径偏差。

ΔB_s：内圈单一宽度偏差。

ΔC_s：外圈单一宽度偏差。

d：内径。

d_k：球面直径。

d_1：内圈端面外径。

r_{smin1}：内圈最小单向倒角尺寸。

r_{1smin1}：外圈最小单向倒角尺寸。

V_{dp}：单一径向平面内径变动量。

V_{Dp}：单一径向平面外径变动量。

V_{dmp}：平均内径变动量。

V_{Dmp}：平均外径变动量。

D：外径。

B：内圈宽度。

C：外圈宽度。

2. 外形尺寸

向心关节轴承的外形尺寸应符合表 5-30 至表 5-36 的规定。

表 5-30　W 系列

d	D	C	B	R_{smin}	r_{1smin}	$a/° \approx$	$d_1 \approx$	d_k
122）	22	7	12	0.3	0.3	4	15.5	18
15	26	9	15	0.3	0.3	5	18.5	
16	28	9	16	0.3	0.3	4	20	23
17	30	10	17	0.3	0.3	7	21	
20	35	12	20	0.3	0.3	4	25	29
25	42	16	25	0.6	0.6	4	30.5	35
30	47	18	30	0.6	0.6	4	34	
32	52	18	32	0.6	1	4	38	44
35	55	20	35	0.6	1	4	40	
40	62	22	40	0.6	1	4	46	53
45	68	25	45	0.6	1	4	52	
50	75	28	50	0.6	1	4	57	66
60	90	36	60	1	1	3	68	
63	95	36	63	1	1	4	71.5	83
70	105	40	70	1	1	4	78	
80	120	45	80	1	1	4	91	105
100	150	55	100	1	1	4	113	130
125	180	70	125	1	1	4	138	160
160	230	80	160	1	1	4	177	200
200	290	100	200	1.1	1.1	4	221	250
250	400	120	250	2.5	1.1	4	317	350
320	520	160	320	2.5	4	4	405	450

表 5-31　C 系列

d	D	C	B	R_{smin}	r_{1smin}	$\alpha/° \approx$	$d_1 \approx$	d_{k1}
320	440	135	160	1.1	3	4	340	375
340	460	135	160	1.1	3	3	360	390
360	480	135	160	1.1	3	3	380	410
380	520	160	190	1.5	4	4	400	440
400	540	160	190	1.5	4	3	425	465
420	560	160	190	1.5	4	3	445	480
440	600	185	218	1.5	4	3	465	515
460	620	185	218	1.5	4	3	485	530
480	650	195	230	2	5	3	510	560
500	670	195	230	2	5	3	530	580
530	710	205	243	2	5	3	560	610
560	750	215	258	2	5	4	590	645
600	800	230	272	2	5	3	635	690
630	850	260	300	3	6	3	665	730
670	900	260	308	3	6	3	710	770
710	950	275	325	3	6	3	755	820
750	1000	280	335	3	6	3	800	870
800	1060	300	355	3	6	3	850	915
850	1120	310	365	3	6	3	905	975
900	1180	320	375	3	6	3	960	1050
950	1250	340	400	4	7.5	3	1015	1090
1000	1320	370	438	4	7.5	3	1065	1150
1060	1400	390	462	4	7.5	3	1130	1220
1120	1460	390	462	4	7.5	3	1195	1280
1180	1540	410	488	4	7.5	3	1260	1350
1250	1630	435	515	4	7.5	3	1330	1425
1320	1720	460	545	4	7.5	3	1405	1510
1400	1820	495	585	5	9.5	3	1485	1600
1500	1950	530	625	5	9.5	3	1590	1710
1600	2060	565	670	5	9.5	3	1690	1820
1700	2180	600	710	5	9.5	3	1790	1925
1800	2300	635	750	6	12	3	1890	2035
1900	2430	670	790	6	12	3	2000	2150
2000	2570	705	835	6	12	3	2100	2260

表 5-32　E 系列

d	D	C	B	R_{smin}	r_{1smin}	$a/°\approx$	$d_1\approx$	d_{k1}
4	12	3	5	0.3	0.3	16	6	8
5	14	4	6	0.3	0.3	13	8	10
6	14	4	6	0.3	0.3	13	8	10
8	16	5	8	0.3	0.3	15	10	13
10	19	6	9	0.3	0.3	12	13	16
12	22	7	10	0.3	0.3	10	15	18
15	26	9	12	0.3	0.3	8	18	22
17	30	10	14	0.3	0.3	10	20	25
20	35	12	16	0.3	0.3	9	24	29
25	42	16	20	0.6	0.6	7	29	35
30	47	18	22	0.6	0.6	6	34	40
35	55	20	25	0.6	1	6	39	47
40	62	22	28	0.6	1	7	45	53
45	68	25	32	0.6	1	7	50	60
50	75	28	35	0.6	1	6	55	66
55	85	32	40	0.6	1	7	62	74
60	90	36	44	1	1	6	66	80
70	105	40	49	1	1	6	77	92
80	120	45	55	1	1	6	88	105
90	130	50	60	1	1	5	98	115
100	150	55	70	1	1	7	109	130
110	160	55	70	1	1	6	120	140
120	180	70	85	1	1	6	130	160
140	210	70	90	1	1	7	150	180
160	230	80	105	1	1	8	170	200
180	260	80	105	1.1	1.1	6	192	225
200	290	100	130	1.1	1.1	7	212	250
220	320	100	135	1.1	1.1	8	238	275
240	340	100	140	1.1	1.1	8	265	300
260	370	110	150	1.1	1.1	7	285	325
280	400	120	155	1.1	1.1	6	310	350
300	430	120	165	1.1	1.1	7	330	375

表 5-33　H 系列

d	D	C	B	R_{smin}	r_{1smin}	$a/°≈$	$d_1≈$	d_{k1}
100	150	67	71	1	1	2	114	135
110	160	74	78	1	1	2	122	145
120	180	80	85	1	1	2	135	160
140	210	95	100	1	1	2	155	185
160	230	109	115	1	1	2	175	210
180	260	122	128	1.1	1.1	2	203	240
200	290	134	140	1.1	1.1	2	219	260
220	320	148	155	1.1	1.1	2	245	290
240	340	162	170	1.1	1.1	2	259	310
260	370	175	185	1.1	1.1	2	285	340
280	400	190	200	1.1	1.1	2	311	370
300	430	200	212	1.1	1.1	2	327	390
320	460	218	230	1.1	3	2	344	414
340	480	230	243	1.1	3	2	359	434
360	520	243	258	1.1	4	2	397	474
380	540	258	272	1.5	4	2	412	494
400	580	265	280	1.5	4	2	431	514
420	600	280	300	1.5	4	2	441	534
440	630	300	315	1.5	4	2	479	574
460	650	308	325	1.5	5	2	496	593
480	680	320	340	2	5	2	522	623
500	710	335	355	2	5	2	536	643
530	750	355	375	2	5	2	558	673
560	800	380	400	2	5	2	602	723
600	850	400	425	2	6	2	645	773
630	900	425	450	3	6	2	677	813
670	950	450	475	3	6	2	719	862
710	1000	475	500	3	6	2	762	912
750	1060	500	530	3	6	2	814	972
800	1120	530	565	3	6	2	851	1022
850	1220	565	600	3	7.5	2	936	1112
900	1250	600	635	3	7.5	2	949	1142
950	1360	635	670	4	7.5	2	1045	1242
1000	1450	670	710	4	7.5	2	1103	1312

表 5-34 K 系列

d	D	C	B	R_{smin}	r_{1smin}	$\alpha/° \approx$	$d_1 \approx$	d_{k1}
3	10	4.5	6	0.2	0.2	14	5.1	7.9
5	13	6	8	0.3	0.3	13	7.7	11.1
6	16	6.75	9	0.3	0.3	13	8.9	12.7
8	19	9	12	0.3	0.3	14	10.3	15.8
10	22	10.5	14	0.3	0.3	13	12.9	19
12	26	12	16	0.3	0.3	13	15.4	22.2
14	29	13.5	19	0.3	0.3	16	16.8	25.4
16	32	15	21	0.3	0.3	15	19.3	28.5
18	35	16.5	23	0.3	0.3	15	21.8	31.7
20	40	18	25	0.3	0.6	14	24.3	34.9
22	42	20	28	0.3	0.6	15	25.8	38.1
25	47	22	31	0.3	0.6	15	29.5	42.8
30	55	25	37	0.3	0.6	17	34.8	50.8
35	65	30	43	0.6	1	16	40.3	59
40	72	35	49	0.6	1	16	44.2	66
50	90	45	60	0.6	1	14	55.8	82

表 5-35 G 系列

d	D	C	B	R_{smin}	r_{1smin}	$\alpha/° \approx$	$d_1 \approx$	d_{k1}
4	14	4	7	0.3	0.3	20	7	10
5	14	4	7	0.3	0.3	20	7	10
6	16	5	9	0.3	0.3	21	9	13
8	19	6	11	0.3	0.3	21	11	16
10	22	7	12	0.3	0.3	18	13	18
12	26	9	15	0.3	0.3	18	16	22
15	30	10	16	0.3	0.3	16	19	25
17	35	12	20	0.3	0.3	19	21	29
20	42	16	25	0.3	0.6	17	24	35
25	47	18	28	0.6	0.6	17	29	40
30	55	20	32	0.6	1	17	34	47
35	62	22	35	0.6	1	16	39	53
40	68	25	40	0.6	1	17	44	60
45	75	28	43	0.6	1	15	50	66
50	90	36	56	0.6	1	17	57	80
60	105	40	63	1	1	17	67	92

续表

d	D	C	B	R_{smin}	r_{1smin}	$\alpha/°\approx$	$d_1\approx$	d_{k1}
70	120	45	70	1	1	16	77	105
80	130	50	75	1	1	14	87	115
90	150	55	85	1	1	15	98	130
100	160	55	85	1	1	14	110	140
110	180	70	100	1	1	12	122	160
120	210	70	115	1	1	16	132	180
140	230	80	130	1	1	16	151	200
160	260	80	135	1	1.1	16	176	225
180	290	100	155	1.1	1.1	14	196	250
200	320	100	165	1.1	1.1	15	220	275
220	340	100	175	1.1	1.1	16	243	300
240	370	110	190	1.1	1.1	15	263	325
260	400	120	205	1.1	1.1	15	283	350
280	430	120	210	1.1	1.1	15	310	375

3. 公差

向心关节轴承的公差应符合表 5-36 至表 5-39 的规定。

表 5-36　W、G、C、E、H 系列的外圈公差　　　　　　　　单位：μm

D/mm		ΔD_{mp}		V_{Dp}	V_{Dmp}	ΔC_s	
超过	到	下偏差	上偏差	max	max	下偏差	上偏差
6	18	−8	0	10	6	−240	0
18	30	−9	0	12	7	−240	0
30	50	−11	0	15	8	−240	0
50	80	−13	0	17	10	−300	0
80	120	−15	0	20	11	−400	0
120	150	−18	0	24	14	−500	0
150	180	−25	0	33	19	−500	0
180	250	−30	0	40	23	−600	0
250	315	−35	0	47	26	−700	0
315	400	−40	0	53	30	−800	0
400	500	−45	0	60	34	−900	0
500	630	−50	0	67	38	−1000	0
630	800	−75	0	100	56	−1100	0
800	1000	−100	0	135	75	−1200	0
1000	1250	−125	0	190	125	−1300	0

续表

D/mm		ΔD_{mp}		V_{Dp}	V_{Dmp}	ΔC_s	
超过	到	下偏差	上偏差	max	max	下偏差	上偏差
1250	1600	−160	0	240	160	−1600	0
1600	2000	−200	0	300	200	−2000	0
2000	2500	−250	0	380	250	−2500	0
2500	3150	−300	0	480	320	−3200	0

表 5-37   K、W 系列的内圈公差   单位：μm

d/mm		Δd_{mp}		V_{dp}	V_{dmp}	ΔB_s			
		K、W	K、W	K、W	K、W	K		W	
超过	到	下偏差	上偏差	max	max	下偏差	上偏差	下偏差	上偏差
2.5	3	0	+10	10	6	−120	0	−100	0
3	6	0	+12	12	9	−120	0	−120	0
6	10	0	+15	15	11	−120	0	−150	0
10	18	0	+18	18	14	−120	0	−180	0
18	30	0	+21	21	16	−120	0	−210	0
30	50	0	+25	25	19	−120	0	−250	0
50	80	0	+30	30	22	—	—	−300	0
80	120	0	+35	35	26	—	—	−350	0
120	180	0	+40	40	30	—	—	−400	0
180	250	0	+46	46	35	—	—	−460	0
250	315	0	+52	52	39	—	—	−520	0
315	400	0	+57	57	43	—	—	−570	0

表 5-38   K 系列的外圈公差   单位：μm

D/mm		ΔC_s		V_{Dmp}	V_{Dp}	ΔD_{mp}	
超过	到	下偏差	上偏差	max	max	下偏差	上偏差
5	18	−240	0	18	18	−11	0
18	30	−240	0	21	21	−13	0
30	50	−240	0	25	25	−16	0
50	80	−300	0	30	30	−19	0
80	120	−400	0	35	35	−22	0

表 5-39　G、C、E 系列的内圈公差　　　　　　　　单位：μm

d/mm		ΔB_s		V_{dmp}	V_{dp}	Δd_{mp}	
超过	到	下偏差	上偏差	max	max	下偏差	上偏差
2.5	18	−120	0	6	8	−8	0
18	30	−120	0	8	10	−10	0
30	50	−120	0	9	12	−12	0
50	80	−150	0	11	15	−15	0
80	120	−200	0	15	20	−20	0
120	180	−250	0	19	25	−25	0
180	250	−300	0	23	30	−30	0
250	315	−350	0	26	35	−35	0
315	400	−400	0	30	40	−40	0
400	500	−450	0	34	45	−45	0
500	630	−500	0	38	50	−50	0
630	800	−750	0	56	75	−75	0
800	1000	−1000	0	75	135	−100	0
1000	1250	−1250	0	125	190	−125	0
1250	1600	−1600	0	160	240	−160	0
1600	2000	−2000	0	200	300	−200	0

5.4　径向游隙

5.4.1　滑动接触表面：钢/青铜

滑动接触表面为钢/青铜的向心关节轴承，其径向游隙按表 5-40 中的规定。

表 5-40　K 系列径向游隙　　　　　　　　单位：μm

d/mm		3 组		2 组		N 组	
超过	到	max	min	max	min	max	min
2.5	6	72	42	50	10	34	4
6	10	88	52	61	13	41	5
10	18	107	64	75	16	49	6
18	30	120	77	92	20	59	7
30	50	150	98	112	25	71	9

5.4.2　滑动接触表面：钢/钢

滑动接触表面为钢/钢的向心关节轴承，其径向游隙应符合表 5-41 至表 5-46 的规定。

表 5-41 W 系列径向游隙　　　　　　　　　　　　　　　　　　　　　单位：μm

d/mm		N 组		3 组		2 组	
超过	到	max	min	max	min	max	min
2.5	12	68	32	104	68	32	8
12	20	82	40	124	82	40	10
20	32	100	50	150	100	50	12
32	50	120	60	180	120	60	15
50	90	142	72	212	142	72	18
90	125	165	85	245	165	85	18
125	200	192	100	284	192	100	18
200	250	239	125	353	239	125	18
250	320	261	135	387	261	135	18

表 5-42 C 系列径向游隙　　　　　　　　　　　　　　　　　　　　　单位：μm

d/mm		N 组	
超过	到	max	min
300	340	239	125
340	420	261	135
420	530	285	145
530	670	320	160
670	850	350	170
850	1060	405	195
1060	1400	470	220
1400	1700	540	240
1700	2000	610	260

表 5-43 H 系列径向游隙　　　　　　　　　　　　　　　　　　　　　单位：μm

d/mm		N 组		2 组		3 组	
超过	到	max	min	max	min	max	min
90	120	165	85	85	18	245	165
120	180	192	100	100	18	284	192
180	240	214	110	110	18	318	214
240	300	239	125	125	18	353	239
300	380	261	135	—	—	—	—
380	480	285	145	—	—	—	—
480	600	320	160	—	—	—	—
600	750	350	170	—	—	—	—
750	950	405	195	—	—	—	—
950	1000	—	—	220	470	—	—

表 5-44 G 系列径向游隙 单位：μm

d/mm		3 组		2 组		N 组	
超过	到	max	min	max	min	max	min
2.5	10	104	68	32	8	68	32
10	17	124	82	40	10	82	40
17	30	150	100	50	12	100	50
30	50	180	120	60	15	120	60
50	80	212	142	72	18	142	72
80	120	245	165	85	18	165	85
120	180	284	192	100	18	192	100
180	220	318	214	110	18	214	110
220	280	353	239	125	18	239	125

表 5-45 E 系列径向游隙 单位：μm

d/mm		3 组		2 组		N 组	
超过	到	max	min	max	min	max	min
2.5	12	104	68	32	8	68	32
12	20	124	82	40	10	82	40
20	35	150	100	50	12	100	50
35	60	180	120	60	15	120	60
60	90	212	142	72	18	142	72
90	140	245	165	85	18	165	85
140	200	284	192	100	18	192	100
200	240	318	214	110	18	214	110
240	300	353	239	125	18	239	125

表 5-46 K 系列径向游隙 单位：μm

d/mm		3 组		2 组		N 组	
超过	到	max	min	max	min	max	min
2.5	8	104	68	32	8	68	32
8	16	124	82	40	10	82	40
16	25	150	100	50	12	100	50
25	40	180	120	60	15	120	60
40	50	212	142	72	18	142	72

如表 5-47 所示为关节轴承的类型代号。如表 5-48 所示为关节轴承的尺寸系列代号。

表 5-47 关节轴承的类型代号

轴承类型	类型代号
向心关节轴承	GE
角接触关节轴承	GAC
推力关节轴承	GX
内螺纹杆端关节轴承	SI
外螺纹杆端关节轴承	SA
内螺纹整体杆端关节轴承	SIB
外螺纹整体杆端关节轴承	SAB
球头杆端关节轴承	SQ
左旋内螺纹杆端关节轴承	SIL
左旋外螺纹杆端关节轴承	SAL
左旋内螺纹整体杆端关节轴承	SILB
左旋外螺纹整体杆端关节轴承	SALB

表 5-48 关节轴承的尺寸系列代号

尺寸系列	系列代号
大型和特大型向心关节轴承特轻系列	C
关节轴承正常系列（代号中省去）	E
关节轴承中系列	G
向心关节轴承 EW 系列（宽内圈）	EW
杆端关节轴承 JK 系列	JK

如表 5-49 所示为关节轴承的结构型式和材料代号。

表 5-49 关节轴承的结构型式和材料代号

轴承结构和材料特点	代号
外圈为中碳钢，有固定滑动表面材料的固定器	A
一套圈(或滑动表面)为烧结青铜复合材料	C
外圈为轴承钢，在内圈装配后挤压成形	DE1
同上，但外圈有端沟	DEM1
外圈有装配槽	DS
单缝外圈	E
一套圈滑动表面为以聚四氟乙烯为添加剂的玻璃纤维增强塑料或塑料圆片	F
一套圈滑动表面为聚醚亚胺工程塑料	F1
外圈为玻璃纤维增强塑料，其滑动表面同"F"	F2
双半外圈	H
内圈为中碳钢，有固定滑动表面材料的固定器	I

轴承结构和材料特点	代号
套圈或杆端为特殊自润滑合金	L
外圈有止动槽	N
套圈或杆端有油槽和油孔	S
外圈滑动表面为聚四氟乙烯织物	T
双缝外圈（部分外圈）	X
两面带密封圈	-2RS
两面带防尘盖	-2Z

如表 5-50 所示为关节轴承的补充代号。

表 5-50　关节轴承的补充代号

顺序	改变特征的名称		代号
1	材料改变	套圈同不锈钢制造	X
		套圈同渗碳钢制造	S
		套圈或滑动表面由不常采用的材料制造	V
		套圈或滑动表面由青铜或青铜圆片制造	Q
		套圈由铍青铜制造	P
2	特殊补充技术要求	零件的回火温度有特殊要求	T
		轴承内填充特殊润滑脂	R
		轴承间隙不同于现行标准	U
		轴承的摩擦力矩及旋转灵活性有特殊要求	M
		套圈滑动表面涂覆固体润滑剂膜	G
		杆端关节轴承螺纹有特殊要求	B
		滑动表面以外的表面需电镀	D
3	结构改变	零件的形状或尺寸改变	K
4	其他	轴承有上述各种改变特征以外的其他特征，或具有多项改变特征而无法用上述补充代号完全表示时	Y

如表 5-51 所示为 E（正常）、EW（宽内圈）和 G（中）系列向心关节轴承的径向间隙值。

表 5-51　E（正常）、EW（宽内圈）和 G（中）系列向心关节轴承的径向间隙值

轴承公称直径 d/mm	径向间隙/μm			测量时所加的径向载荷/N
	辅助组 C2	基本组 0	辅助组 C3	
>4～12	8～32	32～68	68～104	49
>12～20	10～40	40～82	82～124	
>20～35	12～50	50～100	100～150	

轴承公称直径 d/mm	径向间隙/μm			测量时所加的径向载荷/N
	辅助组	基本组	辅助组	
	C2	0	C3	
>35~60	15~60	60~120	120~180	146
>60~90	18~72	72~142	142~212	
>90~140	18~85	85~165	165~245	
>140~240	18~100	100~192	192~284	—
>240~315	18~110	110~214	214~318	

如表 5-52 所示为常用一般关节轴承的结构型式和特点。

表 5-52　常用一般关节轴承的结构型式和特点

类型	结构简图	结构型式和特点	类型	结构简图	结构型式和特点
向心关节轴承		GE...E 型 单缝外圈，无润滑油槽。 能承受径向载荷和任一方向较小的轴向载荷	角接触关节轴承		GAC...S 型 内外圈均为淬硬轴承钢，外圈有油槽和油孔。 能承受径向载荷和一个方向的轴向（联合）载荷
		GE...ES 型 单缝外圈，有润滑油槽。 能承受径向载荷和任一方向较小的轴向载荷	推力关节轴承		GX...S 型 轴圈和座圈均为淬硬轴承钢，座圈有油槽和油孔。 能承受一个方向的轴向载荷或联合载荷（此时其径向载荷值不得大于轴向载荷值的50%）
		GE...ES-2RS 型 单缝外圈，有润滑油槽，两面带密封圈。 能承受径向载荷和任一方向较小的轴向载荷	杆端关节轴承		SI...E 型 系 GE...E 型轴承与杆端的组装体。杆端带内螺纹，材料为碳素结构钢，无润滑油槽。 能承受径向载荷和任一方向不超过 20%径向载荷的轴向载荷
		GE...HS 型 双半外圈，磨损后间隙可调整，内圈有润滑油槽 能承受径向载荷和任一方向较小的轴向载荷			SA...E 型 系 GE...E 型轴承与杆端的组装体。杆端带外螺纹，材料为碳素结构钢，无润滑油槽。 能承受径向载荷和任一方向不超过 20%径向载荷的轴向载荷

续表

类型	结构简图	结构型式和特点	类型	结构简图	结构型式和特点
向心关节轴承		GEEW...ES-2RS 型 单缝外圈,有润滑油槽,两面带密封圈。 能承受径向载荷和任一方向较小的轴向载荷	杆端关节轴承		SI...ES 型 系 GE...ES 型轴承与杆端的组装体。杆端带内螺纹,材料为碳素结构钢,有润滑油槽。 能承受径向载荷和任一方向不超过 20%径向载荷的轴向载荷
		GE...ESN 型 单缝外圈,有润滑油槽和止动槽。 能承受径向载荷和任一方向较小的轴向载荷			SA...ES 型 系 GE...ES 型轴承与杆端的组装体。杆端带外螺纹,材料为碳素结构钢,有润滑油槽。 能承受径向载荷和任一方向不超过 20%径向载荷的轴向载荷
		GE...XSN 型 双缝外圈(剖分外圈),有润滑油槽和止动槽。 能承受径向载荷和任一方向较小的轴向载荷			SQ...型 为球头杆端关节轴承,杆端为碳素结构钢,球头为渗碳钢。 能承受径向载荷和任一方向不超过 20%径向载荷的轴向载荷
		GE...DE1 型 外圈为轴承钢,在内圈装配时挤压成型,有润滑油槽和油孔。内圈为淬硬轴承钢。内径小于 15mm 的轴承无润滑油槽和油孔。 能承受径向载荷和任一方向较小的轴向载荷			SIB...S 型 杆端带内螺纹,材料为碳素结构钢,内圈为淬硬轴承钢。有润滑油槽。 能承受径向载荷和任一方向不超过 20%径向载荷的轴向载荷
		GE...DEM1 型 外圈为轴承钢,在内圈装配时挤压成型。内圈为淬硬轴承钢。轴承装入轴承座后,在外圈上压出端沟,使轴承轴向固定。 能承受径向载荷和任一方向较小的轴向载荷			SAB...S 型 杆端带外螺纹,材料为碳素结构钢,内圈为淬硬轴承钢。有润滑油槽。 能承受径向载荷和任一方向不超过 20%径向载荷的轴向载荷
		GE...DS 型 外圈有装配槽和润滑油槽。只限于大尺寸的轴承。 能承受径向载荷和任一方向较小的轴向载荷(装配槽一边不能承受轴向载荷)			

如表 5-53 所示为常用自润滑关节轴承的结构型式和特点。

表 5-53　常用自润滑关节轴承的结构型式和特点

类型	结构简图	结构型式和特点	类型	结构简图	结构型式和特点
自润滑向心关节轴承		**GE...C 型** 挤压外圈，外圈滑动表面为烧结青铜复合材料。内圈为淬硬轴承钢，滑动表面镀硬铬。 能承受方向不变的载荷，在承受径向载荷的同时，能承受任一方向较小的轴向载荷。只限于小尺寸的轴承	自润滑向心关节轴承		**GEEW...T 型** 外圈为轴承钢，滑动表面为一层聚四氟乙烯织物。内圈为淬硬轴承钢，滑动表面镀硬铬。两面带防尘盖。 能承受方向不变的载荷，在承受径向载荷的同时，能承受任一方向较小的轴向载荷。只限于小尺寸的轴承
		GE...T 型 外圈为轴承钢，滑动表面为一层聚四氟乙烯织物。内圈为淬硬轴承钢，滑动表面镀硬铬。 能承受方向不变的载荷，在承受径向载荷的同时，能承受任一方向较小的轴向载荷			**GE...F 型** 外圈为淬硬轴承钢，滑动表面为以聚四氟乙烯为添加剂的玻璃纤维增强塑料。内圈为淬硬轴承钢，滑动表面镀硬铬。两面带防尘盖。 能承受方向不变的中等径向载荷
		GE...CS-2Z 外圈为轴承钢，滑动表面为烧结青铜复合材料。内圈为淬硬轴承钢，滑动表面镀硬铬。两面带防尘盖。 能承受方向不变的载荷，在承受径向载荷的同时，能承受任一方向较小的轴向载荷。只限于小尺寸的轴承			**GE...F2 型** 外圈为玻璃纤维增强塑料，滑动表面为以聚四氟乙烯为添加剂的玻璃纤维增强塑料。内圈为淬硬轴承钢，滑动表面镀硬铬。 能承受方向不变的中等径向载荷
		GE...FSA 型 外圈为中碳钢，滑动表面由以聚四氟乙烯为添加剂的玻璃纤维增强塑料圆片组成，并用固定器固定于外圈上。内圈为淬硬轴承钢。用于大型和特大型轴承。 能承受重径向载荷	自润滑杆端关节轴承		**SI...C 型** 系 GE...C 型轴承与杆端的组装体。杆端带内螺纹，材料为碳素结构钢。 能承受方向不变的载荷。在承受径向载荷的同时，能承受任一方向不超过径向载荷 20% 的轴向载荷
		GE...FIH 型 外圈为淬硬轴承钢。内圈为中碳钢，滑动表面由以聚四氟乙烯为添加剂的玻璃纤维增强塑料圆片组成，并用固定器固定于内圈上。双半外圈。用于大型和特大型轴承。 能承受重径向载荷			**SA...C 型** 系 GE...C 型轴承与杆端的组装体。杆端带外螺纹，材料为碳素结构钢。 能承受方向不变的载荷。在承受径向载荷的同时，能承受任一方向不超过径向载荷 20% 的轴向载荷

类型	结构简图	结构型式和特点	类型	结构简图	结构型式和特点
自润滑角接触关节轴承		GAC...F 型 外圈为淬硬轴承钢，滑动表面为以聚四氟乙烯为添加剂的玻璃纤维增强塑料。内圈为淬硬轴承钢，滑动表面镀硬铬。 能承受径向载荷和一个方向的轴向载荷（联合载荷）	自润滑杆端关节轴承		SI...CS-2Z 型 系 GE...CS-2Z 型轴承与杆端的组装体。杆端带内螺纹，材料为碳素结构钢。 能承受方向不变的载荷。在承受径向载荷的同时能承受任一方向不超过径向载荷20%的轴向载荷
自润滑推力关节轴承		GX...F 型 座圈为淬硬轴承钢，滑动表面为以聚四氟乙烯为添加剂的玻璃纤维增强塑料。轴圈为淬硬轴承钢，滑动表面镀硬铬。 能承受一个方向的轴向载荷或联合载荷（此时其径向载荷值不得大于轴向载荷的50%)			SA...CS-2Z 型 系 GE...CS-2Z 型轴承与杆端的组装体。杆端带外螺纹，材料为碳素结构钢。 能承受方向不变的载荷。在承受径向载荷的同时能承受任一方向不超过径向载荷20%的轴向载荷
					SIB...C 型 杆端带内螺纹，材料为碳素结构钢，滑动表面为烧结青铜复合材料。内圈为淬硬轴承钢，滑动表面镀硬铬。 能承受方向不变的径向载荷
自润滑杆端关节轴承		SAB...C 型 杆端带外螺纹，材料为碳素结构钢，滑动表面为烧结青铜复合材料。内圈为淬硬轴承钢，滑动表面镀硬铬。 能承受方向不变的径向载荷			SAB...F 型 杆端带外螺纹，材料为碳素结构钢，滑动表面为以聚四氟乙烯为添加剂的玻璃纤维增强塑料。内圈为淬硬轴承钢，滑动表面镀硬铬。 能承受方向不变的径向载荷
		SIB...F 型 杆端带内螺纹，材料为碳素结构钢，滑动表面为以聚四氟乙烯为添加剂的玻璃纤维增强塑料。内圈为淬硬轴承钢，滑动表面镀硬铬。 能承受方向不变的径向载荷			SQ...L 型 为自润滑球头杆端关节轴承，由特殊自润滑合金材料制成。 能承受径向载荷和任一方向较小的轴向载荷

如表 5-54 所示为向心关节轴承的最大轴承载荷、寿命增加因子、加脂润滑周期和一般特性。如表 5-55 所示为 GE...E、GE...ES、GE...DS 型向心关节轴承的结构型式和外形尺。

表 5-54　向心关节轴承的最大轴承载荷、寿命增加因子、加脂润滑周期和一般特性

轴承类型	p_0/MPa	承受对称循环载荷的能力	加脂周期/次	寿命增加因子 f	最高运转温度/℃	一般轴承特性
向心关节轴承	24	$1.7p_0$	$<0.3\times10^5$	$10\sim15$	—	适用于重载、对称循环载荷、冲击载荷
自润滑向心关节轴承	97	$0.25p_0$	—	1	280	不需维护，适用于中速、大单向载荷

注：1．表中向心关节轴承数据仅适用于内、外圈为淬火钢的轴承。

　　2．表中搂据是根据动载荷情况建立的，在静载荷时承载能力可达到 $10p_0$。

表 5-55　GE…E、GE…ES、GE…DS 型向心关节轴承的结构型式和外形尺寸

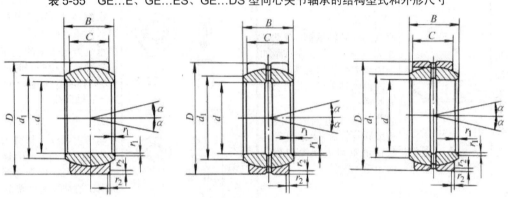

GF…E 型　　　　　GF…ES 型　　　　　GF…DS 型

E（正常）系列										
轴承型号			尺寸/mm							α/°
GE…E 型	GE…ES 型	GE…DS 型	d	D	B	C	d_{1min}	r_{1min}	r_{2min}	$\approx$
GE4E			4	12	5	3	6	0.3	0.3	16
GE5E		GE5DS	5	14	6	4	7	0.3	0.3	13
GE6E		GE6DS	6	14	6	4	8	0.3	0.3	13
GE8E		GE8DS	8	16	8	5	10	0.3	0.3	15
GE10E		GE10DS	10	19	9	6	13	0.3	0.3	12
GE12E		GE12DS	12	22	10	7	15	0.3	0.3	10
	GE15ES	GE15DS	15	26	12	9	18	0.3	0.3	8
	GE17ES	GE17DS	17	30	14	10	20	0.3	0.3	10
	GE20ES	GE20DS	20	35	16	12	24	0.3	0.3	9
	GE25ES	GE25DS	25	42	20	16	29	0.6	0.6	7
	GE30ES	GE30DS	30	47	22	18	34	0.6	0.6	6
	GE35ES	GE35DS	35	55	25	20	39	0.6	1.0	6
	GE40ES	GE40DS	40	62	28	22	45	0.6	1.0	7

E（正常）系列

轴承型号			尺寸/mm							α/°
GE…E 型	GE…ES 型	GE…DS 型	d	D	B	C	d_{1min}	r_{1smin}	r_{2smin}	≈
	GE45ES	GE45DS	45	68	32	25	50	0.6	1.0	7
	GE50ES	GE50DS	50	75	35	28	55	0.6	1.0	6
	GE60ES	GE60DS	60	90	44	36	66	1.0	1.0	6
	GE70ES	GE70DS	70	105	49	40	77	1.0	1.0	6
	GE80ES	GE80DS	80	120	55	45	88	1.0	1.0	6
	GE90ES	GE90DS	90	130	60	50	98	1.0	1.0	5
	GE100ES	GE100DS	100	150	70	55	109	1.0	1.0	7
	GE110ES	GE110DS	110	160	70	55	120	1.0	1.0	6
	GE120ES	GE120DS	120	180	85	70	130	1.0	1.0	6
	GE140ES	GE140DS	140	210	90	70	150	1.0	1.0	7
	GE160ES	GE160DS	160	230	105	80	170	1.0	1.0	8
	GE180ES	GE180DS	180	260	105	80	192	1.1	1.1	6
	GE200ES	GE200DS	200	290	130	100	212	1.1	1.1	7
	GE220ES	GE220DS	220	320	135	100	238	1.1	1.1	8
	GE240ES	GE240DS	240	340	140	100	265	1.1	1.1	8
	GE260ES	GE260DS	260	370	150	110	285	1.1	1.1	7
	GE280ES	GE280DS	280	400	155	120	310	1.1	1.1	6
	GE300ES	GE300DS	300	430	165	120	330	1.1	1.1	7

G（中）系列

轴承型号			尺寸/mm							α/°
GEG…E 型	GEG…ES 型	GEG…DS型	d	D	B	C	d_{1min}	r_{1smin}	r_{2smin}	≈
GEG4E			4	14	7	4	7	0.3	0.3	20
GEG5E			5	16	9	5	8	0.3	0.3	21
GEG6E			6	16	9	5	9	0.3	0.3	21
GEG8E			8	19	11	6	11	0.3	0.3	21
GEG10E			10	22	12	7	13	0.3	0.3	18
GEG12E			12	26	15	9	16	0.3	0.3	18
	GEG15ES	GEG15DS	15	30	16	10	19	0.3	0.3	16
	GEG17ES	GEG17DS	17	35	20	12	21	0.3	0.3	19
	GEG20ES	GEG20DS	20	42	25	16	24	0.3	0.3	17
	GEG25ES	GEG25DS	25	47	28	18	29	0.6	0.6	17
	GEG30ES	GEG30DS	30	55	32	20	34	0.6	1.0	17

轴承型号			尺寸/mm							$\alpha/°$
GEG…E 型	GEG…ES 型	GEG…DS 型	d	D	B	C	d_{1min}	r_{1smin}	r_{2smin}	≈
	GEG35ES	GEG35DS	35	62	35	22	39	0.6	1.0	16
	GEG40ES	GEG40DS	40	68	40	25	44	0.6	1.0	17
	GEG45ES	GEG45DS	45	75	43	28	50	0.6	1.0	15
	GEG50ES	GEG50DS	50	90	56	36	57	0.6	1.0	17
	GEG60ES	GEG60DS	60	105	63	40	67	1.0	1.0	17
	GEG70ES	GEG70DS	70	120	70	45	77	1.0	1.0	16
	GEG80ES	GEG80DS	80	130	75	50	87	1.0	1.0	14
	GEG90ES	GEG90DS	90	150	85	55	98	1.0	1.0	15
	GEG100ES	GEG100DS	100	160	85	55	110	1.0	1.0	14
	GEG110ES	GEG110DS	110	180	100	70	122	1.0	1.0	12
	GEG120ES	GEG120DS	120	210	115	70	132	1.0	1.0	16
	GEG140ES	GEG140DS	140	230	130	80	151	1.0	1.0	16
	GEG160ES	GEG160DS	160	260	135	80	176	1.0	1.1	16
	GEG180ES	GEG180DS	180	290	155	100	196	1.1	1.1	14
	GEG200ES	GEG200DS	200	320	165	100	220	1.1	1.1	15
	GEG220ES	GEG220DS	220	340	175	100	243	1.1	1.1	16
	GEG120ES	GEG120DS	120	210	115	70	132	1.0	1.0	16
	GEG140ES	GEG140DS	140	230	130	80	151	1.0	1.0	16
	GEG160ES	GEG160DS	160	260	135	80	176	1.0	1.1	16
	GEG180ES	GEG180DS	180	290	155	100	196	1.1	1.1	14
	GEG200ES	GEG200DS	200	320	165	100	220	1.1	1.1	15
	GEG220ES	GEG220DS	220	340	175	100	243	1.1	1.1	16

如表 5-56 所示为 GE…C 型自润滑向心关节轴承的结构型式和外形尺寸。

表 5-56 GE…C 型自润滑向心关节轴承的结构型式和外形尺寸

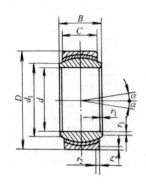

轴承型号	尺寸/mm							$\alpha/°$ $\approx$
	d	D	B	C	d_{1min}	r_{1smin}	r_{2smin}	
E（正常）系列								
GE4C	4	12	5	3	6	0.3	0.3	16
GE5C	5	14	6	4	7	0.3	0.3	13
GE6C	6	14	6	4	8	0.3	0.3	13
GE8C	8	16	8	5	10	0.3	0.3	15
GE10C	10	19	9	6	13	0.3	0.3	12
GE12C	12	22	10	7	15	0.3	0.3	10
GE15C	15	26	12	9	18	0.3	0.3	8
GE17C	17	30	14	10	20	0.3	0.3	10
GE20C	20	35	16	12	24	0.3	0.3	9
GE25C	25	42	20	16	29	0.6	0.6	7
GE30C	30	47	22	18	34	0.6	0.6	6
G（中）系列								
GEG4C	4	14	7	4	7	0.3	0.3	20
GEG5C	5	16	9	5	8	0.3	0.3	21
GEG6C	6	16	9	5	9	0.3	0.3	21
GEG8C	8	19	11	6	11	0.3	0.3	21
GEG10C	10	22	12	7	13	0.3	0.3	18
GEG12C	12	26	15	9	16	0.3	0.3	18
GEG15C	15	30	16	10	19	0.3	0.3	16
GEG17C	17	35	20	12	21	0.3	0.3	19
GEG20C	20	42	25	16	24	0.3	0.3	17
GEG25C	25	47	28	18	29	0.6	0.6	17
GEG30C	30	55	32	20	34	0.6	1.0	17

如表 5-57 所示为 GE…CS-2Z 型自润滑向心关节轴承的结构型式和外形尺寸。

表 5-57　GE…CS-2Z 型自润滑向心关节轴承的结构型式和外形尺寸

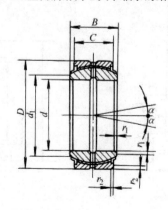

轴承型号	尺寸/mm							$\alpha/°$ $\approx$
	d	D	B	C	d_{1min}	r_{1smin}	r_{2smin}	
GE35CS-2Z	35	55	25	20	39	0.6	1.0	6
GE40CS-2Z	40	62	28	22	45	0.6	1.0	7
GE45CS-2Z	45	68	32	25	50	0.6	1.0	7
GE50CS-2Z	50	75	35	28	55	0.6	1.0	6
GE60CS-2Z	60	90	44	36	66	1.0	1.0	6
GE70CS-2Z	70	105	49	40	77	1.0	1.0	6
GE80CS-2Z	80	120	55	45	88	1.0	1.0	6
GE90CS-2Z	90	130	60	50	98	1.0	1.0	5
GE100CS-2Z	100	150	70	55	109	1.0	1.0	7
GE110CS-2Z	110	160	70	55	120	1.0	1.0	6
GE120CS-2Z	120	180	85	70	130	1.0	1.0	6
GE140CS-2Z	140	210	90	70	150	1.0	1.0	7
GE160CS-2Z	160	230	105	80	170	1.0	1.0	8
GE180CS-2Z	180	260	105	80	192	1.1	1.1	6
GE200CS-2Z	200	290	130	100	212	1.1	1.1	7
GE220CS-2Z	220	320	135	100	238	1.1	1.1	8
GE240CS-2Z	240	340	140	100	265	1.1	1.1	8
GE260CS-2Z	260	370	150	110	285	1.1	1.1	7
GE280CS-2Z	280	400	155	120	310	1.1	1.1	6
GE300CS-2Z	300	430	165	120	330	1.1	1.1	7

E（正常）系列

如表 5-58 所示为 GE…ES-2RS 型向心关节轴承的结构型式和外形尺寸。

表 5-58　GE…ES-2RS 型向心关节轴承的结构型式和外形尺寸

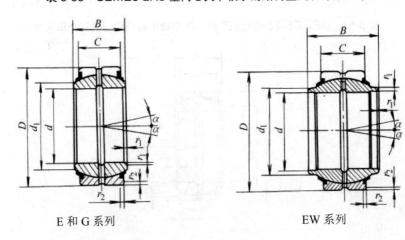

E 和 G 系列　　　　　　　　EW 系列

轴承型号	尺寸/mm							α/°
	d	D	B	C	d_{1min}	r_{1smin}	r_{2smin}	≈
E（正常）系列								
GE15ES-2RS	15	26	12	9	18	0.3	0.3	5
GE17ES-2RS	17	30	14	10	20	0.3	0.3	7
GE20ES-2RS	20	35	16	12	24	0.3	0.3	6
GE25ES-2RS	25	42	20	16	29	0.6	0.6	4
GE30ES-2RS	30	47	22	18	34	0.6	0.6	4
GE35ES-2RS	35	55	25	20	39	0.6	1.0	4
GE40ES-2RS	40	62	28	22	45	0.6	1.0	4
GE45ES-2RS	45	68	32	25	50	0.6	1.0	4
GE50ES-2RS	50	75	35	28	55	0.6	1.0	4
GE60ES-2RS	60	90	44	36	66	1.0	1.0	3
GE70ES-2RS	70	105	49	40	77	1.0	1.0	4
GE80ES-2RS	80	120	55	45	88	1.0	1.0	4
GE90ES-2RS	90	130	60	50	98	1.0	1.0	3
GE100ES-2RS	100	150	70	55	109	1.0	1.0	5
GE110ES-2RS	110	160	70	55	120	1.0	1.0	4
GE120ES-2RS	120	180	85	70	130	1.0	1.0	4
GE140ES-2RS	140	210	90	70	150	1.0	1.0	5
GE160ES-2RS	160	230	105	80	170	1.0	1.0	6
GE180ES-2RS	180	260	105	80	192	1.1	1.1	5
GE200ES-2RS	200	290	130	100	212	1.1	1.1	6
GE220ES-2RS	220	320	135	100	238	1.1	1.1	6
GE240ES-2RS	240	340	140	100	265	1.1	1.1	6
GE260ES-2RS	260	370	150	110	285	1.1	1.1	6
GE280ES-2RS	280	400	155	120	310	1.1	1.1	5
GE300ES-2RS	300	430	165	120	330	1.1	1.1	6

轴承型号	尺寸/mm							α/°
	d	D	B	C	d_{1min}	r_{1smin}	r_{2smin}	≈
G（中）系列								
GEG15ES-2RS	15	30	16	10	19	0.3	0.3	13
GEG17ES-2RS	17	35	20	12	21	0.3	0.3	16
GEG20ES-2RS	20	42	25	16	24	0.3	0.3	16

轴承型号	尺寸/mm							α/° ≈
	d	D	B	C	d_{1min}	r_{1smin}	r_{2smin}	
G（中）系列								
GEG25ES-2RS	25	47	28	18	29	0.6	0.6	15
GEG30ES-2RS	30	55	32	20	34	0.6	1.0	16
GEG35ES-2RS	35	62	35	22	39	0.6	1.0	15
GEG40ES-2RS	40	68	40	25	44	0.6	1.0	12
GEG45ES-2RS	45	75	43	28	50	0.6	1.0	13
GEG50ES-2RS	50	90	56	36	57	0.6	1.0	16
GEG60ES-2RS	60	105	63	40	67	1.0	1.0	15
GEG70ES-2RS	70	120	70	45	77	1.0	1.0	14
GEG80ES-2RS	80	130	75	50	87	1.0	1.0	13
GEG90ES-2RS	90	150	85	55	98	1.0	1.0	14
GEG100ES-2RS	100	160	85	55	110	1.0	1.0	12
GEG110ES-2RS	110	180	100	70	122	1.0	1.0	11
GEG120ES-2RS	120	210	115	70	132	1.0	1.0	15
GEG140ES-2RS	140	230	130	80	151	1.0	1.0	15
GEG160ES-2RS	160	260	135	80	176	1.1	1.0	14
GEG180ES-2RS	180	290	155	100	196	1.1	1.1	13
GEG200ES-2RS	200	320	165	100	220	1.1	1.1	14
GEG220ES-2RS	220	340	175	100	243	1.1	1.1	14
GEG240ES-2RS	240	370	190	110	263	1.1	1.1	14
GEG260ES-2RS	260	400	205	120	285	1.1	1.1	14
GEG280ES-2RS	280	430	210	120	310	1.1	1.1	14
EW（宽内圈）系列								
GEEW12ES-2RS	12	22	12	7	15.5	0.3	0.3	4
GEEW15ES-2RS	15	26	15	9	18.5	0.3	0.3	5
GEEW16ES-2RS	16	28	16	9	20.0	0.3	0.3	4
GEEW17ES-2RS	17	30	17	10	21.0	0.3	0.3	7
GEEW20ES-2RS	20	35	20	12	25.0	0.3	0.3	4
GEEW25ES-2RS	25	42	25	16	30.5	0.6	0.6	4
GEEW30ES-2RS	30	47	30	18	34.0	0.6	0.6	4
GEEW32ES-2RS	32	52	32	18	37.0	0.6	1.0	4
GEEW35ES-2RS	35	55	35	20	40.0	0.6	1.0	4

轴承型号	尺寸/mm							α/°
	d	D	B	C	d_{1min}	r_{1smin}	r_{2smin}	≈
EW（宽内圈）系列								
GEEW40ES-2RS	40	62	40	22	46.0	0.6	1.0	4
GEEW45ES-2RS	45	68	45	25	52.0	0.6	1.0	4
GEEW50ES-2RS	50	75	50	28	57.0	0.6	1.0	4
GEEW60ES-2RS	60	90	60	36	68.0	1.0	1.0	3
GEEW63ES-2RS	63	95	63	36	71.5	1.0	1.0	4
GEEW70ES-2RS	70	105	70	40	78.0	1.0	1.0	4
GEEW80ES-2RS	80	120	80	45	91.0	1.0	1.0	4
GEEW100ES-2RS	100	150	100	55	113.0	1.0	1.0	4

如表 5-59 所示为 GEC…FSA 型自润滑向心关节轴承的结构型式和外形尺寸。

表 5-59　GEC…FSA 型自润滑向心关节轴承的结构型式和外形尺寸

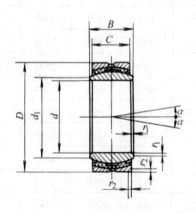

特轻（C）系列								
轴承型号	尺寸/mm							α/°
	d	D	B	C	d_{1min}	r_{1smin}	r_{2smin}	≈
CEC320FSA	320	440	160	135	340	1.1	3.0	4
GEC340FSA	340	460	160	135	360	1.1	3.0	3
GEC360FSA	360	480	160	135	380	1.1	3.0	3
GEC380FSA	380	520	190	160	400	1.5	4.0	4
GEC400FSA	400	540	190	160	425	1.5	4.0	3
GEC420FSA	420	560	190	160	445	1.5	4.0	3
GEC440FSA	440	600	218	185	465	1.5	4.0	3
GEC460FSA	460	620	218	185	485	1.5	4.0	3

续表

轴承型号	尺寸/mm							$\alpha/°$
	d	D	B	C	d_{1min}	r_{1smin}	r_{2smin}	$\approx$
GEC480FSA	480	650	230	195	510	2.0	5.0	3
GEC500FSA	500	670	230	195	530	2.0	5.0	3
GEC530FSA	530	710	243	205	560	2.0	5.0	3
GEC560FSA	560	750	258	215	590	2.0	5.0	4
GEC600FSA	600	800	272	230	635	2.0	5.0	3
GEC630FSA	630	850	300	260	665	3.0	6.0	3
GEC670FSA	670	900	308	260	710	3.0	6.0	3
GEC710FSA	710	950	325	275	755	3.0	6.0	3
GEC750FSA	750	1000	335	280	800	3.0	6.0	3
GEC800FSA	800	1060	355	300	850	3.0	6.0	3
GEC850FSA	850	1120	365	310	905	3.0	6.0	3
GEC900FSA	900	1180	375	320	960	3.0	6.0	3
GEC950FSA	950	1250	400	340	1015	4.0	7.5	3
GEC1000FSA	1000	1320	438	370	1065	4.0	7.5	3
GEC1060FSA	1060	1400	462	390	1130	4.0	7.5	3
GEC1120FSA	1120	1460	462	390	1195	4.0	7.5	3
GEC1180FSA	1180	1540	488	410	1260	4.0	7.5	3
GEC1250FSA	1250	1630	515	435	1330	4.0	7.5	3
GEC1320FSA	1320	1720	545	460	1405	4.0	7.5	3
GEC1400FSA	1400	1820	585	495	1485	5.0	9.5	3
GEC1500FSA	1500	1950	625	530	1590	5.0	9.5	3
GEC1600FSA	1600	2060	670	565	1690	5.0	9.5	3
GEC1700FSA	1700	2180	710	600	1790	5.0	9.5	3
GEC1800FSA	1800	2300	750	635	1890	6.0	12.0	3
GEC1900FSA	1900	2430	790	670	2000	6.0	12.0	3
GEC2000FSA	2000	2570	835	705	2100	6.0	12.0	3

特轻（C）系列

如表 5-60 所示为 GAC…S 型角接触关节轴承的结构型式和外形尺寸。

表 5-60 GAC…S 型角接触关节轴承的结构型式和外形尺寸

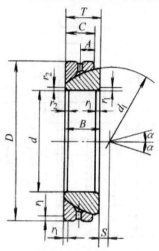

	E（正常）系列										
轴承型号	尺寸/mm										$\alpha/°$
	d	D	B	C	T	d_1	S	A	r_{1min}	r_{2min}	$\approx$
GAC25S	25	47	15	14	15	42	0.6	7.5	1.0	0.3	3.5
GAC30S	30	55	17	15	17	49.5	1.3	8.5	1.0	0.3	3
GAC35S	35	62	18	16	18	55.5	2.1	9	1.0	0.3	3
GAC40S	40	68	19	17	19	62	2.8	9.5	1.0	0.3	3
GAC45S	45	75	20	18	20	68.5	3.5	10	1.0	0.3	3
GAC50S	50	80	20	19	20	74	4.3	10	1.0	0.3	3
GAC55S	55	90	23	20	23	82	5.0	11.5	1.1	0.6	3
GAC60S	60	95	23	21	23	88.5	5.7	11.5	1.1	0.6	3
GAC65S	65	100	23	22	23	93.5	6.5	11.5	1.1	0.6	2.5
GAC70S	70	110	25	23	25	102	7.2	12.5	1.1	0.6	2.5
GAC75S	75	115	25	24	25	107	7.9	12.5	1.1	0.6	2.5
GAC80S	80	125	29	25.5	29	115	8.6	14.5	1.1	0.6	2.5
GAC85S	85	130	29	26.5	29	122	9.4	14.5	1.1	0.6	2.5
GAC90S	90	140	32	28	32	128.5	10.1	16	1.5	0.6	2.5
GAC95S	95	145	32	29.5	32	135	10.8	16	1.5	0.6	2.5
GAC100S	100	150	32	31	32	141	11.6	16	1.5	0.6	2
GAC105S	105	160	35	32.5	35	148	12.3	17.5	2.0	0.6	2
GAC110S	110	170	38	34	38	155	13	19	2.0	0.6	2
GAC120S	120	180	38	37	38	168	14.5	19	2.0	0.6	2

如表 5-61 所示为 GAC...F 型自润滑角接触关节轴承的结构型式和外形尺寸。

表 5-61　GAC...F 型自润滑角接触关节轴承的结构型式和外形尺寸

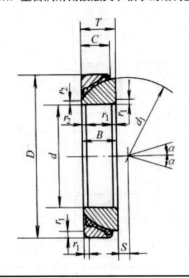

E（正常）系列										
轴承型号	尺寸/mm									$\alpha/°$
	d	D	B	C	T	d_1	S	r_{1smin}	r_{2smin}	$\approx$
GAC25F	25	47	15	14	15	42	0.6	1.0	0.3	3.5
GAC30F	30	55	17	15	17	49.5	1.3	1.0	0.3	3
GAC35F	35	62	18	16	18	55.5	2.1	1.0	0.3	3
GAC40F	40	68	19	17	19	62	2.8	1.0	0.3	3
GAC45F	45	75	20	18	20	68.5	3.5	1.0	0.3	3
GAC50F	50	80	20	19	20	74	4.3	1.0	0.3	3
GAC55F	55	90	23	20	23	82	5.0	1.1	0.6	3
GAC60F	60	95	23	21	23	88.5	5.7	1.1	0.6	3
GAC65F	65	100	23	22	23	93.5	6.5	1.1	0.6	2.5
GAC70F	70	110	25	23	25	102	7.2	1.1	0.6	2.5
GAC75F	75	115	25	24	25	107	7.9	1.1	0.6	2.5
GAC80F	80	125	29	25.5	29	115	8.6	1.1	0.6	2.5
GAC85F	85	130	29	26.5	29	122	9.4	1.1	0.6	2.5
GAC90F	90	140	32	28	32	128.5	10.1	1.5	0.6	2.5
GAC95F	95	145	32	29.5	32	135	10.8	1.5	0.6	2.5
GAC100F	100	150	32	31	32	141	11.6	1.5	0.6	2
GAC105F	105	160	35	32.5	35	148	12.3	2.0	0.6	2
GAC110F	110	170	38	34	38	155	13	2.0	0.6	2
GAC120F	120	180	38	37	38	168	14.5	2.0	0.6	2

如表 5-62 所示为 GX…S 型推力关节轴承的结构型式和外形尺寸。

表 5-62　GX…S 型推力关节轴承的结构型式和外形尺寸

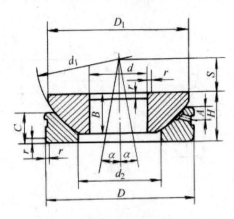

轴承型号	尺寸/mm											α/° ≈
E（正常）系列												
	d	D	H	B	C	d_1	d_2	D_1	S	A	r_{smin}	
GX10S	10	30	9.5	7.5	7	32	15.5	27.5	7	3	0.6	9
GX12S	12	36	13	9.5	9.3	38	18	32	8	4	0.6	8
GX15S	15	42	15	11	10.8	46	22.5	39	10	5	0.6	8
GX17S	17	47	16	11.8	11.2	52	27	43.5	11	5	0.6	10
GX20S	20	55	20	14.5	13.8	60	31	50	12.5	6	1.0	9
GX25S	25	62	22.5	16.5	16.7	68	34.5	58.5	14	6	1.0	7
GX30S	30	75	26	19	19	82	42	70	17.5	8	1.0	7
GX35S	35	90	28	22	20.7	98	50.5	84	22	8	1.0	8
GX40S	40	105	32	27	21.5	114	59	97	24.5	9	1.0	9
GX45S	45	120	36.5	31	25.5	128	67	110	27.5	11	1.0	9
GX50S	50	130	42.5	33	30.5	139	70	120	30	10	1.0	7
GX60S	60	150	45	37	34	160	84	140	35	12.5	1.0	8
GX70S	70	160	50	42	36.5	176	94.5	153	35	13.5	1.0	8
GX80S	80	180	50	43.5	38	197	107.5	172	42.5	14.5	1.0	8
GX100S	100	210	59	51	46	222	127	198	45	15	1.1	8
GX120S	120	230	64	35.5	50	250	145	220	52.5	16.5	1.1	6

如表 5-63 所示为 GX…F 型自润滑推力关节轴承的结构型式和外形尺寸。

表 5-63　GX…F 型自润滑推力关节轴承的结构型式和外形尺寸

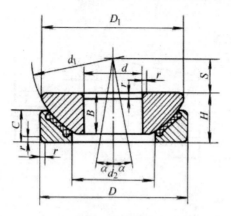

轴承型号	E（正常）系列										α/° ≈
	尺寸/mm										
	d	D	H	B	C	d₁	d₂	D₁	S	rₛmin	
GX10F	10	30	9.5	7.5	7	32	15.5	27.5	7	0.6	9
GX12F	12	35	13	9.5	9.3	38	18	32	8	0.6	8
GX15F	15	42	15	11	10.8	46	22.5	39	10	0.6	8
GX17F	17	47	16	11.8	11.2	52	27	43.5	11	0.6	10
GX20F	20	55	20	14.5	13.8	60	31	50	12.5	1.0	9
GX25F	25	62	22.5	16.5	16.7	68	34.5	58.5	14	1.0	7
GX30F	30	75	26	19	19	82	42	70	17.5	1.0	7
GX35F	35	90	28	22	20.7	98	50.5	84	22	1.0	8
GX40F	40	105	32	27	21.5	114	59	97	24.5	1.0	9
GX45F	45	120	36.5	31	25.5	128	67	110	27.5	1.0	9
GX50F	50	130	42.5	33	30.5	139	70	120	30	1.0	7
GX60F	60	150	45	37	34	160	84	140	35	1.0	8
GX70F	70	160	50	42	36.5	176	94.5	153	35	1.0	8
GX80F	80	180	50	43.5	38	197	107.5	172	42.5	1.0	8
GX100F	100	210	59	51	46	222	127	198	45	1.1	8
GX120F	120	230	64	53.5	50	250	145	220	52.5	1.1	6

如表 5-64 所示为 SI…E、SA…E、SI…ES、SA…ES 型杆端关节轴承的结构型式和外形尺寸。如表 5-65 所示为 SIB…S、SAB…S 型杆端关节轴承的结构型式和外形尺寸。如表 5-66 所示为 SIB…C、SAB…C 型杆端关节轴承的结构型式和外形尺寸。如表 5-67 所示为 SI…C、SA…C 型杆端关节轴承的结构型式和外形尺寸。

表5-64 SI...E、SA...E、SI...ES、SA...ES 型杆端关节轴承的结构型式和外形尺寸

E（正常）系列

尺寸/mm

轴承型号		尺寸/mm					内螺纹及外螺纹				外螺纹					内螺纹			
SI...E 型和 SI...ES 型 内螺纹	SA...E 型和 SA...ES 型 外螺纹	d	D	d_{1min}	B	r_{1smin}	$A\approx$	d_3	c_{1max}	d_{2max}	h	l_{1min}	l_{2max}	h_1	l_{3min}	l_{4max}	l_{5max}	d_{4max}	d_{5max}
SI5E	SA5E	5	14	7	6	0.3	13°	M5	4.5	21	6	16	48	0	11	42	5.0	10	13
SI6E	SA6E	6	14	8	6	0.3	13°	M6	4.5	21	6	16	48	0	11	42	5.0	11	13
SI8E	SA8E	8	16	0	8	0.3	15°	M8	6.5	24	2	21	55	6	15	49	5.0	13	16
SI10E	SA10E	10	19	3	9	0.3	12°	M10	7.5	29	8	26	63	3	15	58	5.5	16	19
SI12E	SA12E	12	22	5	10	0.3	10°	M12	8.5	34	4	28	71	0	18	67	7.0	19	22
SI15ES	SA15ES	15	26	8	12	0.3	8°	M14	10.5	40	3	34	83	1	21	81	8.0	22	26
SI17ES	SA17ES	17	30	0	14	0.3	10°	M16	11.5	46	9	36	92	7	24	90	10.0	25	29
SI20ES	SA20ES	20	35	4	16	0.6	9°	M20×1.5	13.5	53	8	43	105	7	30	104	10.0	28	34
SI25ES	SA25ES	25	42	9	0	0.6	7°	M24×2.0	18.0	64	4	53	126	4	36	126	12.0	35	42
SI30ES	SA30ES	30	47	34	22	0.6	6°	M30×2.0	20.0	73	10	65	147	110	45	147	15.0	42	50
SI35ES	SA35ES	35	55	39	25	0.6	6°	M36×3.0	22.0	82	40	82	182	25	60	167	15.0	48	58
SI40ES	SA40ES	40	62	45	28	0.6	7°	M39×3.0	24.0	92	50	86	198	142	65	180	18.0	52	65
SI45ES	SA45ES	45	68	50	32	0.6	7°	M42×3.0	28.0	102	63	92	217	45	65	199	20.0	58	70
SI50ES	SA50ES	50	75	55	35	0.6	6°	M45×3.0	31.0	112	85	104	246	60	68	221	20.0	62	75
SI60ES	SA60ES	60	90	66	44	1.0	6°	M52×3.0	39.0	135	210	115	282	75	70	247	20.0	70	88
SI70ES	SA70ES	70	105	77	49	1.0	6°	M56×4.0	43.0	160	235	125	318	200	80	283	20.0	80	98
SI80ES	SA80ES	80	120	88	55	1.0	6°	M64×4.0	48.0	180	270	140	365	300	85	325	25.0	95	110

注：1. 螺纹可为右旋或左旋，若为左旋，轴承代号为 SIL...E 和 SIL...ES 和 SAL...E、SAL...ES。 2. 轴承的尺寸符合 GB/T9163—2001。

表 5-65 SIB…S、SAB…S 型杆端关节轴承的结构型式和外形尺寸

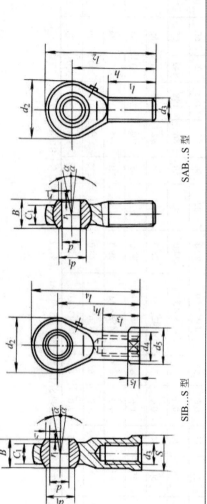

SIB…S 型　　SAB…S 型

尺寸/mm JK 系列

| 轴承型号 | | | | | | | 外螺纹及内螺纹 | | | 外螺纹 | | | 内螺纹 | | | | | |
SIB…S型 内螺纹	SAB…S型 外螺纹	d	d_{1min}	B	r_{1smin}	$\alpha\approx$	d_3	c_{1max}	d_{2max}	h	l_{1min}	l_{2max}	h_1	l_{3min}	l_{4max}	l_{5max}	d_{4max}	d_{5max}
SIBJK5S	SABJK5S	5	7.7	8	0.3	4°	M5	7.5	18	33	19	42	27	8	36	4.0	9.0	12
SIBJK6S	SABJK6S	6	8.9	9	0.3	9°	M6	7.5	20	36	21	46	30	9	40	5.0	10.0	13
SIBJK8S	SABJK8S	8	10.3	12	0.3	12°	M8	9.5	24	42	25	54	36	12	48	5.0	12.5	16
SIBJK10S	SABJK10S	10	12.9	14	0.6	10°	M10	11.5	30	48	28	63	43	15	58	6.5	15.0	19
SIBJK12S	SABJK12S	12	15.4	16	0.6	12°	M12	12.5	34	54	32	71	50	18	67	6.5	17.5	22
SIBJK14S	SABJK14S	14	16.8	19	0.6	14°	M14	14.5	38	60	36	79	57	21	76	8.0	20.0	25
SIBJK16S	SABJK16S	16	19.3	21	0.6	14°	M16	15.5	42	66	37	87	64	24	85	8.0	22.0	27
SIBJK18S	SABJK18S	18	21.8	23	0.6	13°	M18×1.5	17.5	46	72	41	95	71	27	94	10.0	25.0	31
SIBJK20S	SABJK20S	20	24.3	25	0.6	14°	M20×1.5	18.5	50	78	45	103	77	30	102	10.0	27.5	34
SIBJK22S	SABJK22S	22	25.8	28	0.6	14°	M22×1.5	21.0	56	84	48	112	84	33	112	12.0	30.0	37
SIBJK25S	SABJK25S	25	29.5	31	0.6	14°	M24×2.0	23.0	60	94	55	124	94	36	124	12.0	33.0	42
SIBJK28S	SABJK28S	28	32.2	35	0.6	14°	M27×2.0	26.0	66	103	62	136	103	41	136	14.0	37.0	46
SIBJK30S	SABJK30S	30	34.8	37	0.6	15°	M30×2.0	27.0	70	110	66	145	110	45	145	15.0	40.0	50

注：1. 如果 $d_4=d_5$，则 l_5 为平面的最小高度。2. 螺纹可为右旋转或左旋，若为左旋，轴承代号为 SILB…S 和 SALB…S。3. 对边宽度 S，按 GB/T3104—1982 的规定。

表 5-66 SIB...C、SA...C 型杆端关节轴承的结构型式和外形尺寸

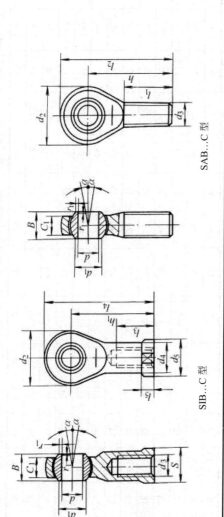

SIB...C 型

SAB...C 型

JK 系列

轴承型号		尺寸/mm				外螺纹及内螺纹					外螺纹			内螺纹				
SIB...C型 内螺纹	SAB...C型 外螺纹	d	d_{1min}	B	r_{1smin}	$α≈$	d_3	c_{1max}	d_{2max}	h	l_{1min}	l_{2max}	h_1	l_{3min}	l_{4max}	l_{5max}	d_{4max}	d_{5max}
SIBJK5C	SABJK5C	5	7.7	8	0.3	4°	M5	7.5	18	33	19	42	27	8	36	4.0	9.0	12
SIBJK6C	SABJK6C	6	8.9	9	0.3	9°	M6	7.5	20	36	21	46	30	9	40	5.0	10.0	13
SIBJK8C	SABJK8C	8	10.3	12	0.3	12°	M8	9.5	24	42	25	54	36	12	48	5.0	12.5	16
SIBJK10C	SABJK10C	10	12.9	14	0.6	10°	M10	11.5	30	48	28	63	43	15	58	6.5	15.0	19
SIBJK12C	SABJK12C	12	15.4	16	0.6	12°	M12	12.5	34	54	32	71	50	18	67	6.5	17.5	22
SIBJK14C	SABJK14C	14	16.8	19	0.6	14°	M14	14.5	38	60	36	79	57	21	76	8.0	20.0	25
SIBJK16C	SABJK16C	16	19.3	21	0.6	14°	M16	15.5	42	66	37	87	64	24	85	8.0	22.0	27
SIBJK18C	SABJK18C	18	21.8	23	0.6	13°	M18×1.5	17.5	46	72	41	95	71	27	94	10.0	25.0	31
SIBJK20C	SABJK20C	20	24.3	25	0.6	14°	M20×1.5	18.5	50	78	45	103	77	30	102	10.9	27.5	34
SIBJK22C	SABJK22C	22	25.8	28	0.6	14°	M22×1.5	21.0	56	84	48	112	84	33	112	12.0	30.0	37
SIBJK25C	SABJK25C	25	29.5	31	0.6	14°	M24×2.0	23.0	60	94	55	124	94	36	124	12.0	33.5	42
SIBJK28C	SABJK28C	28	32.2	35	0.6	14°	M27×2.0	26.0	66	103	62	136	103	41	136	14.0	37.0	46
SIBJK30C	SABJK30C	30	34.8	37	0.6	15°	M30×2.0	27.0	70	110	66	145	110	45	145	15.0	40.0	50

注：1. 如果 $d_4=d_5$，则 l_5 为平面的最小高度。 2. 螺纹可为右旋转或左旋，若为左旋，轴承代号为 SILB...C 和 SALB...C。 3. 对边宽度 S，按 GB/T3104—1922 的规定。

表5-67 SI...C、SA...C 型杆端关节轴承的结构型式和外形尺寸

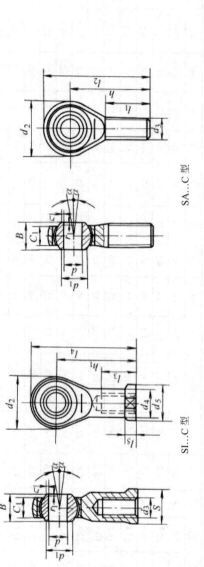

SA...C 型 SI...C 型 JK 系列

轴承型号		尺寸/mm					外螺纹及内螺纹				外螺纹			内螺纹				
SI...C型 内螺纹	SA...C型 外螺纹	d	d_{1min}	B	r_{1smin}	$\alpha\approx$	d_3	c_{1max}	d_{2max}	h	l_{1min}	l_{2max}	h_1	l_{3min}	l_{4max}	l_{5max}	d_{4max}	d_{5max}
SIJK5C	SAJK5C	5	7.7	8	0.3	4°	M5	7.5	18	33	19	42	27	8	36	4.0	9.0	12
SIJK6C	SAJK6C	8	8.9	9	0.3	9°	M6	7.5	20	36	21	46	30	9	40	5.0	10.0	13
SIJK8C	SAJK8C	8	10.3	12	0.3	12°	M8	9.5	24	42	25	54	36	12	48	5.0	12.5	16
SIJK10C	SAJK10C	10	12.9	14	0.6	10°	M10	11.5	30	48	28	63	43	15	58	6.5	15.0	19
SIJK12C	SAJK12C	12	15.4	16	0.6	12°	M12	12.5	34	54	32	71	50	18	67	6.5	17.5	22
SIJK14C	SAJK14C	14	16.8	19	0.6	14°	M14	14.5	38	60	36	79	57	21	76	8.0	20.0	25
SIJK16C	SAJK16C	16	19.3	21	0.6	14°	M16	15.5	42	66	37	87	64	24	85	8.0	22.0	27
SIJK18C	SAJK18C	18	21.8	23	0.6	13°	M18×1.5	17.5	46	72	41	95	71	27	94	10.0	25.0	31
SIJK20C	SAJK20C	20	24.3	25	0.6	14°	M20×1.5	18.5	50	78	45	103	77	30	102	10.0	27.5	34
SIJK22C	SAJK22C	22	25.8	28	0.6	14°	M22×1.5	21.0	56	84	48	112	84	33	112	12.0	30.0	37
SIJK25C	SAJK25C	25	29.5	31	0.6	14°	M24×2.0	23.0	60	94	55	124	94	36	124	12.0	33.5	42
SIJK28C	SAJK28C	28	32.2	35	0.6	14°	M27×2.0	26.0	66	103	62	136	103	41	136	14.0	37.0	46
SIJK30C	SAJK30C	30	34.8	37	0.6	15°	M30×2.0	27.0	70	110	66	145	110	45	145	15.0	40.0	50

注：1. 如果 $d_4=d_5$，则 l_5 为平面的最小高度。 2. 螺纹可为右旋转或左旋，若为左旋，轴承代号为 SIL...C 和 SAL...C。 3. 对边宽度 S，按 GB/T3104—1982 的规定。

参考文献

[1]　闻邦椿. 机械设计手册. 5版. 第3卷. 北京：机械工业出版社，2010.

[2]　吴宗泽. 机械设计师手册. 北京：机械工业出版社，2009.

[4]　任志俊，薛国祥，实用金属材料手册. 北京：江苏科学技术出版社，2007.

[3]　中国机械工程学会热处理专业分会热处理手册编委会. 热处理手册. 北京：机械工业出版社，2001.

[3]　顾永泉. 机械密封实用技术. 北京：机械工业出版社，2001.

[4]　邹慧君，等. 机械原理. 北京：高等教育出版社，1999.

[11]　华南工学院. 机械设计基础. 广州：广东科技出版社，1979.

[7]　陈立周. 机械优化设计. 上海：上海科技出版社，1982.

[11]　东北工学院机械零件/机械制图教研室. 机械零件设计手册. 北京：冶金工业出版社，1976.